Jörg Böhning

Altbaumodernisierung im Detail

Altbaumodernisierung im Detail

Konstruktionsempfehlungen

3., vollständig überarbeitete Auflage
mit zahlreichen Abbildungen und Tabellen

von

Dipl.-Ing. Jörg Böhning
Architekt
Geschäftsführender Gesellschafter
eines Planungsbüros
in Aachen

begründet von

Heinz Schmitz †
Architekt

Rudolf Müller

Die Deutsche Bibliothek – CIP-Einheitsaufnahme

Böhning, Jörg:
Altbaumodernisierung im Detail :
mit Tabellen /
von Jörg Böhning.
Begr. von Heinz Schmitz. –
3., vollst. überarb. Aufl. –
Köln : R. Müller, 1997

ISBN 3-481-00917-8

ISBN 3-481-00917-8

© Verlagsgesellschaft Rudolf Müller
  Bau-Fachinformationen GmbH & Co. KG, Köln 1997
Alle Rechte vorbehalten
Umschlaggestaltung: Rainer Geyer, Köln
Satz: Satzstudio Widdig, Köln
Druck: PDC – Paderborner Druck Centrum GmbH, Paderborn
Printed in Germany

Der vorliegende Band wurde auf umweltfreundlichem Papier
aus chlorfrei gebleichtem Zellstoff gedruckt.

Vorwort

Die Altbaumodernisierung unterscheidet sich wesentlich von den Anforderungen an eine Neubauplanung. Bewährte Verfahren und Abläufe sind nicht übertragbar.

Die vorhandene Konstruktion bestimmt entscheidend die Möglichkeiten und die Erfordernisse der weiteren Vorgehensweise.

Eine Analyse der vorhandenen Konstruktion muß deshalb bei jeder Altbaumodernisierung am Anfang der Arbeit stehen. Aus diesem Grund beginnt auch dieses Buch mit einer eingehenden Beschreibung der maßlichen und technischen Bestandsaufnahme von Gebäuden. Sie ist Grundvoraussetzung jeder fundierten Sanierung und Modernisierung.

Baualter, Baukonstruktion, Schadensbilder und Erhaltungszustand prägen ein altes Gebäude mehr als seine ursprüngliche Konzeption. Jeder, der sich zum ersten Mal mit der Altbaumodernisierung beschäftigt, wird verwirrt sein von der Vielfalt und der Fülle verschiedener Konstruktionen und Bauarten, die bei alten Häusern anzutreffen sind. Bei längerer Beschäftigung mit dem Thema ist festzustellen, daß Gebäude bestimmter Epochen ähnliche, wenn nicht gar gleiche Konstruktionen, Bauarten und häufig genug auch gleiche Schadensbilder aufweisen.

So wird zu Beginn des Buches den Baualtersgruppen, ihren typischen Merkmalen, typischen Konstruktionen und Schadensbildern ein eigenes Kapitel gewidmet. Dies soll vor allem demjenigen eine Hilfe sein, der sich nicht so häufig mit dem Thema Altbaumodernisierung beschäftigt.

Im Hauptteil des Buches werden anhand typischer Problemfälle schwierige Punkte der Altbaumodernisierung angesprochen und Lösungsmöglichkeiten aufgezeigt. Der Überblick reicht von Abdichtungsmaßnahmen gegen Bodenfeuchtigkeit über neue Innenwände, die Sanierung von Decken, die Verbesserung des Schallschutzes und des Wärmeschutzes bis hin zur Erneuerung der Haustechnik.

Ausgewählt wurden Problempunkte, die typisch sind für Häuser von der Jahrhundertwende bis zu Häusern der 50er und 60er Jahre. Ein eigener Abschnitt der Praxisbeispiele ist den Häusern des industrialisierten Wohnungsbaus, des »Plattenbaus« gewidmet.

Aufgebaut ist das Buch wie ein Nachschlagewerk. Unter dem Stichwort zu einem typischen Problemfall findet man zunächst eine Darstellung der Ausgangssituation und anschließend mehrere Lösungsvorschläge mit Angaben zu Konstruktion, Kosten, Einbauzeiten und weiteren Einflußgrößen, häufig mit Detailzeichnungen.

Dreißig Jahre Praxiserfahrung bei der Instandsetzung und Modernisierung bestehender Bausubstanz bilden hierfür die Grundlage.

Insgesamt will das Buch einen umfassenden Überblick über das Thema Altbaumodernisierung geben, ohne dabei mit unwichtigen Randthemen zu langweilen.

1989 ist dieses Buch zum ersten Mal erschienen. Grundlage war seinerzeit eine Forschungsarbeit für das Bundesbauministerium, das eine Aufarbeitung schwieriger Punkte bei der Altbaumodernisierung gewünscht hatte. Gewaltige Fehleinschätzungen und Kostenüberschreitungen, bei der Altbaumodernisierung allzu häufig die Regel, sollten zukünftig vermieden, zumindest verringert werden. Im wesentlichen waren dies all die Punkte, in denen sich die Altbaumodernisierung von Neubauprojekten unterschied.

Vieles davon hat nichts an Bedeutung verloren. Bauart, Konstruktion und Schadensbilder alter Häuser sind gleich geblieben.

Manches mußte jedoch ergänzt und überarbeitet werden. Einige Normen sind inzwischen in neuer Fassung erschienen, einige Konstruktionen haben, vor allem vor dem Hintergrund eines veränderten Bewußtseins, an Aktualität verloren.

Vor allem aber gilt seit 1.1.1995 eine neue Wärmeschutzverordnung, die auch für den Altbau Bedeutung hat. Diese ist in die neue Auflage des Buches eingearbeitet worden.

Hinzugekommen ist ein Abschnitt mit Projektbeispielen, in dem Praxiserfahrungen aus der Realisierung typischer Projekte weitergegeben werden.

Dies soll den praktischen Nutzen des Buches vertiefen und damit, wie das gesamte Buch, eine einfache, unkomplizierte und praxisnahe Hilfestellung für den Leser darstellen.

Aachen, im Mai 1997

Jörg Böhning

Inhalt

	Wichtige Begriffe.....................	9	**3**	**Außenwände**
1	**Grundlagen der Altbaumodernisierung**		3.1	Geringe Wärmedämmung von Außenwänden ... 41
1.1	Altbauten prägen das Gesicht unserer Städte..	11	3.1.1	Übersicht über Lösungsmöglichkeiten.......... 44
1.1.1	Darstellung wichtiger Baualtersstufen.........	12	3.1.2	Vergleichende Beurteilung.................. 47
			3.1.3	Aufbringen eines Wärmedämmverbundsystems –
1.2	Analyse der vorhandenen Bausubstanz.......	15		Erläuterung................................ 49
1.2.1	Typische Schadensbilder..................	15	3.1.4	Aufbringen eines Wärmedämmverbundsystems –
1.2.2	Maßliche Bestandsaufnahme...............	18		Details.................................... 50
1.2.3	Technische Bestandsaufnahme.............	18	3.1.5	Einbau einer inneren Wärmedämmung –
1.2.4	Klärung der Randbedingungen..............	20		Erläuterung................................ 53
			3.1.6	Einbau einer inneren Wärmedämmung – Details . 55
1.3	Die Planung entscheidet die Kosten..........	20		
1.3.1	Vorhandene Grundrisse...................	20	3.2	Problempunkt: Vertikal aufsteigende Feuchtigkeit
1.3.2	Veränderungsmöglichkeiten des Grundrisses...	23		in Außenwänden............................ 57
			3.2.1	Übersicht über Lösungsmöglichkeiten.......... 62
1.4	Planungsgrundsätze der Altbaumodernisierung	24	3.2.2	Mauertrennung von Hand und Einbau einer
1.4.1	Sinnvolle Grundrißveränderungen............	24		Dichtungsbahn – Erläuterung 65
1.4.2	Umsetzung und Durchführung der einzelnen		3.2.3	Mauertrennung von Hand und Einbau einer
	Maßnahmen in altbauverträglicher Form.......	24		Dichtungsbahn – Details 67
1.4.3	Die Wahl altbaugerechter Konstruktionen......	25	3.2.4	Vergleichende Beurteilung................... 69
1.4.4	Ausnutzen des Bestandschutzes und der			
	Genehmigungsfreistellung bei vorhandenen		3.3	Problempunkt: Horizontal eindringende
	Gebäuden.............................	26		Feuchtigkeit aus anstehendem Erdreich........ 70
1.4.5	Wahl des Standards......................	26	3.3.1	Übersicht über Lösungsmöglichkeiten.......... 73
			3.3.2	Vergleichende Beurteilung................... 75
1.5	Kostenermittlung und Kostenkontrolle........	27		
1.5.1	Sorgfältige und altbaugerechte Ermittlung der		**4**	**Innenwände**
	Baukosten	27		
1.5.2	Kostenkontrolle während der Bauzeit.........	28	4.1	Problempunkt: Einbau neuer Trennwände...... 77
			4.1.1	Übersicht über Lösungsmöglichkeiten.......... 79
1.6	Umsetzung von Modernisierungsmaßnahmen..	29	4.1.2	Ständerwände mit Gipsplattenbeplankung –
1.6.1	Anleitung und Koordinierung der Handwerker..	29		Erläuterung................................ 82
1.6.2	Mieterbetreuung........................	29	4.1.3	Ständerwände mit Gipsplattenbeplankung –
				Details.................................... 83
1.7	Tech sche Aspekte.......................	30	4.1.4	Vergleichende Beurteilung................... 88
1.7.1	Schallschutz...........................	30		
1.7.2	Brandschutz...........................	30	4.2	Problempunkt: Mangelnder Schallschutz bei
1.7.3	Wärmeschutz...........................	32		vorhandenen Wohnungstrennwänden 89
1.7.4	Feuchteschutz..........................	33	4.2.1	Übersicht über Lösungsmöglichkeiten 94
			4.2.2	Verbesserung des Schallschutzes durch Vorsatz-
2	**Bauwerksohle**			schalen auf Schwingelementen – Erläuterung .. 97
			4.2.3	Verbesserung des Schallschutzes durch Vorsatz-
2.1	Problempunkt: Durchfeuchtung und Unebenheit			schalen auf Schwingelementen – Details 98
	der Bauwerksohle	35	4.2.4	Vergleichende Beurteilung................... 100
2.1.1	Übersicht über Lösungsmöglichkeiten.........	37		
2.1.2	Vergleichende Beurteilung.................	39	4.3	Problempunkt: Mangelnde Dichtigkeit von
				Feuchtraumwänden........................ 101
			4.3.1	Übersicht über Lösungsmöglichkeiten 105
			4.3.2	Abdichtung von Feuchtraumwänden durch
				Spachtelung mit Dünnbettmörtel – Erläuterung . 108

4.3.3	Abdichtung von Feuchtraumwänden durch Spachtelung mit Dünnbettmörtel – Details 109	**7**	**Treppen**	
4.3.4	Vergleichende Beurteilung................... 111	**7.1**	**Problempunkt: Ausgetretene Holzstufenbeläge** .. 159
		7.1.1	Übersicht über Lösungsmöglichkeiten.......... 161
5	**Decken**	7.1.2	Vergleichende Beurteilung................... 162
5.1	**Problempunkt: Fäulnisbefall in Balkenköpfen.** ... 113	**8**	**Fußböden**
5.1.1	Übersicht über Lösungsmöglichkeiten.......... 117		
5.1.2	Vergleichende Beurteilung................... 119	**8.1**	**Problempunkt: Ausgetretene, unebene Fußbodenbeläge** 163
5.2	**Problempunkt: Ungenügender Schallschutz von Decken** 120	8.1.1	Übersicht über Lösungsmöglichkeiten.......... 167
5.2.1	Übersicht über Lösungsmöglichkeiten.......... 121	8.1.2	Vergleichende Beurteilung................... 170
5.2.2	Verbesserung des Schallschutzes durch zusätzliche Unterdecken – Erläuterung......... 126	**8.2**	**Problempunkt: Unzureichende Wasserdichtigkeit von Badezimmerböden** 171
5.2.3	Verbesserung des Schallschutzes durch zusätzliche Unterdecken – Details............. 127	8.2.1	Übersicht über Lösungsmöglichkeiten.......... 174
5.2.4	Vergleichende Beurteilung................... 128	8.2.2	Abdichtung von Feuchtraumfußböden – Details .. 176
		8.2.3	Vergleichende Beurteilung................... 178
5.3	**Problempunkt: Ungenügender Wärmeschutz von Decken** 129	**9**	**Fenster/Türen**
5.3.1	Übersicht über Lösungsmöglichkeiten.......... 132	**9.1**	**Problempunkt: Geringe Wärmedämmung von Fenstern/Türen** 179
5.3.2	Vergleichende Beurteilung................... 135	9.1.1	Übersicht über Lösungsmöglichkeiten.......... 184
6	**Dächer**	9.1.2	Einbau von Wärmeschutzverglasung in vorhandene Holzrahmen – Erläuterung......... 188
6.1	**Problempunkt: Schadhafte Eindeckung von geneigten Dächern** 137	9.1.3	Einbau von Wärmeschutzverglasung in vorhandene Holzrahmen – Details............. 190
6.1.1	Übersicht über Lösungsmöglichkeiten.......... 140	9.1.4	Vergleichende Beurteilung................... 192
6.1.2	Erneuerung der vorhandenen Dacheindeckung durch Tondachziegel oder Betondachsteine – Erläuterung............................... 143	**9.2**	**Problempunkt: Mangelhafter Zustand alter Innentüren** 193
6.1.3	Erneuerung der vorhandenen Dacheindeckung durch Tondachziegel oder Betondachsteine – Details................................... 146	9.2.1	Übersicht über Lösungsmöglichkeiten.......... 196
6.1.4	Vergleichende Beurteilung................... 148	9.2.2	Vergleichende Beurteilung................... 198
6.2	**Problempunkt: Geringe Wärmedämmung von Dächern** 149	**10**	**Installationen**
6.2.1	Übersicht über Lösungsmöglichkeiten.......... 153	**10.1**	**Problempunkt: Verlegung neuer Heizungsleitungen** 199
6.2.2	Zusätzliche Wärmedämmung zwischen den Sparren – Erläuterung...................... 155	10.1.1	Übersicht über Lösungsmöglichkeiten.......... 202
6.2.3	Vergleichende Beurteilung................... 158	10.1.2	Vergleichende Beurteilung................... 203
		10.2	**Problempunkt: Verlegung neuer Sanitärabflußleitungen** 204
		10.2.1	Übersicht über Lösungsmöglichkeiten.......... 206
		10.2.2	Vergleichende Beurteilung................... 207
		11	**Projektbeispiele** 209
		12	**Checkliste zur technischen Bestandsaufnahme** 223
		13	**Literaturverzeichnis**..................... 229
		14	**Stichwortverzeichnis**.................... 233

Wichtige Begriffe

Sanierung

Unter Sanierung wird allgemein jede Form von Bautätigkeit zur Verbesserung eines bestehenden Gebäudes verstanden. Der Begriff ist nicht über eine Definition oder Verordnung geschützt. Er schließt andere Begriffe ein, deren Bedeutung in der HOAI exakt und verbindlich definiert ist:

Modernisierungen

Modernisierungen sind bauliche Maßnahmen zur nachhaltigen Erhöhung des Gebrauchswertes eines Objektes, soweit es nicht → Erweiterungsbauten, → Umbauten oder → Instandsetzungen sind. (§ 3 HOAI)

Instandsetzungen

Instandsetzungen sind Maßnahmen zur Wiederherstellung des zum bestimmungsmäßigen Gebrauch geeigneten Zustandes (Soll-Zustandes) eines Objektes, soweit es nicht → Wiederaufbauten sind oder die Maßnahmen durch Modernisierungen verursacht werden. (§ 3 HOAI)

Umbauten

Umbauten sind Umgestaltungen eines vorhandenen Objektes mit wesentlichen Eingriffen in Konstruktion oder Bestand. (§ 3 HOAI)

Erweiterungsbauten

Erweiterungsbauten sind Ergänzungen eines vorhandenen Objektes, zum Beispiel durch Aufstockung oder Anbau. (§ 3 HOAI)

Wiederaufbauten

Wiederaufbauten sind die Wiederherstellung zerstörter Objekte auf vorhandenen Bau- oder Anlagenteilen. Sie gelten als Neubauten, sofern eine neue Planung erforderlich ist. (§ 3 HOAI)

1 Grundlagen der Altbaumodernisierung

1.1 Altbauten prägen das Gesicht unserer Städte

Das Bild der Innenstädte, vor allem auch in den neuen Bundesländern, wird geprägt durch die schönen Fassaden alter herrschaftlicher Häuser. In den besten Lagen befinden sich alte Patrizier- und Handelshäuser mit ihrer enormen Ausstrahlungskraft, ihrer prächtigen Ausstattung und ihrem teilweise sehr großen Raumangebot. Daneben gibt es historische Wohnviertel in besten Innenstadtlagen. Hohe Baulandpreise, die attraktive Lage und nicht zuletzt steuerliche Möglichkeiten, machen die Modernisierung von Altbauten wichtiger denn je.

Vom Stadtkern nach außen verjüngt sich das Stadtbild. Den Stadtvierteln der 20er, 30er und 50er Jahre ist gemeinsam, daß sie neben einer intakten, städtebaulichen Situation häufig begleitet werden von einer üppigen Vegetation, insbesondere der alte Baumbestand in den Straßen trägt zur sympathischen Ausstrahlung dieser Stadtviertel bei und prägt ganz entscheidend ihr Gesicht.

Vor allem in den neuen Bundesländern ist der Bauboom in den Innenstädten unübersehbar. Zu den vielen Projekten gehört auch eine große Zahl von Altbaumodernisierungen, Altbauinstandsetzungen und kompletten Umgestaltungen von Altbauten. Häufig befindet sich die historische Bausubstanz in schlechtem Zustand, und so verwundert es nicht, wenn das Planen und Bauen im Bestand zusehends in den Mittelpunkt innerstädtischer Bauentwicklungen rückt.

Es verstärken sich damit aber auch die Klagen über mißglückte Projekte. Nachdem sich viele Planer jahre- und jahrzehntelang im wesentlichen dem Neubau gewidmet haben, betreten viele Architekten und Ingenieure, aber auch viele Baufirmen, technisches Neuland und erleiden nicht selten dabei Schiffbruch. Die alleinige Übertragung von Praktiken, Vorgehensweisen und Bauabläufen aus dem Neubau auf die Altbaumodernisierung ist ein untauglicher Weg, der zu erheblichen Problemen führt.

Bautechnisch völlig unzureichende Lösungen, erhebliche Bauzeitüberschreitungen und gewaltige Kostenexplosionen beschäftigen in letzter Zeit wieder zunehmend Gutachter und Gerichte.

Aus diesem Grunde steigt bei vielen Bauherren und Investoren wieder die Sorge vor einer Altbaumodernisierung, weil sie zunehmend als unkalkulierbares Risiko eingestuft wird, welches nur in Sonderfällen, wenn nämlich in Spitzenlagen sehr hohe Renditen erzielt werden, überhaupt realisierbar scheint.

Altbauten prägen das Gesicht unserer Städte

1.1.1 Darstellung wichtiger Baualtersstufen

Die Beschäftigung mit der Altbaumodernisierung scheint auf den ersten Blick kompliziert, weil es scheinbar eine unendliche Fülle von verschiedenen Gebäuden, Konstruktionen und Bauteilen gibt.

Das Bild wird transparenter, wenn man die unübersehbare Menge von Altbauten in bestimmte Kategorien einteilt.

Ähnliche Baualtersstufen hatten ähnliche Konstruktionen. Sind einmal die Grundprinzipien der verschiedenen Baukonstruktionen erkannt, wird man feststellen, daß ähnliche Baualtersstufen auch ähnliche Konstruktionen aufweisen.

Nahezu alle Konstruktionen haben sich in ähnlichen Zeiträumen verändert wie die Baustile. Grundsätzlich haben sich Konstruktion und Baustil auch immer gegenseitig beeinflußt, gebaut wurde, was technisch möglich und verfügbar war. So zeigt jede Baualtersstufe nicht nur ein typisches äußeres Erscheinungsbild sondern immer auch eine bestimmte innere Konstruktion.

Fachwerkhäuser

Fachwerkhäuser zeigen die typische Konstruktion des tragenden Holzrahmens mit einer Ausfachung aus Ziegelsteinen oder Lehm. Jede Region hat ihre eigene Ausformung des Baustils. Verkleidete Fachwerbauten finden sich ebenso wie Konstruktionen mit sichtbarem Fachwerk. Gemeinsam ist allen Konstruktionen, daß sie letztlich aus Baustoffknappheit entstanden sind. Teures oder nur schwer erreichbares Steinmaterial wurde durch Holz ersetzt. Die Folge davon ist eine bautechnisch sehr schwierige Mischkonstruktion.

Typische Merkmale

- Meist offene, freistehende Bauweise (die innerstädtischen Gebäude sind zumeist durch Stadtbrände vernichtet)
- Dünne Außenwände von 10–16 cm
- Problematische Verbundkonstruktion (Holz/Lehm oder Holz/Ziegel)
- Schlagregenundichtigkeit bei unverkleideten Fassaden
- Geringe Geschoßhöhen
- Holzbalkendecken (manchmal auch zum Keller)
- Geringer Schall- und Wärmeschutz
- Holzfenster mit Einfachverglasung
- Kleine Fensterflächen im Verhältnis zur Wohnfläche
- Kleinteilige Sprossenfenster

Stadthäuser der Jahrhundertwende

Die Stadthäuser der Jahrhundertwende haben meist dicke Außenwände mit guten Schall- und recht guten Wärmeschutzeigenschaften.

Die Kellerdecken bestehen aus gemauerten Kappen, die Decken der Obergeschosse aus Holzbalken mit Holzdielenbelag und unterseitigem Putz auf Putzlatten (sogenannten Spalierlatten). Die Außenwände sind oft reich verziert, während sich im Inneren, zumindest im 1. OG, zahlreiche Stuckarbeiten finden. Räume und Wohnungen sind großzügig geschnitten, Bäder finden sich nur selten, das WC auf dem Treppenpodest ist vorherrschend.

Der ordentliche Wärmeschutz der Wände findet bisweilen eine Entsprechung in der Ausbildung der Fenster als Kastenfenster.

Vorherrschendes Heizsystem ist die Einzelofenheizung.

Typische Merkmale

- Geschlossene Bauweise
- Außenwände aus Vollziegelmauerwerk
- Wandstärken von 40–65 cm
- An der Straßenfassade Stuckornamentik
- Große Geschoßhöhen (bis 4 m)
- Holzbalkendecken in den Normalgeschossen
- Massivdecken über dem Keller (Gewölbe oder preußische Kappen)

- Holzfenster
- Einfach- oder Kastenfenster
- Mehrflügelige Fenster mit Profilierung
- Große Fenster im Verhältnis zur Wohnfläche

Häuser der 20er und 30er Jahre

Die Wohnhäuser der 20er und 30er Jahre, vor allem die Wohnsiedlungen ehemaliger Stadtrandgebiete, zeigen deutlich kleinere Wohnungen und Grundrisse als Wohnhäuser der Jahrhundertwende. Die Wandquerschnitte sind oft stark minimiert, auch sind Ziegel nicht mehr allein vorherrschendes Wandbaumaterial, sondern verstärkt werden Bims- oder Bimshohlblocksteine eingesetzt. Die reich verzierten Stuckfassaden sind einfachen Putzfassaden gewichen, die teilweise jedoch noch sehr schöne Putzapplikationen zeigen.

Holzbalken dienen nach wie vor als Tragelement der Geschoßdecken, die Beheizung der Räume erfolgt über Einzelöfen. WC und kleines Bad (Badewanne) finden sich vorwiegend in der Wohnung.

Die Kellerwände bestehen vielfach aus Stampfbeton, haben eine Sperre gegen Feuchtigkeit oft aber nur unter der Kellerdecke.

Typische Merkmale

- Außenwände aus Ziegel- oder Bimsmauerwerk
- Wandstärken zwischen 25 und 38 cm
- Bisweilen Materialexperimente mit Stampfbeton oder Schlackensteinen
- Gestaltung teilweise traditionell, teilweise modern
- Erste Stahlbetondecken, teilweise extrem dünn
- Geringer Schall- und Wärmeschutz
- Statisch gewagte Sonderkonstruktionen, zum Beispiel Eckfenster
- Holzfenster
- Einfach- oder Kastenfenster
- Häufig kleinteilige Sprossenteilung

Nachkriegsbauten der 50er Jahre

Bei den Häusern der 50er Jahre weisen die Außenwände sehr kleine Querschnitte mit schlechten Wärme- und Schallschutzeigenschaften auf.

Die Geschoßdecken bestehen meist schon aus Stahlbeton, oft mit Verbundestrichen ohne weitere Schallschutzmaßnahmen. Die Dachstühle haben weitgehend chemischen Holzschutz. Die meisten Wohnungen verfügen über ein eingebautes Bad. Bei den Heizsystemen herrscht noch Einzelofenheizung vor. Die Wohnungsgrößen und -zuschnitte sind einfach und manchmal beengt.

Die Fenster bestehen aus Holz mit Einfachverglasung, Putz- und Stuckornamente fehlen fast völlig. Einzige Schmuckelemente an den Gebäuden sind häufig die Sprossenteilung der Fenster und die Schlagläden aus Holz.

Typische Merkmale

- Außenwände aus Ziegel-, Schlacke- oder Bimsmauerwerk
- Wandstärken zwischen 24 und 30 cm
- Schlichte Bauweise
- Massivdecken mit Verbundestrich
- Massivtreppen
- Keine Wärmedämmung
- Teilweise noch Holzbalkendecken
- Holzfenster mit minimalen Querschnitten
- Fenstermaterial oft einfaches, wenig haltbares Nadelholz
- Einfachverglasung
- Kleine Balkone als auskragende Betonplatte

Häuser der 60er Jahre

Die Häuser der 60er Jahre zeigen neue Formen, neue Materialien und neue Konstruktionen. Die größte Wohnraumnot und der größte Materialmangel in der Folge des zweiten Weltkrieges waren überwunden, und die Gebäude wurden heterogener, in ihrer Architektur innovativer und experimentierfreudiger als die Bauten der vorhergangenen Baualterstufe. Ölkrise und Treibhauseffekt waren noch unbekannte Worte, Amerika war das Vorbild in allen Stil- und Lebensfragen. Auch die Architekten suchten sich dort ihre Vorbilder.

Die Gebäude der 60er Jahre zeigen sehr häufig Betonfassaden, die nicht selten konstruktivistisch und nur als Rasterfassaden ausgebildet sind.

Die Fenster sind großformatig, wenn auch nur selten mit Wärmeschutzglas ausgestattet. Die Dächer sind als Flachdächer, meist mit betonter Attika, ausgebildet.

Die Wohnungsgrundrisse sind Ergebnis einer funktional ausgerichteten Architektur, nicht selten findet sich eine Trennung zwischen Wohn- und Schlafbereich. Im Gegensatz zu vorhergehenden Bauperioden ist vieles größer und großzügiger geworden.

An die Stelle der Ofenheizung ist nahezu umfassend die Zentralheizung getreten. Wärmeschutzmaßnahmen sind allerdings so gut wie nie realisiert worden. Ein Überangebot an Rohstoffen und niedrigste Brennstoffpreise schienen dies überflüssig zu machen.

Typische Merkmale

- Außenwände aus Mauerwerk und Beton
- Minimale Außenwandquerschnitte
- Nahezu kein konstruktiver Wärmeschutz
- Stark konstruktivistisch geprägt
- Betondecken mit schwimmendem Estrich
- Massivtreppen
- Großzügige Wohnungen
- Moderne Raumzuschnitte
- Große Fensteröffnungen
- Fenstermaterial oft Holz, ganz vereinzelt schon Aluminium
- Einfachverglasung
- Balkone und Logien als Betonkonstruktion ohne thermische Trennung

Häuser des industrialisierten Wohnungsbaus (Plattenbau, Fertigteilbau)

In den 70er Jahren gewinnt das industrielle Bauen ganz entscheidend an Bedeutung. In der Bundesrepublik entstehen eine ganze Reihe von Fertigteilbausystemen. Durch Verlagerung der Produktion von der Baustelle in die Werkhalle erhofft man sich die Ausschöpfung zusätzlicher Ressourcen zur Steigerung der Produktivität und zur Senkung der hohen Baukosten. Hohe Stückzahlen sollen, ähnlich wie in der Industrie, eine größere Wirtschaftlichkeit garantieren.

Insbesondere in der DDR gewinnt das industrialisierte Bauen an Bedeutung. Hier sind es vor allem Plattenbausysteme, Bausysteme der Beton-Großtafelbauweise, die ab den 70er Jahren den Wohnungsbau völlig beherrschen. Hierbei hatte der Produktionsablauf Vorrang vor allen anderen Kriterien. Wohnungsgrundrisse mußten sich bedingungslos dem Raster unterordnen.

Zunächst ohne jede Wärmedämmung ausgeführt, werden bei zunehmender Rohstoffknappheit zunehmend wärmegedämmte Konstruktionen aus Schaumbeton oder als zwei- und dreischalige Platte ausgeführt. Mit Einführung der wärmegedämmten Konstruktionen wurden die Energiebilanzen dieser Gebäude besser als viele aus vergleichbaren anderen Bauepochen.

Besonders nachteilig auf das Image dieser Gebäudekategorie hat sich ihr außerordentlich massives und uniformes Erscheinungsbild ausgewirkt. Hinzu kommen gravierende Verarbeitungsmängel und eine oft lieblose Gestaltung.

Typische Merkmale

- Standardisierte Stahlbetonbauteile, industriell vorgefertigt
- Zunächst keine Wärmedämmung, erst später wärmegedämmte Konstruktionen
- Teilweise sehr stark experimenteller Charakter
- Grundrisse auf Produktionsraster aufgebaut
- Teilweise schwierige Wohnungszuschnitte mit kleinen Räumen
- Schlechter Schallschutz
- Fensterflügel mit großen Formaten, häufig undicht und verzogen
- Schlechte Wärmedämmung der Fenster
- Zentralheizung, zumeist ohne energiesparende Regelungsmöglichkeiten

1.2 Analyse der vorhandenen Bausubstanz

Die vorhandene Bausubstanz ist in ihrer Beschaffenheit nicht zu verändern. Sie stellt von daher kein variables Steuerungsinstrument zur Beeinflussung der Kosten dar, ist aber die entscheidende Ausgangsgröße jeglicher Kostenkalkulation, sozusagen der bestimmende Sockelbetrag jeder weiteren Überlegung. Von daher ist eine exakte Analyse der vorhandenen Bausubstanz zur genauen Ermittlung der voraussichtlichen Baukosten und zur Festlegung der erforderlichen Maßnahmen absolut unumgänglich. Werden hier Versäumnisse begangen, sind sie später nicht mehr zu korrigieren.

Nicht selten geschieht es, daß die Aufwendungen für die Sanierung der vorhandenen Bauschäden zu niedrig eingeschätzt werden und auf einer falschen Basis die Entscheidung für die Durchführung der Baumaßnahme getroffen wird. Stellt sich dann während der Durchführung der Arbeiten heraus, daß wesentlich aufwendigere und teurere Maßnahmen erforderlich sind, steigt der finanzielle Aufwand weit über den kalkulierten Rahmen und führt nicht selten zu einer äußerst unwirtschaftlichen Gesamtsituation, wenn nicht zu Schlimmerem.

Häufig genug werden Sanierungsarbeiten, wenn sie zu spät erkannt werden, ungleich teurer als bei rechtzeitigem Erkennen, weil zusätzliche Arbeiten für den Rückbau bereits fertiggestellter Arbeiten notwendig werden.

Bereits hier werden häufig ganz erhebliche Fehler begangen, weil unsachgemäß, unqualifiziert und viel zu oberflächlich untersucht wird. Ein folgenschwerer Fehler, der sich durch die gesamte weitere Arbeit hindurchzieht und nicht mehr zu korrigieren ist.

Die Schadensanalyse ist deshalb unverzichtbarer Beginn jeder Altbausanierung und Altbaumodernisierung. Um hier einen Einstieg zu finden, soll der Beschreibung der Bestandsanalyse eine Zusammenstellung typischer Schäden und Mängel vorangestellt werden. Diese Übersicht macht die Situation der verschiedenen Altbauten verständlicher und hilft, zielgerichtet und effizient zu untersuchen.

1.2.1 Typische Schadensbilder

Stadthäuser der Jahrhundertwende

Typische Schadensbilder und Mängel

Außenwände

- Statische Probleme durch Risse in tragenden Teilen, rostende Stahlträger
- Rißbildungen in tragenden Gebäudeteilen
- Durchfeuchtung der Kellerwände bei fehlender Vertikalabdichtung
- Durchfeuchtung der Erdgeschoßwände durch fehlende Horizontalabdichtung

Außenwandbekleidungen

- Putzschäden in Form von Rissen, Hohlstellen und Abplatzungen
- Beschädigungen von Stuck und anderen Fassadenapplikationen
- Ungenügende Abdeckung von Wandvorsprüngen - fehlende Metallabdeckung
- Sandene Fugen bei Ziegelsichtmauerwerk

Fenster, Außentüren

- Mangelhafte Dichtigkeit des Anschlusses zwischen Blendrahmen und Mauerwerk
- Fäulnisschäden an Blend- und Flügelrahmen
- Unzureichende oder schadhafte Fensterbeschläge
- Schäden an Klapp- oder Rolläden
- Defekte Fensterbankabdichtung
- Ungenügender Schall- und Wärmeschutz durch Einfachverglasung
- Beschädigte, undichte Hauseingangstüren

Dach

- Mangelhafte Tragfähigkeit des Dachstuhls wegen Unterdimensionierung der Traghölzer
- Tierischer und pflanzlicher Schädlingsbefall an den Holzteilen
- Undichtigkeit durch schadhafte Eindeckung und fehlende Unterspannbahn
- Ungenügende Wärmedämmung
- Schadhafte Kaminköpfe und Versottungen der Kaminzüge
- Schadhafte Eindichtung von Dachaufbauten

Geschoßdecken

- Durchbiegung von unterdimensionierten Holzbalkendecken
- Fäulnisschäden am Auflager der Balken
- Abplatzungen des Deckenputzes
- Befall durch Hausschwamm an Deckenbalken in Bereichen, an denen Feuchtigkeit eindringen kann
- Korrosionsschäden an Stahlträgern im Kellergeschoß

Fußböden, Innentüren

- Ausgetretene Holzdielenbeläge
- Beschädigte Fußleisten, oft mit Fäulnisbefall
- Beschädigte Fliesen- und Plattenbeläge im Hausflur des Erdgeschosses
- Durchfeuchtung des Kellerbodens
- Oberflächenschäden und Risse in den vorhandenen Holztüren

Geschoßtreppen

- Ausgetretene Holztreppenstufen
- Fäulnisschäden an Holztreppen im Erd- und Kellergeschoß
- Fäulnis- oder Schwammbefall an Treppenpodesten, vor allem bei undichten WC-Leitungen
- Ungenügender Trittschallschutz der Treppe
- Ungenügender Brandschutz der Treppe

Sanitärinstallation

- Unzureichende Installation in technisch schlechtem Zustand
- Verstopfte Abflußleitungen
- Ungenügende Ausstattung der vorhandenen Wohnungen mit Bädern und WCs

Heizung

- Fehlende Zentralheizung
- Versottene Kaminzüge
- Brandgefahr durch unsachgemäß aufgestellte Einzelöfen

Elektroinstallation

- Technisch unzureichende Elektroinstallation, oft ohne notwendigen Schutzleiter
- Ungenügende Absicherung und Unterverteilung
- Gering dimensionierte Hausanschlüsse

Modernisierungsschwerpunkte

- Abdichtung von Kelleraußenwänden und Kellerböden gegen eindringende und aufsteigende Feuchtigkeit
- Verbesserung der Raumaufteilung durch Einbau neuer Zwischenwände
- Einbau von Bad und WC in der Wohnung
- Verbesserung des Schallschutzes vorhandener Innenwände
- Putzreparatur von Holzbalkendecken
- Reparatur beziehungsweise Erneuerung der Fenster
- Reparatur beziehungsweise Erneuerung der Dacheindeckung und Teilerneuerung des Dachstuhls
- Reparatur ausgetretener Holztreppenstufen
- Reparatur/Erneuerung von Innentüren
- Erneuerung der Haustechnik

Häuser der 20er und 30er Jahre

Typische Schadensbilder und Mängel

Außenwände

- Durchfeuchtung der Kellerwände bei fehlender Vertikalisolierung
- Durchfeuchtung der Erdgeschoßwände bei fehlender Horizontalabdichtung
- Risse und Fugen in tragenden Außenbauteilen, vor allem auch in Balkonen und Loggien

Innenwände

- Ungenügender Schallschutz von Wohnungstrennwänden aufgrund geringer Wandstärken
- Unzureichender Brandschutz von Treppenhauswänden
- Großflächige Putzschäden
- Geringe Festigkeit und geringer Verbund von Innenwänden aus großformatigen Bauplatten

Außenwandbekleidungen

- Putzschäden in Form von Rissen und Abplatzungen im Sockelbereich
- Mangelnder Wärmeschutz von Außenwänden
- Mangelnder Feuchteschutz von Außenwänden, zum Beispiel durch fehlende Metallabdeckung von Mauervorsprüngen
- Ausgewaschene Fugen bei Sichtmauerwerk

Fenster, Außentüren

- Mangelhafte Dichtigkeit zwischen Blendrahmen und Mauerwerk
- Fäulnisschäden an Blend- und Flügelrahmen
- Schäden an Roll- und Klappläden
- Verzogene, schiefe Flügelrahmen
- Ungenügender Schall- und Wärmeschutz der Fenster
- Beschädigte Außentüren

Dach

- Tierischer und pflanzlicher Schädlingsbefall an tragenden Holzteilen
- Undichtigkeit durch schadhafte Eindeckung und fehlende Unterspannbahn
- Unzureichende Wärmedämmung
- Schadhafte Dachrinnen und Fallrohre
- Beschädigte und durchfeuchtete Kaminköpfe
- Schäden an Putzflächen der Dachschrägen, hervorgerufen durch Bewegungen des Dachstuhls

Geschoßdecken

- Durchbiegungen von unterdimensionierten Holzbalkendecken
- Fäulnisschäden am Auflager im Mauerwerk
- Korrosionsschäden an Stahlträgern im Kellergeschoß
- Schwammbefall von Deckenbalken durch eindringende Feuchtigkeit
- Schadhafter Deckenputz

Fußböden, Innentüren

- Ausgetretene Holzdielenböden
- Fäulnisschäden an Lagerhölzern von Erdgeschoßdecken
- Beschädigte Fußleisten, oft mit Fäulnisschäden
- Beschädigte Fliesenbeläge im Hausflur des Erdgeschosses
- Undichte, verzogene Innentüren

Geschoßtreppen

- Ausgetretene Holztreppenstufen
- Beschädigte Plattenbeläge bei Massivtreppen
- Fäulnisschäden an Holztreppen im Erd- und Kellergeschoß
- Schwammbefall an tragenden Holzteilen im Treppenpodest
- Mangelnder Trittschallschutz der Treppen
- Mangelnder Bandschutz der Treppen

Sanitärinstallation

- Unzureichende Sanitärinstallation
- Verstopfte Abflußleitungen
- Unterdimensionierte Hausanschlüsse
- Unzureichende Ausstattung der Wohnungen mit Bad, WC und Küche

Heizung

- Fehlende Zentralheizung
- Versottete Kaminzüge

Elektroinstallation

- Unzureichende technische Ausführung der Elektroinstallation, oft ohne Schutzleiter
- Ungenügende Unterverteilung und Absicherung
- Unterdimensionierter Hausanschluß

Modernisierungsschwerpunkte

- Abdichtung von Kelleraußenwänden gegen eindringende Feuchtigkeit
- Verbesserung der Wärmedämmung von Außenwänden
- Abdichtung von Außenwänden gegen aufsteigende Feuchtigkeit
- Vergrößerung vorhandener Badezimmer
- Verbesserung des Schallschutzes vorhandener Innenwände
- Verbesserung des Schallschutzes von Decken
- Verbesserung der Wärmedämmung von Dächern
- Reparatur beziehungsweise Erneuerung der Dacheindeckung
- Reparatur des Dachstuhls
- Erneuerung der Fenster durch neue Fenster mit Isolierverglasung
- Erneuerung der Haustechnik

Häuser der 50er Jahre

Typische Schadensbilder und Mängel

Außenwände

- Unzureichender Schall- und Wärmeschutz der Außenwände
- Kondensatgefahr bei dünnen Außenwänden
- Wärmebrücken durch Heizkörpernischen mit geringen Wandstärken
- Durchfeuchtung von erdnahem Mauerwerk

Innenwände

- Unzureichender Schallschutz der Wohnungstrennwände
- Teilweise Putzschäden

Außenwandbekleidungen

- Putzschäden in Form von Rissen und Abplatzungen, vor allem im Sockelbereich
- Putzschäden durch Risse im Mauerwerk

Fenster, Außentüren

- Undichte, verzogene Fensterrahmen mit oft erheblichen Anstrichschäden
- Ungenügender Schall- und Wärmeschutz bei Einfachverglasung

Dach

- Undichtigkeiten von Dächern durch fehlende Unterspannbahn oder beschädigten Mörtelverstrich
- Durchfeuchtung und Versottung der Kaminköpfe
- Schadhafte Dachrinnen und Fallrohre
- Ungenügender Wärmeschutz von Dachgauben

Geschoßdecken

- Ungenügender Tritt- und Luftschallschutz bei Massivdecken mit Verbundestrichen
- Ungenügender Wärmeschutz zum Kellergeschoß

Fußböden, Innentüren

- Schadhafte Keramik- oder Natursteinbeläge im Erdgeschoß
- Schadhafte PVC- oder Linoleumbeläge
- Korrosionsschäden an Metalleitungen, die in magnesitgebundenen Estrichen verlegt wurden
- Anstrichschäden an Innentüren und Türzargen

Geschoßtreppen

- Schadhafte Platten- und Kunststeinbeläge auf Massivtreppen und im Hausflur
- Ungenügender Trittschallschutz
- Ungenügender Brandschutz bei Holztreppen

Sanitärinstallation

- Knapp bemessene Ausstattung der Wohnungen mit Bädern und WC
- Korrosionsschäden an Wasserleitungen
- Verstopfte Abflußleitungen im Kellergeschoß

Heizung

- Fehlende Zentralheizung
- Beschädigte Gußasphaltbeläge in der Nähe von Einzelfeuerstätten
- Zentralheizungsanlagen ohne energiesparende Regelungseinrichtungen

Elektroinstallation

- Teilweise erneuerungsbedürftige Elektroinstallation ohne erforderlichen Schutzleiter
- Teilweise ungenügende Ausstattung mit Unterverteilungen und Absicherungen

Modernisierungsschwerpunkte

- Verbesserung der Wärmedämmung von Außenwänden
- Verbesserung des Schallschutzes von Decken
- Verbesserung der Wärmedämmung von Dächern
- Reparatur ausgetretener Estrichböden
- Verbesserung der Wärmedämmung von Fenstern
- Erneuerung vorhandener Heizungsanlagen
- Erneuerung schadhafter Sanitärleitungen

Bestandsaufnahme

Jede Modernisierung bedarf neben der Abwicklung der eigentlichen Modernisierungsarbeiten einer Reihe begleitender Arbeitsschritte, die eine besondere Qualität der Modernisierung gewährleisten sollen. Hierzu gehört eine sorgfältige Bestandsaufnahme sowohl der maßlichen als auch der technischen Situation.

1.2.2 Maßliche Bestandsaufnahme

Die vorhandenen Bestandspläne stimmen nur in den allerseltensten Fällen mit der Realität überein. Welche Folgen es hat, wenn nach falschen Plänen ausgeschrieben und geplant wird, ist leicht vorstellbar.

Die maßliche Bestandsaufnahme kann entweder nur eine Kontrolle und Überprüfung bereits vorhandener Pläne sein oder eine vollständige, neue Erfassung der vorhandenen Bausubstanz.

Im ersten Fall ist zu klären, ob die Pläne den letzten Stand der Dokumentation mit allen nachträglichen Änderungen darstellen oder ob sie veraltet und damit für die Planung nicht mehr ausreichend sind. Die Erfahrung zeigt, daß vorhandene Pläne sehr häufig unvollständig und zum Teil auch sachlich falsch sind. Es ist also Vorsicht bei der Verwendung geboten.

In jedem Fall ist vor einer maßlichen Bestandsaufnahme nachzuforschen, ob nicht Pläne neueren Datums auffindbar sind. Diese können zumindest als Skizze für eine exakte Bestandsaufnahme dienen. Handwerkerzeichnungen, z.B. von einem nachträglichen Heizungseinbau, können schon wertvolle Hinweise geben. Muß eine vollständig neue maßliche Aufnahme erfolgen, so ist sie vor der technischen Zustandskontrolle durchzuführen, da die Bewertung von Bauteilen ihre Einordnung und zeichnerische Fixierung im Gebäude voraussetzt. Mängel und Schwachstellen sind also in Plänen zu vermerken und durch ein Kodierungssystem zu erfassen.

1.2.3 Technische Bestandsaufnahme

Neben dem Neueinbau von Konstruktionen und Bauteilen entfällt bei der Altbaumodernisierung ein großer Anteil auf die Instandsetzung der vorhandenen Konstruktion. Hier wird im allgemeinen der Aufwand an nicht einsehbaren Konstruktionen, wie Holzbalkendecken, Installationen, Verankerungen usw. hoffnungslos unterschätzt. Umgekehrt werden andere Schadensbilder, wie Durchfeuchtung des Kellermauerwerkes, der »Befall mit Holzwürmern«, der schlechte und unsaubere Eindruck der Fassaden und der inneren Wandoberflächen weit überschätzt.

Die technische Bestandsaufnahme erfaßt und bewertet sämtliche Bauteile des vorhandenen Gebäudes hinsichtlich Funktionsfähigkeit, Zustand und Qualität.

Sie ist im Gegensatz zur Kurzbegehung verbindlich und detailliert durchzuführen. Zusammen mit den maßlichen Bestandszeichnungen und der Planung dient sie als Planungs-, Ausschreibungs- und Kostenberechnungsgrundlage.

Neben technisch aufwendigen Verfahren wie Endoskopie, Thermographie oder Ultraschalluntersuchungen gibt es auch einige einfache Untersuchungsmöglichkeiten wie Gipsmarken, Rauchröhrchen, Falzprüfungen mit Knetmasse oder Wassereindringungsprüfungen mit Karstenschen Prüfröhrchen. Wichtig sind aber auch so einfache Hilfsmittel wie zum Beispiel eine Checkliste, mit der die vorhandene Substanz dokumentiert und bewertet werden kann.

Einzelheiten zu Verfahren, Geräten und technischen Hilfsmitteln der Bestandsaufnahme können dem Buch »Verfahren/Geräte zur Erfassung von Bauschäden« entnommen werden (siehe Literaturverzeichnis im Anhang).

Durch die technische Bestandserfassung müssen sämtliche möglichen Fehlerquellen ausgeschaltet werden. Die Ergebnisse dieser Untersuchung ermöglichen erst eine verbindliche Kostenberechnung nach Bauteilen (Abweichung ca. ±10 %) und verschaffen

Typische Checkliste zur Bestandsaufnahme (Kopiervorlage im Anhang)

1.2 Analyse der vorhandenen Bausubstanz

dem Bauherrn einen Überblick darüber, welche Maßnahmen an seinem Gebäude möglich und welche dringend erforderlich sind.

Ohne exakte technische Bestandsaufnahme ist jede Planung reine Spekulation und die Kostenberechnung ein Glücksspiel. Nur das fehlende Wissen um diese Problematik führte zu der verbreiteten Meinung, Kosten ließen sich im Altbau nicht genau berechnen.

*Einfache Prüfmethode:
Untersuchung des Falzes durch Kittstreifen*

Die technische Bestandsaufnahme ist die unverzichtbare Grundlage jeder genauen Planung.

Prüfen der Wasseraufnahmefähigkeit von Außenwänden durch Karstensches Prüfröhrchen

Endoskopie

1.2.4 Klärung der Randbedingungen

Neben der Bestandsaufnahme müssen rechtzeitig vor Baubeginn alle sonstigen Randbedingungen für das Projekt geklärt sein:

1.2.4.1 Klärung der Nutzungsperspektiven sowie der Kostengrenzen und der Finanzierungsvorgaben

Jede Altbaumodernisierung ist ein gezielter Eingriff in die vorhandenen Bausubstanzen mit teilweise weitreichenden technischen Notwendigkeiten. Die Konstruktion, das Grundraster des alten Hauses, bietet in aller Regel wenig Flexibilität, so daß Änderungen der Nutzung oder spätere Änderungen des Kostenrahmens nur sehr schwer während der Bauphase aufgefangen werden können. In aller Regel bedeuten eine veränderte Nutzung und ein veränderter Kostenrahmen eine völlige Umplanung des Projektes. Aus diesem Grunde müssen so früh wie möglich alle entscheidenden Parameter festgelegt sein.

1.2.4.2 Rechtzeitige Berücksichtigung der möglichen Auflagen von Bauaufsicht und Denkmalpflege

Gerade im Bereich denkmalgeschützter Bausubstanz können erhebliche Forderungen von der Denkmalpflege, aber auch, z. B. hinsichtlich des Brandschutzes, von der Bauaufsicht gestellt werden. Eine nachträgliche Integration solcher Auflagen in eine bestehende Planung erfordert einen ungeheuren Aufwand und führt in aller Regel zu enormen Mehrkosten, weil sich diese Auflagen mit der geplanten Nutzung häufig nur sehr schwer vereinbaren lassen.

1.3 Die Planung entscheidet die Kosten

Die Planung entscheidet die Kosten. Dies gilt für die Altbaumodernisierung mehr noch als für den Neubau. Vieles beim Bauen im Bestand wird als gegeben hingenommen, weil es vermeintlich nicht zu ändern ist. Dazu gehören häufig auch sehr hohe Baukosten.

Immer wieder wird betont, wie schwierig eine exakte Kostenanalyse beim Umgang mit alter Bausubstanz sei. Gewaltige Kosten, wenn nicht gar Kostenüberschreitungen, und Altbaumodernisierung gehören für viele offenbar untrennbar zusammen. Dabei wird vergessen, daß auch beim Bauen im Bestand die Kosten im wesentlichen durch drei Faktoren beeinflußt werden:

1. Die vorhandene Bausubstanz (Analyse)
2. Die Einplanung der neuen Nutzung in die alte Substanz (Planung)
3. Die Wahl des Standards der neuen Nutzung (Planung)

Nach der Analyse des Bestandes kommt der Einplanung der neuen Nutzung die größte Bedeutung zu, weil hier der meiste Einfluß ausgeübt werden kann.

1.3.1 Vorhandene Grundrisse

Grundsätzlich sollten die vorhandenen Grundrisse akzeptiert werden. Nur so ist eine kostengünstige Altbaumodernisierung möglich. Rechtzeitig muß man sich also mit der Beschaffenheit des Grundrisses auseinandersetzen, der, ähnlich wie die Konstruktion und der Baustil, ganz klaren Gesetzmäßigkeiten unterliegt.

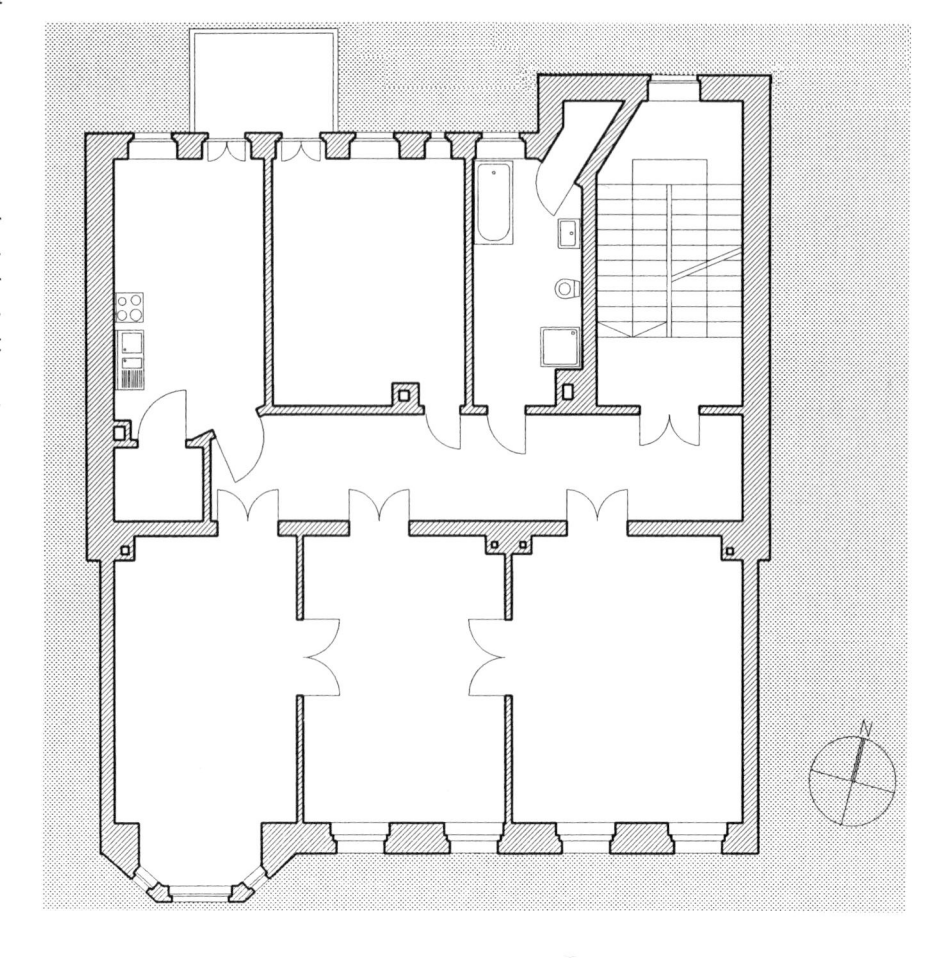

Grundriß Haus der Jahrhundertwende

1.3 Die Planung entscheidet die Kosten

Grundriß Haus der 20er Jahre

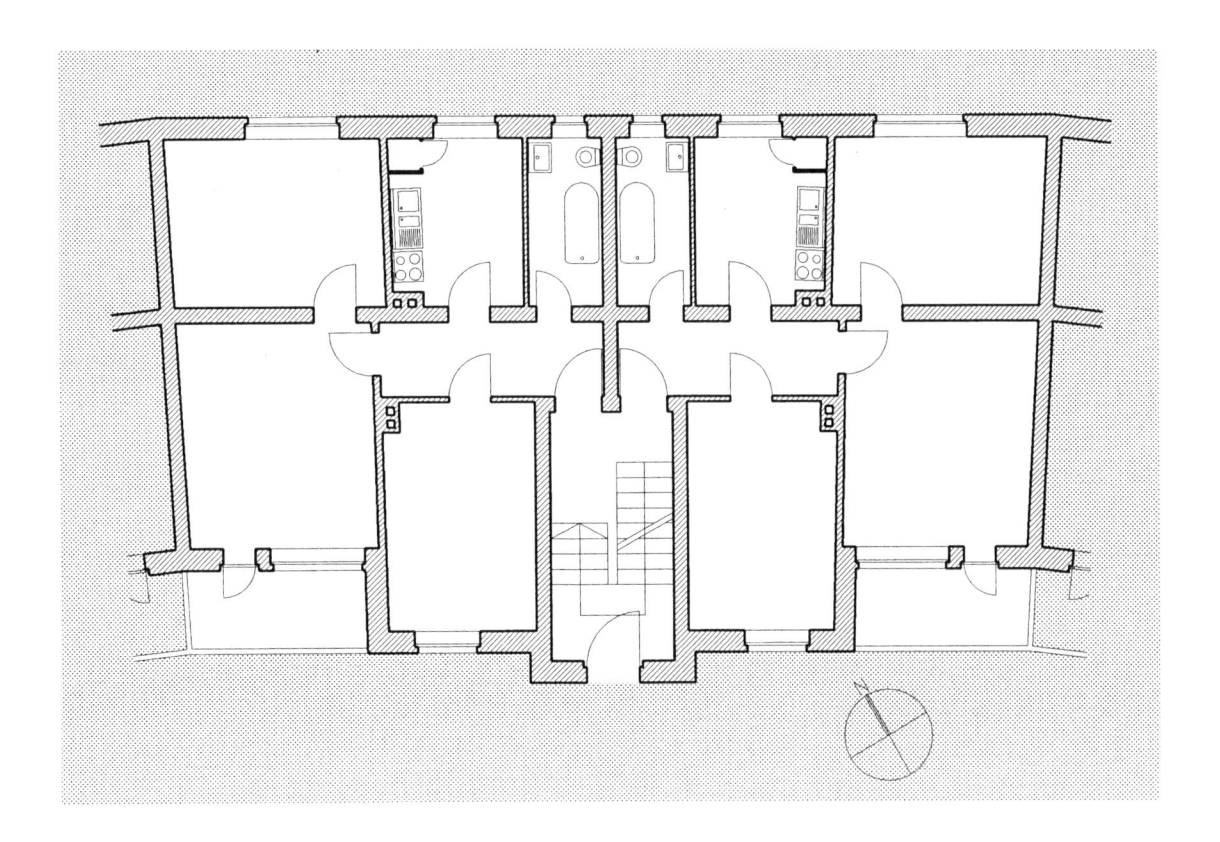

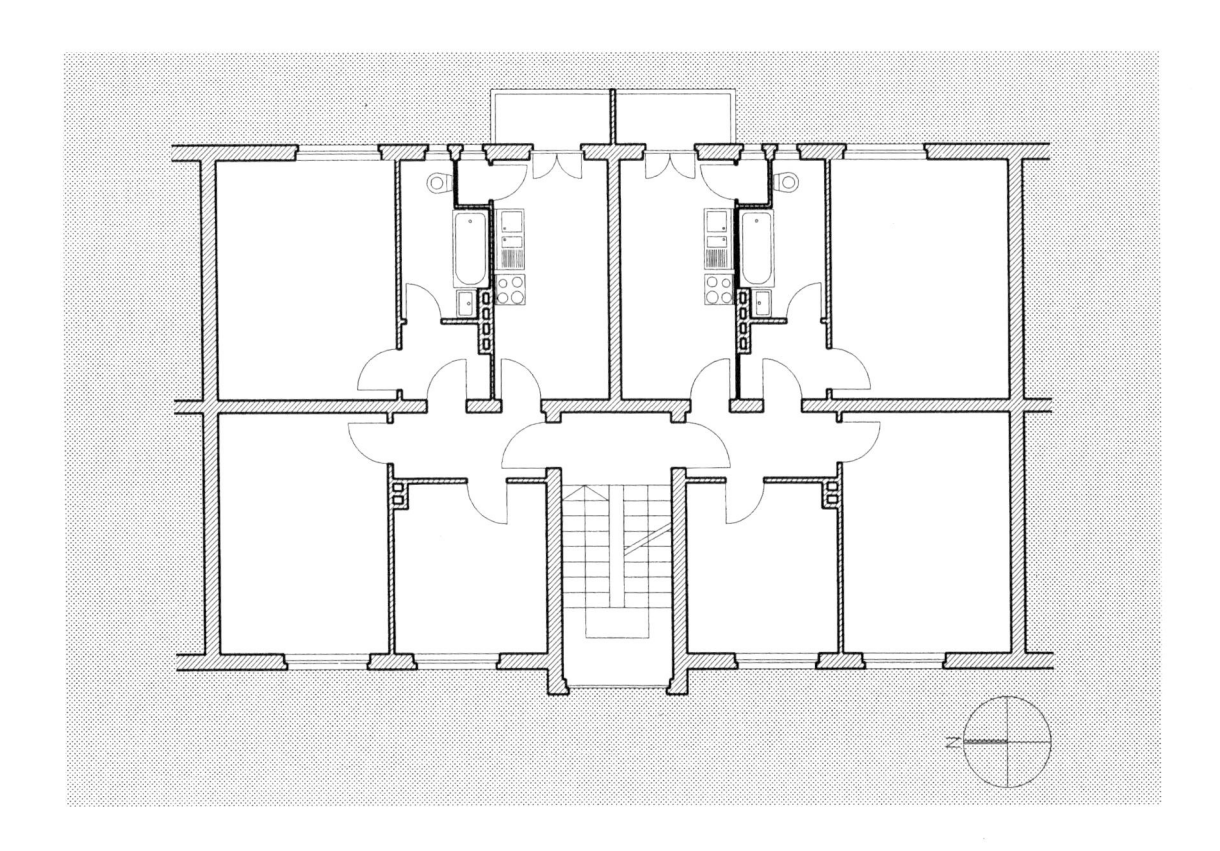

Grundriß Haus der 50er Jahre

Grundriß Haus der 60er Jahre

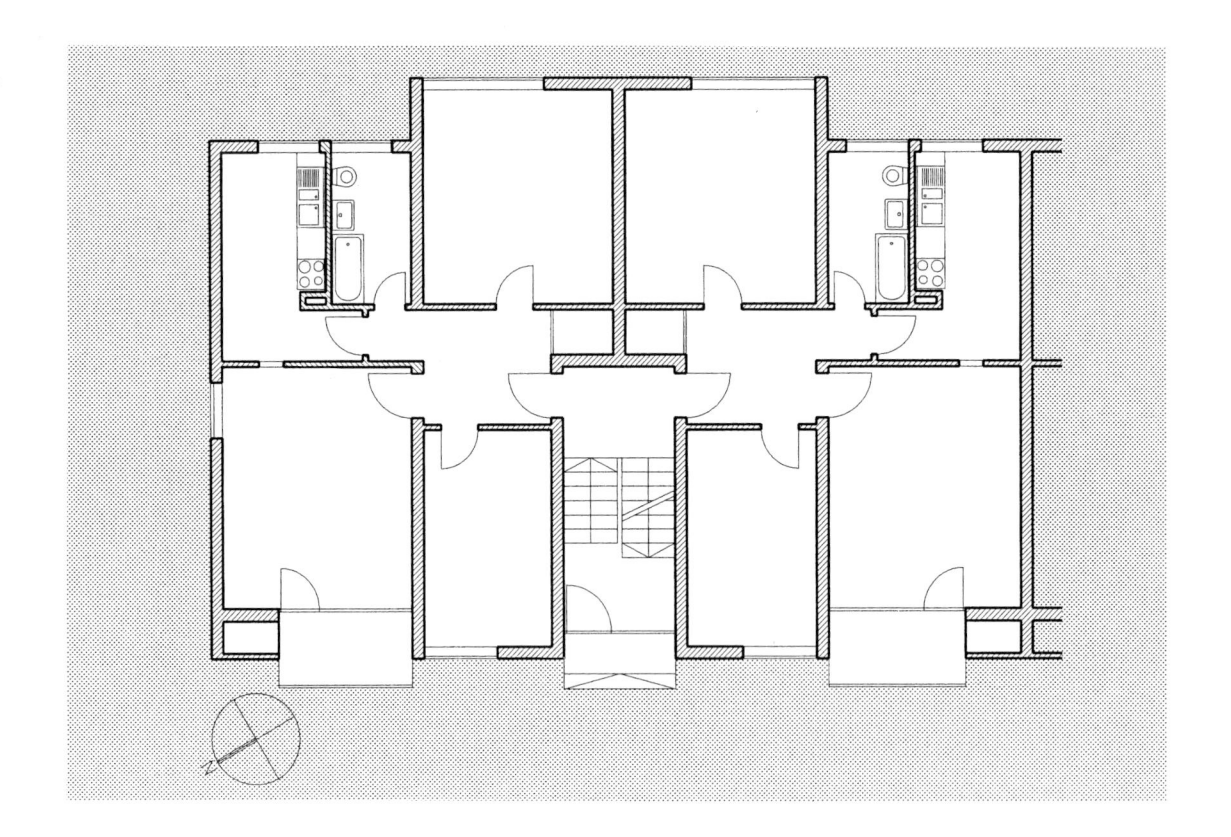

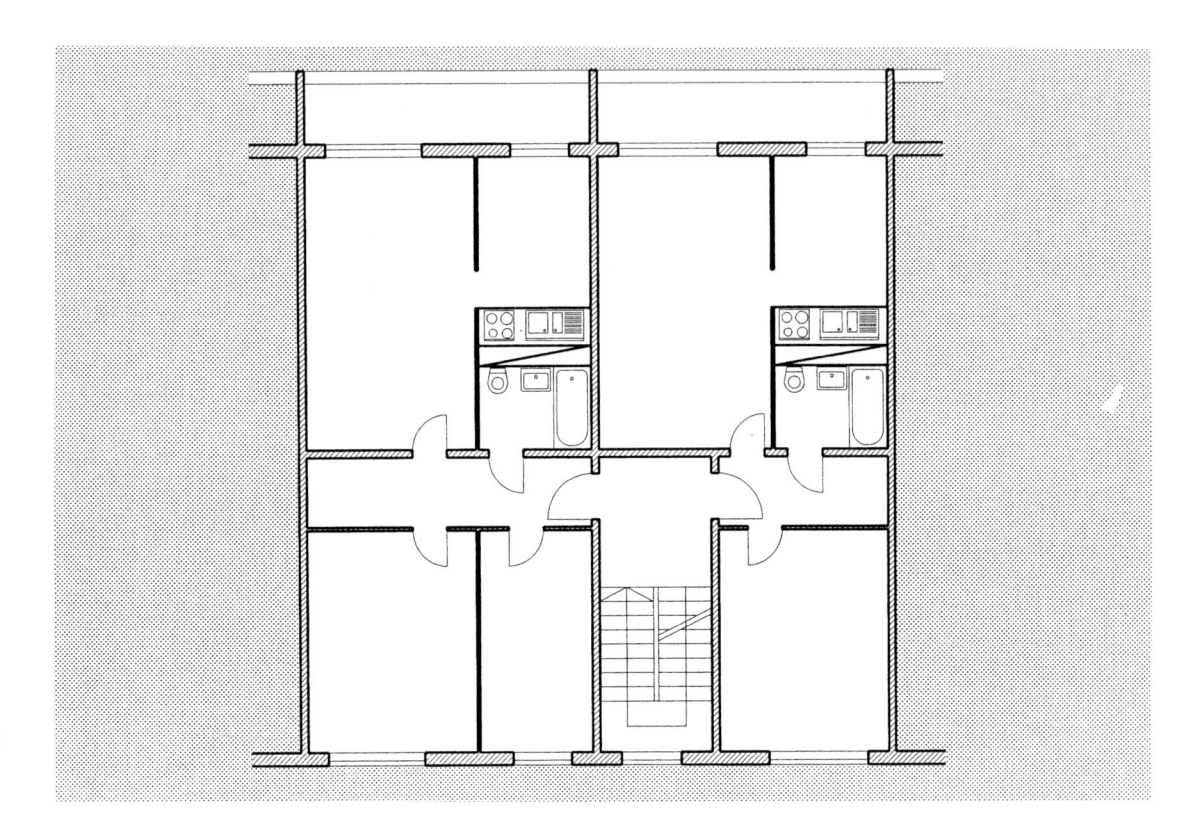

Grundriß Haus der 70er Jahre Industrialisiertes Bauen (Plattenbau)

1.3.2 Veränderungsmöglichkeiten des Grundrisses

Die Veränderungen des Grundrisses sollten grundsätzlich sehr behutsam erfolgen. Mit kleinen Zugeständnissen an die üblichen Vorstellungen lassen sich auch neue Nutzungen meist ohne große Veränderungen in die vorhandene Substanz einfügen. Hierdurch wird nicht nur der Aufwand generell klein gehalten.

In vielen Fällen setzt die Altbaukonstruktion selbst auch ungewohnte Grenzen:

- Dünne Trennwände sind in vielen Fällen tragend.
- Die Herausnahme einer Wand produziert erhebliche Folgekosten, weil die Fußböden und die Decken nicht auf einer Höhe liegen.
- Das Ausnivellieren des Fußbodens wird zum Problem, weil die Schräglage von Raum zu Raum zunimmt.
- Dachgeschosse lassen sich nicht wie gewünscht ausbauen, weil tragende Holzbauteile den freien Durchgang stören, aber nicht ohne weiteres ausgebaut werden können.
- Beim Einbau von Installationsschächten liegen Deckenbalken im Weg.

Oben rechts:
Mit dem Herausnehmen einer Wand ist es nicht allein getan

Mitte rechts:
Der Abbruch von Innenwänden hat oft aufwendige Abfangungen zur Folge

Unten rechts:
Auch dünne Wände sind im Altbau oft tragende Wände

1.4 Planungsgrundsätze der Altbaumodernisierung

1.4.1 Sinnvolle Grundrißveränderungen

Die Einplanung der neuen Nutzung in die alte Substanz sollte immer mit möglichst geringen Eingriffen in das vorhandene Baugefüge verbunden sein.

Die Planung für die neue oder die alte Nutzung nimmt häufig keinerlei Rücksicht auf die vorhandene Situation und orientiert sich an Neubaustandards.

Grundrißlösungen orientieren sich beispielsweise an genormten Vorstellungen und nicht an den vorhandenen Wandstellungen.

Wenn ein vorhandener Altbau vollständig »umgekrempelt« wird, resultieren daraus Baukosten, die deutlich höher liegen als bei vergleichbaren Neubauten.

1.4.1.1 Belassen multifunktionaler oder gefangener Räume

Dies gilt insbesondere für den Wohnungsbau mit großen Gebäudelängen und außermittigen Treppenhäusern, die häufig zu langen Fluren und entsprechenden Raumstaffelungen geführt haben. Der Altbau ist nun einmal kein moderner Stahlbeton-Skelettbau, in dem Grundrißzuschnitte frei aufgestellt werden können. Sicherlich ist jede Grundrißänderung möglich, aber sie bedeutet in aller Regel einen erheblichen Eingriff in das statische Gefüge, indem z. B. tragende Mittelwände und aussteifende Querwände betroffen sind, was zu enormen Baukosten führt. Hier muß also ein Umdenken einsetzen, welches zunächst einmal die vorhandene Bausubstanz als größte Vorgabe berücksichtigt.

1.4.1.2 Weitgehendes Belassen vorhandener Wandstellungen

Es gibt Beispiele, bei denen in einem vorhandenen Altbau mit über 100 Räumen alle Querwände abgebrochen und um 10 oder 20 cm versetzt wieder neu aufgestellt werden sollten, nur um absolut identische Raummaße herzustellen.

Dies ist glücklicherweise ein seltenes Beispiel, aber es muß auf jeden Fall bedacht werden, daß durch jeden Wandabbruch auch in erheblichem Umfang Arbeiten am Fußboden und der Decke erforderlich werden. Im Neubau führt eine eingesparte Wand zu geringeren Kosten. Im Altbau führt eine abzubrechende Wand zu Abbruchkosten für die Wand selbst, zu einem aufwendigen Schutttransport, zu Beiputzarbeiten an den Wänden in einem Umfang der davon abhängt, wie geschickt die Wand abgebrochen wurde, zu erheblichen Beiputzarbeiten an der Decke und in aller Regel zu der Erneuerung der Fußböden, weil die Fußbödenhöhen in den nun vereinten Räumen mit Sicherheit nicht das gleiche Maß aufweisen.

1.4.1.3 Grundrißveränderungen möglichst nur durch Hinzufügen leichter Trennwände

Das Hinzufügen von, insbesondere leichten, Trennwandkonstruktionen ist im Altbau ebenso unproblematisch wie im Neubau. Einzige Erschwernis sind die etwas behinderten Transportwege, die natürlich bei der Kalkulation zu berücksichtigen sind, was dazu führt, daß z. B. eine neue Gipskartonwand im Altbau immer einen höheren Einheitspreis aufweist als im Neubau. Hier liegt eine Fehlerquelle, die bei unerfahrenen Planern und Architekten zu einer fehlerhaften Kalkulation führen kann.

Abbruch einer Trennwand

1.4.2 Umsetzung und Durchführung der einzelnen Maßnahmen in altbauverträglicher Form

1.4.2.1 Möglichst wenig vertikale Erschließungsstränge

Ähnlich wie im Neubau ist das Zusammenfassen von Ver- und Entsorgungsleitungen eine Notwendigkeit, um Kosten zu sparen. Im Altbaubereich um so mehr, als alle Deckendurchbrüche, inkl. der erforderlichen Vor- und Folgearbeiten, erst hergestellt werden müssen.

1.4.2.2 Kompromisse bei Belichtung und Belüftung

Insbesondere bei denkmalgeschützten Gebäuden oder besonderen städtebaulichen Situationen sind gewohnte Neubaustandards mit entsprechend großen Fenstern oft nur sehr schwer oder mit einem hohen technischen Aufwand durchführbar. Hier müssen rechtzeitig mit allen Beteiligten, d. h. den Investoren, den Nutzern und den Aufsichtsbehörden, Klärungen herbeigeführt werden. Kleine Kompromisse führen häufig zu großen Einsparungen.

1.4.2.3 Schutz und Wiederverwendung vorhandener Bauteile

Dies ist eine ganz grundlegende Forderung für das Planen und Bauen im Bestand. Jedes Bauteil, welches erhalten wird, trägt zum einen durch seine historische Gestaltung zum Erscheinungsbild des Hauses bei und muß auf der anderen Seite auch nicht erneuert werden. Dies spart direkt in großem Umfang Kosten ein. Allerdings müssen die zu erhaltenden Bauteile geschützt werden, damit nicht durch Beschädigung während der Bauzeit ganz erhebliche Restaurationskosten auflaufen.

1.4.3 Die Wahl altbaugerechter Konstruktionen

Eine Reihe von Bauweisen und Konstruktionen führt zu ganz erheblichen Einsparungen der Bauzeit. Einige Beispiele hierzu:

1.4.3.1 Konstruktionen ohne umfangreiche Vor- und Folgearbeiten

Jede Verlegung von Leitungen unter Putz erfordert äußert umfangreiche Stemmarbeiten, verbunden mit entsprechender Lärm- und Staubbelästigung und ebenso umfangreiche Verputzarbeiten. Hier sollte immer versucht werden, Leitungen vor der vorhandenen Konstruktion zu verlegen und durch entsprechende Schächte zu verkleiden. Bei rechtzeitiger Berücksichtigung in der Planung ist dies überhaupt kein Problem.

1.4.3.2 Trockene Bauweisen

Die Trocknungszeit bestimmter Bauverfahren, zum Beispiel beim Aufbringen von Naßputz auf Wände und Decken, überschreitet die eigentliche Bauzeit um ein Vielfaches. Hierdurch werden Folgegewerke behindert, die Herstellzeit verlängert und überdies das Bauwerk durch unnötige Feuchtigkeitsmengen belastet, die später noch zu Schäden in Form von Schimmelpilzbildungen führen können.

1.4.3.3 Zeitsparende Konstruktionen

Die vermeintlich teurere Konstruktion kann beim Altbau letztendlich die preiswertere sein, weil zügiger weitergearbeitet und das Bauvorhaben schneller fertiggestellt werden kann. Ein typisches Beispiel hierfür ist der Einbau von Estrich. Preiswerte, wassergebundene Estriche sind zwar in kurzer Zeit eingebracht, benötigen jedoch mehrere Tage oder gar Wochen zur Aushärtung und Austrocknung. Der teurere Gußasphalt ist in wenigen Stunden eingebaut und kann bereits am nächsten Tag wieder begangen und mit dem Oberbelag versehen werden.

1.4.3.4 Fertig endbehandelte Bauteile

Es ist unbedingt darauf zu achten, nur fertig endbehandelte Bauteile in der Altbaumodernisierung zu verwenden. Der Endanstrich von Heizkörpern, Fenstern, Türen und Fußleisten durch den Maler auf der Baustelle führt zu großen Zeitverzögerungen und in aller Regel zu einer wesentlich schlechteren Qualität. Die vermeintlichen Beschädigungen während des Einbaus werden überbewertet. Durch eine sorgfältige Planung und Bauleitung lassen sie sich auf ein Minimum reduzieren. Die tatsächlich einmal auftretenden kleinen Kratzer und Beschädigungen sind schnell ausgebessert.

Schutz einer Treppe während der Bauzeit

*Links:
Trockene Bauweisen sind bei der Altbaumodernisierung zu bevorzugen*

*Rechts:
Behutsames Arbeiten ist altbaugerecht und zeitsparend*

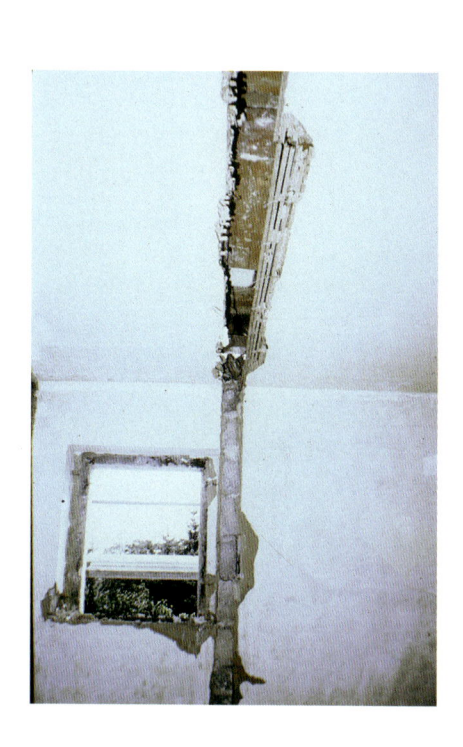

1.4.3.5 Vorgabe altbaugerechter Arbeitsweisen

Preßlufthammer und schweres Stemmwerkzeug, nahezu der Inbegriff für Umbaumaßnahmen, sollten auf einer guten Altbaubaustelle eigentlich Tabu sein. Notwendige Veränderungen an der vorhandenen Konstruktion sollten gebohrt, gefräst oder mit einer Trennscheibe geschnitten werden. Die Folgeschäden, die ein ungeschickter Handwerker durch das unsachgemäße Herausstemmen einer Wandöffnung erzeugt, weil quadratmeterweise um die neue Türöffnung herum der Wandputz abfällt, sind größer als die Kosten für den eigentlichen Wandabbruch.

1.4.4 Ausnutzen des Bestandschutzes und der Genehmigungsfreistellung bei vorhandenen Gebäuden

1.4.4.1 Bauanträge nur dann, wenn sie auch wirklich erforderlich sind

Grundsätzlich sind, mit geringfügigen Unterschieden in den einzelnen Bundesländern, Bauanträge nur erforderlich bei Nutzungsänderungen, erheblichen Veränderungen in der Baukonstruktion, bei Veränderung der Fassadengestaltung oder bei Arbeiten an Gebäuden, die unter Denkmalschutz stehen.

Dies sollte man berücksichtigen und Bauanträge wirklich nur dann einreichen, wenn es auch tatsächlich erforderlich ist. Dies führt schließlich zu einem beschleunigten Bauablauf und entlastet die teilweise überlasteten Bauämter. Einige Länder haben dies bereits erkannt und Freistellungsverordnungen initiiert.

1.4.4.2 Überprüfen der Auflagen der Bauaufsicht und der Denkmalpflege

Wenn schon ein Bauantrag oder ein denkmalpflegerisches Genehmigungsverfahren erforderlich ist, dann sollten auf alle Fälle die erteilten Auflagen sehr sorgfältig geprüft werden. Oft schießen die Genehmigungsbehörden aus Unsicherheit über das gebotene Ziel hinaus, und erheben Forderungen, für die eine rechtliche Grundlage fehlt. Nicht selten führt der Widerspruch gegen einzelne Auflagen zu einer erneuten Prüfung und zu einer differenzierteren Behandlung. Es darf nicht vergessen werden, daß Baugenehmigungsbehörden letztlich Verwaltungsinstanzen sind. Im Zweifelsfall haben die Gerichte über die Rechtmäßigkeit einzelner Maßnahmen zu entscheiden. Leider bedeutet dies immer einen sehr langen und zeitraubenden Weg.

Zur erfahrenen Altbaumodernisierung gehört daher auch eine große Rechtssicherheit, zumal viele Probleme bei der Modernisierung sehr spezifisch sind.

1.4.4.3 Berücksichtigung verringerter Schall- und Wärmeschutzanforderungen

Zunehmend erleben wir im Neubaubereich eine Anhebung der Standards hinsichtlich des Schall- und Wärmeschutzes. Neuentwickelte Bauteile, die Verbesserung von Konstruktionen und eine sorgfältige Bauausführung lassen dies auch im Neubau problemlos zu.

Die Einhaltung von hohen Standards, insbesondere für den Schallschutz, kann jedoch bei der Altbaumodernisierung zu einem ganz hohem Aufwand führen, weil die Grundkonstruktion nicht dafür geeignet ist, hohe Schallschutzwerte zu gewährleisten.

Grundsätzlich gilt beim Altbau zunächst ein Bestandsschutz, weil die Erzielung hoher Standards zu einem unverhältnismäßig hohen Aufwand führen würde, zum Beispiel bei der vollständigen Erneuerung von Decken nur zum Zwecke des Schallschutzes. Es ist daher dringend geboten, vor Planungsbeginn zwischen Bauherren und Planern die Standards festzulegen. Die Verringerung des Schallschutzes um wenige Dezibel kann zu einer erheblichen Kostenreduktion führen, während umgekehrt die Durchsetzung hoher Schallschutzstandards eine wahre Kostenexplosion verursachen kann.

1.4.5 Wahl des Standards

Die Wahl des Standards ist der letzte Abschnitt in der Abfolge der Kostenbeeinflussung. Letztlich sollte sich hier die Qualität des Projektes dokumentieren.

Nicht selten genug dient die Reduzierung des Standards jedoch als letzte Möglichkeit, einen durch die vorhergegangenen Phasen bereits überzogenen Kostenrahmen noch zu retten. Der Umfang der Beeinflussung auf die Kosten in diesem späten Stadium der Planung ist verständlicherweise bereits sehr eingeschränkt.

1.5 Kostenermittlung und Kostenkontrolle

Eine ganze Reihe von Risiken sind schon angesprochen worden. Ein ganz großes Risiko ist aber noch nicht erläutert worden, und zwar das der Abweichung vom vorgesehenen Kostenrahmen.

Aus diesem Grunde ist folgendes ganz wichtig:

1.5.1 Sorgfältige und altbaugerechte Ermittlung der Baukosten

Eine gar nicht so seltene Methode der Kostenermittlung besteht darin, daß ein Bauherr mit seinem Architekten im Auto an der Baustelle vorbeifährt und ihn nach den zu erwartenden Baukosten fragt. In gar keinem Fall darf der Architekt sich jetzt zu einer für ihn äußerst verhängnisvollen Antwort hinreißen lassen. Eine Fernanalyse aus dem fahrenden Auto ist nicht möglich.

Eine zweite Form der Untersuchung besteht darin, daß Bauherr und Architekt das Gebäude gemeinsam begehen und der Architekt eine erste Technische Bestandsaufnahme vornimmt, indem er mit dem einzigen ihm derzeit zur Verfügung stehenden Werkzeug, nämlich dem Autoschlüssel, an dem Gebäude kratzt. Auch diese Form der Bestandsuntersuchung ist ebenso weitverbreitet wie leichtsinnig.

Jeder sorgfältigen und seriösen Kostenermittlung für die Altbaumodernisierung muß eine Technische Bestandsaufnahme vorausgehen.

Ebenfalls vorausgehen muß eine zumindest grobe Planung mit Festlegung der erforderlichen Grundrißveränderung, des Standards und des geplanten Zeitrahmens. Erst dann kann eine Kostenermittlung durchgeführt werden.

Kostenschätzung

Eine durchaus denkbare Methode ist die Kostenschätzung über einen Baukostenwert pro Quadratmeter Wohnfläche oder pro Kubikmeter umbautem Raum. Ein Verfahren, das durchaus seine Berechtigung hat. Es setzt allerdings voraus, daß entsprechende Zahlenwerte aus ähnlichen realisierten Projekten in ausreichender Zahl vorliegen. Hierbei muß unbedingt der Zustand der vorhandenen Konstruktion mitberücksichtigt werden, weil die Sanierung der vorhandenen Konstruktion und insbesondere die Sanierung der versteckten Schäden einen ganz erheblichen Anteil der Baukosten ausmacht.

Im Gegensatz zur Baukostenschätzung beim Neubau gibt es beim Altbau eine Reihe von Faktoren, die ganz entscheidend die Kosten beeinflussen:

Was macht die Altbaumodernisierung teurer als vergleichbare Neubauten?

I. Übergroße Raumhöhen

II. Aufwendige Fassadenkonstruktionen mit:
   A. Stuck
   B. Natursteinen
   C. Sonstigen Zierelementen

III. Aufwendige Innenbauteile mit:
   A. Parkett
   B. Bleiverglasungen
   C. Übergroßen und überbreiten Türen mit aufwendigen Futtern und Bekleidungen
   D. Aufwendigen Beschlägen
   E. Historischen Kachelöfen
   F. Wandvertäfelungen aus Holz

IV. Verschiedenes
   A. Aufwendige Anforderungen aus der Denkmalpflege
   B. Aufwendige Abbrucharbeiten von Hand
   C. Schwierige Transportwege
   D. Störung des Bauablaufes durch beengte Baustellenverhältnisse

Einzelpositionen

Eine weit verbreitete Methode zur Baukostenermittlung ist die Erfassung des erforderlichen Aufwandes in Einzelpositionen für die einzelnen Gewerke, im Prinzip eine vorgezogene Leistungsbeschreibung. Dies setzt jedoch eine schon sehr exakte Planung voraus und ist überdies sehr arbeitsaufwendig und umfangreich. Nicht zu unrecht steht diese Leistungsphase im normalen Bauablauf hinter der Ausführungsplanung.

Bauteilkostenermittlung

Eine Kostenermittlung, die sich für die Altbaumodernisierung sehr bewährt hat, ist die Erfassung der Kosten über sogenannte Bauteilkosten. Hierbei sind Einzelpositionen zu sinnvollen Bauteilen zusammengefaßt, so daß zum Beispiel die Position »Erneuerung einer Tür« neben dem Türblatt und der Zarge, dem Herstellen des Wanddurchbruches, dem Einbau des Sturzes auch den Beiputz der Wände enthält. Mit dieser Methode ist es möglich, innerhalb sehr kurzer Zeit, mit im allgemeinen nicht mehr als 100 Positionen, einen Kostenrahmen zu ermitteln, der auf ± 10 % genau ist, Erfahrung und sorgfältige Bestandsanalyse vorausgesetzt.

Kostenkontrolle: Baukostenfortschreibung für die Kostengruppe 3.0 nach DIN 276

Bauvorhaben:	Sanierung Wohngebäude	Haustyp:	Wohngebäude 4-geschossig, WFL = 1.135 m²
Bauherr:	Wohnungsbaugesellschaft	Kurzbezeichnung:	Putzfassade, Gefälledach, Holzfenster, Fernwärme
Baujahr:	1993/94		

	Kostengruppe 3.0	geschätzt Gebäude	%	submittiert vergeben inkl. 15 % MwSt	Überschreitung submittiert	abgerechnet	Über-/Unter- schreitung abge- rechnet/Schätzk.
1	Abbruch	84.265 DM	4,5	86.945,75 DM	2.680,75 DM	104.999,80 DM	20.734,80 DM
2	Rohbau	418.061 DM	22,4	422.494,14 DM	4.433,14 DM	444.884,35 DM	26.823,35 DM
3	Gerüst	30.080 DM	1,6	29.832,29 DM	- 247,71 DM	24.297,35 DM	- 5.782,65 DM
4	Trockenbau	149.670 DM	8,0	143.160,40 DM	- 6.509,60 DM	137.132,28 DM	- 12.537,72 DM
5	Dachdecker	155.030 DM	8,3	150.872,58 DM	- 4.157,42 DM	132.838,94 DM	- 22.191,06 DM
6	Außenputz	127.496 DM	6,8	220.449,08 DM	92.953,08 DM	222.059,51 DM	94.563,51 DM
7	Zimmerer	24.600 DM	1,3	0,00 DM	- 24.600,00 DM	0,00 DM	- 24.600,00 DM
8	Tischler	273.045 DM	14,6	320.260,38 DM	47.215,38 DM	270.157,93 DM	- 2.887,07 DM
9	Fliesenleger	21.200 DM	1,1	71.476,98 DM	50.276,98 DM	66.625,00 DM	45.425,00 DM
10	Bodenbelag	116.360 DM	6,2	71.484,86 DM	- 44.875,14 DM	57.320,95 DM	- 59.039,05 DM
11	Außenjalousien	27.135 DM	1,5	12.406,20 DM	- 14.728,80 DM	12.406,20 DM	- 14.728,80 DM
12	Schlosser	10.330 DM	0,6	11.410,16 DM	1.080,16 DM	14.741,28 DM	4.411,28 DM
13	Asphalt	0 DM	0,0	19.678,80 DM	19.678,80 DM	13.102,74 DM	13.102,74 DM
14	Maler	112.875 DM	6,0	84.059,31 DM	- 28.815,69 DM	81.486,45 DM	- 31.388,55 DM
15	Heizung und Sanitär	234.003 DM	12,5	155.226,76 DM	- 78.776,24 DM	163.949,57 DM	- 70.053,43 DM
16	Elektro + Lampenlieferung	82.503 DM	4,4	86.768,66 DM	4.265,66 DM	89.137,31 DM	6.634,31 DM
17	Baureinigung	0 DM	0,0	5.827,05 DM	5.827,05 DM	6.119,79 DM	6.119,79 DM
18*	Mehrmengen Sperrmüll	0 DM	0,0			23.835,19 DM	23.835,19 DM
19	Hausanschl. Elt	0 DM	0,0			1.154,08 DM	1.154,08 DM
	Bausumme inkl. 15 % M	**1.866.653 DM**	**100**	**1.892.353,40 DM**	**25.700,40 DM**	**1.866.248,72 DM**	**- 404,28 DM**

* in abgerechneter Summe 2 nicht erfaßt!

1.5.2 Kostenkontrolle während der Bauzeit

Ein exakter, frühzeitig ermittelter Baukostenwert kann nur gehalten werden, wenn ihm eine altbauerfahrene Ausschreibung und eine altbauerfahrene Bauleitung folgen. Eine fehlerhafte Ausschreibung führt entweder zu unendlichen Angstzuschlägen der anbietenden Firmen oder wird im umgekehrten Fall so viele Positionen vermissen lassen, daß die Nachträge das Volumen des eigentlichen Bauvorhabens übersteigen und letztlich die doppelten Baukosten entstehen.

Die Altbaumodernisierung erfordert eine sehr, sehr detaillierte und zeitaufwendige Bauleitung, da vor Ort ständig Einzel- und Sonderprobleme gelöst werden müssen und nicht wie häufig beim Neubau sich wiederholende Standarddetails gefragt sind.

Daneben muß unbedingt eine sorgfältige Baukostenkontrolle erfolgen. Es ist unvermeidbar, daß bei einer Altbaumodernisierung unvorhergesehene Maßnahmen erforderlich werden. Wollte man alle Unwägbarkeiten von Anfang an ausschließen, müßten Bestandsaufnahme und Voruntersuchung einen unverantwortlichen großen Zeitrahmen beanspruchen. Unvorhergesehenes ist also einzukalkulieren, indem zum Beispiel entsprechende Positionen in die Leistungsbeschreibungen eingearbeitet werden. Es ist nun Aufgabe der Bauleitung, sehr genau zu verfolgen, wo Sonderleistungen, d. h. im allgemeinen Nachträge, erforderlich werden. Bei einem gut geplanten und gut ausgeschriebenen Projekt wird es im gleichen Maße Reduktionen bei den Normalleistungen wie Nachträge geben, so daß ein ausgeglichenes Verhältnis gewährleistet bleibt und es nicht zu Mehrkosten kommt. Zwei weitere Möglichkeiten sind jedoch möglich und nicht sehr selten:

Die erste Möglichkeit besteht darin, daß Nachträge ignoriert und von den Baufirmen auch nicht zeitnah gestellt, sondern gesammelt werden. Dies führt zu einer bösen Überraschung, wenn am Ende der Baumaßnahme ein Riesenpaket von Nachträgen auftaucht und keinerlei Möglichkeit mehr besteht, an anderer Stelle Einsparungen vorzunehmen. Juristische Auseinandersetzungen sind dann meist unausweichlich.

Häufig kommt es aber auch zum gegenteiligen Ergebnis. Alle entstehenden Nachträge werden dem kalkulierten Kostenrahmen hinzuaddiert, ohne daß Normalleistungen, die durch die Nachträge ersetzt werden, aus dem Kostenrahmen herausgenommen werden. In einem solchen Fall wird sich eine Überziehung der Baukosten abzeichnen, dem man versucht an anderer Stelle entgegenzuwirken, z. B. indem Maßnahmen gestrichen oder Standards heruntergefahren werden.

Bei der tatsächlichen Abrechnung stellt sich dann heraus, daß zwar Nachträge in erheblichem Umfang angefallen, dafür aber im gleichen Maße Normalleistungen entfallen sind, so daß der Kostenrahmen tatsächlich weit unterschritten wird und irgendwann gegen Ende der Bauzeit versucht wird, Standards wieder anzuheben, die man vorher mit viel Aufwand heruntergefahren hatte.

Der sorgfältigen und kostenkontrollierenden Bauleitung kommt deshalb bei der Altbaumodernisierung eine noch größere Rolle zu als beim Neubau.

Letztlich ist es aber durchaus möglich, Altbauten in einem begrenzten Risikobereich und in einem festgelegten Zeit- und Kostenrahmen zu modernisieren. Man muß dabei allerdings einige Gesichtspunkte und Faktoren berücksichtigen, in denen sich der Altbau vom Neubau unterscheidet.

1.6 Umsetzung von Modernisierungsmaßnahmen

1.6.1 Anleitung und Koordinierung der Handwerker

Eine wirtschaftliche und vor allem eine gebäudeschonende Modernisierung setzt die konstruktive Mitarbeit aller beteiligten Handwerker voraus.

Viel stärker als im Neubaubereich müssen die Arbeiten der verschiedenen Gewerke inhaltlich und zeitlich aufeinander abgestimmt werden. Außerdem müssen die Handwerker ein Gespür entwickeln für die Besonderheiten des Altbaus. Nur allzu bekannt sind zum Beispiel die Bilder von alten Stuckdecken, die vom Installateur an vielen Stellen zerstört worden sind, nur um Heizungsleitungen auf kürzestem Wege verlegen zu können.

Wichtigste Information für alle Handwerker ist das Einweisungsgespräch vor Beginn der Arbeiten, in dem die Planung und alle wichtigen Aspekte des Bauablaufes und der Baudurchführung dargestellt werden. Hier ist auch Gelegenheit, auf bestimmte altbaugerechte Arbeitstechniken hinzuweisen, zum Beispiel darauf, daß Putz bei Durchbrüchen einzuschneiden ist, daß Bohrlöcher in bewohnten Räumen nur mit Staubabsaugung herzustellen sind und so weiter.

Gleichzeitig sollen die Handwerker über bestimmte Schutzmaßnahmen an vorhandenen Konstruktionen (zum Beispiel zur Sicherung wertvoller Treppengeländer) sowie über die Wiederverwendung vorhandener Bauteile informiert werden.

Während der Bauzeit muß eine aufmerksame Bauleitung einen intensiven Informationsaustausch zwischen den Gewerken unterstützen, um Leerzeiten, Mißverständnisse und Baufehler zu vermeiden.

1.6.2 Mieterbetreuung

Eine Modernisierung kann nur wirtschaftlich und im Interesse der Bewohner durchgeführt werden, wenn die Mieter als kooperative Partner für die Bauaufgabe gewonnen werden.

Dies setzt eine umfassende Information der Bewohner voraus.

Sowohl vor Beginn von Untersuchungen als auch vor der Durchführung der Maßnahmen und während der Modernisierung kann eine möglichst genaue Information der Bewohner nur eine Verbesserung der Zusammenarbeit bringen.

Vorbehalte und Mißtrauen der Bewohner sind oft auf ungenügende Aufklärung zurückzuführen und auf die Vermutung, daß gegen die Belange der Betroffenen modernisiert werden soll.

Ziel der genauen Information der Bewohner sollte also sein, diese Vorbehalte auszuräumen und die Zielvorstellung der Maßnahmen in allen Belangen verständlich darzustellen.

Es muß in jedem Fall die Art der beabsichtigten Bestandsaufnahme und ihre Verfahrensweise vorher bekanntgegeben werden. Diese muß der Durchführende dem Bauherrn rechtzeitig erläutern, damit dieser in seiner Bewohnerinformation darauf hinweisen kann.

Oft sind die Bewohner verärgert, wenn sie erst im Verlauf der Durchführung erfahren, daß in ihrer Wohnung Fußböden geöffnet oder Bohrungen in Wand und Decke ausgeführt werden müssen. Es sollte selbstverständlich sein, daß durch eine möglichst schonende Arbeitsweise die auftretenden Belästigungen so gering wie möglich gehalten und die Mieter rechtzeitig informiert werden.

Unsachgemäß abgebrochene Zwischenwand

1.7 Technische Aspekte

Grundlegende bauphysikalische und technische Probleme bei der Althausmodernisierung

Es gibt bei der Althausmodernisierung eine Reihe bauphysikalischer Probleme, die vor Beginn der Planung beachtet werden müssen. Sie sind besonders wichtig, damit geplante Sanierungsmaßnahmen den gewünschten Erfolg zeigen beziehungsweise durchgeführte Maßnahmen nicht durch nachteilige Folgeerscheinungen getrübt werden.

1.7.1 Schallschutz

Typische Probleme:

- Vorhandene Wohnungstrennwände aus 12,0 cm Ziegelmauerwerk oder aus 24,0 cm Hohlblockbimsmauerwerk erfüllen bei weitem nicht die Anforderungen, die heute an den Schallschutz gestellt werden.

- Das gleiche gilt für vorhandene Holzbalkendecken.

- Neue Trennwände haben, je nach Bauart oder bei nur geringfügig geänderter Ausführung, ganz unterschiedliche Schallschutzwerte. Gipskarton- beziehungsweise Gipsfaserplattenwände mit Metalleinfachständern haben zum Beispiel grundsätzlich eine um 8 dB bessere Schalldämmung als Wände mit Holzständern.

- Schwere Vorsatzschalen zur Verbesserung des Schallschutzes vorhandener Trennwände sind in ihrem Schalldämmverhalten sehr kritisch, zudem kann ihr hohes Gewicht durch vorhandene Holzbalkendecken oft nicht aufgenommen werden kann.

- Die Neuaufteilung vorhandener großer Wohnungsgrundrisse muß die Trennung zwischen ruhigen und lauten Räumen, auch von einem Geschoß zum anderen, berücksichtigen. So sollten Badezimmereinrichtungen nicht über oder an der Trennwand von Schlafzimmern liegen, auch dann nicht, wenn sie geschoßweise versetzt sind.

1.7.2 Brandschutz

Die Anforderungen an den Brandschutz bei Modernisierungen unterscheiden sich deutlich von Brandschutzanforderungen bei Neubauten.

Während für Neubauten in den jeweiligen Landesbauordnungen unumstößliche Rechtsvorschriften bestehen, ist für Altbauten grundsätzlich die Möglichkeit der Ausnahmeregelung vorgesehen.

Grundsätzlich sind die Belange des Brandschutzes in der Musterbauordnung beziehungsweise in den jeweiligen Landesbauordnungen geregelt.

In der Landesbauordnung Nordrhein-Westfalen beispielsweise finden sich umfangreiche Vorschriften für die brandschutztechnische Ausbildung von Wänden, Decken, Dächern, Treppenräumen und Rettungswegen.

In § 87 der BauONW wird zunächst einmal die Anpassung bestehender Gebäude an diese Rechtsvorschriften gefordert, »wenn dies im Einzelfall wegen der Sicherheit für Leben und Gesundheit erforderlich ist«.

Die Anpassung kann bei der Änderung baulicher Anlagen sogar für nicht unmittelbar von der Änderung berührte Teile verlangt werden, wenn

> »1. die Bauteile, die diesen Vorschriften nicht mehr entsprechen, mit den Änderungen in einem konstruktiven Zusammenhang stehen und
>
> 2. die Durchführung dieser Vorschriften bei den von den Änderungen nicht berührten Teilen der baulichen Anlage keine unzumutbaren Mehrkosten verursacht.«

Daneben werden in vielen Bauordnungen Ausnahmen und Abweichungen formuliert, so z. B. in § 73 BauONW.

Die BauONW entfernt sich damit nach ihrer Novellierung stärker von den Empfehlungen der Musterbauordnung, die insbesondere für die Erhaltung von Baudenkmälern und für Modernisierungsvorhaben von Wohnungen klare Aussagen enthält.

Grundsätzlich bestehen nach wie vor Ausnahmemöglichkeiten für Altbauten.

1.7 Technische Aspekte

Die genaue Rechtslage muß für das betreffende Bundesland geprüft werden. Insbesondere die Verwaltungsvorschriften zu den Bauordnungen sind mit heranzuziehen.

In jedem Fall ist eine qualifizierte Klärung vor Baubeginn zu empfehlen.

Anhand einiger *Praxisbeispiele* sollen die Aspekte des Brandschutzes und mögliche Ausnahmeregelungen dargestellt werden:

- *Rettungswege*

Bei der Modernisierung eines Gründerzeithauses sollen die Grundrisse vollständig verändert werden. Ist das Gebäude von der Rückseite her für die Feuerwehr nicht anleiterbar, müssen alle Wohnungen so geschnitten sein, daß mindestens ein Zimmer zur Straße liegt, so daß der zweite Rettungsweg - hier durch die Feuerwehr - gesichert ist.

Sollte dies nicht möglich sein, ist eine Feuertreppe so anzuordnen, daß der zweite Rettungsweg auch für hofseitig gelegene Wohnungen gewährleistet ist. Hierbei ist der zweite Rettungsweg im allgemeinen bis auf den öffentlichen Straßenraum zu führen und entsprechend zu sichern.

- *Deckenbekleidungen*

Die Verbesserung des Brandschutzes von Holzbalkendecken kann grundsätzlich nicht verlangt werden, wenn an diesen Decken keine Änderungen vorgenommen werden.

Oft ist es aber leicht möglich, durch den Einbau von Unterdecken aus Gipsfaser-, Gipskarton- oder Silikatplatten den Brandschutz der Decke zu verbessern.

Vor allem, wenn ohnehin neue Unterdecken eingebaut werden, sollten diese dann nach Brandschutzgesichtspunkten ausgelegt werden, was im allgemeinen nur geringfügige Mehrkosten verursacht.

- *Vorsatzschalen*

Vorhandene Wohnungstrennwände entsprechen oft nicht den Brandschutzanforderungen der jeweiligen Landesbauordnung.

Auch hier ist durch das Anbringen geeigneter Vorsatzschalen eine Verbesserung der Brandschutzeigenschaften leicht möglich, das heißt es wird eine Wandkonstruktion geschaffen, die einer entsprechenden Feuerwiderstandsdauer von 60 oder 90 Minuten zugeordnet wird und in ihren wesentlichen Bestandteilen aus nichtbrennbaren Materialien besteht.

Ist eine Aufdoppelung von Wohnungstrennwänden aus schallschutztechnischen Überlegungen erforderlich, können auch hier meist die Brandschutzaspekte mit nur geringen Mehrkosten zusätzlich erfüllt werden.

- *Treppenhaus*

Der Ausbildung des Treppenraumes kommt wegen seiner Ausbildung als erster Fluchtweg besondere Bedeutung zu.

Grundsätzlich kann nicht verlangt werden, daß vorhandene Holztreppen durch neue Betontreppen ersetzt werden, dies würde in weiten Bereichen auch den Belangen des Denkmalschutzes widersprechen und zu unerträglich hohen Mehrkosten führen.

Eine erhebliche Verbesserung des Brandschutzes kann jedoch erreicht werden, indem die Unterseiten der Treppenläufe mit Gipskarton-, Gipsfaser- oder Silikatplatten bekleidet werden, die einer entsprechenden Feuerwiderstandsklasse angehören. Dies ist eine rein freiwillige Maßnahme, die jedoch dazu beitragen kann, die Standzeit der Treppe im Brandfall erheblich zu verlängern.

Gleichzeitig sollte überlegt werden, die Abtrennung zwischen Keller und Treppenraum, die oft nur aus einer Holztrennwand besteht, durch eine Mauerwerkskonstruktion zu ersetzen und die notwendigen Zugänge durch feuerhemmende Türen abzuschließen.

Diese Maßnahme ist recht wirkungsvoll, da vom Keller immer eine recht große Brandbelastung ausgeht und Erneuerungsarbeiten an der oft desolaten Holzabtrennung ohnehin erforderlich sind.

Der Einbau von Türen, die einer Brandschutzklassifikation entsprechen, wird von den Bauaufsichtsbehörden ohnehin meist gefordert.

Außerdem fordern die Behörden oft den Einbau einer Rauch- und Wärmeabzugsanlage im Treppenhaus. Ob diese Forderung mit dem geltenden Baurecht in Einklang steht, ist zur Zeit noch strittig. Der Einbau einer solchen Anlage ist sicher sehr sinnvoll, jedoch mit erheblichen Mehrkosten verbunden.

- *Denkmalschutz – Brandlast*

Vor allem im Bereich des Denkmalschutzes kommen Möglichkeiten des Brandschutzes durch schaumbildende Anstriche in Betracht. Dies ist insbesondere von Bedeutung für tragende Bauteile aus Holz oder Gußeisen.

Es gibt eine ganze Reihe von Beispielen der Umnutzung von Industriegebäuden der Gründerzeit, in denen die Haupttraglasten über gußeiserne Stützen abgeleitet werden. Hierbei sind diese gußeisernen Stützen auch ein wichtiger architektonischer Gesichtspunkt der Innenraumgestaltung. Eine Bekleidung dieser Stützen durch Plattenbaustoffe in herkömmlicher Bauart würde den architektonischen Eindruck und den Denkmalwert des Gebäudes völlig in Frage stellen.

Durch die Verwendung schaumbildender Anstrichstoffe und gegebenenfalls durch entsprechende Befreiungen nach Prüfung durch die oberste Bauaufsichtsbehörde des Landes können die alten Gußeisenstützen sichtbar erhalten bleiben.

In diesem Zusammenhang sei auch darauf hingewiesen, daß durch entsprechende Berechnungen eine Ermittlung der tatsächlichen Brandlast in Gebäuden möglich ist, wodurch die Anforderungen an die Feuerwiderstandsdauer von Bauteilen häufig deutlich herabgesetzt werden können.

Grundsätzlich muß bei allen Fragen des Brandschutzes beachtet werden, daß die einzelnen Länder unterschiedliche Anforderungen in ihren Landesbauordnungen festgeschrieben haben.

In Zweifelsfällen lohnt sich immer die Einschaltung eines Brandschutzingenieurs.

1.7.3 Wärmeschutz

Typische Problempunkte:

- Der Wärmeschutz vorhandener Außenwände ist vor allem bei Häusern der 50er und 60er Jahre oft sehr schlecht.

- Die Decken zwischen den einzelnen Geschossen haben meist keinen ausreichenden Wärmeschutz. Zwischen den Wohnungen kann das noch tragbar sein, zum (unbeheizten) Dachboden und Kellerraum müssen jedoch zusätzliche Wärmedämmaßnahmen ergriffen werden.

- Beim Einbau zusätzlicher Wärmedämmschichten muß die Gefahr der Kondensatbildung im Bauteil berücksichtigt werden. Besonders beim Einbau von zusätzlicher Dämmung auf der Innenseite von Außenwänden ist diese Gefahr sehr groß. Durch Einbau von Dampfsperren auf der Innenseite der Bauteile ist den Schäden vorzubeugen.

- Ein ähnliches Problem besteht bei der Verbesserung des Wärmeschutzes von Fenstern. Mit dem Einbau neuer Fenster ist unmittelbar eine Verminderung der Fugendurchlässigkeit des Fensterrahmens verbunden. Während bei alten Fenstern die Fugenundichtigkeit einen ständigen Luftaustausch und damit eine ständige Abführung der Raumluftfeuchte garantierte, besteht nach dem Einbau neuer Fenster die Gefahr, daß durch mangelnden Luftaustausch die Raumluftfeuchte unzulässig hohe Werte annimmt. An Bauteilen mit geringen Oberflächentemperaturen kommt es zur Bildung von Oberflächenkondensat und in Folge bei anhaltender Feuchtebelastung zur Schimmelbildung.

Es ist deshalb immer zu prüfen, ob beim Einbau neuer Fenster nicht sinnvollerweise auch der Wärmeschutz der übrigen Außenflächen verbessert wird, um Kondensatschäden an Bauteilen zu verhindern, die sonst stark auskühlen würden.

Vorschriften zum Wärmeschutz

Neben den spürbaren Nachteilen einer schlechten Wärmedämmung gibt es eindeutige Regeln und Verordungen zur Ausbildung des Wärmeschutzes nicht nur für Neu-, sondern auch für Altbauten:

- DIN 4108 »Wärmeschutz im Hochbau«
- Neue Wärmeschutzverordnung, gültig ab 1. 1. 1995

Die Anforderungen der beiden Verordnungen sind sehr unterschiedlich. Die DIN 4108 formuliert lediglich Mindestanforderungen an den Wärmeschutz, Ziel ist hierbei die *Schaffung eines hygienischen Raumklimas sowie eines dauerhaften Schutzes der Baukonstruktion vor klimabedingten Feuchteeinwirkungen.*

Demgegenüber stellt die neue Wärmeschutzverordnung hohe Anforderungen an den Wärmeschutz mit dem Ziel der *erheblichen Einsparung von Heizenergie.*

Die neue Wärmeschutzverordnung ist vor ihrer Einführung heftig diskutiert und kritisiert worden. Inzwischen hat sich die Aufregung gelegt, weil man festgestellt hat, daß man mit ihr ganz gut leben kann und die Anforderungen erfüllbar sind.

Anforderungen der DIN 4108

Anforderungen der DIN 4108 an den Wärmedurchgang von Bauteilen

Zum Verständnis der Situation und zur Abgrenzung gegenüber der Wärmeschutzverordnung seien die wichtigsten Eckdaten der DIN 4108 dargestellt.

Maximalwerte der Wärmedurchgangskoeffizienten k von Bauteilen:

Bauteil	k-Wert (W/y[m²K])
Außenwände, allgemein	1,39
Treppenraumwände	3,03
Decken unter nicht ausgebauten Dachräumen	0,90
Kellerdecken	0,81

Ein Vergleich zeigt, daß diese Werte deutlich niedrigere Anforderungen stellen als die vergleichbaren Werte der Wärmeschutzverordnung. Dennoch darf die DIN 4108 nicht unbeachtet bleiben. Zum einen definiert sie wichtige Grundforderungen an die Konstruktion von Bauteilen, zum anderen liefert sie eine Reihe wichtiger Definitionen und in Teil 4 wichtige wärme- und feuchteschutztechnische Kennwerte, wie sie zum Beispiel für alle Wärmeschutzberechnungen erforderlich sind. In Teil 5 sind Verfahren zur rechnerischen Bestimmung des Taupunktes aufgeführt.

Neue Wärmeschutzverordnung

Seit 1. 1. 1995 stellt die neue Wärmeschutzverordnung Anforderungen zur Begrenzung des Wärmedurchganges bei bestehenden Gebäuden, und zwar dann, wenn Außenbauteile erstmalig eingebaut, ersetzt oder erneuert werden.

Ziel der neuen Wärmeschutzverordnung ist es, den Heizwärmeverbrauch von Gebäuden und damit auch deren CO_2-Emission um ungefähr ein Drittel zu senken, in erster Linie durch eine Verbesserung der Wärmedämmung. Grundlage der neuen Verordnung ist die E DIN EN 832 »Wärmetechnisches Verhalten von Gebäuden«, die zur Zeit noch im Entwurf vorliegt. Auf rechnerischem Wege wird eine Jahresheizwärmebilanz des Gebäudes aufgestellt. Nach langen und intensiven Diskussionen hat man sich auf Rechenverfahren geeinigt, die den tatsächlichen Gegebenheiten sehr nahe kommen, ohne in endlose Rechendetails auszuufern.

Grundsätzlich muß man zwischen den Verfahren für Altbauten und Neubauten unterscheiden. Bei Neubauvorhaben ist, abhängig von der Gebäudekubatur, ein maximaler Jahresheizwärmebedarf vorgegeben. Durch Veränderung der wärmeabgebenden Flächen und der Wärmedurchgangskoeffizienten (k-Werte) kann das Gebäude auf diesen Wert hin optimiert werden.

Bei Altbauten werden Wärmedurchgangskoeffizienten für einzelne Bauteile vorgegeben. Dies deshalb, weil Anforderungen nur für solche Bauteile gestellt werden, die erstmalig eingebaut, ersetzt oder erneuert werden. In der Anlage 3 der Wärmeschutzverordnung ist sehr genau dargestellt, wann welche Vorschriften für die Altbaumodernisierung gelten.

1.7 Technische Aspekte

Für Baudenkmäler und besonders erhaltenswerte Bausubstanz sind Ausnahmen möglich.

Grundsätzlich kann auch für Altbauten nach dem Rechenverfahren für Neubauten verfahren werden. Die Anforderungen sind fast identisch. Sinnvoll ist dies insbesondere dann, wenn ohnehin alle Außenbauteile wärmetechnisch saniert werden, und der mangelhafte Wärmeschutz schlecht gedämmter Bauteile, zum Beispiel einer Stuckfassade, durch besser gedämmte Bauteile kompensiert werden soll.

Anforderungen der Wärmeschutzverordnung

Folgende Anforderungen sind in der Wärmeschutzverordnung für Altbauten definiert:

Anforderungen an Bauteile nach WSchVO 95 (Altbau) (Maximaler Wärmedurchgangskoeffizient) **und mögliche Umsetzung.** Ohne Berücksichtigung der vorhandenen Konstruktion.

Eine einfache Überschlagsrechnung hilft, einen Anhaltswert für den k-Wert zu ermitteln:

$$k = \frac{4}{\text{Dämmstoffdicke}}$$

(Diese Überschlagsrechnung gilt für undurchsichtige Bauteile und eine Wärmeleitfähigkeit von 0,040 W/(m²K), das sind übliche Wärmedämmstoffe.)

Als Beispiel:

Der *maximale* Wärmedurchgangskoeffizient (k-Wert) für die Außenwand beträgt:

$$k_W < 0{,}40 \text{ W/(m}^2\text{K)}$$

Um diesen Wert zu erreichen, müßten auf eine 24 cm Ziegelwand etwa 8,0 cm einer üblichen Wärmedämmung aufgebracht werden.

Die Anbringung dieser Dämmstoffstärken dürfte im allgemeinen keine Schwierigkeit darstellen.

1.7.4 Feuchteschutz

Außer im Keller kommt es vor allem im Sockelbereich bestehender Gebäude oft zu starken Durchfeuchtungen. Die Ursachen hierfür können sehr unterschiedlich sein:

- von außen eindringendes Wasser
- aufsteigende Feuchtigkeit
- Kondensatfeuchte
- Feuchtebelastung durch Hygroskopizität

Vor Beginn der Sanierungsmaßnahmen muß die Schadensursache eindeutig geklärt sein.

- Das Aufbringen vertikaler Sperrschichten auf der Innenseite durchfeuchteter Außenwände verbessert die Situation im allgemeinen überhaupt nicht, sondern führt lediglich dazu, daß die Feuchtigkeit in der Wand noch höher steigt.

Das Problem der Kondensatbildung ist im Abschnitt »Wärmeschutz« schon angesprochen worden (siehe DIN 4108). Besondere Beachtung verdient dieses Problem auch beim Einbau neuer Badezimmer oder anderer feuchter Räume, wenn hoch feuchtebelastete Bereiche an Bauteile mit niedrigen Oberflächen- oder im Querschnitt stark abnehmenden Kerntemperaturen grenzen. Hier sind raumseitig Dampfsperren anzuordnen, um den Feuchtedurchgang im Bauteil zu reduzieren.

Bauteil	k-Wert (W/[m²K])	Umsetzung
Außenwand	0,40	10 cm Dämmung
Dächer/Decken	0,30	14 cm Dämmung
Kellerdecken	0,50	8 cm Dämmung
Fenster	1,80	Energiesparglas

2 Bauwerksohle

2.1 Problempunkt:
Durchfeuchtung und Unebenheit der Bauwerksohle

Feuchtebelastung in Kellerräumen

Im Zuge von Modernisierungen werden häufig erhöhte Anforderungen an die Nutzbarkeit von Kellerräumen gestellt. So soll die Feuchtigkeit in Kellerräumen so weit gesenkt werden, daß Gegenstände hier schadensfrei aufbewahrt werden können. Bisweilen ist sogar die gelegentliche Nutzung als Aufenthaltsraum, beispielsweise als Hobby- oder Bastelkeller geplant. Zuvor war dies meist nicht möglich, weil die Keller für andere Zwecke konzipiert waren, als wir dies heute erwarten und voraussetzen.

Im allgemeinen muß mit Feuchtebelastung aus allen erdberührten Bauteilen, das heißt also aus Wänden und Fußböden, gerechnet werden.

Hier sollen Hinweise gegeben werden zur Abdichtung des Kellerbodens und zur Beseitigung vorhandener Unebenheiten, zum Beispiel bei Natursteinplattenbelägen.

Hinweise auf Abdichtungsmaßnahmen an den Wänden finden sich in Kapitel 3 »Außenwände«.

Zur Sanierung des Fußbodens kommen folgende Möglichkeiten in Betracht:

Aufbringen eines Zementestriches

Auf den vorhandenen Kellerboden wird ein üblicher Zementestrich aufgebracht, der durch Zusatz eines Dichtungsmittels so wasserdicht wird, daß er die Feuchtigkeitsabgabe aus dem Boden an die Raumluft deutlich herabsetzt.

Dieses Verfahren wird sich vor allem dann anbieten, wenn nur eine kleine Fläche auszubessern ist.

Bei größeren Flächen sind die Trocknungszeiten und die Belastung durch zusätzlich eingebrachte Feuchtigkeit oft problematisch.

Einbau von Gußasphaltestrich

Dieses Verfahren empfiehlt sich, wenn größere Flächen, ab etwa 100 m^2, mit einer Dichtungsschicht zu versehen sind. Bei Kleinmengen wird der Aufwand für Transport, Baustelleneinrichtung, Vorbereitung und ähnliches im Verhältnis zur Einbauzeit unverhältnismäßig hoch, so daß Mindermengenzuschläge erhoben werden.

Grundsätzlich ist der Einbau von Gußasphaltestrich unproblematisch und ein sehr gut geeignetes Verfahren zur Abdichtung und Egalisierung von Kellerböden.

Neben der guten Wasserdichtigkeit bietet dieses Verfahren die Vorteile der kurzen Einbau- und Erhärtungszeit sowie der niedrigen Konstruktionshöhe.

Ausschachtung und Einbau von Pflasterbelägen

Liegt der Schwerpunkt der Erneuerungsarbeiten weniger auf der Abdichtung als auf der Egalisierung des Oberbodens, so kommt als mögliche Baumaßnahme auch der Einbau von Pflasterbelägen in Betracht. Verwendet werden Beton-, Ziegel- oder Holzpflaster. Für die Auswahl ist vor allem die spätere Nutzung des Kellerraums von Bedeutung. Sinnvoll ist dies insbesondere dann, wenn aus bestimmten Gründen, zum Beispiel Denkmalschutz, Wert auf das historische Erscheinungsbild gelegt wird oder an eine Wiederverwendung der alten Beläge gedacht ist.

Sind die Raumhöhen des Kellers und die Durchgangshöhen der Türen ausreichend, kann der neue Pflasterbelag im Sandbett auf den vorhandenen Unterboden verlegt werden. Steht ausreichende Höhe nicht zur Verfügung, muß zuvor der alte Belag entfernt werden. Da diese Arbeiten von Hand ausgeführt werden müssen, kann die Ausschachtung zu erheblichen Kosten führen.

Ausschachtung und Einbau einer Betonsohle

Die bei weitem umfangreichste Maßnahme ist der Einbau einer neuen Betonsohle. Sie kommt vor allem dann in Betracht, wenn ohnehin Ausschachtungsarbeiten im Keller erforderlich sind, zum Beispiel bei Tieferlegungsarbeiten.

Durch Einbau einer kapillarbrechenden Schicht, durch Einlegen einer Folie und durch Zusatz von Dichtungsmitteln zum Beton wird die Feuchtebelastung aus dem Boden stark reduziert.

Bei wenig begangenen Bereichen reicht es im allgemeinen, wenn die Betonoberfläche nur abgerieben wird. Bei stärker genutzten Böden ist ein zusätzlicher Estrichauftrag erforderlich.

Insgesamt ist dies aber auch ein teures und aufwendiges Verfahren.

2.1.1 Übersicht über Lösungsmöglichkeiten

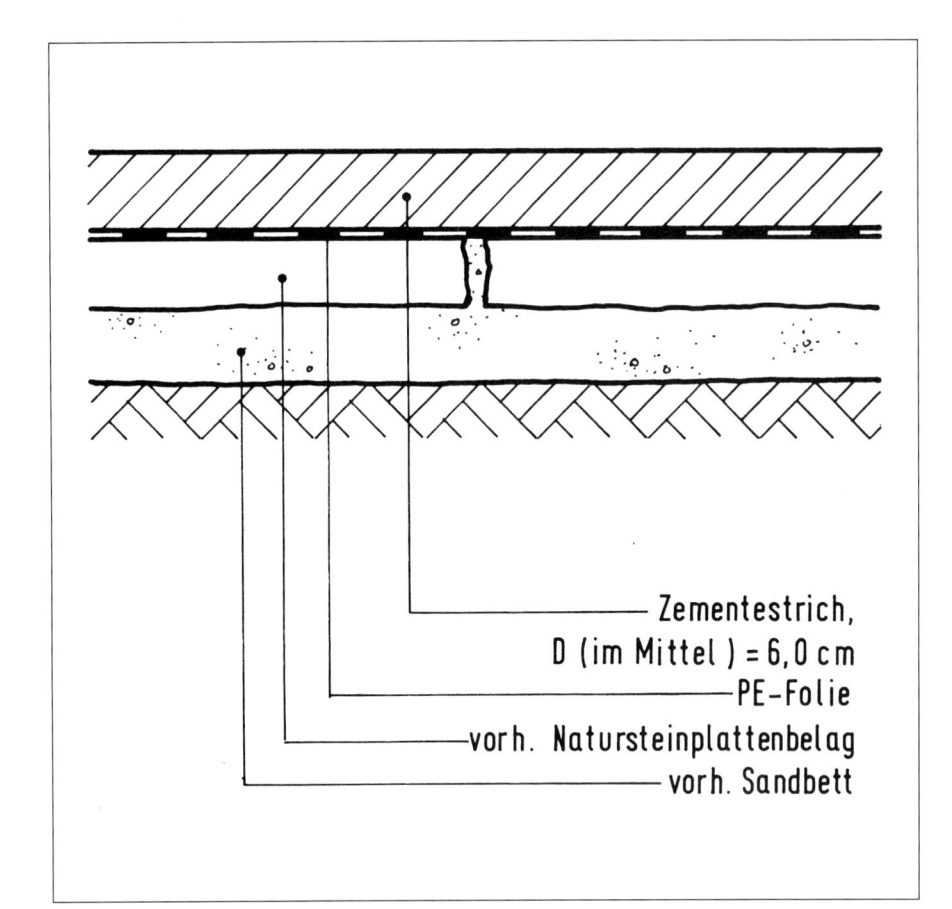

Zementestrich, D (im Mittel) = 6,0 cm
PE-Folie
vorh. Natursteinplattenbelag
vorh. Sandbett

Aufbringen eines Zementestrichs	
Baukosten	Ca. 35,- DM/m²
Begleitende erforderliche Maßnahmen	Keine, ggf. Oberflächenversiegelung wegen Abrieb und ständiger Staubbildung
Instandhaltungskosten	Keine
Lebensdauer	30 bis 40 Jahre
Einbauzeiten	Ca. 0,45 Std./m²
Trocknungs-/ Wartezeiten	Mindestens 2 bis 3 Tage, mehrere Wochen bis zur völligen Austrocknung
Anmerkungen und Entscheidungshilfen	Mittlere Abdichung gegen Feuchte

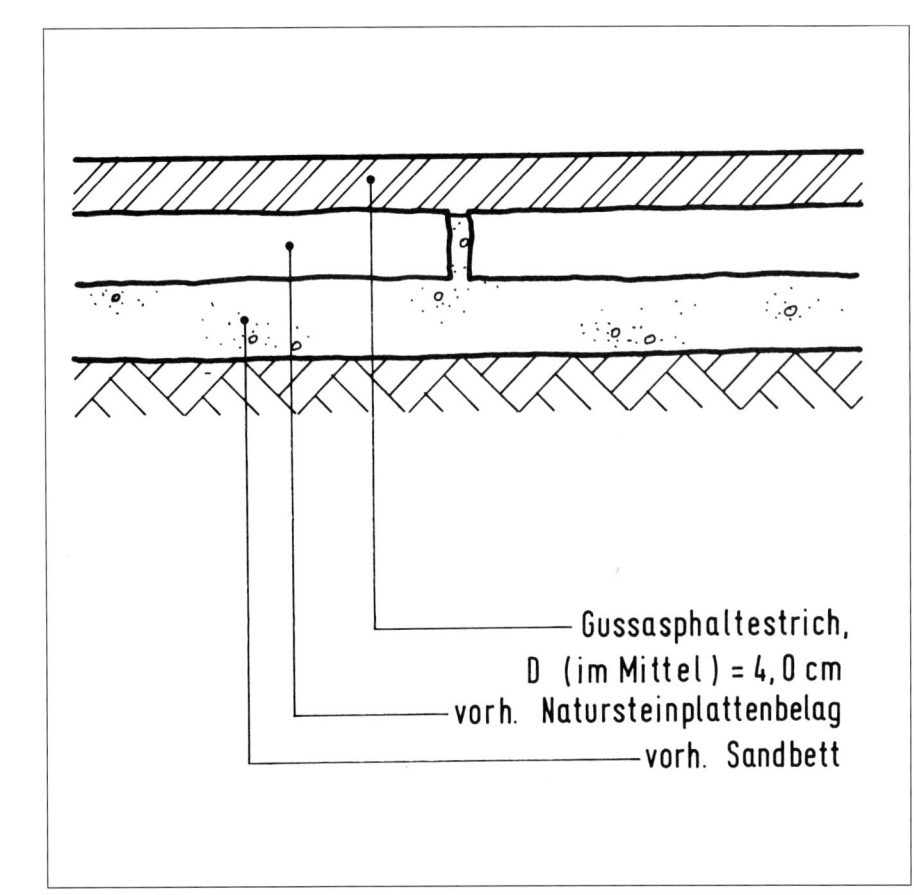

Gussasphaltestrich, D (im Mittel) = 4,0 cm
vorh. Natursteinplattenbelag
vorh. Sandbett

Aufbringen eines Gußasphaltestrichs	
Baukosten	Ca. 60,- DM/m²
Begleitende erforderliche Maßnahmen	Keine
Instandhaltungskosten	Keine
Lebensdauer	30 bis 40 Jahre
Einbauzeiten	Ca. 0,80 Std./m²
Trocknungs-/ Wartezeiten	1 Tag, schon nach 2 bis 3 Stunden wieder begehbar
Anmerkungen und Entscheidungshilfen	Gute Abdichtung gegen Feuchte, ungeeignet bei punktförmigen Belastungen

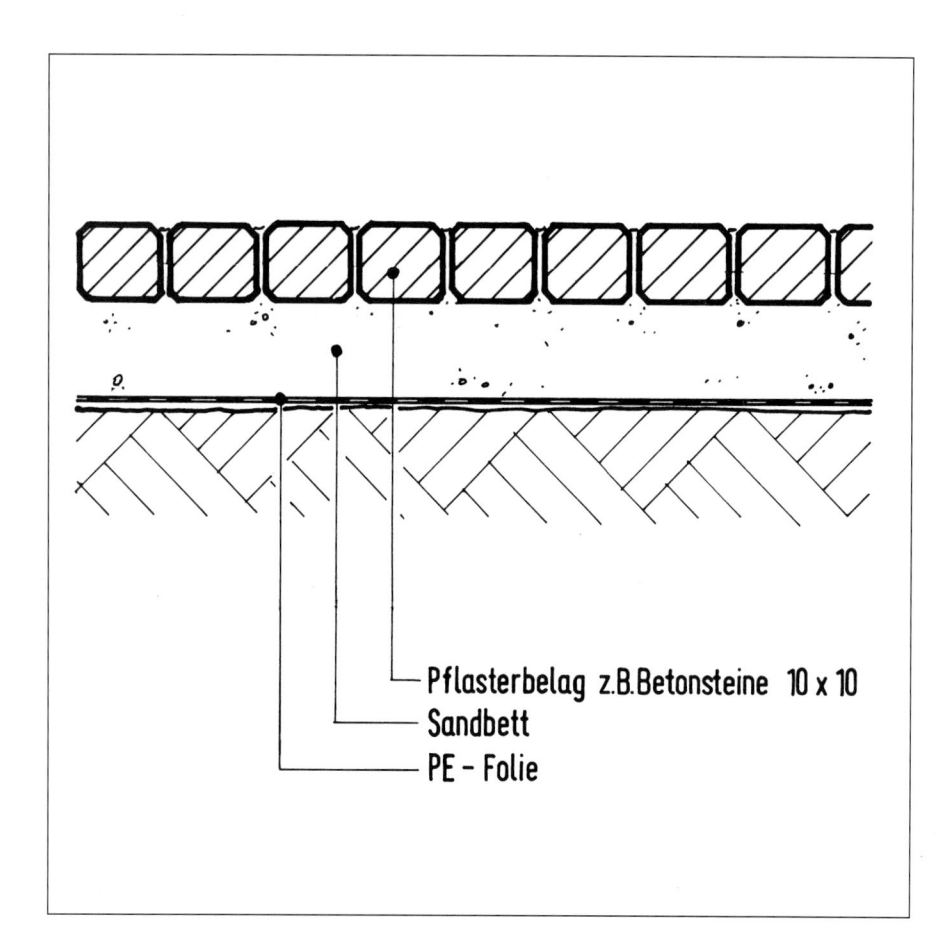

Pflasterbelag z.B. Betonsteine 10 x 10
Sandbett
PE - Folie

Ausschachten und Einbau von neuen Pflasterbelägen	
Baukosten	Ca. 155,- DM/m² (einschl. Ausschachtung)
Begleitende erforderliche Maßnahmen	Ausschachtung
Instandhaltungskosten	Keine
Lebensdauer	40 Jahre
Einbauzeiten	Ca. 1,80 Std./m² + 0,80 Std./m² (für Ausschachtung)
Trocknungs-/ Wartezeiten	Keine
Anmerkungen und Entscheidungshilfen	Geringe Abdichtung gegen Feuchte, hoher Aufwand für Ausschachtung; nur empfehlenswert bei geforderter historischer Ausführung

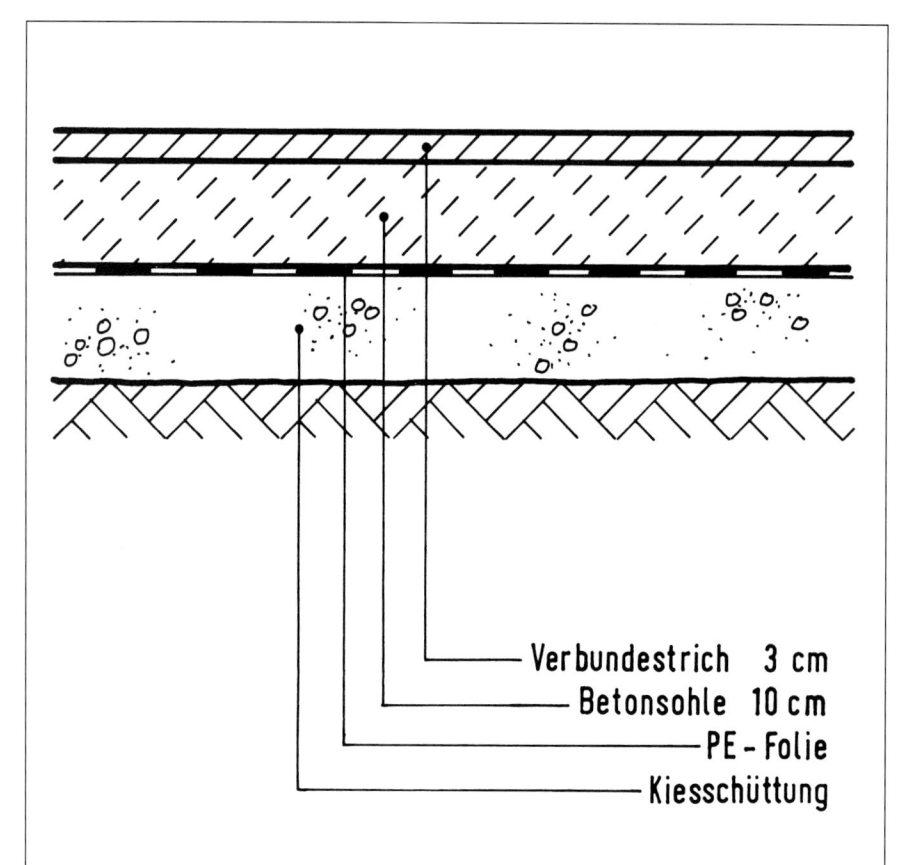

Verbundestrich 3 cm
Betonsohle 10 cm
PE - Folie
Kiesschüttung

Ausschachten und Einbau einer Betonsohle (einschließlich Verbundestrich)	
Baukosten	Ca. 160,- DM/m² (einschl. Ausschachtung und Verbundestrich)
Begleitende erforderliche Maßnahmen	Ausschachtung, ggf. Oberflächenversiegelung
Instandhaltungskosten	Keine
Lebensdauer	40 Jahre
Einbauzeiten	Ca. 1,20 Std./m² + 0,80 Std./m² (für Ausschachtung)
Trocknungs-/ Wartezeiten	Mindestens 2 bis 3 Tage
Anmerkungen und Entscheidungshilfen	Gute Abdichtung gegen Feuchte, hoher Aufwand für Ausschachtung

2.1.2 Vergleichende Beurteilung

	Zementestrich	Gußasphaltestrich	Pflasterbelag	Betonsohle
Baukosten	Ca. 35,- DM/m²	Ca. 60,- DM/m²	Ca. 155,- DM/m² (einschl. Ausschachtung)	Ca. 160,- DM/m² (einschl. Ausschachtung und Verbundestrich)
Begleitende erforderliche Maßnahmen	Keine, ggf. Oberflächenversiegelung wegen Abrieb und ständiger Staubbildung	Keine	Ausschachtung	Ausschachtung, ggf. Oberflächenversiegelung
Instandhaltungskosten	Keine	Keine	Keine	Keine
Lebensdauer	30 bis 40 Jahre	30 bis 40 Jahre	40 Jahre	40 Jahre
Einbauzeiten	Ca. 0,45 Std./m²	Ca. 0,80 Std./m²	Ca. 1,80 Std./m² + 0,80 Std./m² (für Ausschachtung)	Ca. 1,20 Std./m² + 0,80 Std./m² (für Ausschachtung)
Trocknungs-/Wartezeiten	Mindestens 2 bis 3 Tage, mehrere Wochen bis zur völligen Austrocknung	1 Tag, schon nach 2 bis 3 Stunden wieder begehbar	Keine	Mindestens 2 bis 3 Tage
Anmerkungen und Entscheidungshilfen	Mittlere Abdichtung gegen Feuchte	Gute Abdichtung gegen Feuchte, ungeeignet bei punktförmigen Belastungen	Geringe Abdichtung gegen Feuchte, hoher Aufwand für Ausschachtung; nur empfehlenswert bei geforderter historischer Ausführung	Gute Abdichtung gegen Feuchte, hoher Aufwand für Ausschachtung

3 Außenwände

3.1 Geringe Wärmedämmung von Außenwänden

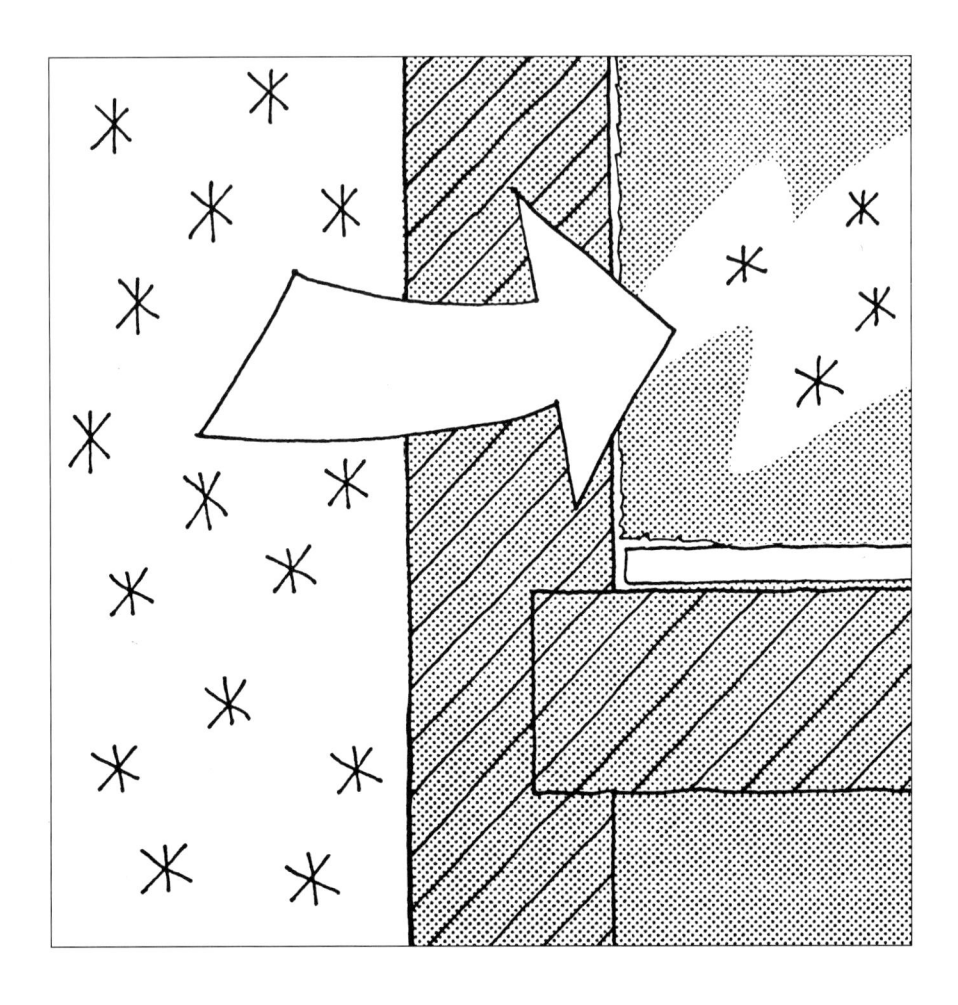

Vorhandene Situation

Viele Gebäude der 20er und 30er Jahre, aber auch Anbauten von Gründerzeithäusern haben Außenwände mit sehr geringem Wandquerschnitt. Entstanden in einer Zeit ausreichender Rohstoffversorgung mit Heizmaterialien und geringerer technischer Möglichkeiten, genügen diese Außenwände heutigen Ansprüchen an die Wärmedämmung im allgemeinen nicht mehr.

Dies zeigt sich, direkt wahrnehmbar, in einer Reihe nachteiliger Folgen:

- Zur Schaffung eines behaglichen Raumklimas ist eine Überhitzung der Räume erforderlich, um die Strahlungswärmeverluste des Menschen an die kalte Wand auszugleichen.
- Folge dieser unnötig hohen Erhitzung der Raumluft ist ein überhöhter Energiebedarf.
- In Räumen mit niedriger Lufttemperatur, niedrigen Wandoberflächentemperaturen und hoher Luftfeuchte kommt es zu Bildung von Oberflächen- oder Kernkondensat. Die Folge hiervon ist die Schimmelbildung auf Wandoberflächen insbesondere in Raumecken, hinter Schränken oder Bildern.

Vorschriften zum Wärmeschutz

Neben diesen spürbaren Nachteilen einer schlechten Wärmedämmung gibt es eindeutige Regeln und Verordungen zur Ausbildung des Wärmeschutzes:

- DIN 4108 »Wärmeschutz im Hochbau«
- Neue Wärmeschutzverordnung, gültig ab 1.1.1995

Die Anforderungen der beiden Verordnungen sind sehr unterschiedlich. Die DIN 4108 formuliert lediglich Mindestanforderungen an den Wärmeschutz, Ziel ist hierbei der *Schutz der Konstruktion* vor Kondensatschäden.

Demgegenüber stellt die neue Wärmeschutzverordnung hohe Anforderungen an den Wärmeschutz mit dem Ziel der *erheblichen Einsparung von Heizenergie*.

In Kapitel 1 »Grundlagen der Altbaumodernisierung«, Abschnitt 1.7.3, ist der Frage des Wärmeschutzes, insbesondere der neuen Wärmeschutzverordnung ein ganzer Abschnitt gewidmet. Hier werden deshalb nur die Aspekte für die Außenwand behandelt.

Anforderungen der DIN 4108

Die Außenwand ist bei üblichen Bauwerken das Bauteil mit dem höchsten Energieverlust. Aus diesem Grunde sollte ihrer Wärmedämmung besondere Aufmerksamkeit geschenkt werden.

Der Wärmedurchgangskoeffizient (k-Wert) für eine vorhandene Wand aus 24,0 cm Ziegelmauerwerk mit 2,0 cm Außen- und 2,0 cm Innenputz beträgt etwa 1,56 W/(m²K).

Für eine solche Wand fordert die DIN 4108 als konstruktiven Mindestwärmeschutz einen maximalen Wärmedurchgangskoeffizienten (k-Wert) von $k = 1{,}39$ W/(m²K).

Selbst die geringen Anforderungen der DIN 4108 werden also von einer solchen 24,0 cm starken Wand nicht erreicht.

Anforderungen der Wärmeschutzverordnung

Die neue Wärmeschutzverordnung stellt auch für Altbauten ganz klare Anforderungen an den maximalen Wärmedurchgang für Außenwände:

Der maximale Wärmedurchgangskoeffizient (k-Wert) beträgt:

$$k_W < 0{,}40 \text{ W/(m}^2\text{K)}$$

Um diesen Wert zu erreichen, müßten auf eine 24 cm Ziegelwand etwa 8,0 cm einer üblichen Wärmedämmung aufgebracht werden, wenn die vorhandene Konstruktion mit berücksichtigt wird.

Eine einfache Überschlagsrechnung hilft, einen Anhaltswert für den k-Wert zu ermitteln:

$$k = \frac{4}{\text{Dämmstoffdicke}}$$

(Die Überschlagsrechnung gilt für undurchsichtige Bauteile und eine Wärmeleitfähigkeit von 0,040 W/(m²K), das sind übliche Wärmedämmstoffe).

Die Anbringung dieser Dämmstoffstärken dürfte im allgemeinen keine Schwierigkeit darstellen.

Ausnahmen sieht die neue Wärmeschutzverordnung für Baudenkmäler und sonstige, besonders erhaltenswerte Bausubstanz vor (siehe Kapitel 1).

Ausführung des Wärmeschutzes

Zur Verbesserung des Wärmeschutzes von schlecht gedämmten Außenwänden stehen verschiedene Verfahren zur Verfügung:

1. Anbringen einer inneren Wärmedämmung

2. Anbringen einer äußeren Wärmedämmung mit Verputz (Wärmedämmverbundsystem)

3. Anbringen von Wärmedämmputz

4. Anbringen einer äußeren Wärmedämmung mit leichter Vorsatzschale als Wetterschutz, zum Beispiel Faserzementplatten oder Holzschalung

5. Anbringen einer äußeren Wärmedämmung mit schwerer Vorsatzschale, zum Beispiel Vormauerung.

3.1 Geringe Wärmedämmung von Außenwänden

Kondensatschäden auf einer Wand mit ungenügender Wärmedämmung

Nachträglicher Wärmeschutz durch Wärmedämmverbundsystem

3.1.1 Übersicht über Lösungsmöglichkeiten

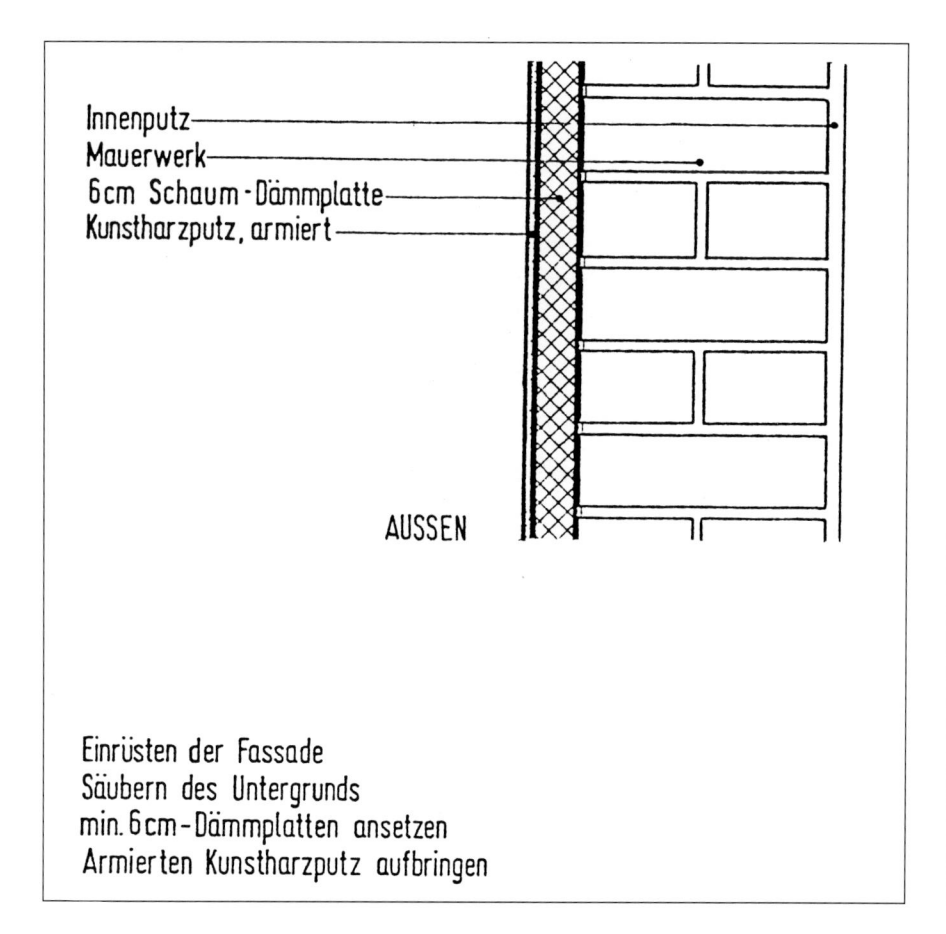

Innenputz
Mauerwerk
6 cm Schaum-Dämmplatte
Kunstharzputz, armiert

AUSSEN

Einrüsten der Fassade
Säubern des Untergrunds
min. 6 cm-Dämmplatten ansetzen
Armierten Kunstharzputz aufbringen

Wärmedämmverbundsystem	
Baukosten	Ca. 130,- DM/m²
Instandhaltungskosten	30,- DM/m² alle 10 Jahre für einen Erneuerungsanstrich
Lebensdauer	25 bis 30 Jahre; über den Zeitraum von 25 Jahren liegen erste Erfahrungsberichte vor
Begleitende erforderliche Maßnahmen	Verstärkung und Verlängerung von Befestigungselementen (Schlagläden, Markisen, Lampen) Erneuerung von Fassadenapplikationen (Stuckelemente, Gesimse)
Einbauzeiten	Ca. 1,0 Std./m²
Trocknungs-/Wartezeiten	Keine
Anmerkungen	Brandschutz beachten, Gefahr der mechanischen Beschädigung vor allem im EG

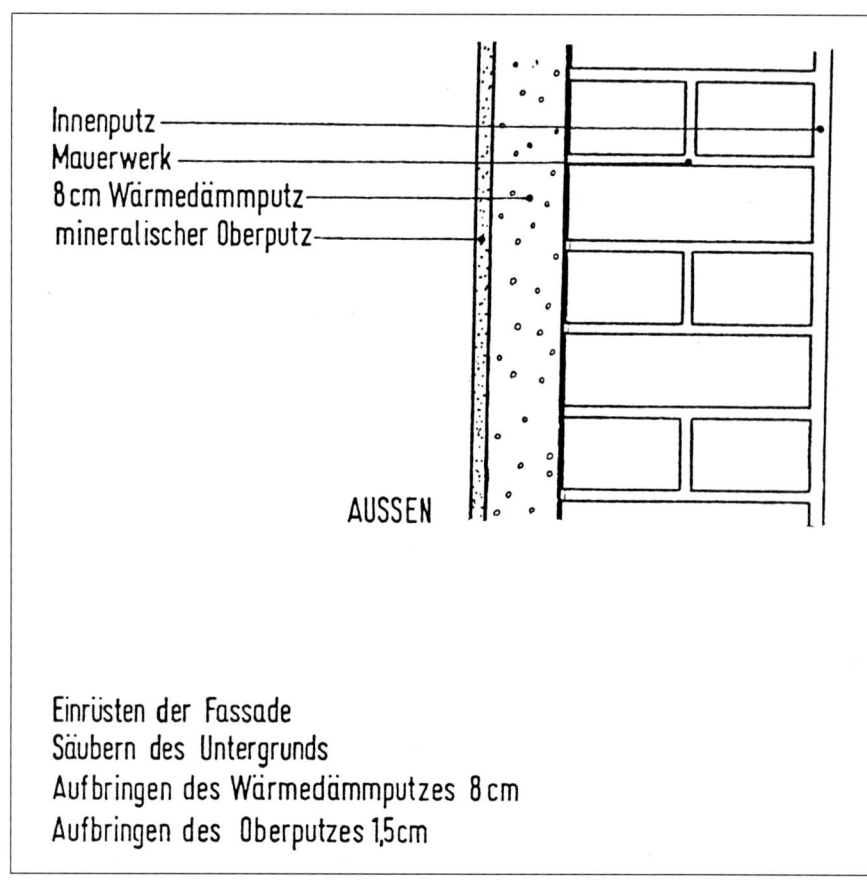

Innenputz
Mauerwerk
8 cm Wärmedämmputz
mineralischer Oberputz

AUSSEN

Einrüsten der Fassade
Säubern des Untergrunds
Aufbringen des Wärmedämmputzes 8 cm
Aufbringen des Oberputzes 1,5 cm

Wärmedämmputz	
Baukosten	Ca. 140,- DM/m² bei 5,0 cm Dicke
Instandhaltungskosten	30,- DM/m² alle 10 Jahre für einen Erneuerungsanstrich
Lebensdauer	50 Jahre, abhängig von der Qualität des Oberputzes
Begleitende erforderliche Maßnahmen	Verstärkung und Verlängerung von Befestigungselementen (Schlagläden, Markisen, Lampen)
Einbauzeiten	Ca. 1,6 Std./m²
Trocknungs-/Wartezeiten	Keine
Anmerkungen	Doppelte Materialstärke gegenüber homogenen Dämmstoffen erforderlich

3.1 Geringe Wärmedämmung von Außenwänden

Innenputz
Mauerwerk
min. 6 cm Dämmung
4/6 cm Kantholz (horizontal)
4/4 cm vertikal (Luftschicht)
19 mm Spanplatte V 100 G
Plattenverkleidung auf Pappe

AUSSEN

Einrüsten der Fassade
Aufbringen einer Unterkonstruktion aus imprägnierten 4/6 cm Kanthölzern
Einbringen von 6 cm Wärmedämmung
Aufbringen von 4/4 cm Kanthölzern
Aufnageln der Plattenverkleidung

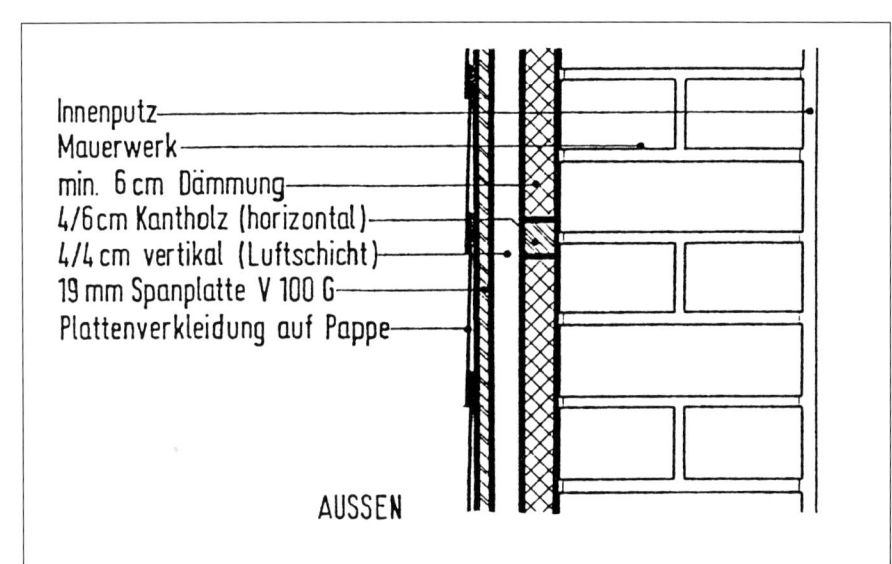

Außenseitige Wärmedämmung und Faserzementplatten	
Baukosten	Ca. 170,– DM/m²
Instandhaltungskosten	6,– bis 12,– DM/m², alle 10 Jahre für die Erneuerung zerstörter Platten
Lebensdauer	25 bis 30 Jahre, die Lebensdauer der Holzunterkonstruktion ist begrenzt
Begleitende erforderliche Maßnahmen	Verstärkung und Verlängerung von Befestigungselementen (Schlagläden, Markisen, Lampen)
Einbauzeiten	Ca. 1,5 Std./m²
Trocknungs-/Wartezeiten	Keine
Anmerkungen	Brandschutz der Unterkonstruktion beachten

Innenputz
Mauerwerk
min. 6 cm Wärmedämmung
4/4 cm Konterlattung
Gehobelte Verbretterung
Imprägnierung

Be- und entlüftete Luftschicht

AUSSEN

Einrüsten der Fassade
Unterkonstruktion aus imprägnierten 4/6 cm □ aufbringen (horizontal)
Aufbringen von Wärmedämmplatten, min. 6 cm (PS 20)
Aufnageln der gehobelten und imprägnierten Verbretterung auf imprägnierten 4/4 cm Kanthölzern (vertikal)

Außenseitige Wärmedämmung und Holzverbretterung	
Baukosten	Ca. 175,– DM/m²
Instandhaltungskosten	25,– DM/m², alle 5 Jahre für einen Erneuerungsanstrich
Lebensdauer	15 bis 30 Jahre, je nach Bewitterung
Begleitende erforderliche Maßnahmen	Verstärkung und Verlängerung von Befestigungselementen
Einbauzeiten	Ca. 2,0 Std./m²
Trocknungs-/Wartezeiten	Keine
Anmerkungen	Brandschutz beachten

Innenputz
Mauerwerk
min. 6 cm Dämmung
min. 4 cm Luftschicht
11,5 cm Vormauerung

AUSSEN

Einrüsten der Fassade
Säubern des Untergrunds
Aufbringen von 6 cm Wärmedämmung
Vormauerung aus Mauerziegeln
Sichtverfugung

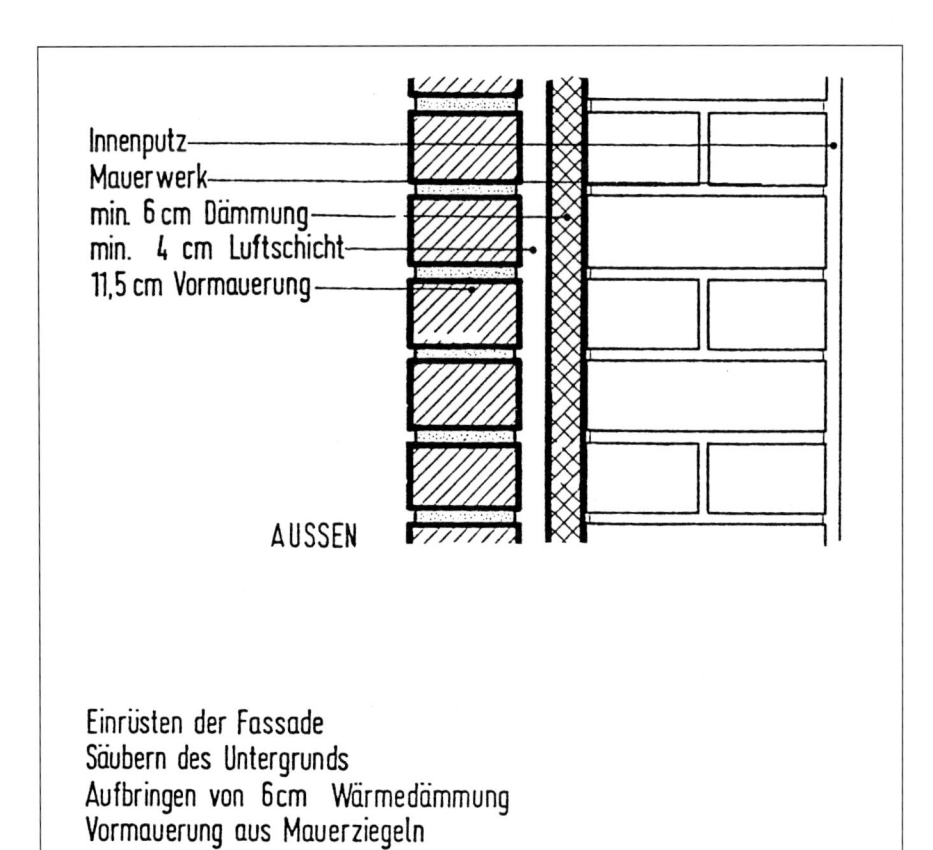

Vormauerung mit Wärmedämmung und Luftschicht	
Baukosten	Ca. 255,- DM/m²
Instandhaltungskosten	Keine
Lebensdauer	80 Jahre
Begleitende erforderliche Maßnahmen	Anbringung von Auflagern für die Vormauerung (im Preis enthalten)
Einbauzeiten	Ca. 2,8 Std./m²
Trocknungs-/Wartezeiten	Keine
Anmerkungen	Sehr guter Schutz gegen mechanische Beschädigung

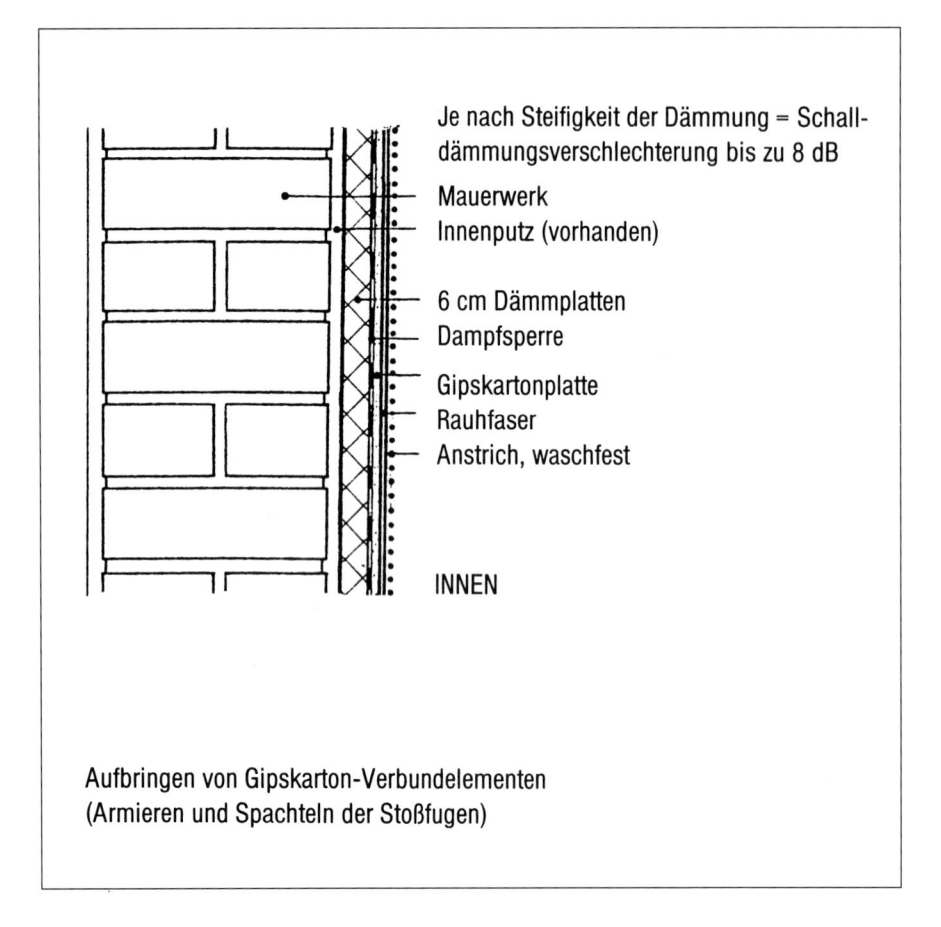

Je nach Steifigkeit der Dämmung = Schalldämmungsverschlechterung bis zu 8 dB

Mauerwerk
Innenputz (vorhanden)

6 cm Dämmplatten
Dampfsperre
Gipskartonplatte
Rauhfaser
Anstrich, waschfest

INNEN

Aufbringen von Gipskarton-Verbundelementen
(Armieren und Spachteln der Stoßfugen)

Wärmedämmung und Trockenputz innen	
Baukosten	Ca. 110,- DM/m²
Instandhaltungskosten	Gering, ggf. sind für die Erneuerung von Außenanstrichen ca. 40,- DM/m² alle 10 Jahre anzusetzen (einschl. Behebung von Putzschäden)
Lebensdauer	Langzeiterfahrungen liegen noch nicht vor, geschätzt: 25 bis 30 Jahre
Begleitende erforderliche Maßnahmen	Aus- und Wiedereinbau von Heizkörpern, Elektroinstallationen, Einbaumöbeln etc. Im Gegensatz Außenwandbekleidungen wird durch Innendämmung keine Verbesserung der Fassade erreicht. Es sind also ggf. Maßnahmen zu Putzreparatur, Fassadenanstrich o. ä. vorzusehen
Einbauzeiten	Ca. 0,7 Std./m²
Trocknungs-/Wartezeiten	Keine, die gespachtelte Platte ist tapezierfähig
Anmerkungen	Einbindende Bauteile mitdämmen. Zusätzliche Dampfsperre erforderlich.

3.1.2 Vergleichende Beurteilung

	Wärmedämm-verbundsystem	Wärmedämmputz	Wärmedämmung + Faserzementplatten	Wärmedämmung + Holzverbretterung	Wärmedämmung + Vormauerung	Wärmedämmung + Trockenputz innen
Baukosten	Ca. 130,- DM/m²	Ca. 140,- DM/m² bei 5,0 cm Dicke	Ca. 170,- DM/m²	Ca. 175,- DM/m²	Ca. 255,- DM/m²	Ca. 110,- DM/m²
Instandhaltungskosten	30,- DM/m² alle 10 Jahre für einen Erneuerungsanstrich	30,- DM/m² alle 10 Jahre für einen Erneuerungsanstrich	6,- bis 12,- DM/m² alle 10 Jahre für die Erneuerung zerstörter Platten	25,- DM/m² alle 5 Jahre für einen Erneuerungsanstrich	Keine	Gering, ggf. sind für die Erneuerung von Außenanstrichen ca. 40,- DM/m² alle 10 Jahre anzusetzen (einschl. Behebung von Putzschäden)
Lebensdauer	25 bis 30 Jahre, über den Zeitraum von 25 Jahren liegen erste Erfahrungsberichte vor	50 Jahre, abhängig von der Qualität des Oberputzes	25 bis 30 Jahre, die Lebensdauer der Holzunterkonstruktion ist begrenzt	15 bis 30 Jahre, je nach Bewitterung	80 Jahre	Langzeiterfahrungen liegen noch nicht vor, geschätzt: 25 bis 30 Jahre
Begleitende erforderliche Maßnahmen	Verstärkung und Verlängerung von Befestigungselementen (Schlagläden, Markisen, Lampen) Erneuerung von Fassadenapplikationen (Stuckelemente, Gesimse)	Verstärkung und Verlängerung von Befestigungselementen (Schlagläden, Markisen, Lampen)	Verstärkung und Verlängerung von Befestigungselementen (Schlagläden, Markisen, Lampen)	Verstärkung und Verlängerung von Befestigungselementen	Anbringung von Auflagern für die Vormauerung (im Preis enthalten)	Aus- und Wiedereinbau von Heizkörpern, Elektroinstallationen, Einbaumöbeln etc. Im Gegensatz zu Außenwandbekleidungen wird durch Innendämmung keine Verbesserung der Fassade erreicht. Es sind also ggf. Maßnahmen zu Putzreparatur, Fassadenanstrich o.ä. vorzusehen
Einbauzeiten	Ca. 1,0 Std./m²	Ca. 1,6 Std./m²	Ca. 1,5 Std./m²	Ca. 2,0 Std./m²	Ca. 2,8 Std./m²	Ca. 0,7 Std./m²
Trocknungs-/Wartezeiten	Keine	Keine	Keine	Keine	Keine	Keine, die gespachtelte Platte ist tapezierfähig
Anmerkungen	Brandschutz beachten, Gefahr der mechanischen Beschädigung vor allem im EG	Doppelte Materialstärke gegenüber homogenen Dämmstoffen erforderlich	Brandschutz der Unterkonstruktion beachten	Brandschutz beachten	Sehr guter Schutz gegen mechanische Beschädigung	Einbindende Bauteile mitdämmen. Zusätzliche Dampfsperre erforderlich

Die nachträgliche Wärmedämmung ist immer um die Leibung herum bis an das Fenster heranzuführen

Einfache Putzbauten eignen sich besonders für Wärmedämmverbundsysteme

3.1.3 Aufbringen eines Wärmedämmverbundsystems – Erläuterung

Wärmedämmverbundsysteme sind mehrschichtige Konstruktionen zur Dämmung von Außenwänden. Sie bestehen aus Dämmstoff, der an der Wand befestigt und mit speziellen Putzaufbauten überdeckt wird.

Wärmedämmverbundsysteme eignen sich für Gebäude mit vorhandenen Putz- oder Betonfassaden ohne aufwendige Zier- oder Stuckelemente, zum Beispiel:

- verputzte Fachwerkhäuser
- Häuser der 20er und 30er Jahre
- Nachkriegsbauten der 50er Jahre
- Betonbauten der 60er und 70er Jahre

Die äußere Erscheinung von verputzten Gebäuden wird durch das Anbringen von Wärmedämmverbundsystemen im allgemeinen nicht verändert. Als Oberflächenbeschichtungen stehen heute nahezu alle gängigen Putzarten und Putzstrukturen zur Verfügung, so daß auf modische Reibe- oder Rillenputze nicht zurückgegriffen werden muß. Meist wird das nachträglich aufgebrachte Wärmedämmverbundsystem nur am Vorsprung im Sockelbereich erkennbar sein. Einfache Zierelemente der Putzfassade wie Fenstereinfassungen, einfache Stuckprofile etc. können unter Verwendung von Fertigteilelementen auch auf der neuen Putzfläche wieder hergestellt werden.

Folgende *Vorteile* zeichnen Wärmedämmverbundsysteme aus:

- Das Putzsystem kann ohne Beeinträchtigung der Innenraumnutzung angebracht werden.
- Die für das Innenraumklima wichtige Wärme- und Feuchtespeicherfähigkeit der vorhandenen Außenwand bleibt vorhanden.
- Mängel der vorhandenen Fassade wie Risse, Putzablösungen oder mangelnde Schlagregendichtigkeit werden mit behoben.
- Die vorhandene Fassade kann lückenlos gedämmt werden, Wärmebrücken an einbindenden Geschoßdecken oder Zwischenwänden bestehen nicht.

Daneben sind jedoch auch folgende *Problempunkte* zu beachten:

- Die Schalldämmung der vorhandenen Außenwand kann bei Verwendung ungeeigneter, zu steifer Dämmstoffe erheblich verschlechtert werden.
- Ohne besondere Maßnahmen sind Verbundsysteme nur schwach mechanisch belastbar.
- Wärmedämmverbundsysteme sind empfindlich gegen Verletzungen der wasserabweisenden Schicht. Eindringendes Wasser verbleibt in der Konstruktion und führt zur Wirkungslosigkeit der Dämmung und zur Zerstörung der Konstruktion, zum Beispiel durch Abdrücken der Putzschicht und Tauwetterschäden an der Dämmschicht.
- Der Anschluß an vorhandene Fenster ist schwierig, da oft nicht genügend Platz zur Verfügung steht, um in den Fensterleibungen erforderliche Dämmstoffdicken anzubringen.
- Verankerungen von Gegenständen an der Außenwand wie Lampen, Schlagläden etc. müssen verstärkt und verlängert werden.
- Verwendete Schaumkunststoffe werden im Brandfall zerstört. Durch die große Hitze können giftige Gase frei werden.
- Eine Wärmeabgabe der äußeren Putzschicht an angrenzende Bauteile wird durch die großen Dämmschichtdicken behindert. Die Putzschicht heizt sich entsprechend stark auf. Zur Vermeidung von übergroßen Aufheizungen dürfen dunkle Farbtöne für den Oberputz nicht verwendet werden.
- Bestimmte Kunstharzputze neigen bei starker Erwärmung zur Aufweichung.

Links:
Unterer Abschluß des Wärmedämmverbundsystems mit einer Sockelschiene

Rechts:
Vorhandene Abflußrohre müssen bei der Planung berücksichtigt werden

3.1.4 Aufbringen eines Wärmedämmverbundsystems – Details

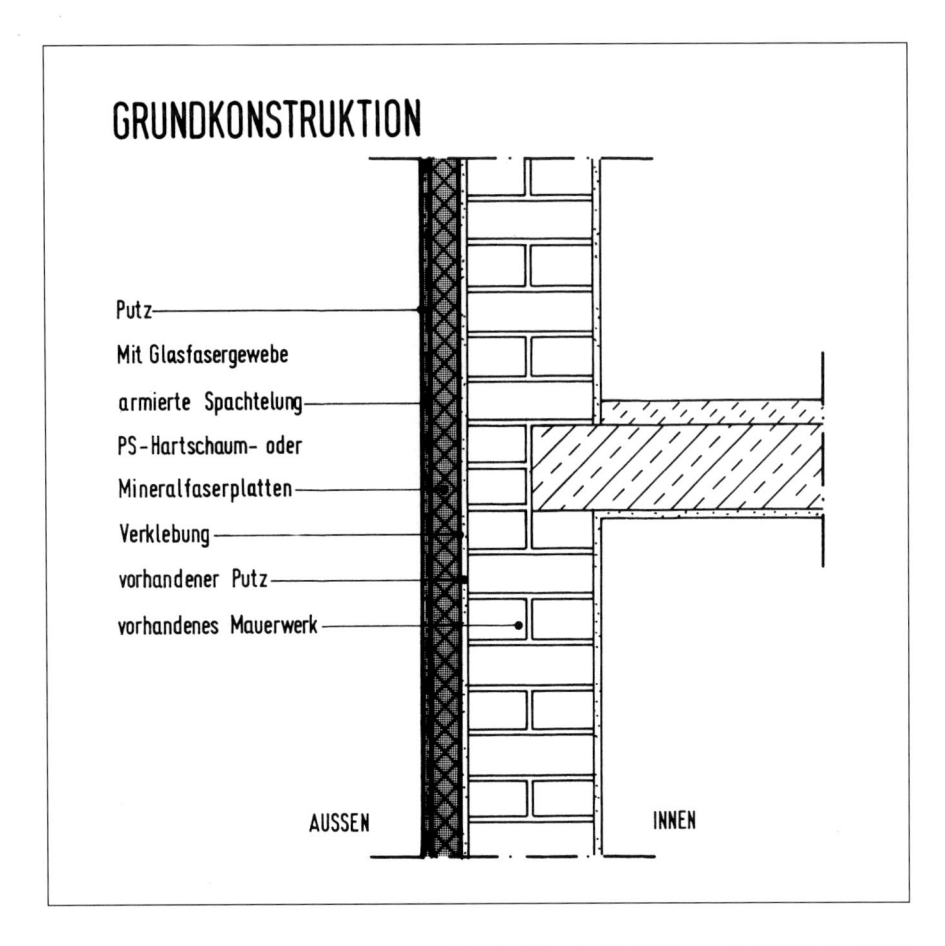

GRUNDKONSTRUKTION

- Putz
- Mit Glasfasergewebe armierte Spachtelung
- PS-Hartschaum- oder Mineralfaserplatten
- Verklebung
- vorhandener Putz
- vorhandenes Mauerwerk

AUSSEN — INNEN

Grundkonstruktion

Aufkleben der Dämmplatten auf haftfesten Untergrund

Zusätzliche Verdübelung bei ungenügender Haftfestigkeit des Untergrundes

Aufbringen der Spachtelung auf die Dämmplatten

Einbetten von Glasfasergewebe in die Spachtelung

Einbetten von verstärktem Gewebe in Bereichen hoher mechanischer Beanspruchung

Aufbringen von Kunstharz- (2 bis 3 mm) oder Mineralputz (12 bis 15 mm)

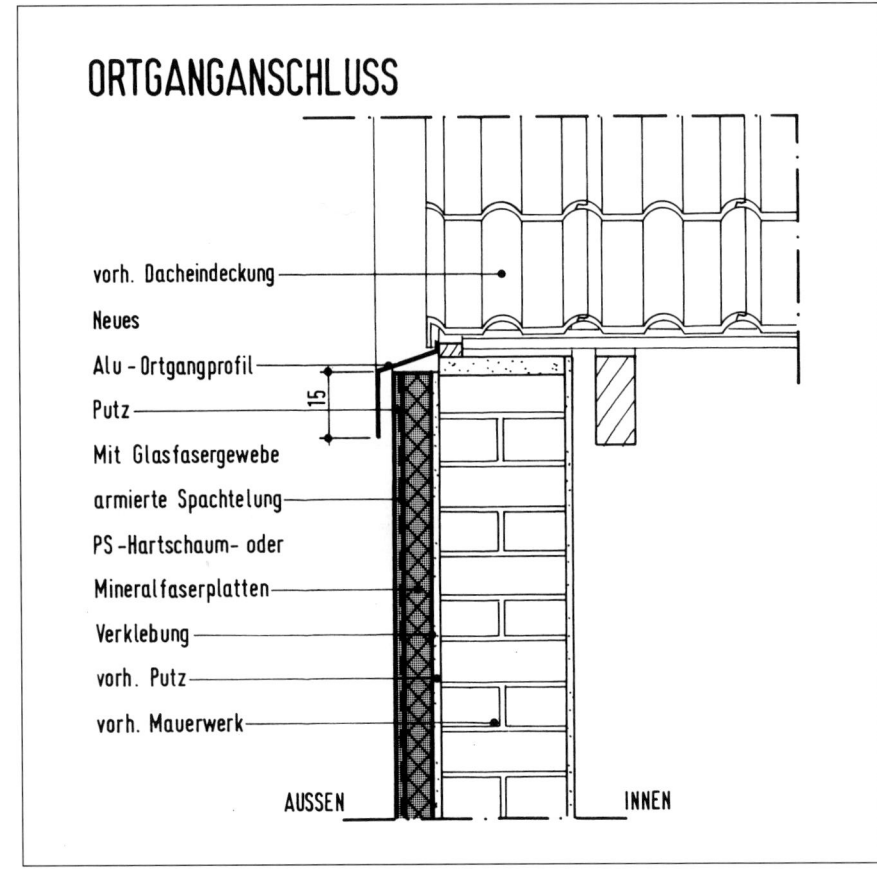

ORTGANGANSCHLUSS

- vorh. Dacheindeckung
- Neues Alu-Ortgangprofil
- Putz
- Mit Glasfasergewebe armierte Spachtelung
- PS-Hartschaum- oder Mineralfaserplatten
- Verklebung
- vorh. Putz
- vorh. Mauerwerk

15

AUSSEN — INNEN

Ortganganschluß

Bei Neueindeckung ist die Ausbildung dieses Detailpunktes unkritisch, da die neue Dacheindeckung auskragen und das Wärmedämmverbundsystem überdecken kann.

Anders bei Erhalt der Dacheindeckung. Der Dachüberstand ist im allgemeinen zu gering, um von dem Dämmsystem unterfahren werden zu können.

Zur Abdeckung des Dämmsystems muß deshalb ein neues Ortgang-Profil aus Zink oder Aluminium montiert werden.

3.1 Geringe Wärmedämmung von Außenwänden

SOCKELABSCHLUSS

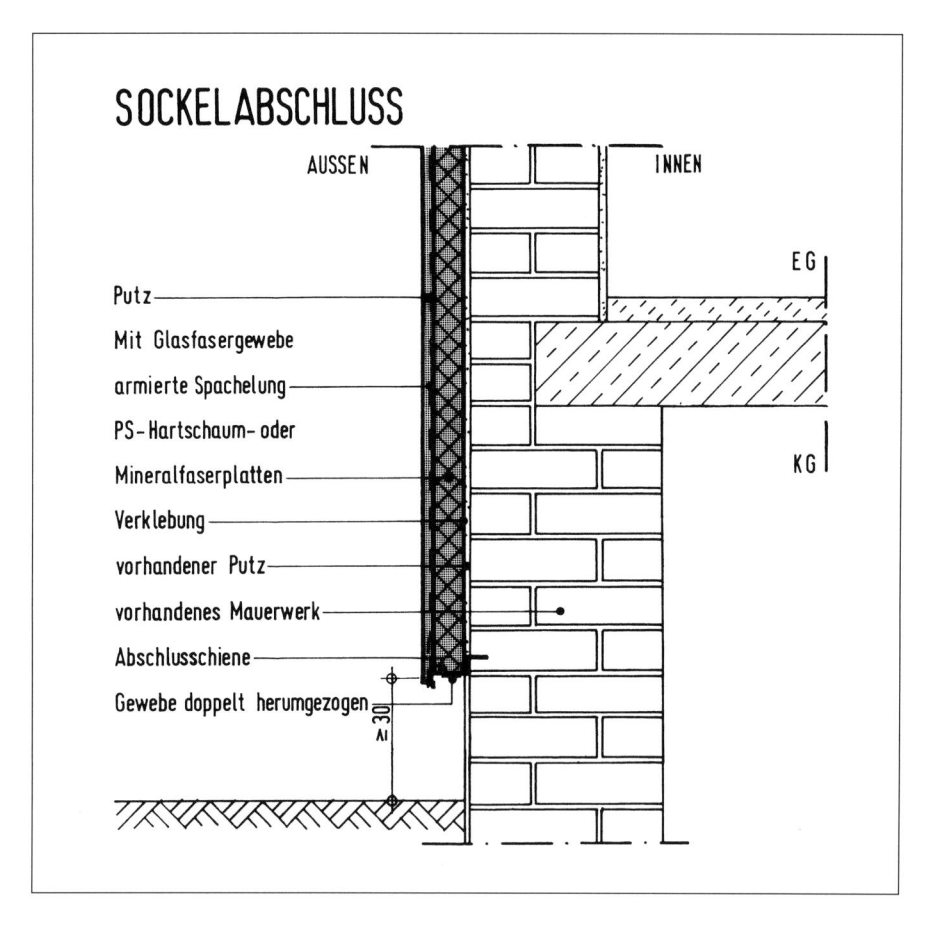

Bildbeschriftung (außen → innen):
- Putz
- Mit Glasfasergewebe armierte Spachtelung
- PS-Hartschaum- oder Mineralfaserplatten
- Verklebung
- vorhandener Putz
- vorhandenes Mauerwerk
- Abschlusschiene
- Gewebe doppelt herumgezogen
- ≥ 30
- AUSSEN / INNEN
- EG / KG

Sockelabschluß

Wird das Dämmsystem nicht bis ins Erdreich geführt, sollte es über Spritzwasserhöhe enden.

Für den unteren Abschluß ist eine Profilschiene mit Abtropfkante zu verwenden. Die Schiene ist mit zusätzlichen Gewebeeinlagen zu ummanteln.

Bei unbeheizten Kellerräumen ist die Außenwand bis 50,0 cm unter die Decke zu dämmen, um Tauwasserschäden im unteren Innenwandbereich zu vermeiden.

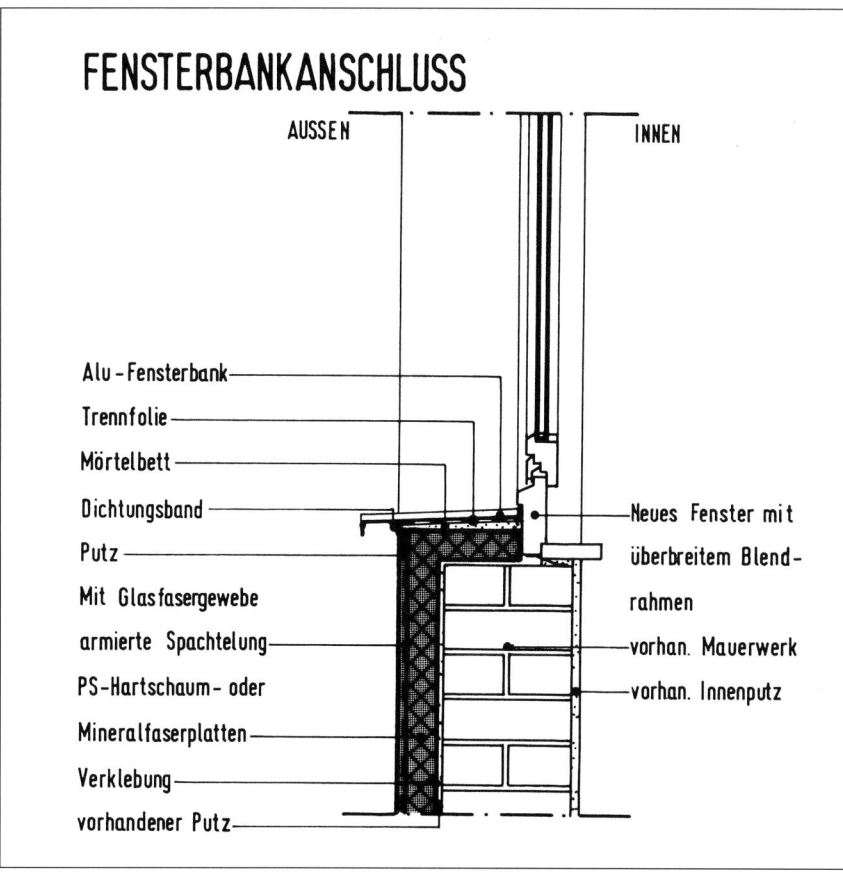

FENSTERBANKANSCHLUSS

Bildbeschriftung:
- Alu-Fensterbank
- Trennfolie
- Mörtelbett
- Dichtungsband
- Putz
- Mit Glasfasergewebe armierte Spachtelung
- PS-Hartschaum- oder Mineralfaserplatten
- Verklebung
- vorhandener Putz
- Neues Fenster mit überbreitem Blendrahmen
- vorhan. Mauerwerk
- vorhan. Innenputz
- AUSSEN / INNEN

Fensterbankanschluß

Die Dämmung ist möglichst immer bis an das Fenster heranzuführen. Wenn die Fenster erneuert werden, sind deshalb überbreite Blendrahmen vorzusehen. In jedem Fall ist die Leibung mindestens mit 2,0 cm bis 3,0 cm Dämmung zu bekleiden.

Die für Wärmedämmverbundsysteme verwendeten Dämmstoffe verfügen im allgemeinen über eine ausreichende Druckfestigkeit, die ihre Verwendung als Fensterbankunterlage gestatten.

Fensterbänke müssen vollflächig untermörtelt sein.

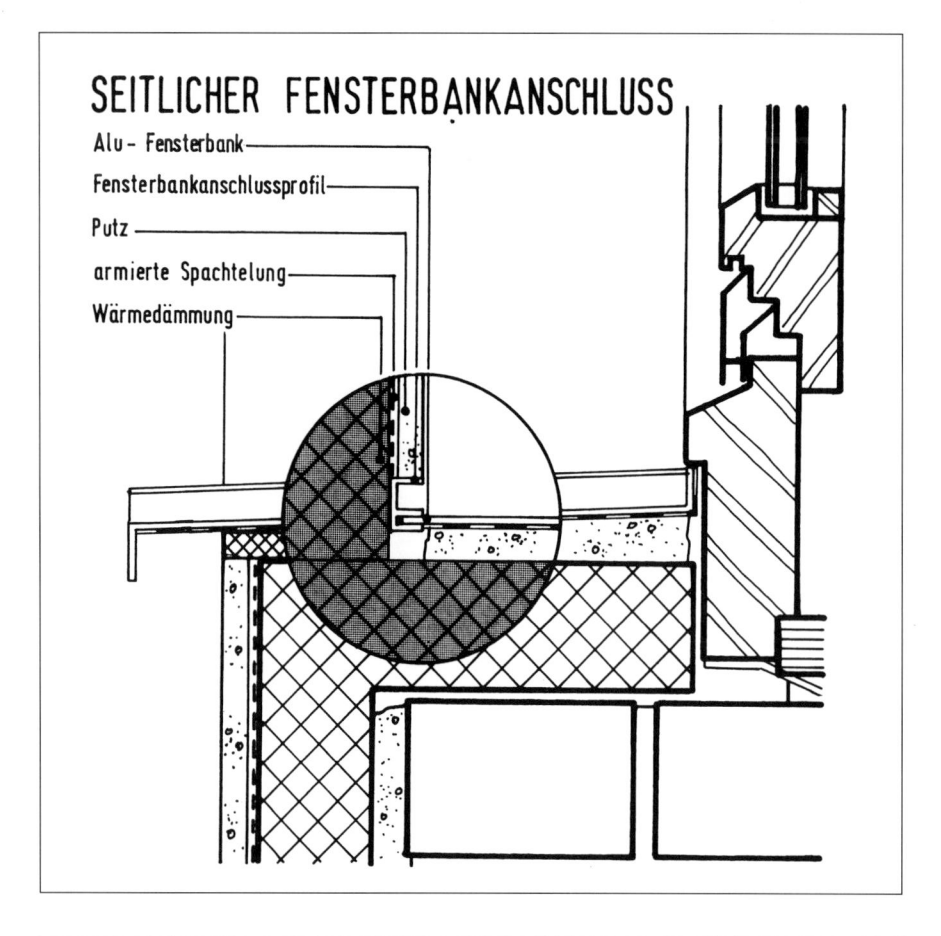

SEITLICHER FENSTERBANKANSCHLUSS

- Alu-Fensterbank
- Fensterbankanschlussprofil
- Putz
- armierte Spachtelung
- Wärmedämmung

Seitlicher Fensterbankanschluß

Direkt eingeputzte Fensterbankprofile führen zu Abrissen im Putz und damit zum Eindringen von Feuchtigkeit.

Um dies zu vermeiden, sind Fensterbankanschlußprofile in den Putz einzusetzen.

Die Anschlußprofile gewährleisten eine sichere Wasserableitung und können thermische Längenänderungen der Fensterbank aufnehme.

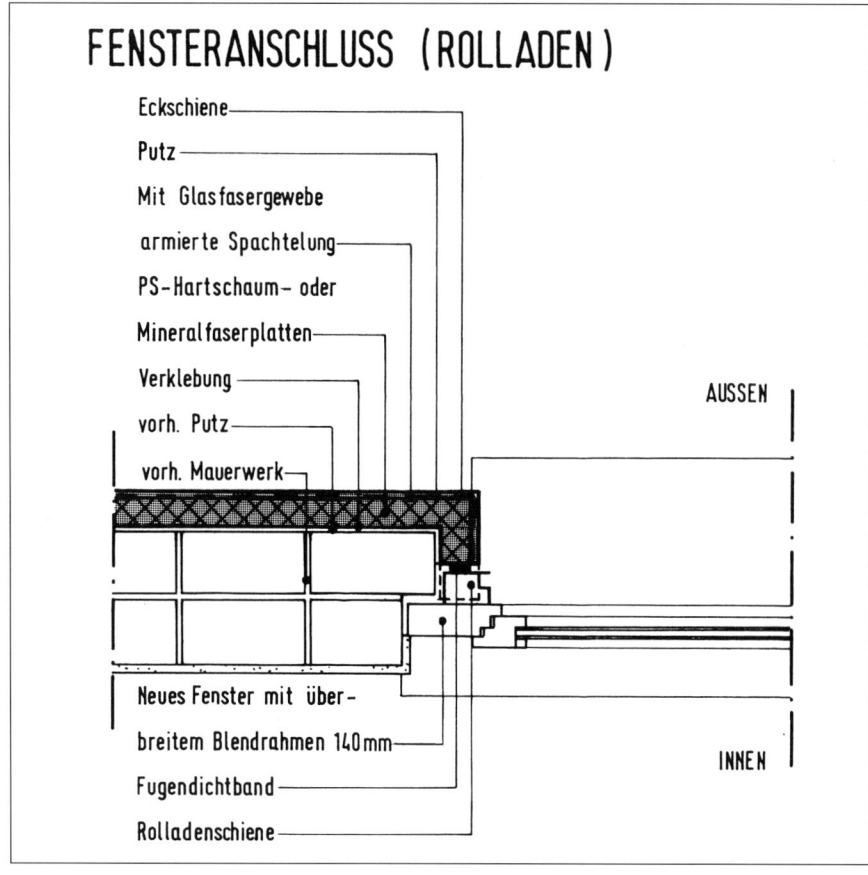

FENSTERANSCHLUSS (ROLLADEN)

- Eckschiene
- Putz
- Mit Glasfasergewebe armierte Spachtelung
- PS-Hartschaum- oder Mineralfaserplatten
- Verklebung
- vorh. Putz
- vorh. Mauerwerk
- Neues Fenster mit überbreitem Blendrahmen 140 mm
- Fugendichtband
- Rolladenschiene

AUSSEN

INNEN

Anschluß mit Rolladenschiene

Bei Verwendung von Rolladenschienen sind möglichst überbreite Blendrahmen zu verwenden, um die Dämmung ohne Querschnittsminderung an das Rolladenprofil heranzuführen.

Der Anschluß ist mit Fugendichtband zu schließen.

Auf jeden Fall sind die Leibung mindestens mit 2,0 cm Dämmstoff zu bekleiden.

Die Fensterbank muß die Rolladenführungsschiene unterfahren, um einen sicheren Wasserablauf zu gewährleisten.

3.1.5 Einbau einer inneren Wärmedämmung – Erläuterung

Der Einbau von Innendämmungen ist immer dann erforderlich, wenn *gestalterische Gründe* eine zusätzliche äußere Wärmedämmung nicht zulassen. Dies ist zum Beispiel der Fall bei:

- Fachwerkhäusern mit erhaltens- und darstellenswerter Holzkonstruktion
- Gründerzeithäusern mit aufwendig gestalteten Stuckfassaden
- Gebäuden mit erhaltenswerter Natursteinverkleidung oder massiven Natursteinfassaden
- erhaltenswerten Sichtmauerwerksbauten.

Den Vorteilen bei der Erhaltung der vorhandenen Fassade stehen eine *Reihe von Problemen* gegenüber.

Innendämmungen können ohne Beeinträchtigung der Innenraumnutzung nicht eingebaut werden:

- Die Innenseiten der Außenwände müssen frei zugänglich sein, das heißt die Möblierung und zum Beispiel die Teppichböden müssen entfernt werden.
- Einbauschränke, Installationen (Heizkörper) und Fußleisten müssen demontiert und später wieder eingebaut werden.
- Elektrodosen müssen verlängert werden.
- An den Innenseiten der Fensterleibungen muß, wenn die Fenster nicht erneuert werden, der Putz abgeschlagen werden, um Platz für zusätzliche Dämmung in der Leibung zu gewinnen.

Daneben sind eine Reihe von *bauphysikalischen* Problemen zu beachten:

- Der vorhandene Außenwandquerschnitt steht als Speicherkapazität und damit als Regulativ für die Innenraumtemperatur nicht mehr zur Verfügung.
- Die feuchtigkeitsregulierende Wirkung des Wandquerschnitts für das Innenraumklima wird eingeschränkt.
- Der Außenwandquerschnitt ist vom relativ konstanten Temperaturverlauf des Innenraumes abgekoppelt und verstärkt den Temperaturschwankungen des Außenklimas unterworfen. Die Folge sind verstärkte thermische Längenänderungen der Außenwandkonstruktion.
- Durch die geringere Erwärmung der Außenwand während des Winterhalbjahres wird die Austrocknung eingedrungener Feuchtigkeit erschwert.
- An Unterbrechungen oder Schwächungen der Innenwanddämmung, zum Beispiel an Fensterleibungen oder einbindenden Bauteilen, kann es wegen des starken Temperaturgefälles verstärkt zu Kondensat- und damit zu Schwärzepilzbildung kommen.
- Die Temperatur an der Innenseite oder innerhalb des vorhandenen Außenwandquerschnittes kann so weit absinken, daß es zu kritischer Kondensatbildung kommt.
- Die Schalldämmung von Außenwänden und die Schall-Längsleitung werden bei Verwendung schalltechnisch »harter« Dämmstoffe erheblich verschlechtert, wenn die Dämmstoffe direkt auf die Wand geklebt werden.

Diese Aspekte müssen bei der Planung und Anwendung von Innendämmsystemen unbedingt beachtet werden.

Dem stehen folgende Vorteile von Innendämmungen gegenüber:

- Die Aufheizzeiten der Innenräume werden deutlich verringert. Dies ist besonders wichtig bei Räumen, die nicht konstant beheizt werden.
- Durch die schnelle Aufheizung von Innenwandoberflächen wird die Gefahr von Oberflächenkondensatbildung verringert.
- Die äußere Erscheinung von Gebäuden bleibt unverändert erhalten.
- Arbeiten an der Fassade sind nicht erforderlich (kein Gerüstbau).
- Unebenheiten von Wandoberflächen oder Fehlstellen des Innenputzes werden durch Einbau der Innendämmung überdeckt beziehungsweise ausgeglichen.

Oben links:
Bei sichtbaren Fachwerkkonstruktionen kann eine zusätzliche Wärmedämmung nur außen angebracht werden

Oben rechts:
Besonders schwierig sind »Mischformen aus innerer und äußerer Wärmedämmung«

Unten links:
Anbringen einer inneren Wärmedämmung

3.1.6 Einbau einer inneren Wärmedämmung – Details

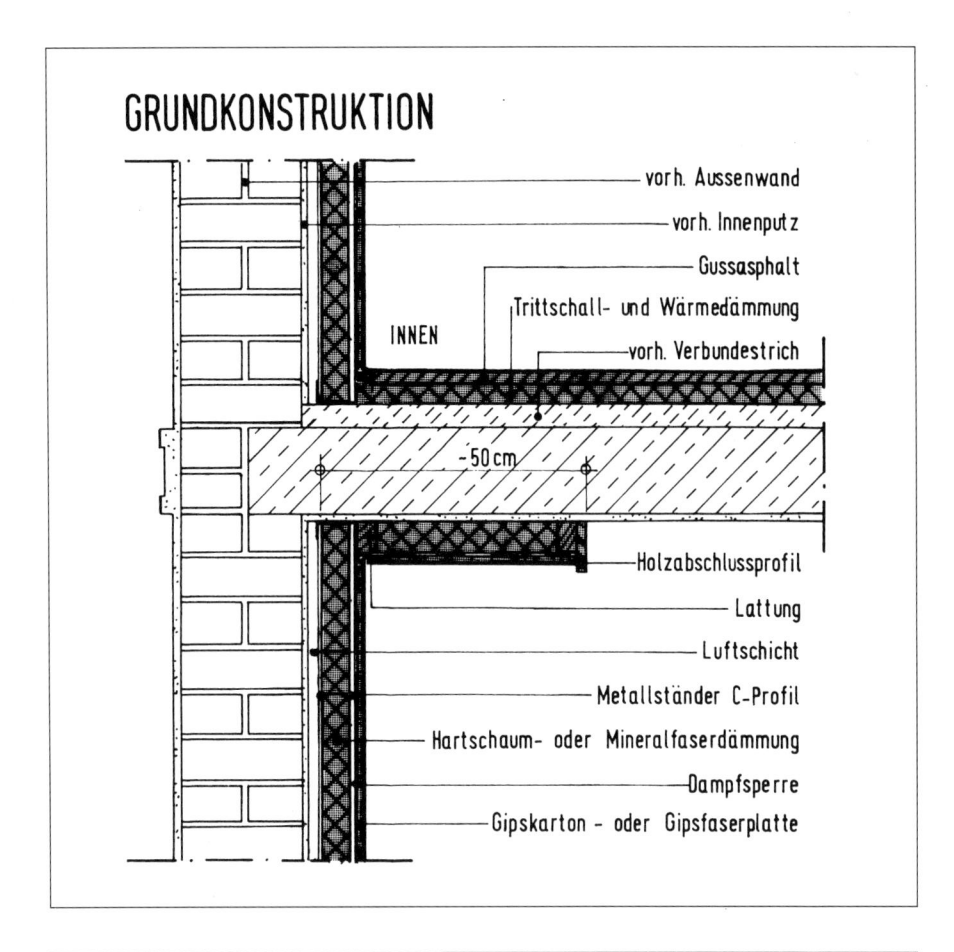

GRUNDKONSTRUKTION

- vorh. Aussenwand
- vorh. Innenputz
- Gussasphalt
- Trittschall- und Wärmedämmung
- vorh. Verbundestrich
- ~50 cm
- Holzabschlussprofil
- Lattung
- Luftschicht
- Metallständer C-Profil
- Hartschaum- oder Mineralfaserdämmung
- Dampfsperre
- Gipskarton - oder Gipsfaserplatte

INNEN

Die folgenden Zeichnungen zeigen die Lösung wichtiger Anschlußdetails.

Grundkonstruktion

- Austellen von Metallständerwerk
- Einbringen von Mineralfaserdämmstoffen zwischen den Metallständern
- Einbau einer Dampfsperre, zum Beispiel aus PE-Folie 0,2 mm
- Anbringen von Gipsfaser- oder Gipskartonplatten
- Anbringen von Lattung, Wärmedämmung, Dampfsperre und Bekleidung an ca. 50,0 cm breiten Deckenstreifen
- Einbau zusätzlicher Wärmedämmung oberhalb massiver Geschoßdecken

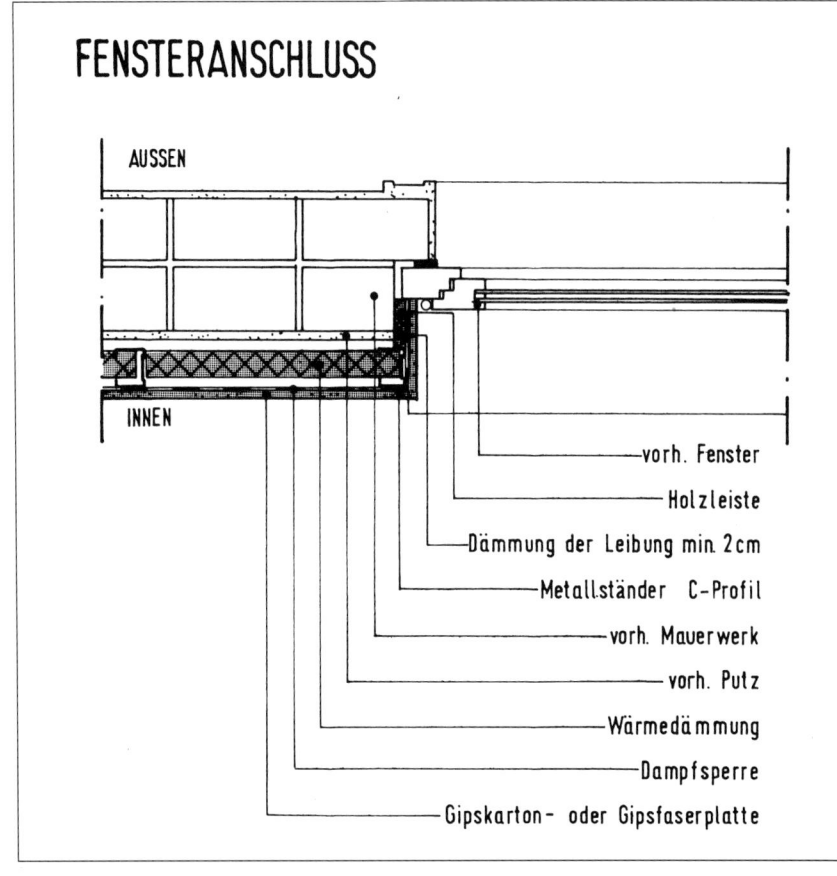

FENSTERANSCHLUSS

AUSSEN

INNEN

- vorh. Fenster
- Holzleiste
- Dämmung der Leibung min. 2 cm
- Metallständer C-Profil
- vorh. Mauerwerk
- vorh. Putz
- Wärmedämmung
- Dampfsperre
- Gipskarton- oder Gipsfaserplatte

Fensteranschluß

- Abschlagen des vorhandenen Putzes im Leibungsbereich
- Andübeln einer Holzleiste als Unterkonstruktion in der Leibung
- Einbau von Wärmedämmung, Dampfsperre Gipskarton- beziehungsweise Gipsfaserplatte
- In der Leibung soll die gleiche Dämmstoffdicke wie im Wandbereich montiert werden. Es sind mindestens 2,0 cm Dämmstoffdicke vorzusehen
- Wichtig: Dampfsperre im Leibungsbereich

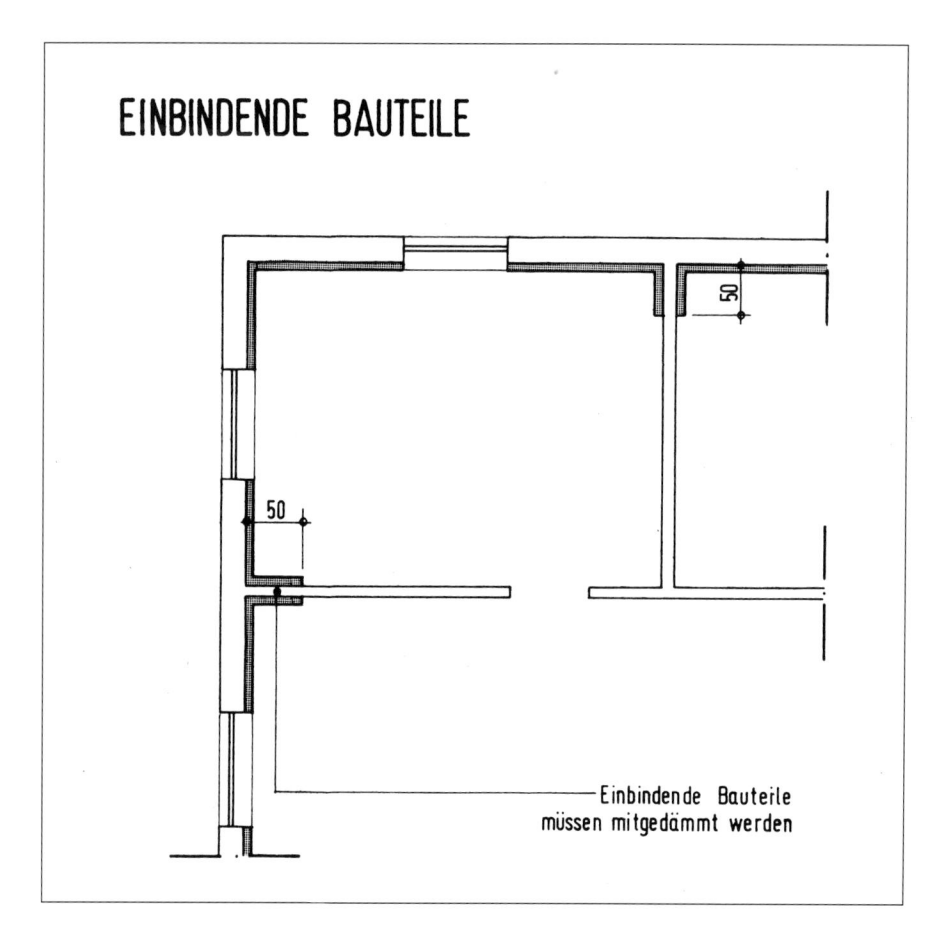

Einbindende Bauteile

Bei der Innendämmung von Gebäuden müssen einbindende Bauteile, sofern sie aus gut wärmeleitenden Materialien bestehen, mindestens 50,0 cm mitgedämmt werden.

Dies gilt sowohl für einbindende Wände als auch für einbindende Decken.

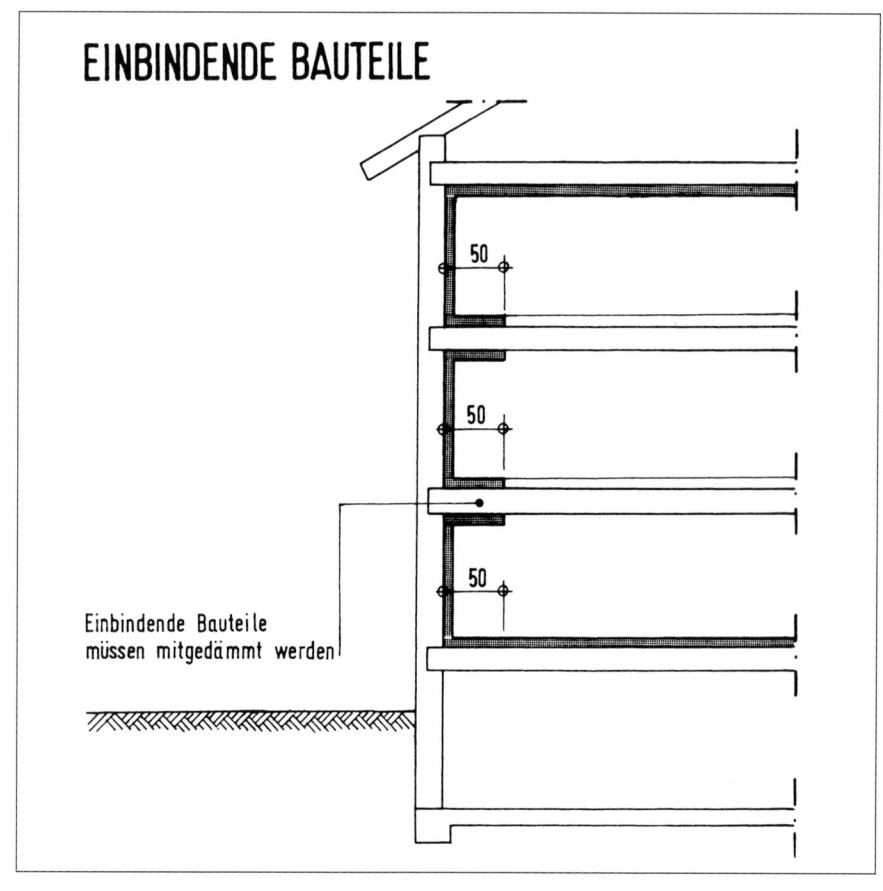

Einbindende Bauteile

Während die teilweise Dämmung an Zwischenwänden und Decken technisch lösbar ist und lediglich ein Problem der Gestaltung darstellt, ist die teilweise Dämmung der Fußböden vor allem ein konstruktives Problem.

Eine Lösung besteht nur darin, einen komplett neuen Fußboden, zum Beispiel einen schwimmenden Estrich, einzubauen, will man nicht im Außenwandbereich ein durchlaufendes Podest erhalten.

Bei vorhandenen Holzbalkendecken kann man auf zusätzliche Dämmung verzichten.

3.2 Problempunkt:
Vertikal aufsteigende Feuchtigkeit in Außenwänden

Durchfeuchtung von Außenwänden

Durchfeuchtung von Außenwänden ist ein nahezu schon klassisches Problem bei alten Häusern. Vornehmlich die Kellerbereiche, seltener die Ergeschosse, weisen Durchfeuchtungen auf.

Leider viel zu schnell wird aus diesem Schadensbild der voreilige Schluß gezogen, daß es sich hierbei nur um aufsteigende Feuchte handeln kann.

Aufsteigende Feuchtigkeit ist ein sehr häufiger Grund für die Durchfeuchtung von Außenwänden, aber beileibe nicht der einzige. Bevor man an dieser Stelle mit einer Sanierung beginnt, sollte man unbedingt die Gründe für die Durchfeuchtung sorgfältig analysieren:

Mögliche Ursachen für die Durchfeuchtung von Außenwänden:
- Undichte Wasser- oder Abwasserleitungen
- Undichte Regenfallrohre
- Stauendes Wasser wegen defekter Hofabläufe
- Beschädigung der äußeren senkrechten Abdichtung
- Defekte Kellerlichtschächte
- Kondensatfeuchte
- Hohe Salzbelastung
- Fehlende Horizontalsperre

Viel zu häufig steht die fehlende Horizontalsperre an erster Stelle der möglichen Schadensursachen. Völlig zu unrecht, wie viele Untersuchungen an alten Häusern gezeigt haben.

Wenn man sich die Mühe macht und sehr genau untersucht, wird man in den allermeisten Fällen eine Horizontalsperre vorfinden. Häufig liegt sie in der dritten oder vierten Ziegelschicht über dem Kellerboden oder zwei bis drei Ziegelschichten unter der Kellerdecke. Zumeist kann die Sperrschicht sehr deutlich an der unterschiedlichen Färbung des Kellermauerwerkes erkannt werden: dunkel/feucht unterhalb der Sperre, trocken/hell oberhalb.

Die Funktionsfähigkeit auch alter Sperrschichten ist nur sehr selten beeinträchtigt. Insbesondere wenn es sich um Teerpappen handelt, gibt es keinen plausiblen Grund, warum eine, ohne Beeinträchtigung und ruhig in ihrer Mörtelfuge liegende, Dichtschicht sich auflösen oder verflüchtigen sollte.

Aufsteigende Feuchtigkeit

In einigen Fällen wird man natürlich auch aufsteigende Feuchtigkeit in erdnahen Mauerwerksteilen vorfinden. Es handelt sich hierbei um kapillar aufsteigendes Wasser, das durch Kontakt mit feuchtem Erdreich in Außenwände und Fundamente eindringt. Obwohl schon lange Verfahren zur Horizontalisolierung bekannt waren (verwendet wurden zum Beispiel Bleiplatten, Rohglastafeln, Klinker in Asphaltmörtel, Schieferplatten, aber auch schon Dachpappe), wurde bisweilen, vor allem aus Kostengründen auf den Einbau solcher Sperrschichten verzichtet. Bisweilen wurden die Sperren auch nur direkt unter der Kellerdecke und nicht schon über dem Kellerfußboden eingebaut. Ursprünglich war diese Abdichtung für die einfache Nutzung des Kellers völlig ausreichend, erst bei veränderter Nutzung des Kellers kommt es zu Konflikten.

Solange Oberflächen von Außenwänden gut belüftet waren, konnte das aufsteigende Wasser, selbst bei ungenügender Abdichtung, durch Verdunstung an die Umgebungsluft abgegeben werden.

Im Regelfall war das Erdgeschoß so weit über Erdreich angeordnet, daß im Bereich des Sockels und im Bereich der meist gut belüfteten Kellerinnenwände soviel Wasser verdunsten konnte, daß Beeinträchtigungen im Erdgeschoß nicht mehr auftraten.

Ungeeignete Maßnahmen

Zu Problemen kommt es immer dann, wenn Verdunstungsflächen nicht in ausreichendem Maße vorhanden sind oder die Verdunstung behindert wird. Dies kann zum Beispiel geschehen durch Unterbinden der Kellerlüftung (Einbau neuer dichter Kellerfenster) oder durch unsachgemäße Abdichtung vorhandener Wandoberflächen.

So bringt der Auftrag von Sperrputz auf durchfeuchteten Wandoberflächen meist nicht den gewünschten Erfolg, da die Feuchtigkeit in der Wand über den verputzten Bereich hinweg aufsteigt und neue Bereiche (zum Beispiel im Erdgeschoß) schädigt.

Untersuchung der Konstruktion

Bevor Maßnahmen gegen aufsteigende Feuchtigkeit unternommen werden, ist deshalb zu prüfen, ob nicht schon durch geeignete Belüftung das Problem beseitigt werden kann.

Außerdem ist zu prüfen, ob es sich bei der Feuchtebelastung tatsächlich um kapillar aufsteigendes Wasser handelt.

Die Durchfeuchtungen können zum Beispiel auch hervorgerufen werden durch Niederschlagswasser, daß an der Fassade herabläuft, oder durch Spritzwasser im Sockelbereich.

Besonders wichtig ist auch die Kontrolle des Mauerwerks auf etwa vorhandene Salze, die Feuchtigkeit aus der Luft aufnehmen und anlagern.

Gegebenenfalls ist auch eine falsche oder fehlende Vertikalisolierung Ursache der Durchfeuchtung.

Eine Beurteilung der Durchfeuchtung der Außenwand kann am sichersten erfolgen durch Entnahme von Bohrkernen, Untersuchung der Materialproben auf ihren Feuchte- und Salzgehalt und Aufstellen eines Feuchteprofils für den gesamten Wandquerschnitt.

Einbau von Horizontalsperren

Sollte die Untersuchung die Notwendigkeit des Einbaus von Horizontalsperren ergeben, stehen folgende Verfahren zur Verfügung:

1. *Mauersägeverfahren* mit Einschub von Dichtungsbahnen und Verpressung des Sägeschlitzes

2. *Konventionelle abschnittsweise Mauertrennung von Hand,* Einbau von Dichtungsbahnen und anschließende Ausmauerung des Mauerschlitzes

3. *Mauertrennung durch Einrammen von Edelstahlblechen* in durchgehende Lagerfugen

4. *Injektage von Dichtungsmitteln* im Bohrlochtränkverfahren

5. *Elektro-osmotische Trockenlegungsmaßnahmen*

3.2 Problempunkt: Vertikal aufsteigende Feuchtigkeit in Außenwänden

Auswahl des geeigneten Verfahrens

Vor Anwendung der Verfahren ist zu prüfen, ob sich das vorhandene Mauerwerk für das ausgewählte Isolierverfahren eignet. Für die sinnvolle Anwendung müssen immer bestimmte Randbedingungen erfüllt sein.

Für die Injektage von Dichtungsmitteln zum Beispiel sind nicht alle Mauerwerksarten geeignet, zweischaliges Mauerwerk mit Verfüllung weist oft große Hohlräume auf, die zunächst verpreßt werden müssen, bevor Injektagemittel eingebracht werden können.

Mauerwerk mit hoher Durchfeuchtung, also mit großem Wassergehalt in Kapillaren und Poren, ist ebenfalls nicht für Injektageverfahren geeignet, weil keine freien Kapillaren und Poren zur Aufnahme des Injektagemittels zur Verfügung stehen. Eine Verdrängung des Wassers durch Injektagemittel ist nicht möglich.

Mauertrennverfahren, bei denen Edelstahlbleche eingerammt werden, können nur bei Mauerwerk mit durchgehenden Lagerfugen oder bei weichem Mauerwerk angewendet werden. Außerdem ist bei diesem Verfahren dem Korrosionsschutz große Aufmerksamkeit zu widmen, gegebenenfalls sind, zum Beispiel bei hohem Chloridgehalt des Mauerwerks, Chromnickelmolybdänstähle einzusetzen.

Aufsteigende Feuchtigkeit führt zu großflächigen Putzzerstörungen

Bei allen Mauertrennverfahren ist sicherzustellen, daß Horizontalkräfte während und nach der Mauertrennung aufgenommen werden können. Vor allem Gewölbeschub muß hier unbedingt beachtet werden.

Nach dem Einbau von nachträglichen Horizontalsperren kann es erforderlich sein, die Oberfläche von jetzt trockengelegten Wandbereichen zu behandeln, damit zum einen Restfeuchtigkeit aus der Wand abtrocknen kann und zum anderen ein weiteres Absanden des Putzes und das Auftreten von Salzausblühungen verhindert werden.

Wegen des hier allgemein sehr hohen Salzgehaltes, hervorgerufen durch die ständige Wasserverdunstung, eignen sich zur Behandlung vor allem Sanierputze entsprechend den WTA-Richtlinien.

Diese Sanierputze sind werkgemischte Trockenmörtel, die besondere Anforderungen hinsichtlich Festigkeit, Zusammensetzung, Luftporengehalt, Salzaufnahmefähigkeit und Wasserdampfdiffusionsfähigkeit erfüllen.

Sie lassen die in der Wand enthaltene Feuchtigkeit hindurchdiffundieren und können wasserlösliche Salze, die mit dem Wasser transportiert werden, schadensfrei im Putzgefüge anlagern.

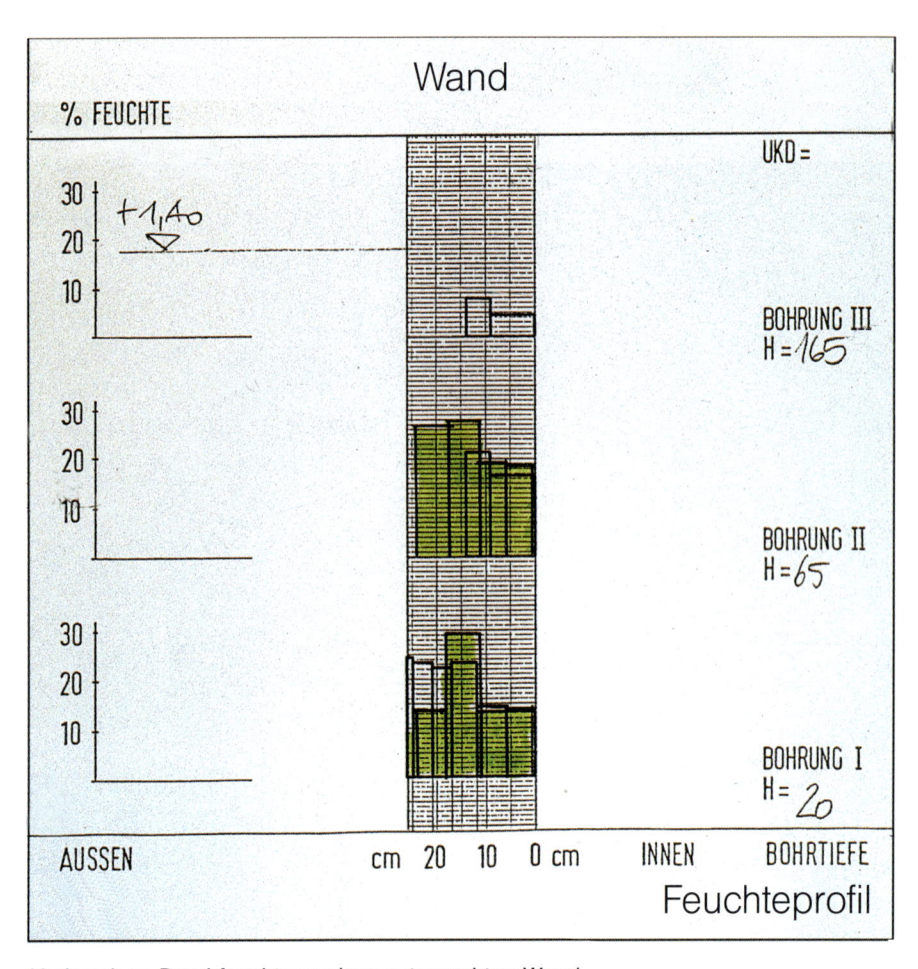

Vorhandene Durchfeuchtung einer untersuchten Wand

Aufsägen einer Wand, um nachträglich eine Dichtung einzubauen

3.2 Problempunkt: Vertikal aufsteigende Feuchtigkeit in Außenwänden

Einrammen von Edelstahlblechen

Trichterreihe zur Dichtungsmittelinjektage

Salzbelasteter Wandbereich

3.2.1 Übersicht über Lösungsmöglichkeiten

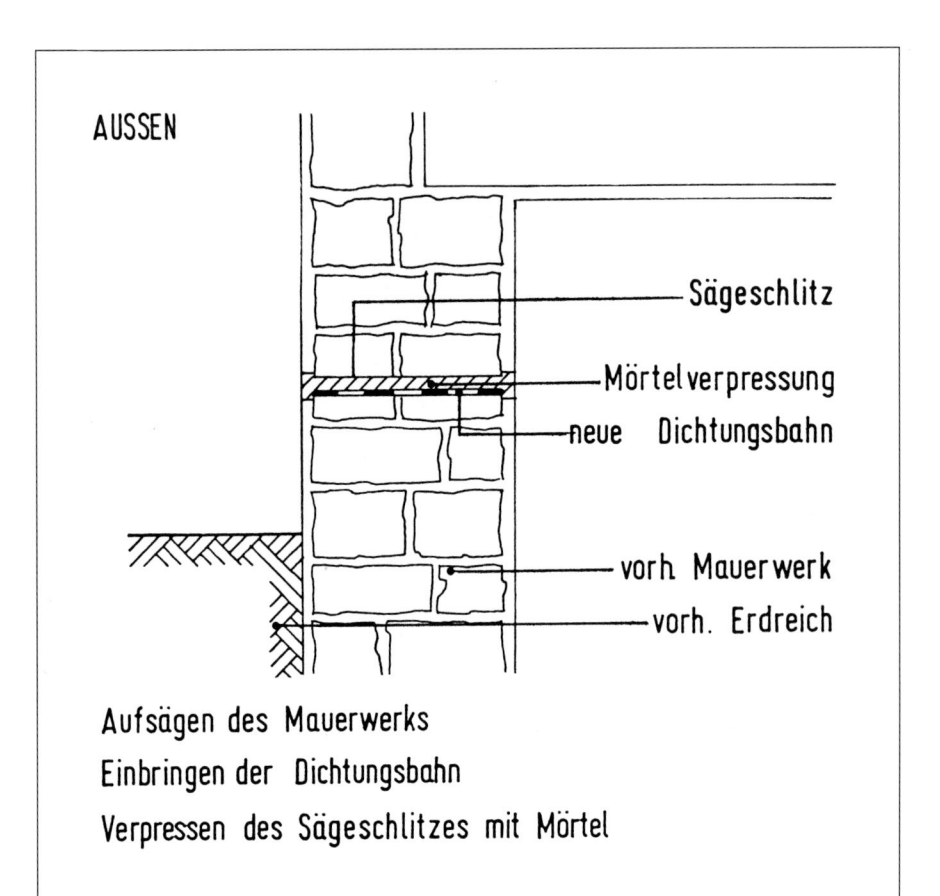

AUSSEN

- Sägeschlitz
- Mörtelverpressung
- neue Dichtungsbahn
- vorh. Mauerwerk
- vorh. Erdreich

Aufsägen des Mauerwerks
Einbringen der Dichtungsbahn
Verpressen des Sägeschlitzes mit Mörtel

Maschinelle Mauertrennung	
Baukosten	Ca. 575,– DM/m²
Begleitende erforderliche Maßnahmen	Evtl. Schaffung eines Arbeitsraumes
Instandhaltungskosten	Keine
Lebensdauer der Dichtung	40 bis 50 Jahre
Die Einbauzeiten sind so stark abhängig vom vorhandenen Wandmaterial, vom angewendeten Trennverfahren und von der Zugänglichkeit des Mauerwerks, daß verläßliche Werte nicht genannt werden können. Aus diesem Grund sollten Einbauzeiten nicht als ausschlaggebende Einflußgrößen angesehen werden.	
Ausführung durch	Fachfirma
Anmerkungen	Gewölbeschub beachten

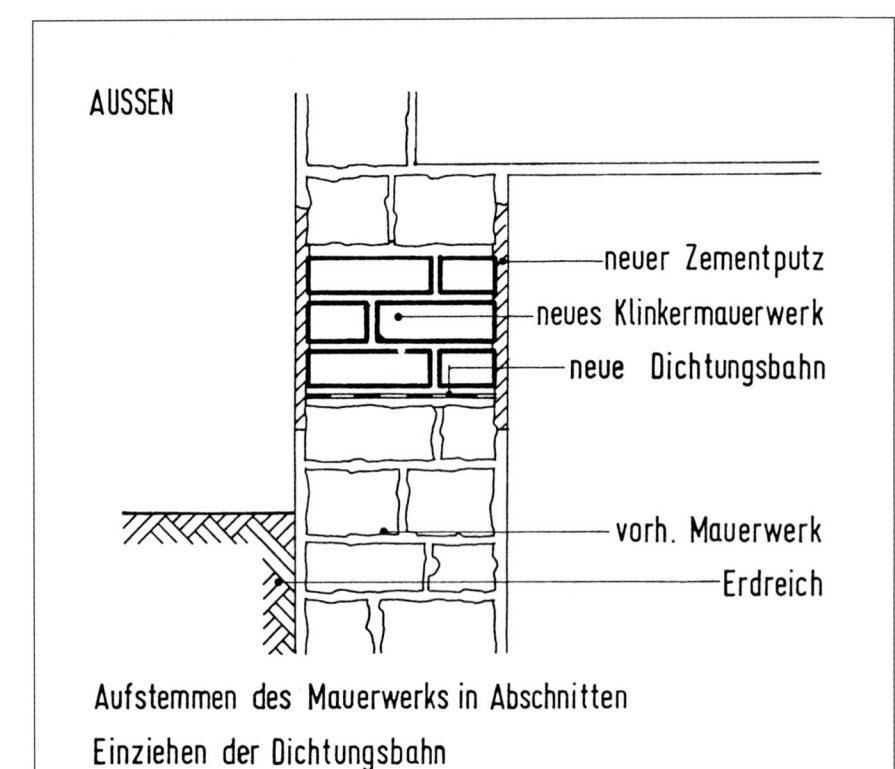

AUSSEN

- neuer Zementputz
- neues Klinkermauerwerk
- neue Dichtungsbahn
- vorh. Mauerwerk
- Erdreich

Aufstemmen des Mauerwerks in Abschnitten
Einziehen der Dichtungsbahn
Vermauern des Schlitzes und Neuverputz

Mauertrennung von Hand	
Baukosten	Ca. 950,– DM/m²
Begleitende erforderliche Maßnahmen	Evtl. Schaffung eines Arbeitsraumes
Instandhaltungskosten	Keine
Lebensdauer der Dichtung	40 bis 50 Jahre
Die Einbauzeiten sind so stark abhängig vom vorhandenen Wandmaterial, vom angewendeten Trennverfahren und von der Zugänglichkeit des Mauerwerks, daß verläßliche Werte nicht genannt werden können. Aus diesem Grund sollten Einbauzeiten nicht als ausschlaggebende Einflußgrößen angesehen werden.	
Ausführung durch	Bauunternehmung
Anmerkungen	Gefahr der Rißbildung durch Setzungen

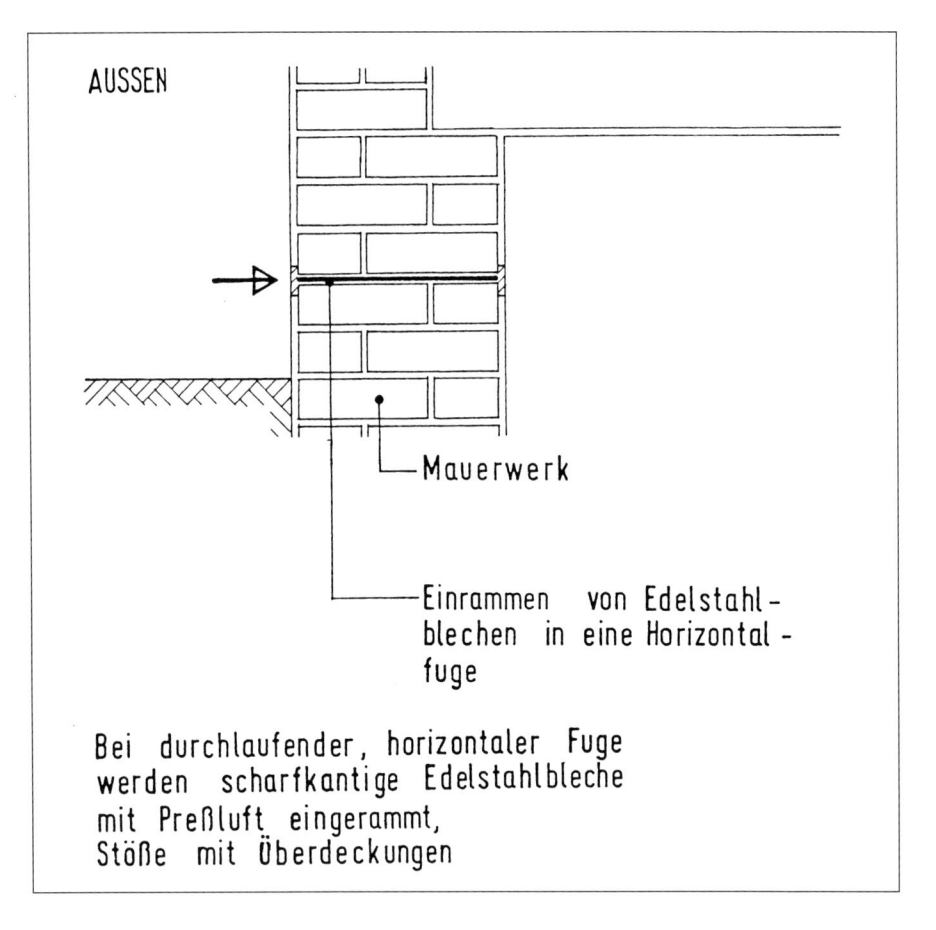

3.2 Problempunkt: Vertikal aufsteigende Feuchtigkeit in Außenwänden

AUSSEN

Mauerwerk

Einrammen von Edelstahlblechen in eine Horizontalfuge

Bei durchlaufender, horizontaler Fuge werden scharfkantige Edelstahlbleche mit Preßluft eingerammt, Stöße mit Überdeckungen

Einrammen von Edelstahlblechen	
Baukosten	Ca. 635,- DM/m²
Begleitende erforderliche Maßnahmen	Evtl. Schaffung eines Arbeitsraumes
Instandhaltungskosten	Keine
Lebensdauer der Dichtung	20 bis 50 Jahre, stark abhängig vom Versalzungsgrad des Mauerwerkes
Die Einbauzeiten sind so stark abhängig vom vorhandenen Wandmaterial, vom angewendeten Trennverfahren und von der Zugänglichkeit des Mauerwerks, daß verläßliche Werte nicht genannt werden können. Aus diesem Grund sollten Einbauzeiten nicht als ausschlaggebende Einflußgrößen angesehen werden.	
Ausführung durch	Fachfirma
Anmerkungen	Gefahr der Rißbildung durch starke Erschütterungen beim Einrammen der Bleche

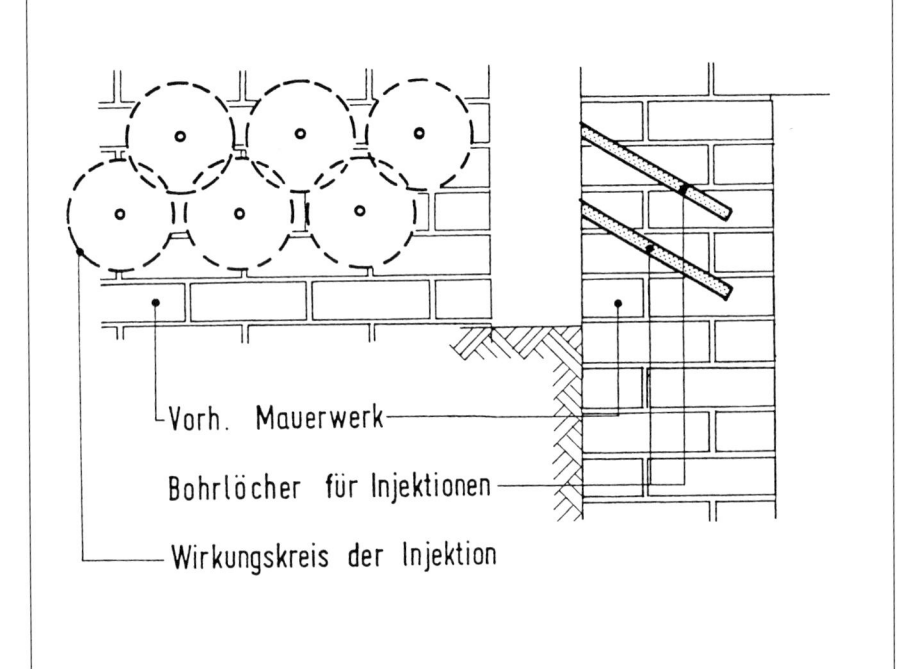

Vorh. Mauerwerk

Bohrlöcher für Injektionen

Wirkungskreis der Injektion

Anlegen einer versetzten Doppelreihe von Bohrlöchern Injektion des Dichtungsmittels

Injektionen von Dichtungsmitteln	
Baukosten	Ca. 400,- DM/m²
Begleitende erforderliche Maßnahmen	Keine
Instandhaltungskosten	Keine
Lebensdauer der Dichtung	10 bis 25 Jahre
Die Einbauzeiten sind so stark abhängig vom vorhandenen Wandmaterial, vom angewendeten Trennverfahren und von der Zugänglichkeit des Mauerwerks, daß verläßliche Werte nicht genannt werden können. Aus diesem Grund sollten Einbauzeiten nicht als ausschlaggebende Einflußgrößen angesehen werden.	
Ausführung durch	Fachfirma
Anmerkungen	Keine Beeinflussung der Standsicherheit, Abdichtungsgrad ca. 70 bis 80%

AUSSEN

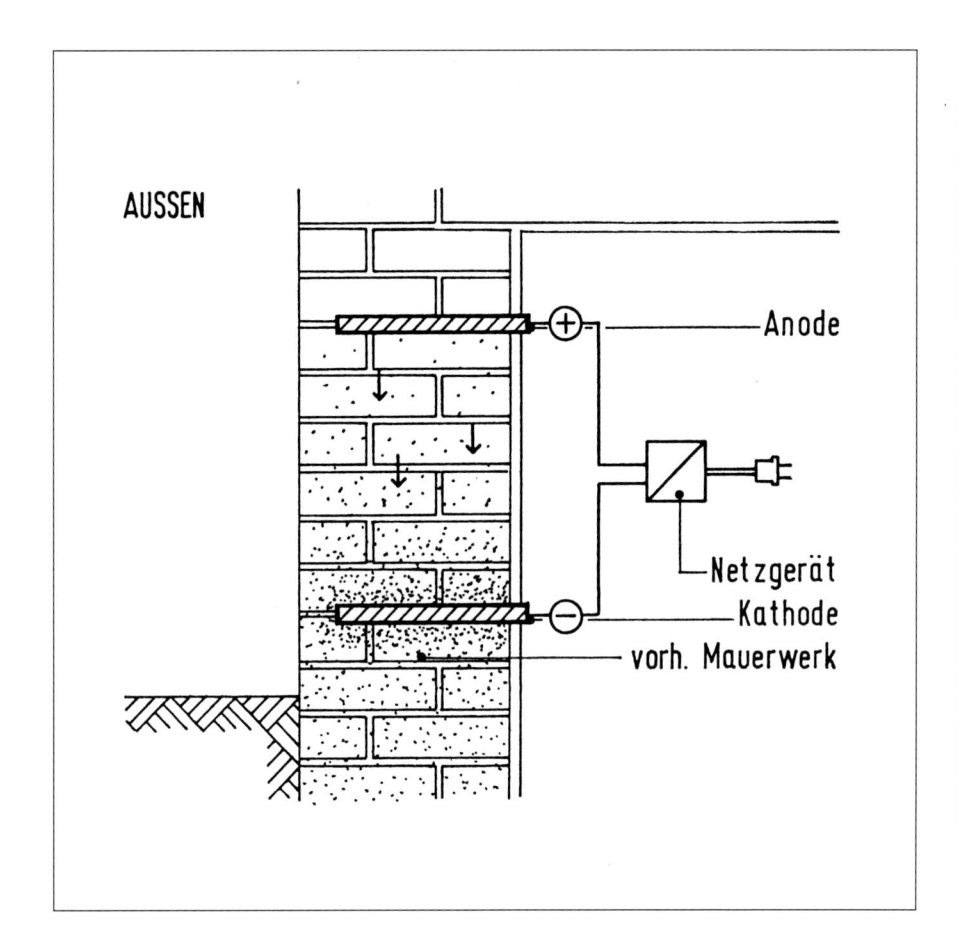

- Anode
- Netzgerät
- Kathode
- vorh. Mauerwerk

Elektro-osmotische Verfahren	
Baukosten	Ca. 1.380,- DM/m²
Begleitende erforderliche Maßnahmen	Keine
Instandhaltungskosten	Keine
Lebensdauer der Dichtung	Ca. 10 Jahre zu erwarten, noch wenig exakte Auswertungsergebnisse
Die Einbauzeiten sind so stark abhängig vom vorhandenen Wandmaterial, vom angewendeten Trennverfahren und von der Zugänglichkeit des Mauerwerks, daß verläßliche Werte nicht genannt werden können. Aus diesem Grund sollten Einbauzeiten nicht als ausschlaggebende Einflußgrößen angesehen werden.	
Ausführung durch	Fachfirma
Anmerkungen	Keine Beeinflussung der Standsicherheit, Korrosionsgefahr bei einigen Elektrodenarten

3.2.2 Mauertrennung von Hand und Einbau einer Dichtungsbahn – Erläuterung

Die Mauertrennung von Hand und das Einziehen einer Dichtungsbahn ist sicher das am häufigsten praktizierte Verfahren zur horizontalen Abdichtung von Mauerwerk. Da das Verfahren relativ leicht durchzuführen ist, wird es leider oft oberflächlich gehandhabt und führt damit häufig zu einer ungenügenden Ausführungsqualität. Infolgedessen tritt oft der gewünschte Trocknungsprozeß nicht ein, oder es entstehen Folgeschäden (zum Beispiel Setzungen), die den Trocknungseffekt wieder einschränken.

Um zufriedenstellende Ergebnisse zu erzielen, ist folgendes bei der Durchführung der Arbeiten zu beachten:

Mauerwerk abschnittsweise auftrennen, statische Verhältnisse berücksichtigen

Die Auftrennung des Mauerwerkes ist abschnittsweise in Längen von 50,0 bis 100,0 cm vorzunehmen. Für die Wahl der Abschnittslänge sind die statischen Verhältnisse maßgebend: In den Bereichen hoher Belastung, zum Beispiel unter Fensterpfeilern, sind kurze Abschnitte zu wählen, in Bereichen geringer Belastung, zum Beispiel unter Fensterbrüstungen, können längere Arbeitsabschnitte gewählt werden. DIN 1053 ist zu beachten.

Grundsätzlich ist darauf zu achten, daß während und nach der Mauertrennung Horizontalkräfte, zum Beispiel aus Gewölbeschub, aufgenommen werden können.

Die Lage der Auftrennung ist so zu wählen, daß die Abdichtung unbedingt unterhalb der Kellerdecke und möglichst oberhalb der Spritzwasserzone (50 cm über Erdreich) liegt.

Herstellen eines ebenen Mörtelbettes unter der Dichtungsschicht

Vor dem Einbringen der Dichtungsbahn ist das aufgestemmte Mauerwerk mit einer Mörtelschicht (Zementmörtel, Mörtelgruppe II oder III) absolut glatt und so dick zu ebnen, daß die Dichtschicht nicht durch Unebenheiten des Mauerwerkes verletzt wird.

Nach Verlegen der Dichtungsbahn sollte diese mit einer zweiten Mörtelschicht abgedeckt werden. Die Aufmauerung sollte erst erfolgen, wenn die Mörtelschichten ausgehärtet sind.

Als zusätzliche Feuchtesperre kann dem Mörtel ein Dichtungsmittel zugesetzt werden.

Einbau der Dichtungsbahn mit 20,0 cm Überlappung

Zur Abdichtung können Dichtungsbahnen, Dachabdichtungsbahnen, Bitumendachbahnen oder Kunststoffdichtungsbahnen verwendet werden. Bei Verwendung von Kunststoffdichtungsbahnen ist zu beachten, daß diese bitumenverträglich sein müssen, wenn weitere, zum Beispiel senkrechte, Abdichtungen aus Bitumen aufgebracht werden.

Bei der Auswahl der Dichtungsbahn ist zu bedenken, daß der Preis der Dichtungsbahn im Verhältnis zum Gesamtaufwand der Abdichtungsmaßnahme gering ist.

Es ist mindestens eine Lage Dichtungsbahn zu verlegen, wobei die Überdeckung mindestens 20,0 cm betragen muß. Die Stöße sollten verklebt oder verschweißt werden. Während der Mauerarbeiten ist die vorgesehene Überlänge der Dichtungsbahn im Arbeitsraum aufzurollen oder hochzuklappen.

Abbruch möglichst erschütterungsfrei

Der Abbruch der Mauerwerksschichten soll möglichst erschütterungsfrei, daß heißt also am besten von Hand, erfolgen. Durch mögliche Setzungen ist das Mauerwerk ohnehin schon rißgefährdet. Diese Gefahr soll durch unnötige Erschütterungen beim Stemmen des Wandschlitzes nicht noch verstärkt werden.

Sorgfältiges Verschließen des Wandschlitzes

Nach Verlegen der Dichtungsbahnen ist der Mauerschlitz sorgfältig zu verschließen. Vorzugsweise verwendet man hierfür Klinker, wobei die obersten beiden Schichten aus Keilklinkern bestehen sollten, die erst eingebracht werden, wenn die unteren Mörtelschichten erhärtet sind. Die Keilklinker lassen sich besonders kraftschlüssig einbauen. Alle Fugen sind aus Zementmörtel und so dünn wie möglich herzustellen, um das Schwindmaß und damit die Gefahr von Setzrissen gering zu halten.

Alternativ kann der Kraftschluß zwischen altem und neuem Mauerwerk hergestellt werden, durch Eintreiben von großflächigen Stahlkeilen (selten), Einpressen von erdfeuchten Stopfmörtel (Zementmörtel) oder Verguß des Zwischenraumes mit Beton (häufig). Hierfür müssen besondere Einfülltrichter geschalt werden, die das Einbringen des Betons über die notwendige Höhe hinaus gestatten. Diese Einfülltrichter sind nach Beendigung der Arbeiten abzustemmen.

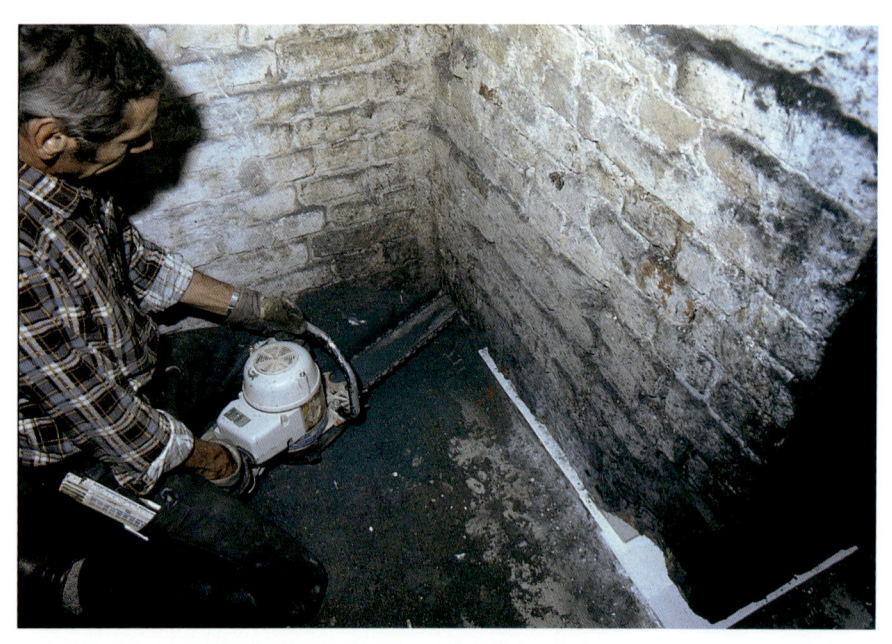

Aufsägen der Wand im Inneneckbereich

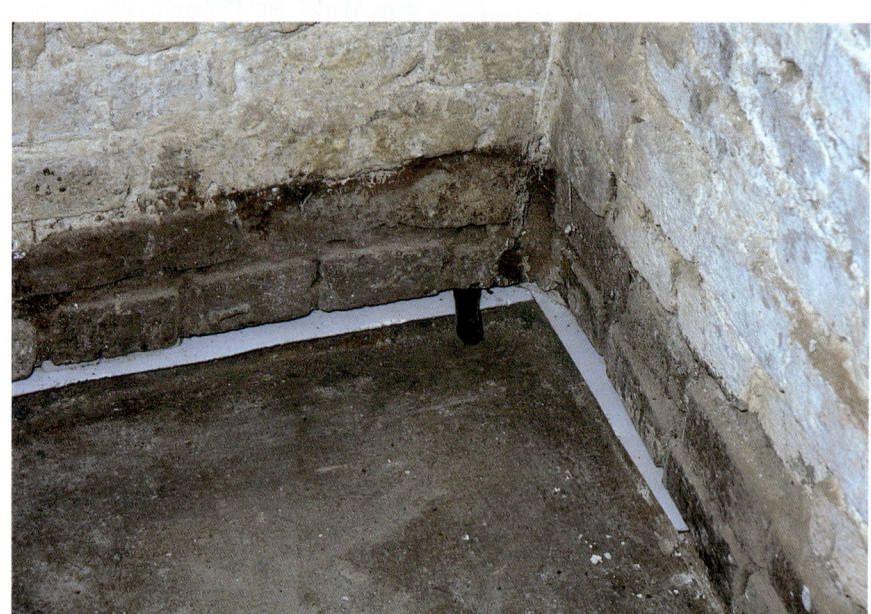

Sägeschlitz mit eingebrachter Dichtungsschicht

Abschnittsweises Auftrennen und Schließen des Mauerwerkes von Hand

3.2.3 Mauertrennung von Hand und Einbau einer Dichtungsbahn – Details

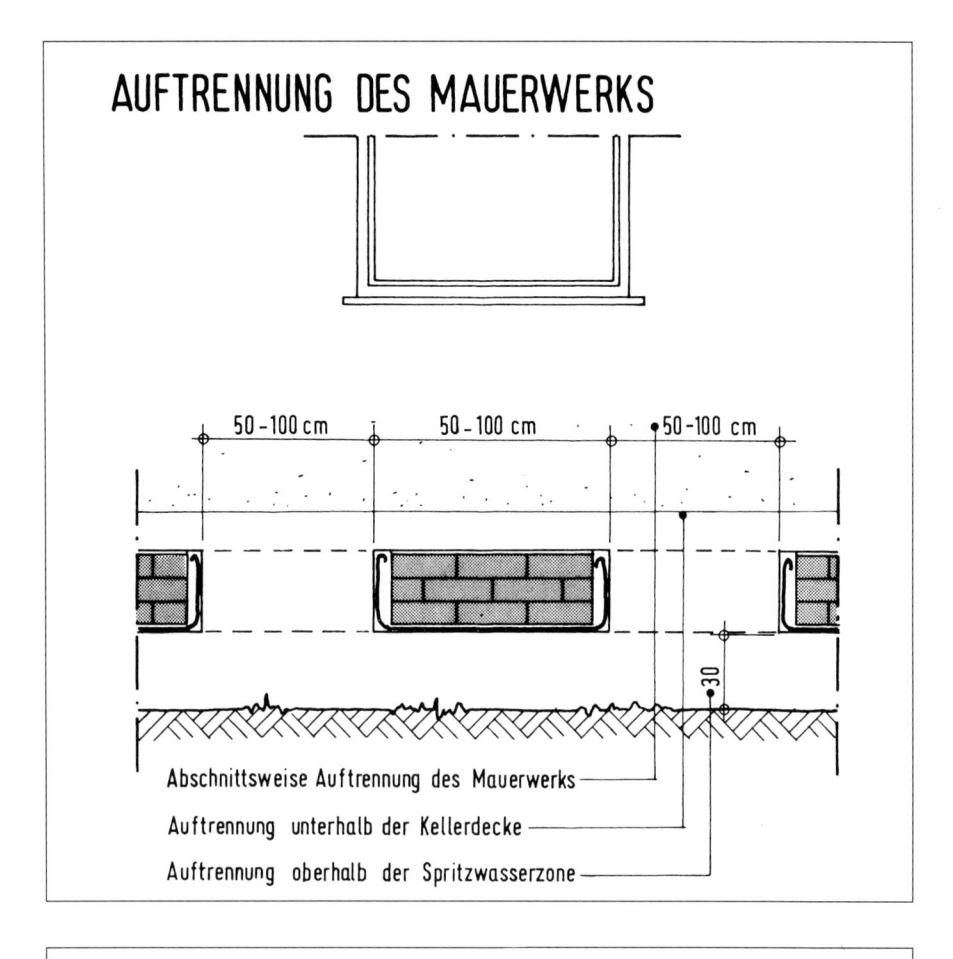

AUFTRENNUNG DES MAUERWERKS

- 50–100 cm | 50–100 cm | 50–100 cm
- Abschnittsweise Auftrennung des Mauerwerks
- Auftrennung unterhalb der Kellerdecke
- Auftrennung oberhalb der Spritzwasserzone

Auftrennung des Mauerwerks

- Abschnittweise Auftrennung des Mauerwerkes in Längen von 50,0 bis 100,0 cm.
- Einbau der Abdichtung
- Vermauern des Wandschlitzes
- Durchführung flankierender Maßnahmen, zum Beispiel Erneuern des vorhandenen Putzes (durch Sanierputz)

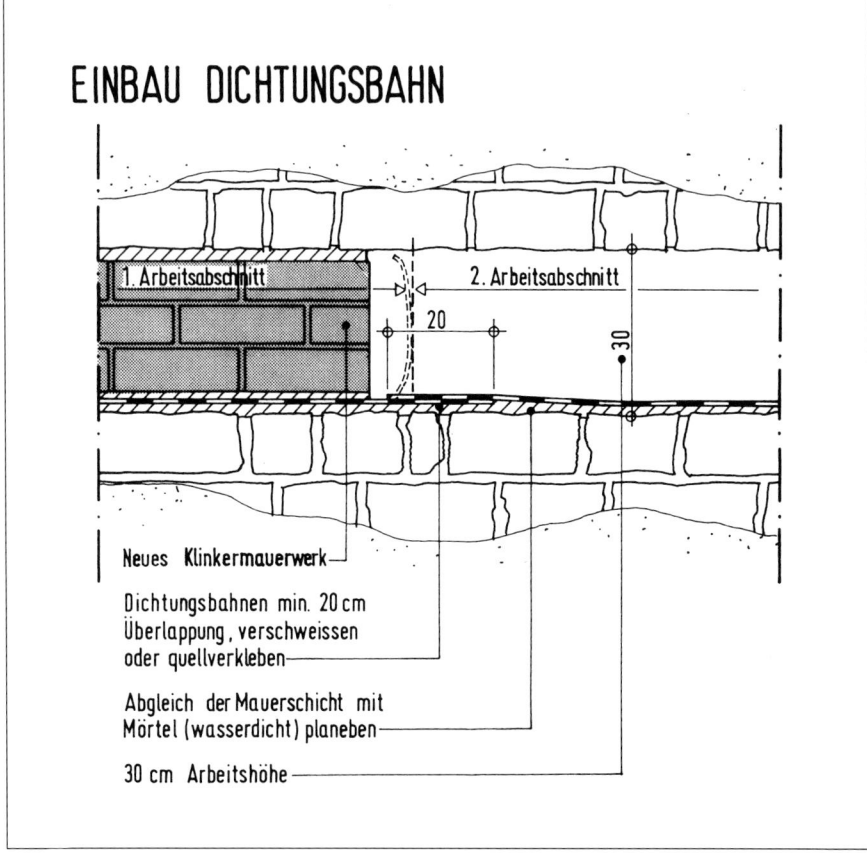

EINBAU DICHTUNGSBAHN

1. Arbeitsabschnitt 2. Arbeitsabschnitt

- Neues Klinkermauerwerk
- Dichtungsbahnen min. 20 cm Überlappung, verschweissen oder quellverkleben
- Abgleich der Mauerschicht mit Mörtel (wasserdicht) planeben
- 30 cm Arbeitshöhe

Einbau Dichtungsbahn

- Abgleichen des Untergrundes mit Zementmörtel MG II oder III (evtl. mit wasserdichtendem Zusatz), um ebenen Untergrund für die Dichtungsbahnen zu schaffen
- Verlegen der Dichtungsbahn. Die vorzusehende Überlänge der Dichtungsbahn ist im Arbeitsraum hochzuklappen

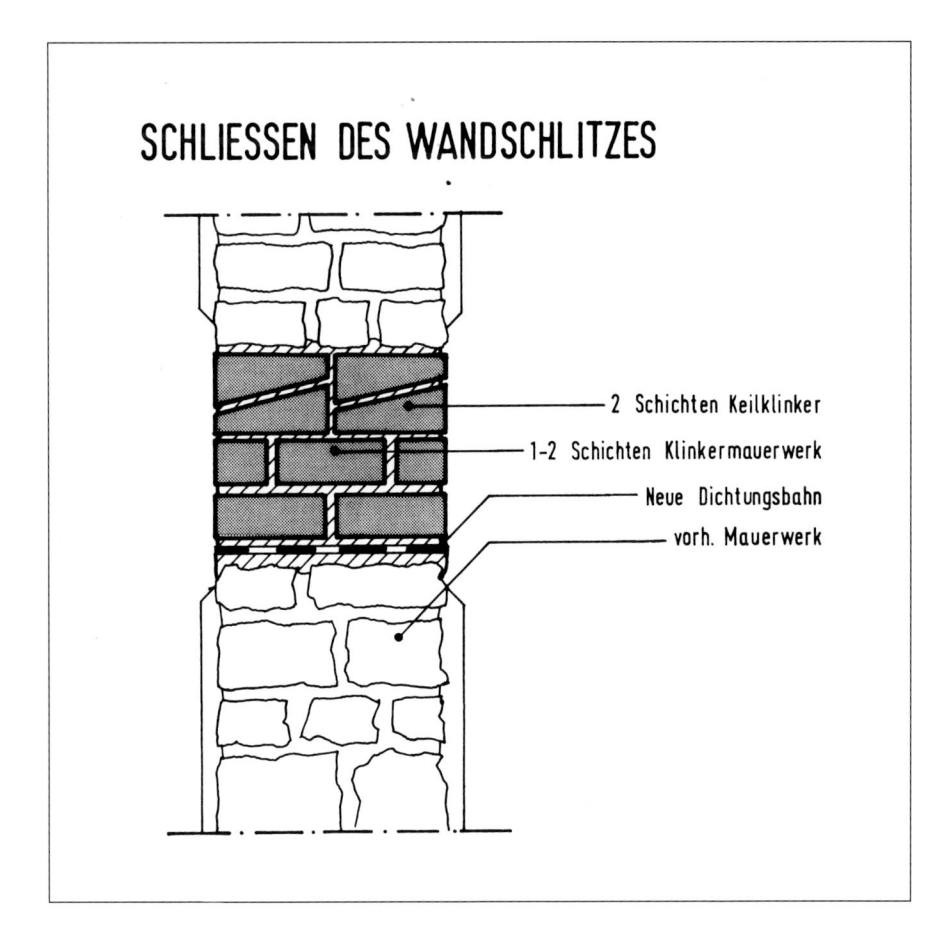

SCHLIESSEN DES WANDSCHLITZES

- 2 Schichten Keilklinker
- 1-2 Schichten Klinkermauerwerk
- Neue Dichtungsbahn
- vorh. Mauerwerk

Schließen des Wandschlitzes

- Abgleichen der Dichtungsbahn mit einer Mörtelschicht
- Aufmauern von 1 bis 2 Schichten Klinker-Mauerwerk
- Nach Aushärten der unteren Schichten Herstellen des kraftschlüssigen Verbundes, vorzugsweise durch Eintreiben von Keilklinkern mit dünnen Lagerfugen aus Zementmörtel

ABDICHTUNG DER EINBINDENDEN QUERWÄNDE

- Kellerdecke
- Neue Dichtungsbahn
- Einbindende Querwand
- Durchfeuchteter Bereich

1.00

Abdichtung der einbindenden Querwände

Zur Vermeidung des Feuchtetransportes über einbindende Querwände in die EG-Decke sind geeignete Abdichtungsmaßnahmen erforderlich.

Bei einer aussteifenden Querwand ist die Dichtungsbahn der Außenwand ca. 1,0 m weit in die Querwand einzuziehen.

Dieses Abdichtungsverfahren zerstört den statischen Verbund zwischen Außenwand und aussteifender Querwand nicht.

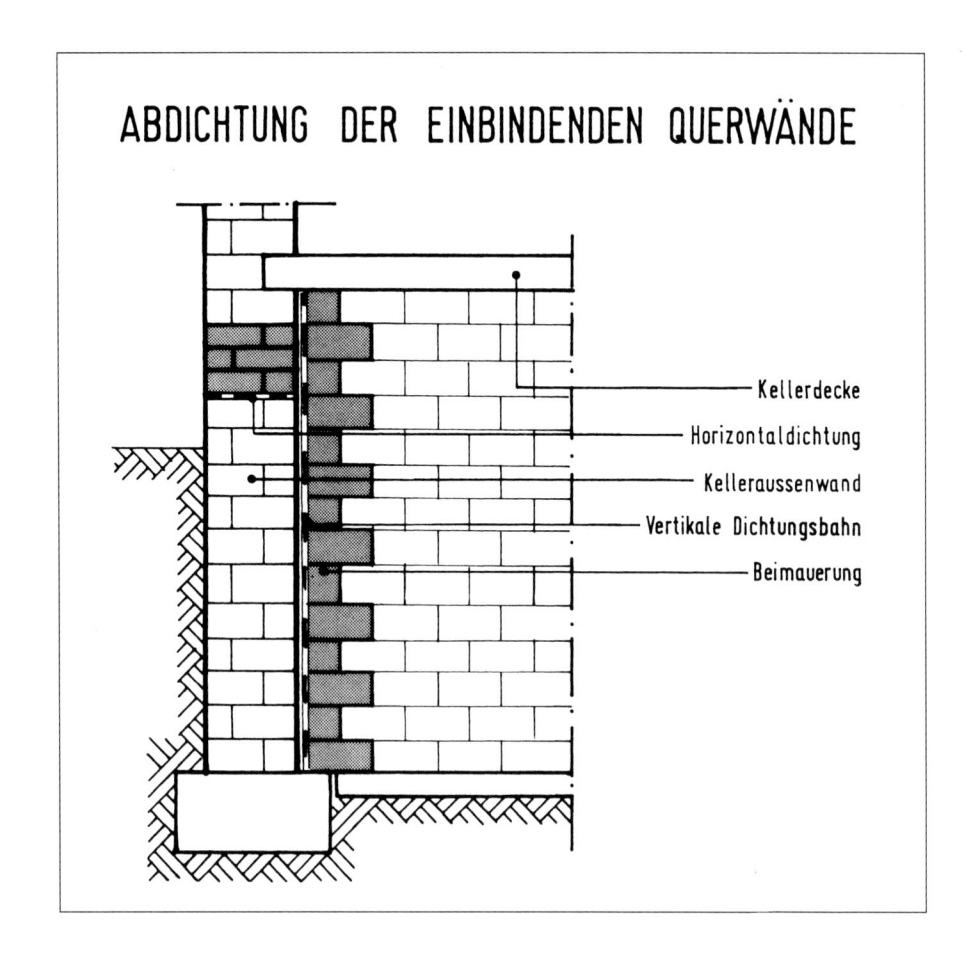

3.2 Problempunkt: Vertikal aufsteigende Feuchtigkeit in Außenwänden

ABDICHTUNG DER EINBINDENDEN QUERWÄNDE

- Kellerdecke
- Horizontaldichtung
- Kelleraussenwand
- Vertikale Dichtungsbahn
- Beimauerung

Abdichtung der einbindenden Querwände

Bei nicht aussteifenden Querwänden kann durch Einbau einer senkrechten Dichtungsbahn der Feuchtetransport über die Innenwand wirksam verhindert werden.

Es ist zu beachten, daß der Verbund zwischen Innen- und Außenwand verlorgengeht. Gegebenenfalls kann auch eine senkrechte Bohrlochkette mit Injektage von einem Dichtungsmittel vorgenommen werden.

3.2.4 Vergleichende Beurteilung

	Maschinelle Mauertrennung	Mauertrennung von Hand	Einrahmen von Edelstahlblechen	Injektion von Dichtungsmitteln		Elektro-osmotische Verfahren
				ohne Druck	mit Druck	
Baukosten	Ca. 575,- DM/m²	Ca. 950,- DM/m²	Ca. 635,- DM/m²	Ca. 405,- DM/m²	Ca. 460,- DM/m²	Ca. 1.380,- DM/m²
	Die Kostenwerte beziehen sich auf den Wandquerschnitt bei einer mittleren Wandstärke von 60,0 bis 80,0 cm					
Begleitende erforderliche Maßnahmen	Evtl. Schaffung eines Arbeitsraumes	Evtl. Schaffung eines Arbeitsraumes	Evtl. Schaffung eines Arbeitsraumes	Keine		Keine
Instandhaltungskosten	Keine	Keine	Keine	Keine		Keine
Lebensdauer der Dichtung	40 bis 50 Jahre	40 bis 50 Jahre	20 bis 50 Jahre, stark abhängig vom Versalzungsgrad des Mauerwerks	10 bis 25 Jahre, noch wenig Erfahrungswerte		Ca. 10 Jahre
Einbauzeiten	Die Einbauzeiten sind so stark abhängig vom vorhandenen Wandmaterial, vom angewendeten Trennverfahren und von der Zugänglichkeit des Mauerwerks, daß verläßliche Werte nicht genannt werden können. Aus diesem Grund sollten Einbauzeiten nicht als ausschlaggebende Einflußgrößen angesehen werden.					
Ausführung	Fachfirma	Bauunternehmung	Fachfirma	Fachfirma		Fachfirma
Anmerkungen	Gewölbeschub beachten	Gefahr der Rißbildung durch Setzungen	Gefahr der Rißbildung durch starke Erschütterungen beim Einrammen der Bleche	Keine Beeinflussung der Standsicherheit, Abdichtungsgrad 70 bis 80 %		Keine Beeinflussung der Standsicherheit, Korrosionsgefahr bei einigen Elektrodenarten

3.3 Problempunkt:
Horizontal eindringende Feuchtigkeit aus anstehendem Erdreich

3.3 Problempunk: Horizontal eindringende Feuchtigkeit aus anstehendem Erdreich

Ausgangssituation

Eindringende Feuchtigkeit aus anstehendem Erdreich ist meist die Hauptursache für durchfeuchtete Wände und aufsteigende Feuchtigkeit.

Zur Behebung des Schadensbildes ist der Einbau von horizontalen und vertikalen Dichtungsschichten erforderlich. Hierbei kommt allerdings der vertikalen Dichtungsschicht wesentlich größere Bedeutung zu als der horizontalen, da die senkrechte Berührungsfläche zwischen Mauerwerk und Erdreich im allgemeinen sehr viel größer ist als die horizontale Kontaktfläche. Oftmals gelingt eine weitgehende Trockenlegung des Mauerwerks bereits durch eine sorgfältige Vertikalabdichtung eventuell in Verbindung mit einer neuen Drainage. Unter bestimmten Umständen, wenn zum Beispiel eine gute Abtrocknung im stark durchlüfteten Kellern gewährleistet ist oder geringe Durchfeuchtungen im unteren Wandbereich in Kauf genommen werden können, kann auf eine horizontale Abdichtung ganz verzichtet werden.

Der Einbau horizontaler Dichtungsschichten ist im vorhergehenden Kapitel beschrieben worden.

Beim Einbau senkrechter Abdichtungen sind einige grundsätzliche Dinge zu beachten:

Einbau senkrechter Dichtungsschichten

Der Einbau senkrechter Dichtungsschichten ist innen oder außen möglich. Die Innenabdichtung hat den Vorteil, daß sie leichter anzubringen ist, weil kein Arbeitsraum erstellt werden muß und die Kosten der Ausschachtung gespart werden. Ohne zusätzliche horizontale Abdichtungen ist die Innenabdichtung jedoch völlig wertlos, da angrenzende Wände und Decken feucht bleiben und weiterhin Feuchtigkeit nach innen leiten, und dies eventuell sogar verstärkt, weil Verdunstungsflächen reduziert werden.

Wenn bei alten Gebäuden sowohl die senkrechte als auch die waagerechte Dichtungsschicht fehlen, ist zunächst der Einbau der senkrechten Dichtungsschicht auf der Außenseite der Wand zu bevorzugen, weil der Aufwand geringer ist.

Salzablagerungen durch horizontal eindringende Feuchtigkeit

Einbindende Querwände bleiben feucht, trotz Abdichtung der Außenwände

Vor der Wahl der geeigneten Abdichtungsart ist die Beanspruchungsart der Außenwand zu klären: Handelt es sich um Erdfeuchte, nicht drückendes oder drückendes Wasser?

Herstellen eines Arbeitsraumes

Grundsätzlich muß für alle äußeren Abdichtungsmaßnahmen ein Arbeitsraum erstellt werden. Dieser stellt einen erheblichen Kostenfaktor dar, der bei der Entscheidung über die eigentlichen Abdichtungsmaßnahmen berücksichtigt werden sollte.

Außerdem sollte geprüft werden, ob eine Drainage als flankierende Maßnahme eingebaut werden muß. Die zusätzlichen Kosten sind meist gering.

Vor dem Herstellen des Arbeitsraumes ist zu prüfen, ob Sicherungsmaßnahmen am Gebäude, zum Beispiel wegen Gewölbeschub, vorzusehen sind.

Für alle äußeren Abdichtungen gilt: Der Untergrund muß glatt und tragfähig sein. Unebene Untergründe sind entsprechend vorzubereiten, zum Beispiel durch Aufbringen von Zementputzen, gegebenenfalls sogar durch Betonieren einer Vorsatzschale.

Grundsätzlich müssen alle Dichtungen von Fußbodenoberkante Kellerboden bis Geländeoberkante einschließlich Spritzwasserzone im Sockelbereich ausgeführt werden.

Klärung der Durchfeuchtungsursachen

Vor der Anbringung senkrechter Dichtungsschichten ist eindeutig die Ursache der Durchfeuchtung zu klären. Oft können Wasser aus undichten Regenrohren oder Regenwassergrundleitungen, an der Fassade herabrinnendes Regenwasser oder an das Haus herangeführtes Oberflächenwasser zu erheblichen Durchfeuchtungen der Außenwand führen. Auch die Belastung durch Kondenswasser und die Belastung durch hygroskopische Salze ist zu prüfen.

Als flankierende Maßnahme können auf der Innenseite der Wand Sanierputze (entsprechend WTA-Richtlinien) aufgebracht werden, die aus dem Mauerwerk austretende Salze besonders gut aufnehmen können.

Im folgenden sich die wichtigsten Verfahren zur Abdichtung von Außenwänden gegen Erdfeuchte dargestellt.

Äußere Abdichtungsarten verlangen umfangreiche Nebenarbeiten

Aufbringen von Sanierputz auf einer Kellerinnenwand

3.3 Problempunk: Horizontal eindringende Feuchtigkeit aus anstehendem Erdreich

3.3.1 Übersicht über Lösungsmöglichkeiten

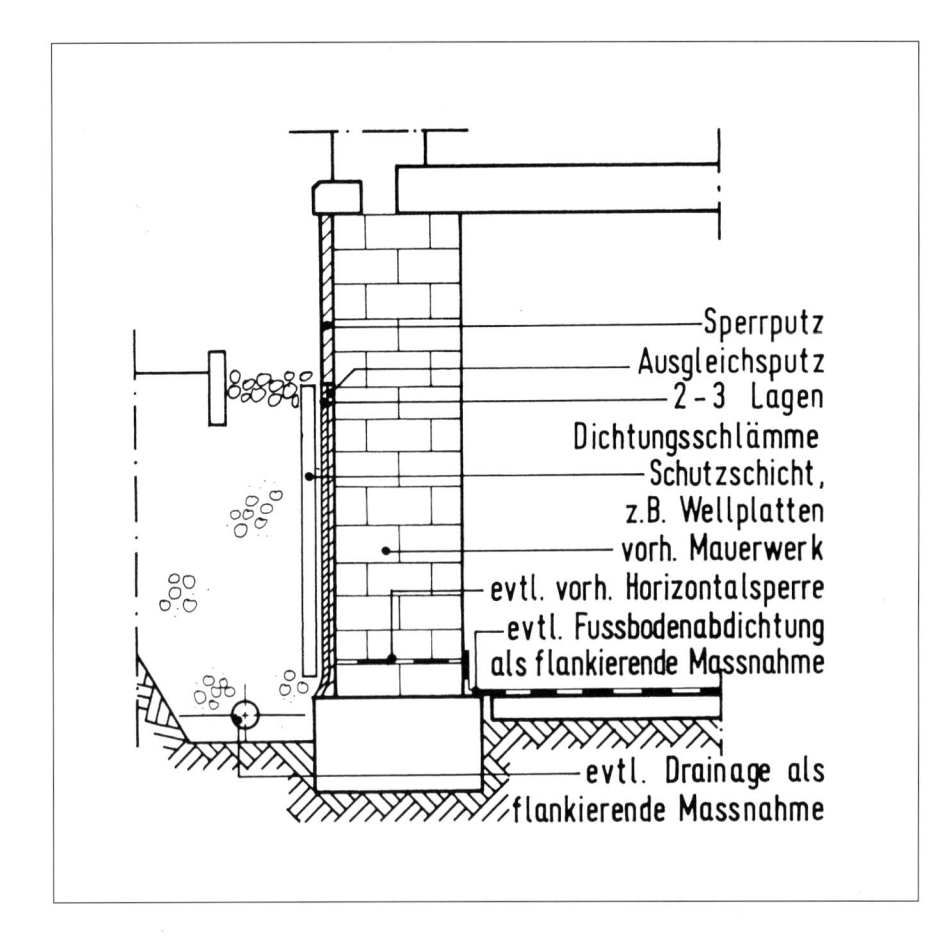

Beschriftungen der oberen Abbildung:
- Sperrputz
- Ausgleichsputz
- 2-3 Lagen Dichtungsschlämme
- Schutzschicht, z.B. Wellplatten
- vorh. Mauerwerk
- evtl. vorh. Horizontalsperre
- evtl. Fussbodenabdichtung als flankierende Massnahme
- evtl. Drainage als flankierende Massnahme

Aufbringen der Dichtungsschlämme	
Baukosten:	
Erdarbeiten (Tiefe = 2,0 m)	260,- DM/m²
Abdichtung	65,- DM/m²
Gesamt	325,- DM/m²
Evtl. zusätzlich: Drainage	100,- DM/m
Begleitende erforderliche Maßnahmen	Ausgleichsputz
Instandhaltungskosten	Keine
Lebensdauer	40 Jahre
Einbauzeiten:	
Erdarbeiten	3,0 bis 4,0 Std./m²
Abdichtung	1,3 bis 1,5 Std./m²
Trocknungs-/Wartezeiten	Keine
Anmerkungen	Abdichtung gegen Bodenfeuchtigkeit, rißgefährdet, ggf. Horizontalabdichtung ergänzen

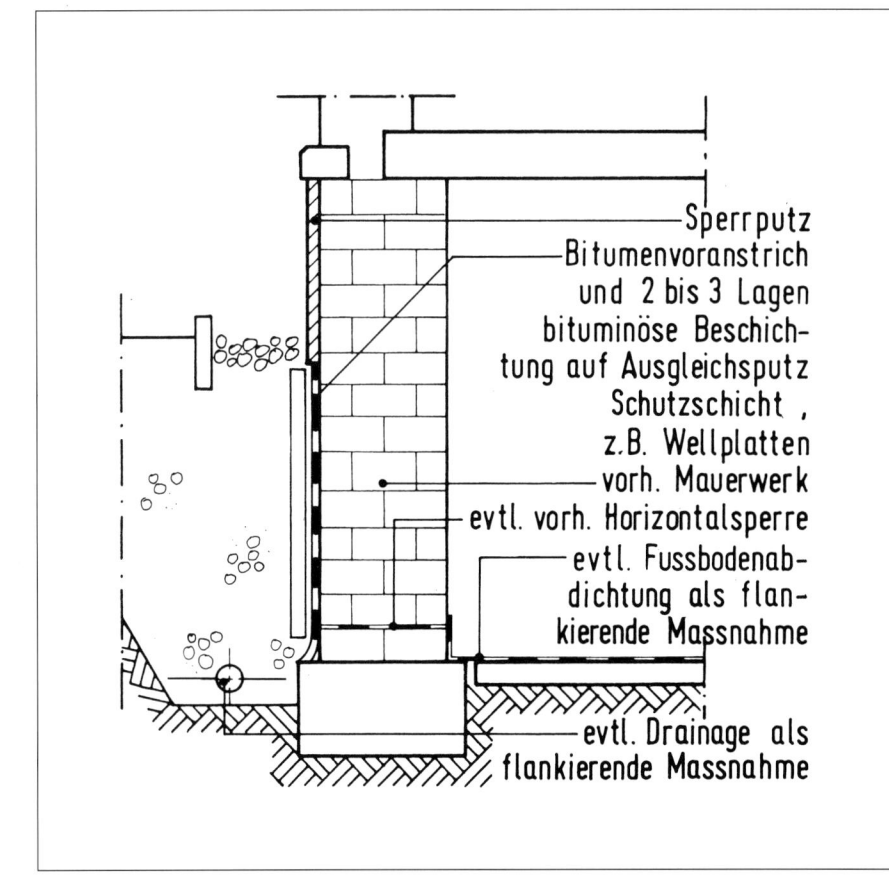

Beschriftungen der unteren Abbildung:
- Sperrputz
- Bitumenvoranstrich und 2 bis 3 Lagen bituminöse Beschichtung auf Ausgleichsputz
- Schutzschicht, z.B. Wellplatten
- vorh. Mauerwerk
- evtl. vorh. Horizontalsperre
- evtl. Fussbodenabdichtung als flankierende Massnahme
- evtl. Drainage als flankierende Massnahme

Aufbringen einer Bitumenbeschichtung	
Baukosten:	
Erdarbeiten (Tiefe = 2,0 m)	260,- DM/m²
Abdichtung	50,- DM/m²
Gesamt	310,- DM/m²
Evtl. zusätzlich: Drainage	100,- DM/m
Begleitende erforderliche Maßnahmen	Ausgleichsputz
Instandhaltungskosten	Keine
Lebensdauer	40 Jahre
Einbauzeiten:	
Erdarbeiten	3,0 bis 4,0 Std./m²
Abdichtung	1,2 bis 1,3 Std./m²
Trocknungs-/Wartezeiten	1 bis 2 Wochen nach dem Auftragen des Ausgleichsputzes
Anmerkungen	Abdichtung gegen Bodenfeuchtigkeit, bedingt rißgefährdet, ggf. Horizontalabdichtung ergänzen

3 Außenwände

Diagram 1 labels:
- Sperrputz zweilagig
- Schutzschicht, z.B. Wellplatten
- vorh. Mauerwerk
- evtl. vorh. Horizontalsperre
- evtl. Fussbodenabdichtung als flankierende Massnahme
- evtl. Drainage als flankierende Massnahme

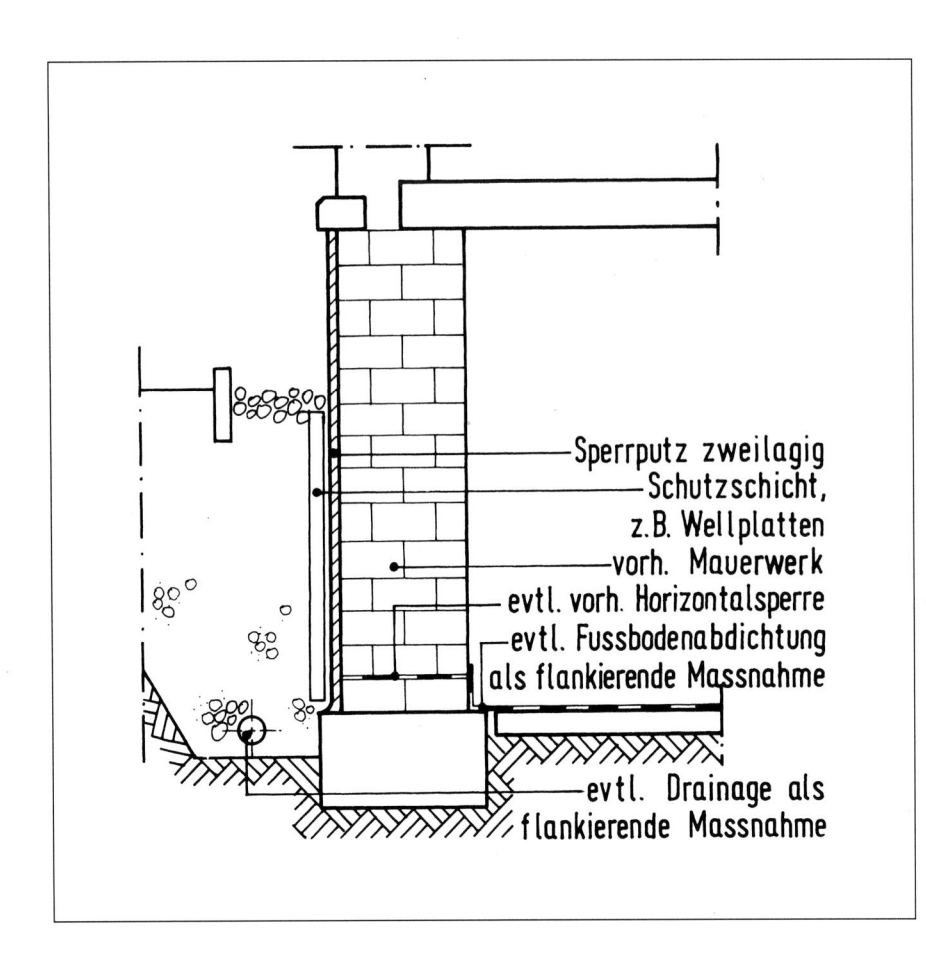

Aufbringen eines Sperrputzes	
Baukosten:	
Erdarbeiten (Tiefe = 2,0 m)	260,- DM/m²
Abdichtung	60,- DM/m²
Gesamt	320,- DM/m²
Evtl. zusätzlich: Drainage	100,- DM/m
Begleitende erforderliche Maßnahmen	
Instandhaltungskosten	Keine
Lebensdauer	40 Jahre
Einbauzeiten:	
Erdarbeiten	3,0 bis 4,0 Std./m²
Abdichtung	1,6 Std./m²
Trocknungs-/ Wartezeiten	Keine
Anmerkungen	Abdichtung gegen Bodenfeuchtigkeit, rißgefährdet, ggf. Horizontalabdichtung ergänzen

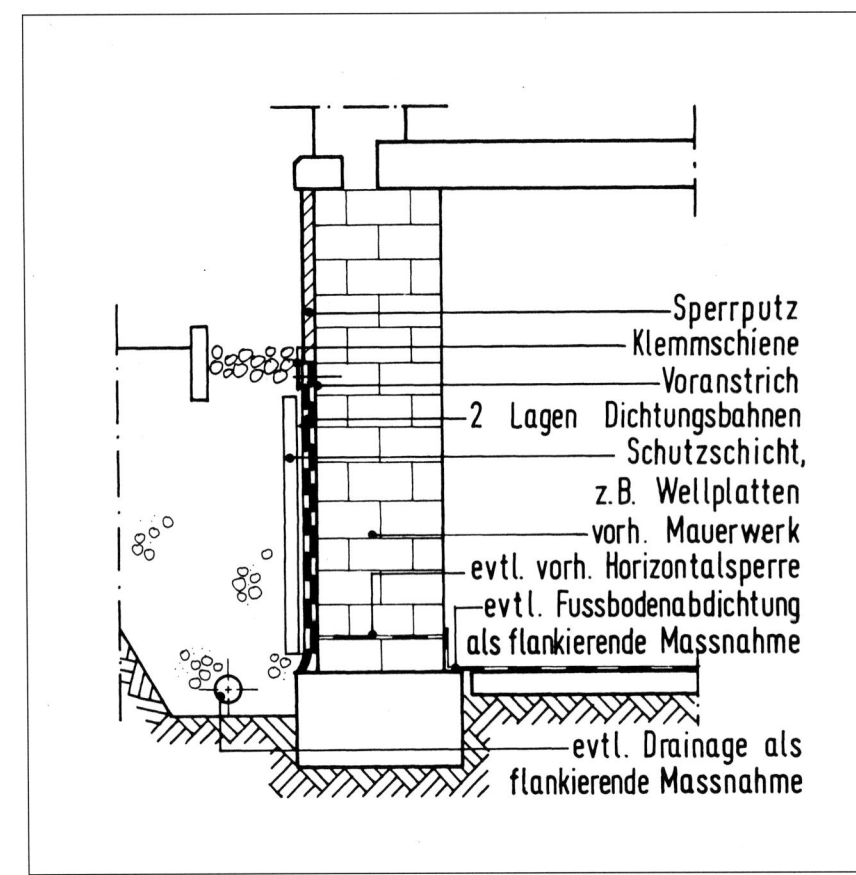

Diagram 2 labels:
- Sperrputz
- Klemmschiene
- Voranstrich
- 2 Lagen Dichtungsbahnen
- Schutzschicht, z.B. Wellplatten
- vorh. Mauerwerk
- evtl. vorh. Horizontalsperre
- evtl. Fussbodenabdichtung als flankierende Massnahme
- evtl. Drainage als flankierende Massnahme

Aufbringen von Dichtungsbahnen	
Baukosten:	
Erdarbeiten (Tiefe = 2,0 m)	260,- DM/m²
Abdichtung	120,- DM/m²
Gesamt	380,- DM/m²
Evtl. zusätzlich: Drainage	100,- DM/m
Begleitende erforderliche Maßnahmen	evtl. Ausgleichsputz
Instandhaltungskosten	Keine
Lebensdauer	40 Jahre
Einbauzeiten:	
Erdarbeiten	3,0 bis 4,0 Std./m²
Abdichtung	2,0 Std./m²
Trocknungs-/ Wartezeiten	Ggf. 1 bis 2 Wochen, falls Ausgleichsputz erforderlich
Anmerkungen	Abdichtung gegen nicht drückendes Wasser, ggf. Horizontalabdichtung ergänzen

3.3.2 Vergleichende Beurteilung

	Dichtungs-schlämme	Bitumen-beschichtung	Sperrputz	Dichtungs-bahn
Baukosten: Erdarbeiten (Tiefe = 2,0 m) Abdichtung Gesamt	260,- DM/m² 65,- DM/m² 325,- DM/m²	260,- DM/m² 50,- DM/m² 310,- DM/m²	260,- DM/m² 60,- DM/m² 320,- DM/m²	260,- DM/m² 120,- DM/m² 380,- DM/m²
Evtl. zusätzlich: Drainage	100,- DM/m	100,- DM/m	100,- DM/m	100,- DM/m
Begleitende erforderliche Maßnahmen	Ausgleichsputz	Ausgleichsputz		evtl. Ausgleichsputz
Instandhaltungskosten	Keine	Keine	Keine	Keine
Lebensdauer	40 Jahre	40 Jahre	40 Jahre	40 Jahre
Einbauzeiten: Erdarbeiten Abdichtung	3,0 bis 4,0 Std./m² 1,3 bis 1,5 Std./m²	3,0 bis 4,0 Std./m² 1,2 bis 1,3 Std./m²	3,0 bis 4,0 Std./m² 1,6 Std./m²	3,0 bis 4,0 Std./m² 2,0 Std./m²
Trocknungs-/Wartezeiten	Keine	1 bis 2 Wochen nach dem Auftragen des Ausgleichsputzes	Keine	Ggf. 1 bis 2 Wochen, falls Ausgleichsputz erforderlich
Anmerkungen	Abdichtung gegen Bodenfeuchtigkeit, rißgefährdet, ggf. Horizontalabdichtung ergänzen	Abdichtung gegen Bodenfeuchtigkeit, bedingt rißgefährdet, ggf. Horizontalabdichtung ergänzen	Abdichtung gegen Bodenfeuchtigkeit, rißgefährdet, ggf. Horizontalabdichtung ergänzen	Abdichtung gegen nicht drückendes Wasser, ggf. Horizontalabdichtung ergänzen

4 Innenwände

4.1 Problempunkt:
Einbau neuer Trennwände

Vorhandene Wohnungsgrundrisse

Aufteilung und Zuschnitt alter Wohnungen entsprechen oft nicht mehr den heute geltenden Ansprüchen. Veränderte Lebensgewohnheiten, andere Familiengrößen und neue Bewohnerschichten verlangen veränderte Wohnungszuschnitte.

Viele Mängel kennzeichnen die Grundrisse älterer Wohnungen:

- Bestimmte Räume der Wohnung sind nur über Durchgangszimmer erreichbar.
- Ein WC ist nur auf dem Treppenpodest vorhanden.
- Badezimmer sind nicht in der Wohnung vorhanden oder zu klein.
- Wohnungen sind nur zu einer Gebäudeseite ausgerichtet und dort nicht besonnt.
- Vorhandene Räume sind im Verhältnis zur gesamten Wohnung zu groß.
- Kleine Zimmer (Kammern) sind unzumutbar eng und auch nicht möblierbar.

Um zu neuen Wohnungszuschnitten zu gelangen, müssen neue Trennwände errichtet werden. Diese Trennwände sollen folgende Kriterien erfüllen:

- Bauteile und Baustoffe müssen unter Altbaubedingungen gut zu transportieren sein, das heißt, sie müssen – möglichst von einer Person – durch einige Treppenhäuser transportiert werden können. Andererseits sollen sie so groß wie möglich sein, um Transport und Montage rationell zu gestalten.
- Montage- und Bauzeiten müssen kurz sein.
- Die Wandsysteme sollen weit vorgefertigt sein und Oberflächen aufweisen, die keiner aufwendigen weiteren Bearbeitung bedürfen (keine Trocknungs- und Wartezeiten).
- Durch den Verarbeitungs- oder Herstellungsvorgang sollen nur geringe Feuchtemengen in den Bau eingebracht werden.
- Die fertigen Wandsysteme müssen möglichst geringes Gewicht besitzen, da die Tragfähigkeit vorhandener Decken im allgemeinen nicht sehr hoch ist.
- Die Wandsysteme sollen ohne große Stemm- oder Schlitzarbeiten aufnahmefähig sein für Installationsführungen.

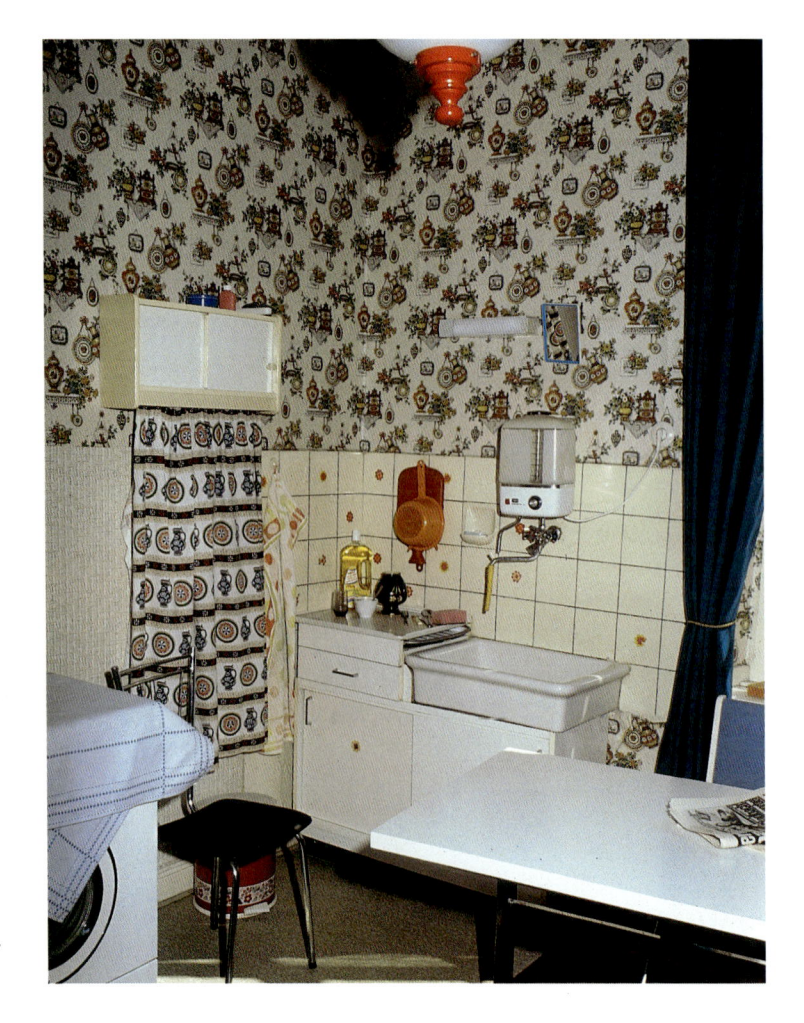

Sehr beengte Wohnverhältnisse in einer Altbauwohnung

4.1.1 Übersicht über Lösungsmöglichkeiten

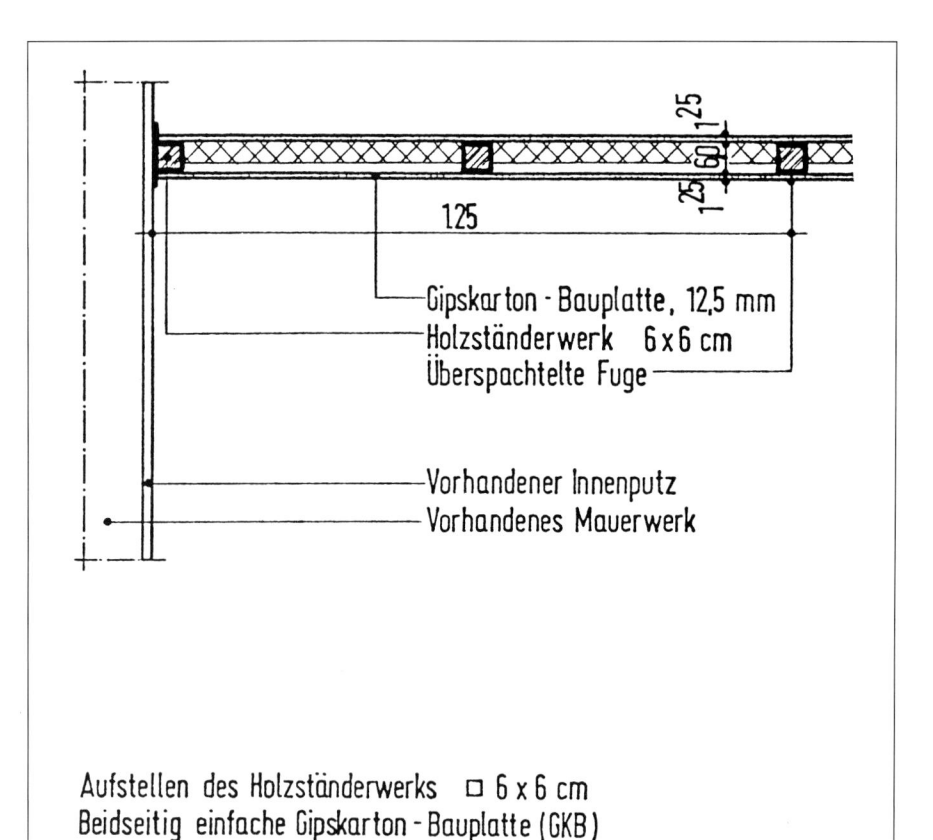

Aufstellen des Holzständerwerks □ 6 x 6 cm
Beidseitig einfache Gipskarton - Bauplatte (GKB)
Armieren und Spachteln der Fugen

Bezeichnungen im Schnitt:
- Gipskarton - Bauplatte, 12,5 mm
- Holzständerwerk 6 x 6 cm
- Überspachtelte Fuge
- Vorhandener Innenputz
- Vorhandenes Mauerwerk

Holzständerwände mit Gipsplattenbekleidung	
Baukosten	Ca. 120,- DM/m²
Einbauzeiten	1,3 Std./m²
Trocknungs-/ Wartezeiten	1,5 Tage
Schalldämmung je nach Ausbildung der flankierenden Bauteile	
bewertetes Schalldämmaß	37 dB
Gewicht	27 kg/m²
Anmerkungen	Sonderelemente für hohe Wandlasten erforderlich

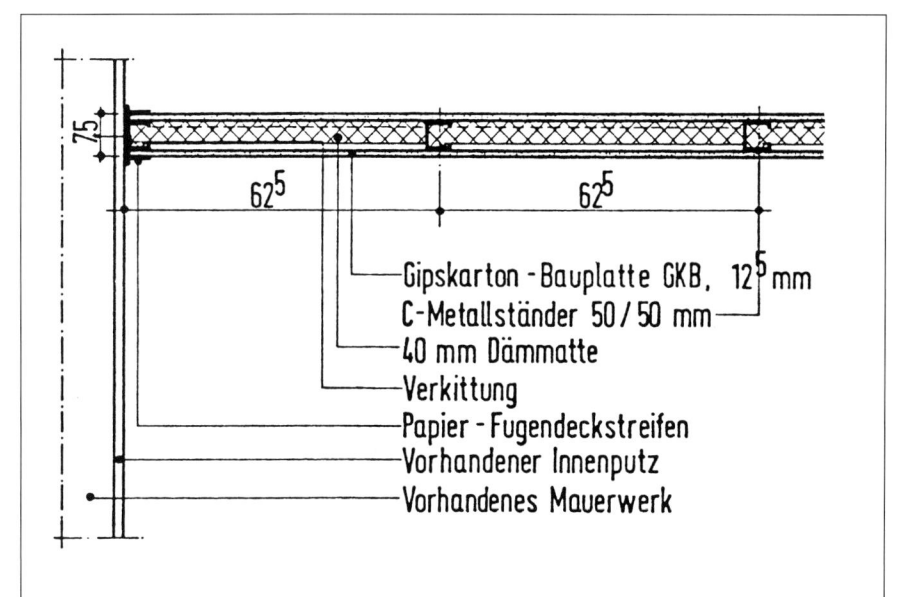

Fachgerechtes Aufstellen des Metallständerwerks
Beidseitig einfache Gipskarton - Bauplatte aufbringen (ggf. mit Dämmatte)
Überspachteln der Fugen und der Wandanschlüsse

Bezeichnungen im Schnitt:
- Gipskarton - Bauplatte GKB, 12,5 mm
- C-Metallständer 50 / 50 mm
- 40 mm Dämmatte
- Verkittung
- Papier - Fugendeckstreifen
- Vorhandener Innenputz
- Vorhandenes Mauerwerk

Metalleinfachständerwände mit Gipsplattenbekleidung	
Baukosten	Ca. 120,- DM/m²
Einbauzeiten	1,3 Std./m²
Trocknungs-/ Wartezeiten	1,5 Tage
Schalldämmung je nach Ausbildung der flankierenden Bauteile	
bewertetes Schalldämmaß	45 dB
Gewicht	26 kg/m²
Anmerkungen	Sonderelemente für hohe Wandlasten erforderlich, bessere Schalldämmung als Holzständerwände

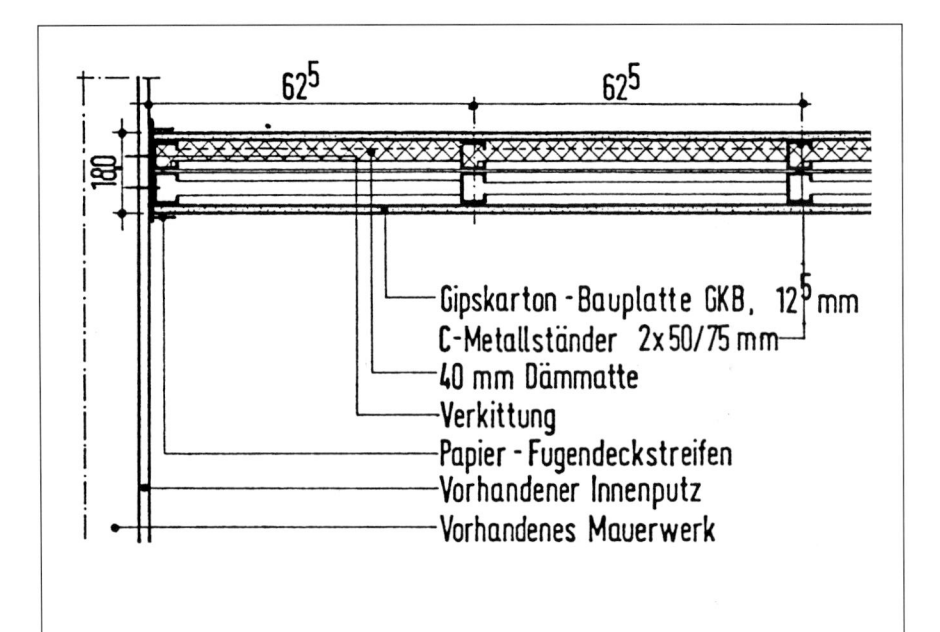

4 Innenwände

Bildunterschrift (oben):
- Gipskarton-Bauplatte GKB, 12,5 mm
- C-Metallständer 2x50/75 mm
- 40 mm Dämmatte
- Verkittung
- Papier-Fugendeckstreifen
- Vorhandener Innenputz
- Vorhandenes Mauerwerk

Maße: 62,5 | 62,5 ; 180

Fachgerechtes Aufstellen des Metallständerwerks
Aufbringen beidseitiger Gipskarton-Bauplatten (ggf. mit Dämmatte)
Überspachteln der Fugen und der Wandanschlüsse

Metalldoppelständerwände mit Gipsplattenbekleidung	
Baukosten	Ca. 150,- DM/m²
Einbauzeiten	1,5 Std./m²
Trocknungs-/Wartezeiten	1,5 Tage
Schalldämmung je nach Ausbildung der flankierenden Bauteile	
bewertetes Schalldämmaß	55 dB
Gewicht	52 kg/m²
Anmerkungen	Sonderelemente für hohe Wandlasten erforderlich, gute Schalldämmung

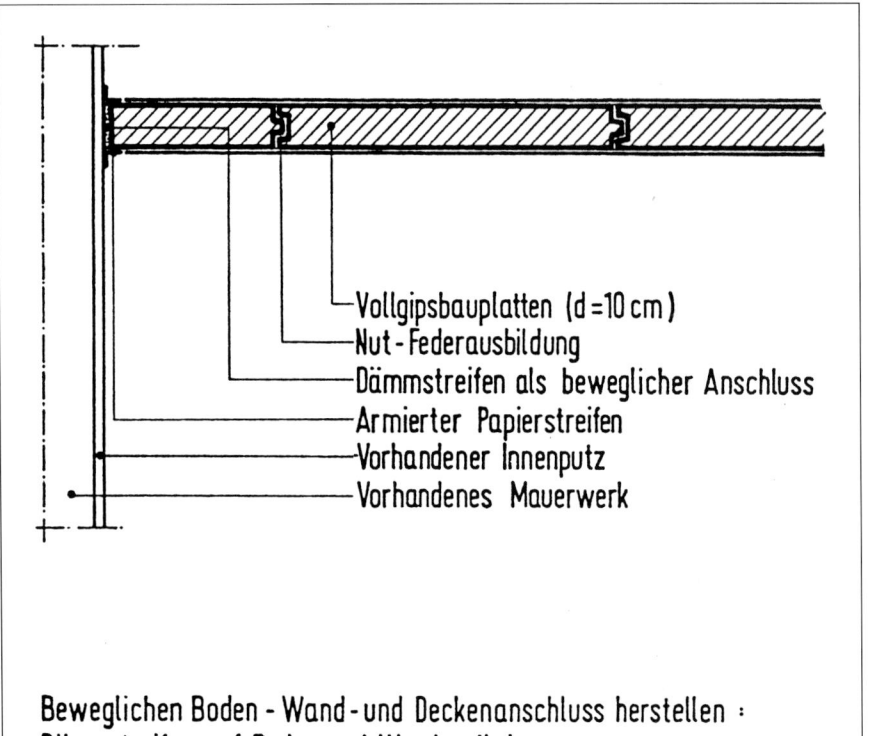

Bildunterschrift (unten):
- Vollgipsbauplatten (d=10 cm)
- Nut-Federausbildung
- Dämmstreifen als beweglicher Anschluss
- Armierter Papierstreifen
- Vorhandener Innenputz
- Vorhandenes Mauerwerk

Beweglichen Boden-Wand-und Deckenanschluss herstellen :
Dämmstreifen auf Boden und Wand aufbringen
Aufsetzen der Bauplatten, 6/8/10 cm
Spachteln der Fugen

Gips-/Kalksandstein-/Dielenwände 10,0 cm	
Baukosten	Ca. 110,- DM/m²
Einbauzeiten	1,5 Std./m² einschl. Spachtelung
Trocknungs-/Wartezeiten	3 Tage
Schalldämmung je nach Ausbildung der flankierenden Bauteile	
bewertetes Schalldämmaß	38 dB
Gewicht	105 kg/m²
Anmerkungen	Einschlitzen von Installationsleitungen, Spachtelung erforderlich, hohes Gewicht

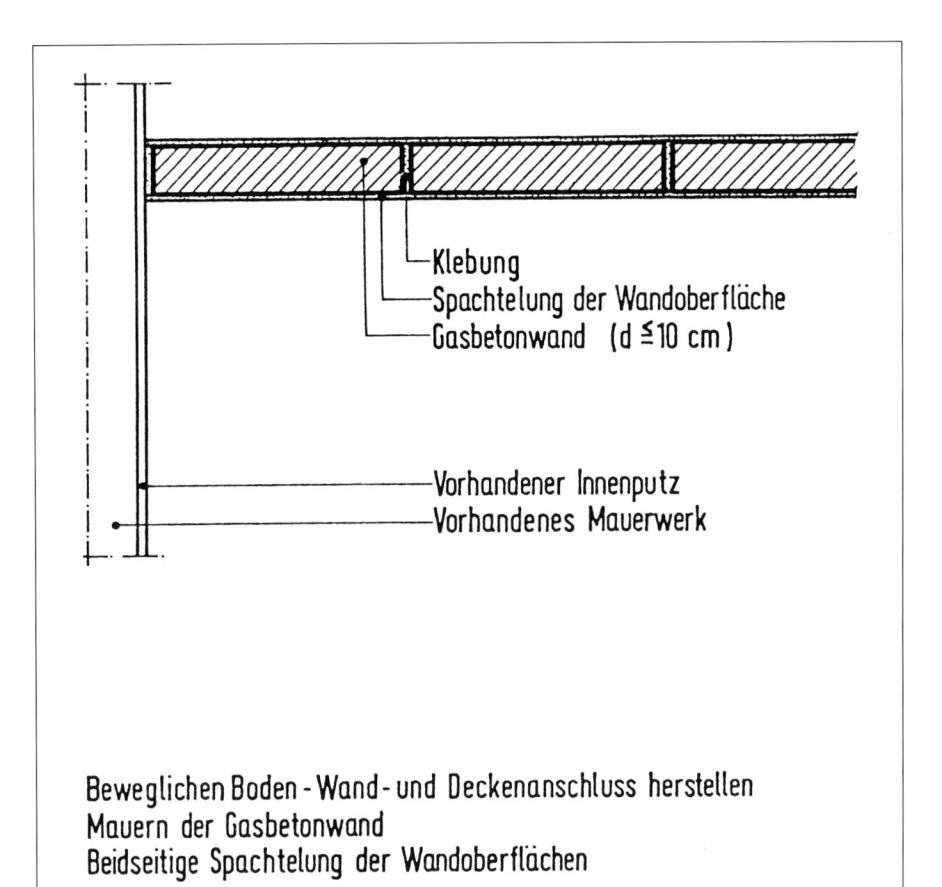

4.1 Problempunkt: Einbau neuer Trennwände

Klebung
Spachtelung der Wandoberfläche
Gasbetonwand (d ≤ 10 cm)

Vorhandener Innenputz
Vorhandenes Mauerwerk

Beweglichen Boden-Wand- und Deckenanschluss herstellen
Mauern der Gasbetonwand
Beidseitige Spachtelung der Wandoberflächen

Porenbetonwände 10,0 cm	
Baukosten	Ca. 110,– DM/m²
Einbauzeiten	1,5 Std./m² einschl. Spachtelung
Trocknungs-/ Wartezeiten	3 Tage
Schalldämmung je nach Ausbildung der flankierenden Bauteile	
bewertetes Schalldämmaß	36 dB
Gewicht	85 kg/m²
Anmerkungen	Einschlitzen von Installationsleitungen, Spachtelung erforderlich, hohes Gewicht

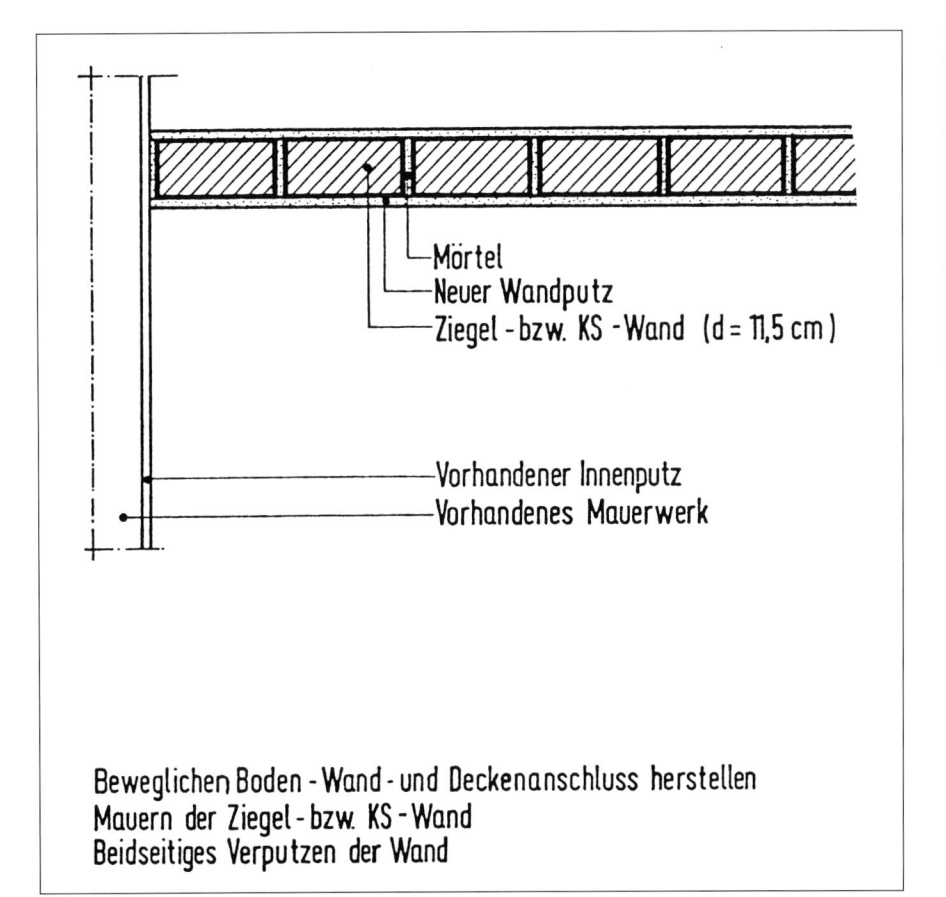

Mörtel
Neuer Wandputz
Ziegel- bzw. KS-Wand (d = 11,5 cm)

Vorhandener Innenputz
Vorhandenes Mauerwerk

Beweglichen Boden-Wand- und Deckenanschluss herstellen
Mauern der Ziegel- bzw. KS-Wand
Beidseitiges Verputzen der Wand

Massive Ziegel- oder KS-Wände 11,5 cm	
Baukosten	Ca. 150,– DM/m²
Einbauzeiten	2,05 Std./m² einschließlich Putz
Trocknungs-/ Wartezeiten	9 Tage
Schalldämmung je nach Ausbildung der flankierenden Bauteile	
bewertetes Schalldämmaß	44 dB
Gewicht	200 kg/m²
Anmerkungen	Einschlitzen von Installationsleitungen, Spachtelung erforderlich, sehr hohes Gewicht

4.1.2 Ständerwände mit Gipsplattenbeplankung – Erläuterung

Ständerwände mit Gipsplattenbeplankung sind Wandbausysteme zur Errichtung von Innenwänden in Trockenbauweise. Das Wandsystem besteht aus zwei beziehungsweise drei Komponenten: dem Traggerüst, der Beplankung und in den meisten Fällen einer Dämmstoffeinlage.

Zur Konstruktion im einzelnen:

Traggerüst

Als Traggerüste werden Holz- oder Metallständer verwendet.

Metallständer werden im allgemeinen bevorzugt. Sie sind leichter, maßhaltiger und schneller zu verarbeiten als Holzständer. Außerdem ist das bewertete Schalldämmaß bei Wänden mit Metallständern immer um 8 dB besser als bei Holzständern.

Vorgesehene Aussparungen in den Metallständern gestatten die Verlegung von Elektroleitungen. Bei umsichtiger Aufstellung der Metallständer (gleiche Höhe der Aussparungen) ist auch problemlos das Verlegen von dünnen Rohrleitungen möglich (Heizung, Wasser, Gas, Abwasser).

Das Traggerüst wird als Einfach- oder Doppelständerreihe aufgestellt.

Für Trennwände zwischen Räumen der gleichen Wohnung können meist Einfachständerwände verwendet werden.

Wohnungstrennwände lassen sich im allgemeinen nur mit Doppelständerwänden herstellen.

Der wesentliche Unterschied zwischen Einfach- und Doppelständerwänden liegt in der Qualität des erreichbaren Schallschutzes. Grundsätzlich lassen sich mit Doppelständerwänden höhere Schallschutzwerte erreichen als mit Einfachständerwänden. Durch zusätzliche Beplankungen (zwei- oder dreilagige Ausführung) läßt sich der Schallschutz weiter verbessern.

Alle Hersteller von Ständerwandsystemen geben umfangreiche Dokumentationen heraus, aus denen der erreichbare Schallschutz jedes einzelnen Wandtyps entnommen werden kann. Verallgemeinerungen sind hier nicht zulässig, da jedes Wandsystem Besonderheiten aufweist.

Beplankung

Für die Beplankung der Wände werden Gipskarton- oder Gipsfaserplatten verwendet.

Gipsfaserplatten haben ein höheres Gewicht als Gipskartonplatten. Sie sind grundsätzlich hydrophobiert und können universell in feuchtebelasteten oder brandgefährdeten Bereichen eingesetzt werden.

Gipskartonplatten werden in drei verschiedenen Ausführungen geliefert:

GKB – Gipskartonplatten für universellen Einsatz ohne besondere Anforderungen

GKF – Gipskartonplatten für Konstruktionen mit Anforderungen an den Brandschutz

GKBI – Imprägnierte Gipskartonbauplatten für Konstruktionen mit zeitweiliger Feuchtebelastung

Dämmung

Zur Verbesserung der Schalldämmung, genauer der Hohlraumdämpfung, seltener zur Wärmedämmung, werden Dämmstoffe in den Wandhohlraum eingebracht.

Hierzu werden ausschließlich Faserdämmstoffe verwendet. Maßhaltige feste Dämmstoffe, wie zum Beispiel Hartschäume, lassen sich nicht problemlos zwischen den Metallständern einfügen, außerdem ist eine lückenlose, dichte Verlegung nicht zu gewährleisten. Die Schalldämmung bei Verwendung von Hartschäumen ist überdies schlechter als bei Weichfaserdämmstoffen. Weitere Details hierzu finden sich im nächsten Abschnitt über den mangelnden Schallschutz bei Wohnungstrennwänden.

4.1.3 Ständerwände mit Gipsplattenbeplankung – Details

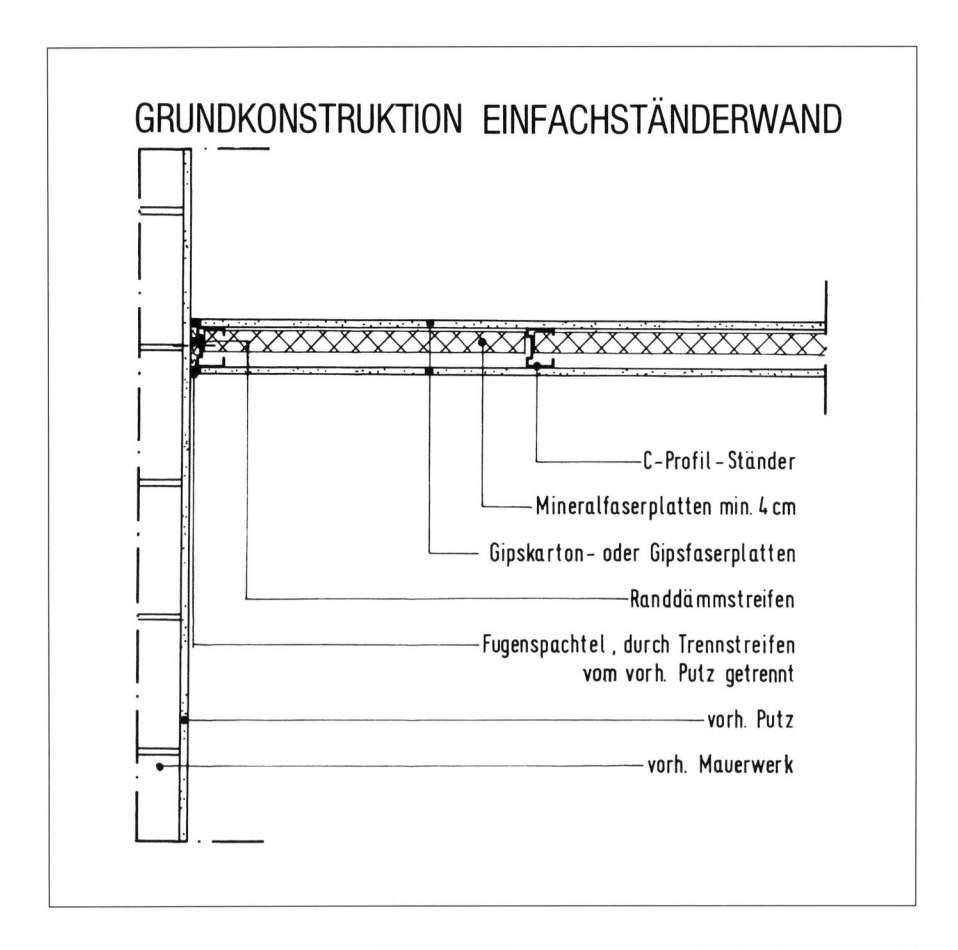

GRUNDKONSTRUKTION EINFACHSTÄNDERWAND

- C-Profil-Ständer
- Mineralfaserplatten min. 4 cm
- Gipskarton- oder Gipsfaserplatten
- Randdämmstreifen
- Fugenspachtel, durch Trennstreifen vom vorh. Putz getrennt
- vorh. Putz
- vorh. Mauerwerk

Grundkonstruktion Einfachständerwand

Einfachständerwände dienen als Trennung zwischen Räumen der gleichen Wohnung.

Die Schalldämmwerte der Wände sind gering. Sie werden verbessert durch das Einlegen von Mineralfaserplatten als Hohlraumdämpfung.

Die Wände, vor allem die Fugenverspachtelungen, sind vom vorhandenen Putz und Mauerwerk durch Papierstreifen zu trennen.

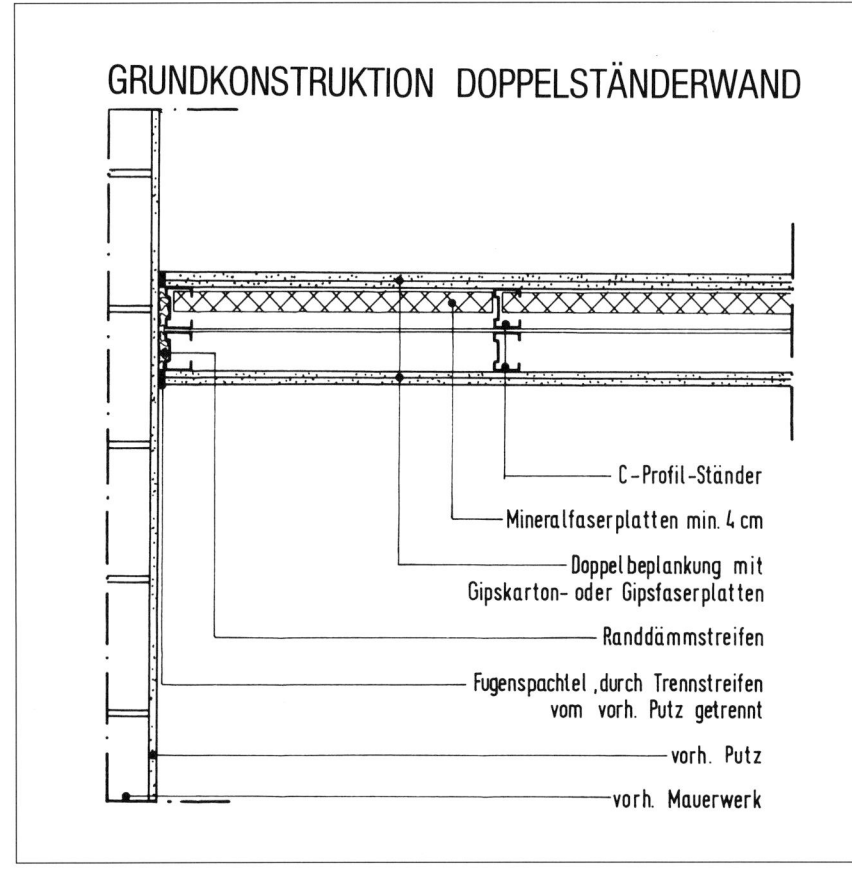

GRUNDKONSTRUKTION DOPPELSTÄNDERWAND

- C-Profil-Ständer
- Mineralfaserplatten min. 4 cm
- Doppelbeplankung mit Gipskarton- oder Gipsfaserplatten
- Randdämmstreifen
- Fugenspachtel, durch Trennstreifen vom vorh. Putz getrennt
- vorh. Putz
- vorh. Mauerwerk

Grundkonstruktion Doppelständerwand

Doppelständerwände finden Verwendung bei höheren Anforderungen an den Schallschutz, zum Beispiel als Trennwand zwischen verschiedenen Wohnungen oder zwischen Schlaf- und Wohnräumen.

Zur Verbesserung des Schallschutzes werden die Wände doppelt beplankt. Alternativ können 25,0 mm dicke Gipskartonplatten in einer Lage aufgebracht werden.

Zur Vermeidung von Schallbrücken müssen die Doppelständer durch Schalldämmstreifen voneinander getrennt sein.

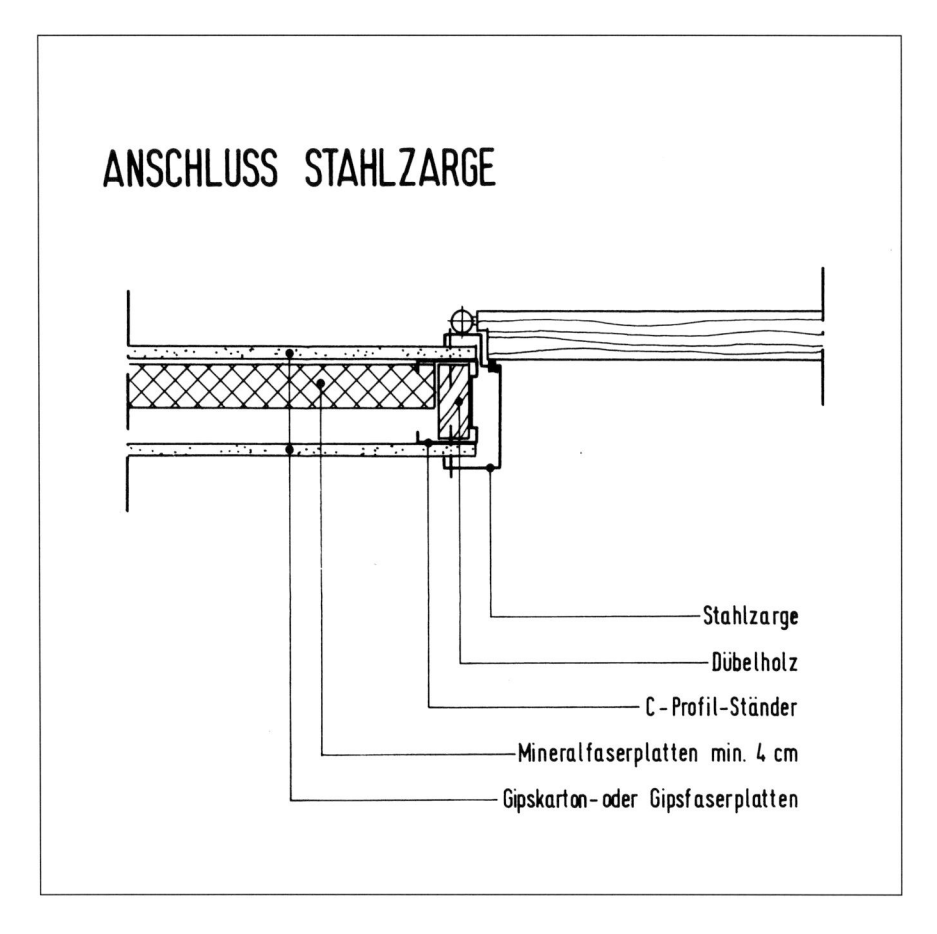

ANSCHLUSS STAHLZARGE

- Stahlzarge
- Dübelholz
- C-Profil-Ständer
- Mineralfaserplatten min. 4 cm
- Gipskarton- oder Gipsfaserplatten

Anschluß Stahlzarge

Mauerwerkstahlzargen können für Ständerwände im allgemeinen nicht benutzt werden, da sie eingeputzt werden müssen.

Für Ständerwände finden Sonderkonstruktionen Verwendung, die entweder direkt mit aufgestellt oder nachträglich in der Öffnung aufgeklappt werden.

Die Befestigung erfolgt an Dübelhölzern, die zuvor in die Metallständer einzuschieben sind.

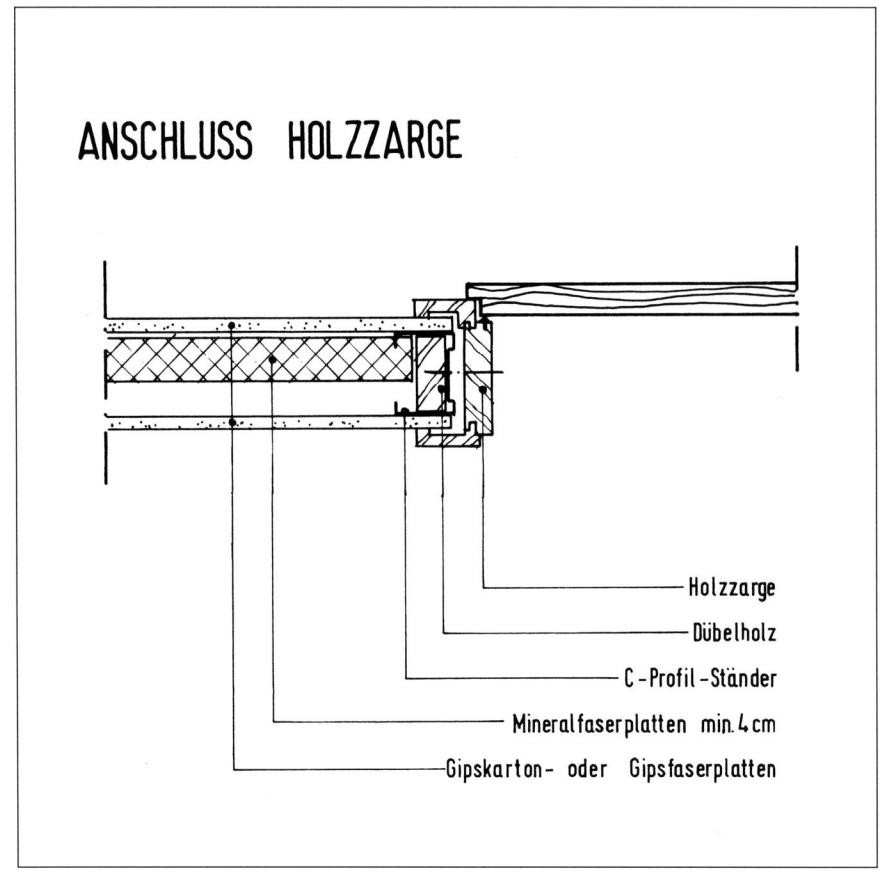

ANSCHLUSS HOLZZARGE

- Holzzarge
- Dübelholz
- C-Profil-Ständer
- Mineralfaserplatten min. 4 cm
- Gipskarton- oder Gipsfaserplatten

Anschluß Holzzarge

Die Befestigung von Holzzargen an Ständerwänden ist unproblematisch.

Zur Verschraubung der Zarge wird bei der Montage der Wand in den Metallständer ein Dübelholz eingeschoben.

4.1 Problempunkt: Einbau neuer Trennwände

INSTALLATIONSFÜHRUNG EINFACHSTÄNDERWAND

SCHNITT
- Gipskarton- oder Gipsfaserplatten
- vorgestanzte Aussparung im C-Profil-Ständer
- Rohrleitung

Dämmung nicht dargestellt

- Rohrleitung
- C-Profil-Ständer
- vorgestanzte Aussparung
- Gipskarton- oder Gipsfaserplatten

GRUNDRISS

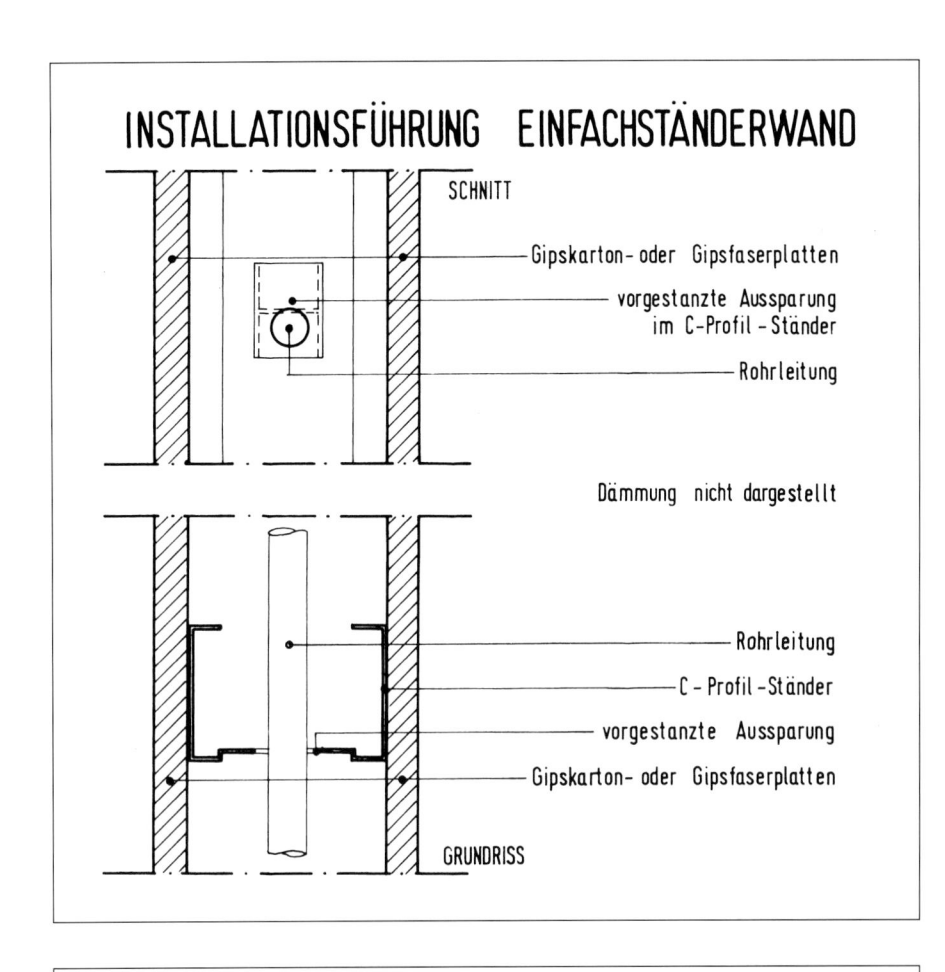

Installationsführung Einfachständerwand

Die Konstruktion der Ständerwände ist grundsätzlich für die Verlegung von Installationsleitungen vorgesehen.

Zur Vereinfachung sind in den Metallständern Aussparungen vorgestanzt, die aufgebogen werden können.

Die Größe der Aussparungen beträgt 25,0 x 35,0 mm. Wenn bei der Montage auf gleiche Höhe der Aussparungen geachtet wird, können außer Elektroleitungen auch dünne Rohrleitungen mühelos verlegt werden.

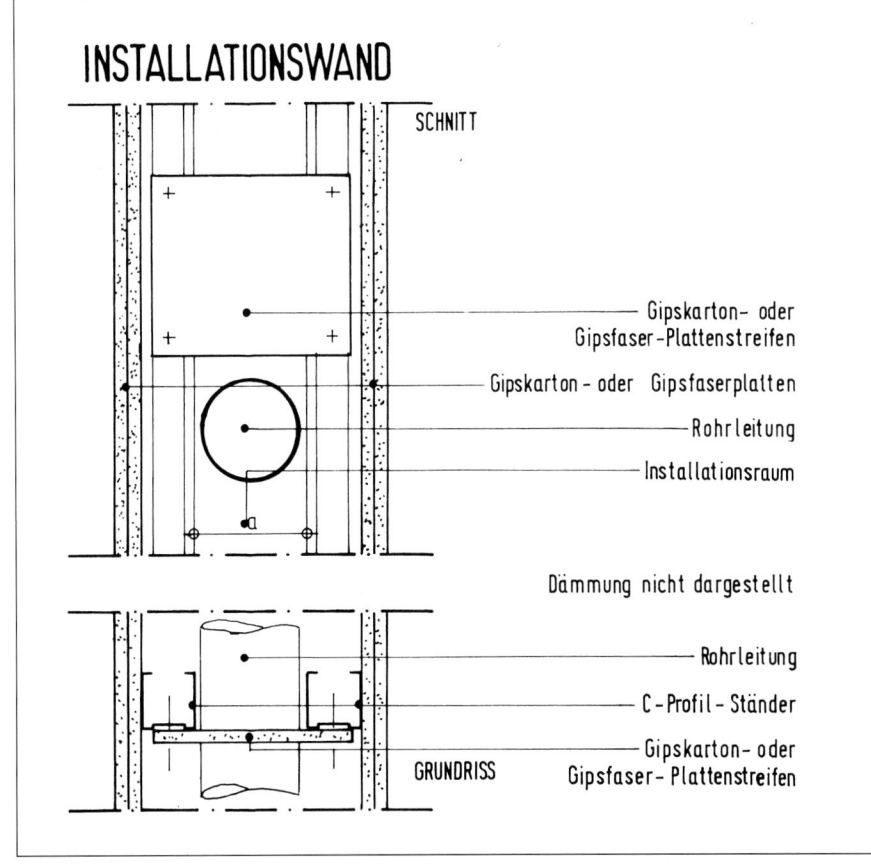

INSTALLATIONSWAND

SCHNITT
- Gipskarton- oder Gipsfaser-Plattenstreifen
- Gipskarton- oder Gipsfaserplatten
- Rohrleitung
- Installationsraum

Dämmung nicht dargestellt

- Rohrleitung
- C-Profil-Ständer
- Gipskarton- oder Gipsfaser-Plattenstreifen

GRUNDRISS

Installationswand

Installationswände gestatten die Verlegung beliebig großer Rohrquerschnitte

Sie bestehen aus parallel aufgestellten Doppelständern, die durch Gipsplatten miteinander verbunden sind. Der Abstand der Ständer richtet sich nach den zu verlegenden Rohrleitungsquerschnitten und kann frei gewählt werden.

Die Installation in Ständerwänden wird oft zu leichtfertig und falsch gehandhabt

Fertigelemente reduzieren den Montageaufwand

4.1 Problempunkt: Einbau neuer Trennwände

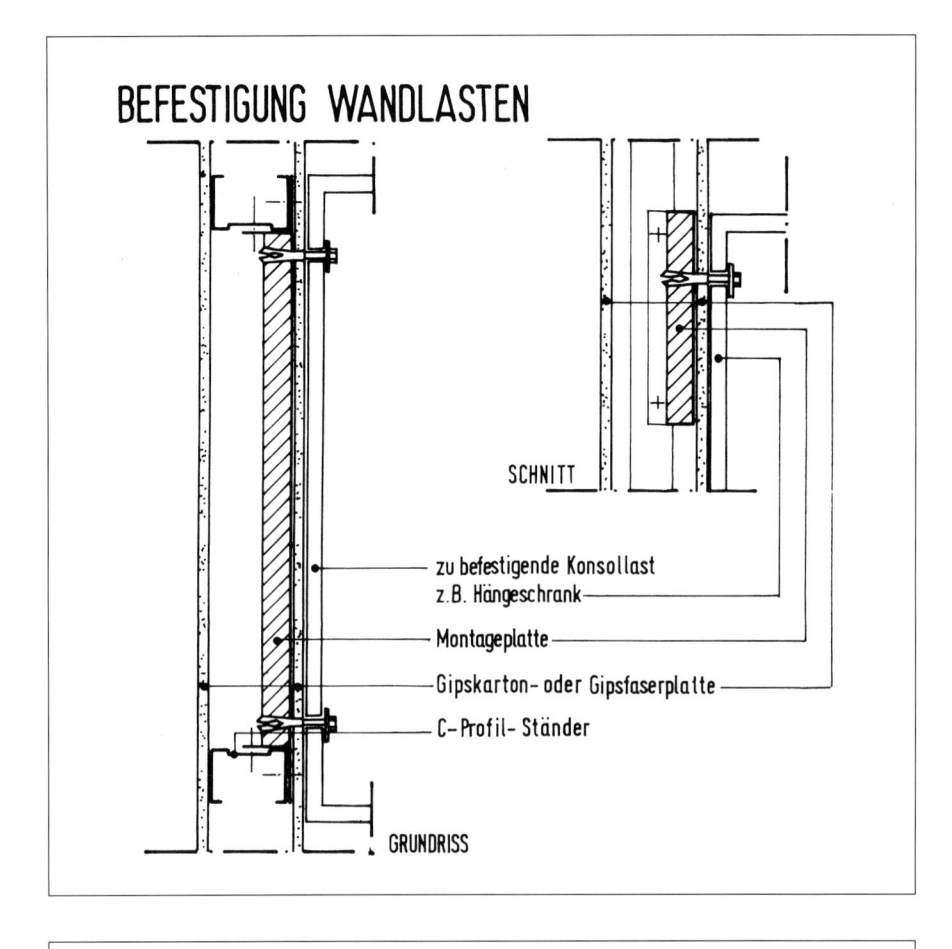

Befestigung Wandlasten

Die Befestigung von Konsollasten, die 0,4 kN/m Wandlänge nicht überschreiten (z. B. leichte Bücherregale) ist mit Spezialdübeln an jeder beliebigen Stelle der Wand möglich.

Für höhere Wandlasten, zum Beispiel Küchenschränke, ist der Einbau von Sonderelementen (Montageplatten) erforderlich. Die Montageplatten werden mit dem Ständerwerk verschraubt. Holzbohlen sollten nur in Ausnahmefällen als Montageplatte Verwendung finden, da die Verankerung mit dem Ständerwerk schwierig ist, siehe DIN 18183 »Montagewände aus Gipskartonplatten«.

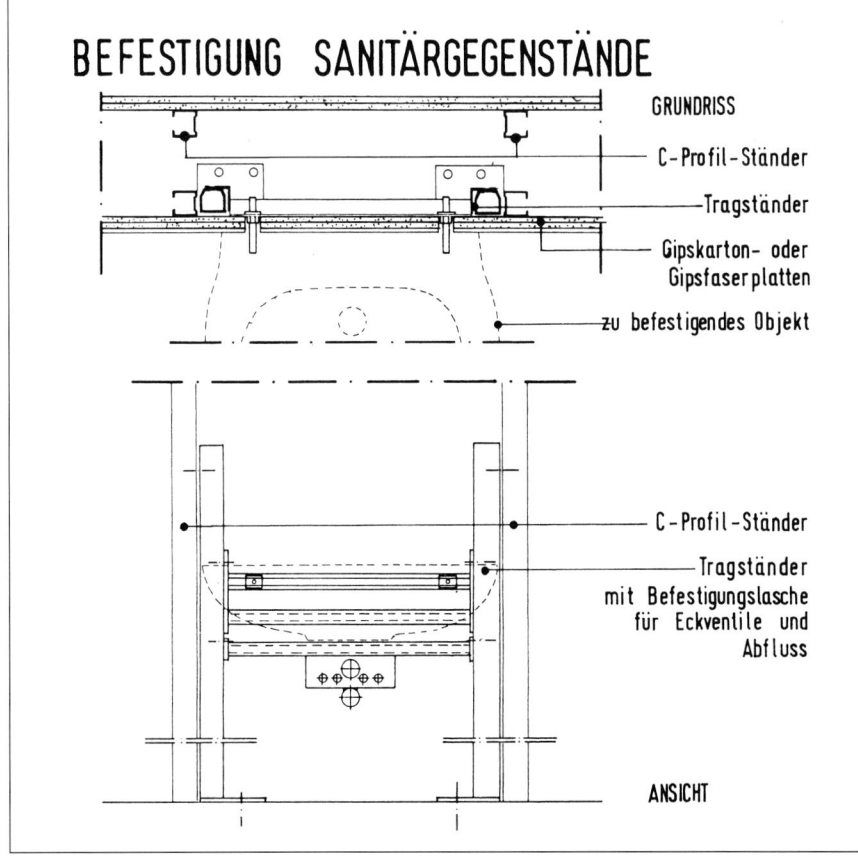

Befestigung Sanitärgegenstände

Für die Befestigung von Sanitärgegenständen, zum Beispiel Waschbecken, sind besondere Tragständer einzubauen.

Die Tragständer müssen mit dem Boden und dem Ständerwerk verschraubt werden.

Besondere Befestigungslaschen dienen der Montage von Eckventilen und Abflußrohren.

4.1.4 Vergleichende Beurteilung

	Holzständerwände mit Gipsplattenbekleidung	Metalleinfachständerwände mit Gipsplattenbekleidung	Metalldoppelständerwände mit Gipsplattenbekleidung	Gips-/Kalksandstein/Dielenwände 10,0 cm	Porenbetonwände 10,0 cm	Massive Ziegel- oder KS-Wände 11,5 cm
Baukosten	Ca. 120,- DM/m²	Ca. 120,-DM	Ca. 150,- DM/m²	Ca. 110,- DM/m²	Ca. 110,- DM/m²	Ca. 150,- DM/m²
Einbauzeiten	1,3 Std./m²	1,3 Std./m²	1,5 Std./m²	1,5 Std./m² einschl. Spachtelung	1,5 Std./m² einschl. Spachtelung	2,05 Std./m² einschl. Putz
Trocknungs-/ Wartezeiten	1,5 Tage	1,5 Tage	1,5 Tage	3 Tage	3 Tage	9 Tage
Schalldämmung je nach Ausbildung der flankierenden Bauteile bewertetes Schalldämmaß	37 dB	45 dB	55 dB	38 dB	36 dB	44 dB
Gewicht	27 kg/m²	26 kg/m²	52 kg/m²	105 kg/m²	85 kg/m²	200 kg/m²
Anmerkungen	Sonderelemente für hohe Wandlasten erforderlich	Sonderelemente für hohe Wandlasten erforderlich, bessere Schalldämmung als Holzständewände	Sonderelemente für hohe Wandlasten erforderlich, gute Schalldämmung	Einschlitzen von Installationsleitungen, Spachtelung erforderlich, hohes Gewicht	Einschlitzen von Installationsleitungen, Spachtelung erforderlich, hohes Gewicht	Einschlitzen von Installationsleitungen, Spachtelung erforderlich, sehr hohes Gewicht

4.2 Problempunkt: Mangelnder Schallschutz bei vorhandenen Wohnungstrennwänden

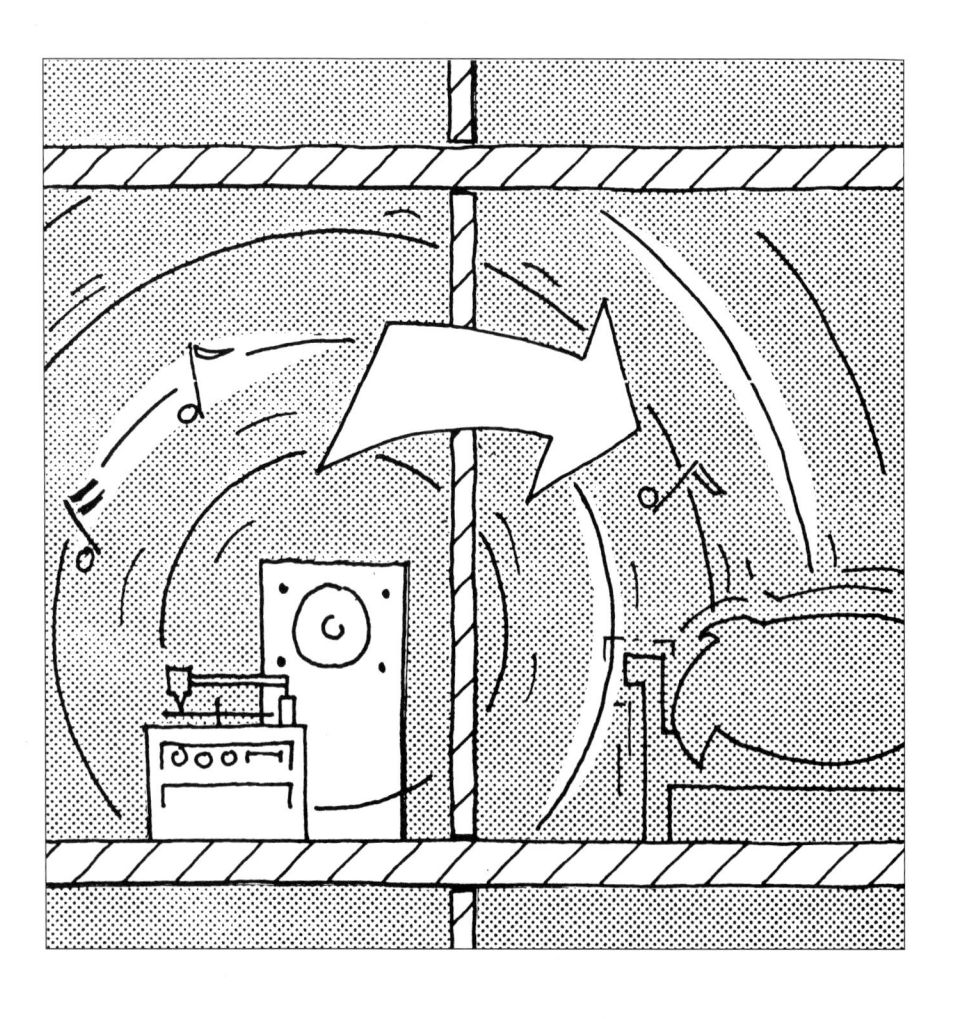

Neben dem manchmal ungenügenden Trittschallschutz vorhandener Holzbalkendecken stellt vor allem der unzureichende Luftschallschutz vorhandener dünner Trennwände in Altbauten ein erhebliches Problem dar.

Während Gebäudetrennwände und tragende Zwischenwände bei Gründerzeithäusern durch große Wandquerschnitte und ein hohes Raumgewicht der Baustoffe recht gute Schallschutzwerte aufweisen, sind die Schallschutzeigenschaften bei Häusern aus den 20er oder 50er Jahren oft katastrophal schlecht.

24,0 oder 30,0 cm dicke Gebäudetrennwände aus schallschutztechnisch unzureichendem Material, zum Beispiel Bimshohlblocksteine, erreichen bei weitem nicht den heute erforderlichen und wünschenswerten Luftschallschutz.

Noch schlechter sind die Schallschutzeigenschaften vorhandener dünner, einschaliger Zwischenwände, wie sie in den 30er und 50er Jahren als Wohnungstrennwände üblich waren.

Vorhandene massive Trennwände verfügen häufig nicht über einen ausreichenden Schallschutz

Bewertetes Schalldämm-Maß R'_w gebräuchlicher einschaliger Wohnungstrennwände;
Wände beidseitig verputzt (Meßwerte)

Wandausführung	beidseitig jeweils verputzt	flächenbezogene Masse [kg/m²]	R'_w [dB]
240 mm	Kalksandsteine	510	55
240 mm	Vollziegel	460	55
240 mm	Hochlochziegel	350	53
240 mm	Hohlblocksteine aus Ziegelsplitt	330	51
240 mm	Hohlblocksteine aus Ziegelsplittbeton, Hohlräume mit Sand gefüllt	400	56
240 mm	Hohlblocksteine aus Bimsbeton Hohlräume mit Sand gefüllt Hohlräume mit Beton gefüllt	280 350 370	49 52 53
240 mm	Bimsbeton-Vollsteine	340	52
250 mm	Schüttbeton aus Ziegelsplitt	400	53
120 mm	Normalbeton	330	52
180 mm	Normalbeton, unverputzt	430	55
250 mm	Normalbeton, unverputzt	600	60

(aus: Gösele/Schüle/Künzel: Schall, Wärme, Feuchte – Seite 61)

Bewertetes Schalldämm-Maß und Luftschallschutz-Maß verschiedener einschaliger Zwischenwände, jeweils für den eingebauten Zustand am Bau;
Wände beidseitig verputzt, soweit nicht anders vermerkt (Meßwerte)

Wandausführung		flächenbezogene Masse [kg/m²]	bewertetes Schalldämm-Maß R'$_w$ [dB]
60 mm	Bimsbetonplatten	110	36
115 mm	Bimsbetonsteine	140	45
80 mm	Gipsplatten mit Einlage von Holzwolle-Leichtbauplatten	70	35
100 mm	Vollgipsplatten (ohne Putz)	105	38
60 mm	Porengipsplatten	36	28
100 mm	Porengipsplatten	62	35
100 mm	Porenbeton 600 kg/m³	95	38
250 mm	Porenbeton	190	47
100 mm	Normalbeton (unverputzt)	230	46
200 mm	Kalkleichtbetonsteine	220	47
71 mm	Hochlochziegel	145	43
115 mm	Hochlochziegel	200	47
115 mm	Vollziegel	270	49
50 mm	Holzwolle-Leichtbauplatten (verputzt)	50	37
80 mm	Glasbau-Hohlsteine je nach Format (ohne Putz)	70–80	40–46

(aus: Gösele/Schüle/Künzel: Schall, Wärme, Feuchte – Seite 61)

Zur Verbesserung des vorhandenen Schallschutzes durch Errichten von Vorsatzschalen kommen zwei grundsätzlich verschiedene Lösungen in Betracht:

1. E*rrichtung leichter biegeweicher Vorsatzschalen,* frei vor die Wand gestellt, oder mit Schwingelementen an der Wand befestigt.

2. *Errichtung schwerer Vorsatzschalen,* frei vor die Wand gestellt.

Bei der Errichtung von Vorsatzschalen sind neben schalltechnischen Gesichtspunkten vor allem aber auch folgende bautechnische Einflußgrößen von Bedeutung:

1. Raumbedarf der Vorsatzschale

Die Bautiefen verschiedener Vorsatzschalenkonstruktionen sind unterschiedlich. Bei sehr beengten Platzverhältnissen oder bei Zwangsmaßen (Möblierungsbreiten neben Fenstern, Aufschlagplatz von Türen etc.) können die geringen Unterschiede der Konstruktionsmaße von Bedeutung werden. Zudem geht durch breite Konstruktionen mehr Wohnfläche verloren.

2. Gewicht der zusätzlichen Konstruktionen

Das Flächengewicht einer Vorsatzschale aus Gipskarton oder Gipsfaserplatten beträgt ca. 13 kg/m². Demgegenüber beträgt das Flächengewicht einer massiven 11,5 cm starken Ziegelwand mit 165 kg/m² mehr als das Zehnfache.

Nur in seltenen Fällen wird eine vorhandene Deckenkonstruktion das zusätzliche Gewicht der Vorsatzschale ohne weiteres aufnehmen können.

Einbau einer Vorsatzschale

**DIN 4109 »Schallschutz im Hochbau« –
Erforderliche Luft- und Trittschalldämmung**

Bauteile	Anforderungen in dB
bewertetes Schalldämm-Maß erf. R'_w	
Wohnungstrennwände	53
Wohnungstrenndecken	54
Treppenraumwände	52
Wände neben Durchfahrten	55
Wohnungs-Eingangstüren, in Flur führend	27
Wohnungs-Eingangstüren, in Aufenthaltsraum führend	37
bewerteter Norm-Trittschallpegel $L'_{n,w}$	
Wohnungstrenndecken	53
Terrassen, Loggien ü. Wohnräumen, Laubengänge (erf. TSM)	53

3. Feuchtebelastung durch Errichten neuer Vorsatzschalen

Es sollte darauf geachtet werden, daß durch die neue Wandkonstruktion nicht unnötige Mengen Feuchtigkeit in das Bauwerk transportiert werden, wie dies bei massiven Vorsatzschalen geschieht, wenn sie verputzt werden müssen.

4. Einbauzeit der Konstruktion

Die Einbauzeiten verschiedener Vorsatzschalenkonstruktionen sind sehr unterschiedlich. Vor allem verputzte Konstruktionen haben eine sehr viel längere Bauzeit als oberflächenfertige Konstruktionen, die gegebenenfalls nur noch gespachtelt werden müssen.

Bei allen Vorsatzschalen ist schallschutztechnisch folgendes zu beachten:

1. Die erzielte Zweischaligkeit des Wandaufbaus ist grundsätzlich sehr günstig. Ausnahme: Die Bekleidung einer vorhandenen Wand mit einer Verbundvorsatzschale mit »harter« Dämmschicht, das heißt mit Dämmmaterial hoher dynamischer Steifigkeit (zum Beispiel Gipskarton-Verbundelement mit Polystyrolhartschaumkern oder verputzte Holzwolleleichtbauplatten, direkt auf der vorhandenen Wand befestigt). Hier kommt es zu einer Verschlechterung des Schallschutzes.

2. Bei vorhandenen leichten Trennwänden ist eine wesentlich größere Verbesserung des Schallschutzes durch Vorsatzschalen möglich als bei vorhandenen schweren Trennwänden.

3. Eine Hohlraumdämpfung verbessert die Schalldämmung zweischaliger Konstruktionen, wenn als Dämmstoff Materialien mit hohem längenbezogenem Strömungswiderstand (5×10^3 bis 5×10^4 Ns/m^4) verwendet werden.

Poröse, aber sehr dichte Materialien (zum Beispiel Hartschaumplatten) sind für die Hohlraumdämpfung ungeeignet, sie können sogar die Schalldämmung verschlechtern.

4.2 Problempunkt: Mangelnder Schallschutz bei vorhandenen Wohnungstrennwänden

4. Bei der Ausführung von Vorsatzschalen ist darauf zu achten, daß Schallbrücken durch unsachgemäße Ausführung unbedingt vermieden werden. Schallbrücken können das Ergebnis der gesamten Arbeit zunichte machen. Dies gilt vor allem für Schallbrücken durch Mörtelbatzen, falsche Montage von Schwingelementen oder unsachgemäßen Verschluß von Randfugen.

Die Ausbildung schwerer Vorsatzschalen ist schallschutztechnisch wenig sinnvoll. In der DIN 4109 Beiblatt 2 heißt es dazu:

»Bei zweischaligen Wänden aus zwei biegesteifen Schalen mit durchlaufenden, flankierenden Bauteilen insbesondere bei starrem Randanschluß... wird der Schall hauptsächlich über diesen Anschluß übertragen. Solche Wände aus Schalen mit gleicher flächenbezogener Masse und gleicher Dicke, zum Beispiel aus 11,5 cm dickem Mauerwerk, haben in der Regel keine höhere, eher eine geringere Schalldämmung als sich nach DIN 4109 Beiblatt 1, Tabelle 5, für die einschalige Wand mit gleicher flächenbezogener Masse ergeben würde.«

Aus diesem Grund sollten Vorsatzschalen, wenn schon massiv, dann auch mit Fugenverguß gefertigt werden, um eine schalltechnisch gemeinsam wirkende Wand herzustellen, deren Schallschutzwirkung aus dem hohen Flächengewicht resultiert. In der folgenden Übersicht sind die wichtigsten Verfahren zur nachträglichen Verbesserung des Schallschutzes vorhandener Trennwände dargestellt.

Bei der Ausführung aller Vorsatzschalen ist darauf zu achten, daß ein erheblicher Teil der Schallweiterleitung in Form von Schalllängsleitung der flankierenden Bauteile erfolgt. Die angegebenen Werte zur Schalldämmung gelten nur bei Bauteilen mit einer flächenbezogenen Masse ≥ 300 kg/m^2. Weitere wichtige Einzelheiten hierzu enthält das Beiblatt 1 zur DIN 4109, darin insbesondere die Kapitel 3 und 4 »Luft- und Trittschalldämmung in Gebäuden in Massivbauart« und die Kapitel 5 bis 8 »Luft- und Trittschalldämmung in Gebäuden in Skelett- und Holzbauart«.

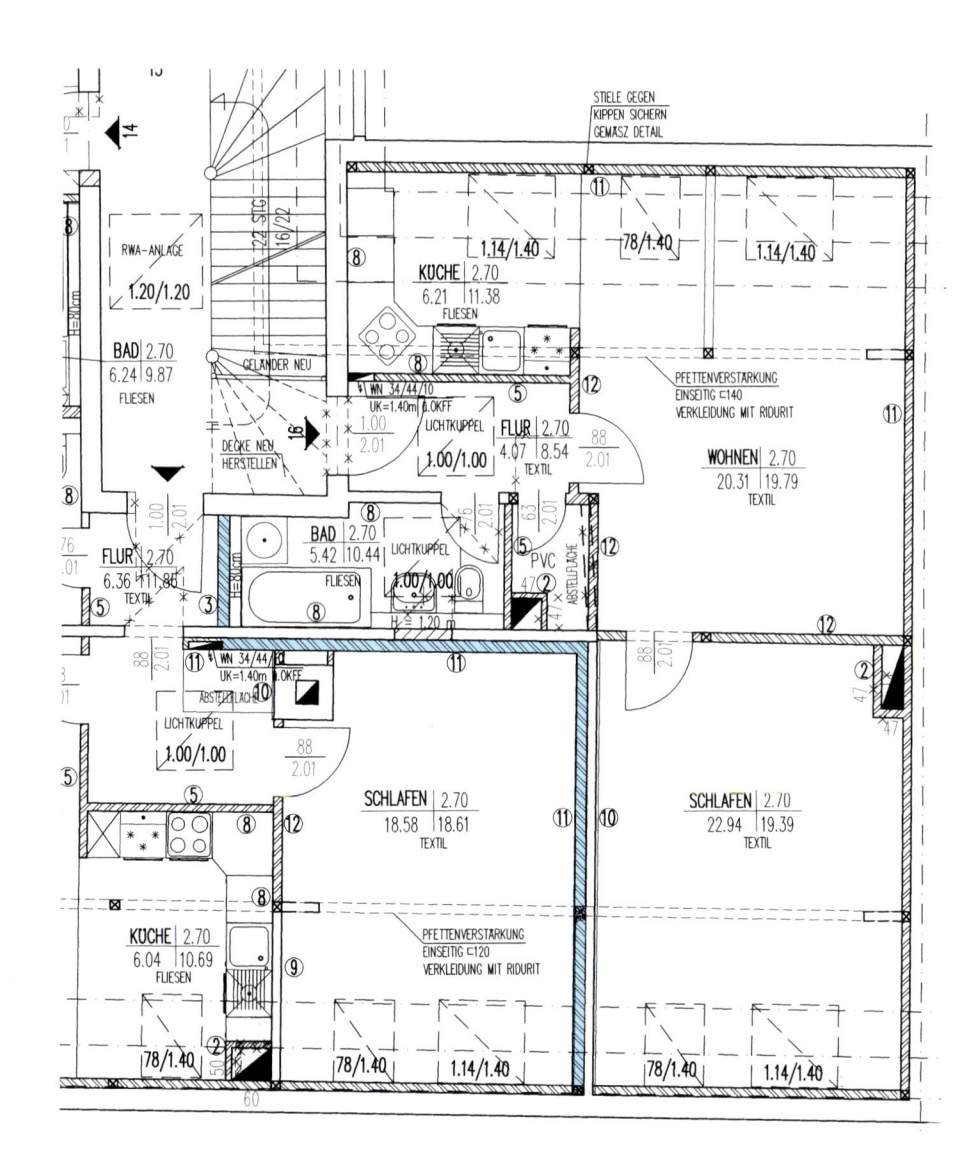

Vorsatzschale vor einer vorhandenen Wohnungstrennwand

4.2.1 Übersicht über Lösungsmöglichkeiten

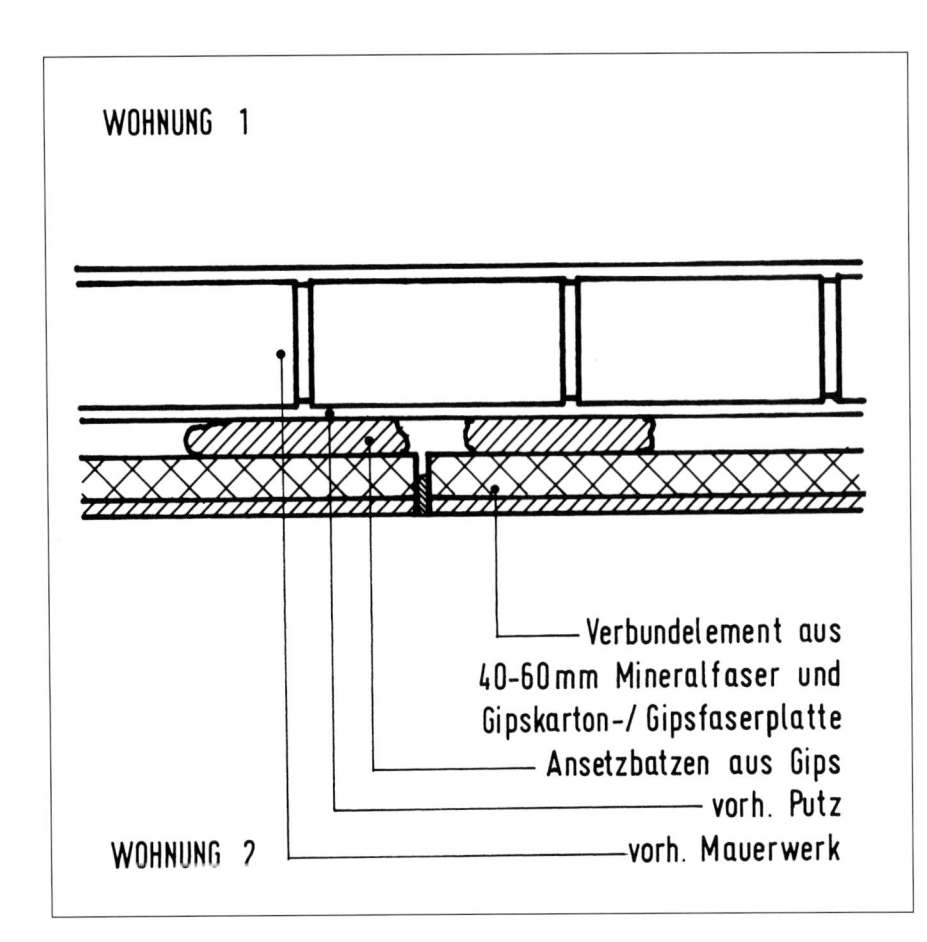

WOHNUNG 1

— Verbundelement aus 40-60 mm Mineralfaser und Gipskarton-/ Gipsfaserplatte
— Ansetzbatzen aus Gips
— vorh. Putz
— vorh. Mauerwerk

WOHNUNG 2

Gipsplattenverbundelement	
Baukosten	70,- DM/m²
Schalldämmung je nach Ausbildung der flankierenden Bauteile (vorh. = 24 cm Bimsmauerwerk 300 kg)	
a) bewertetes Schalldämm-Maß R'_w mit Vorsatzschale Schallschutzanforderung DIN 4109 (53 dB),	54 dB, wird erreicht
erhöhter Schallschutz nach DIN 4109 (55 dB)	wird nicht erreicht
Konstruktionsstärke	ca. 6,5 cm
Einbauzeiten	0,35 Std./m²
Trocknungs-/ Wartungszeiten	1,5 Tage
Gewicht Vorsatzschale Gesamtgewicht einschl. vorhandener Wand	14 kg/m²

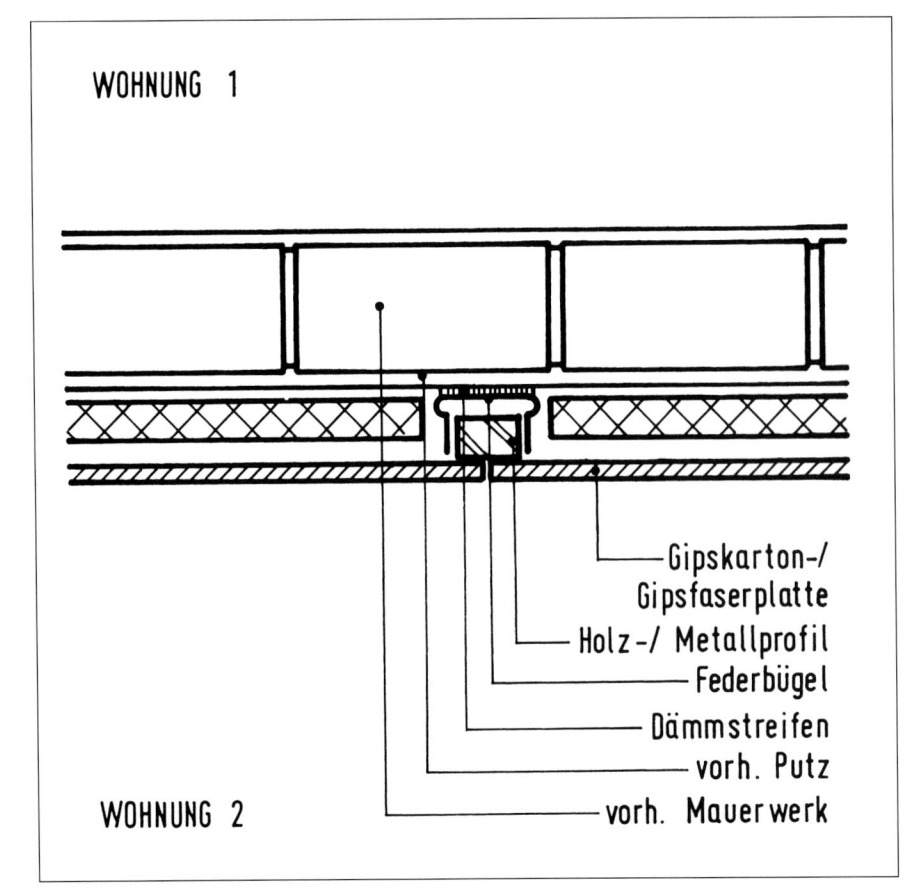

WOHNUNG 1

— Gipskarton-/ Gipsfaserplatte
— Holz-/ Metallprofil
— Federbügel
— Dämmstreifen
— vorh. Putz
— vorh. Mauerwerk

WOHNUNG 2

Gipsplattenbekleidung auf Schwingelementen	
Baukosten	110,- DM/m²
Schalldämmung je nach Ausbildung der flankierenden Bauteile (vorh. = 24 cm Bimsmauerwerk 300 kg)	
a) bewertetes Schalldämm-Maß R'_w mit Vorsatzschale, Schallschutzanforderung DIN 4109 (53 dB),	54 dB wird erreicht
erhöhter Schallschutz nach DIN 4109 (55 dB)	wird nicht erreicht
Konstruktionsstärke	6,5 bis 9,5 cm
Einbauzeiten	0,80 bis 1,00 Std./m²
Trocknungs-/ Wartungszeiten	1,5 Tage
Gewicht Vorsatzschale Gesamtgewicht einschl. vorhandener Wand	16 kg/m²

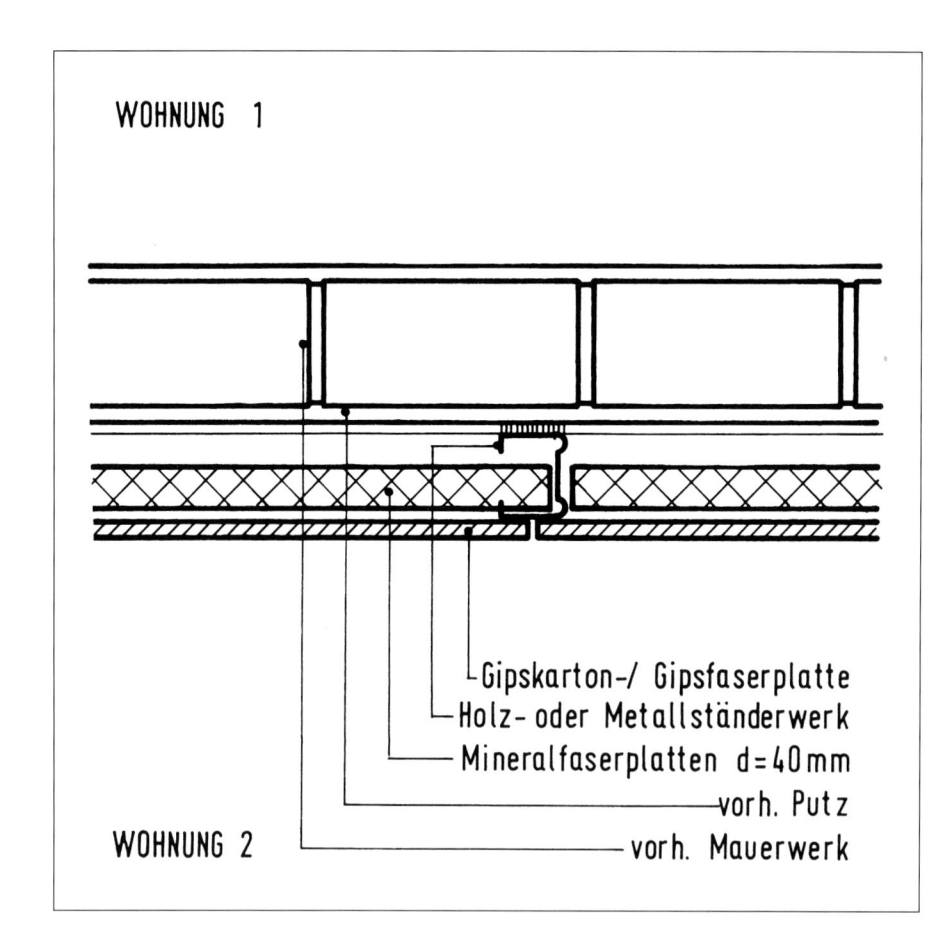

4.2 Problempunkt: Mangelnder Schallschutz bei vorhandenen Wohnungstrennwänden

WOHNUNG 1

WOHNUNG 2
- Gipskarton-/ Gipsfaserplatte
- Holz- oder Metallständerwerk
- Mineralfaserplatten d=40mm
- vorh. Putz
- vorh. Mauerwerk

Freistehende Ständerwand mit Gipsplattenbekleidung	
Baukosten	100,- DM/m²
Schalldämmung je nach Ausbildung der flankierenden Bauteile (vorh. = 24 cm Bimsmauerwerk 300 kg)	
a) bewertetes Schalldämm-Maß R'_w mit Vorsatzschale, Schallschutzanforderung DIN 4109 (53 dB), erhöhter Schallschutz nach DIN 4109 (55 dB)	54 dB wird erreicht wird nicht erreicht
Konstruktionsstärke	8,5 cm
Einbauzeiten	0,90 Std./m²
Trocknungs-/ Wartungszeiten	1,5 Tage
Gewicht Vorsatzschale Gesamtgewicht einschl. vorhandener Wand	16 kg/m²

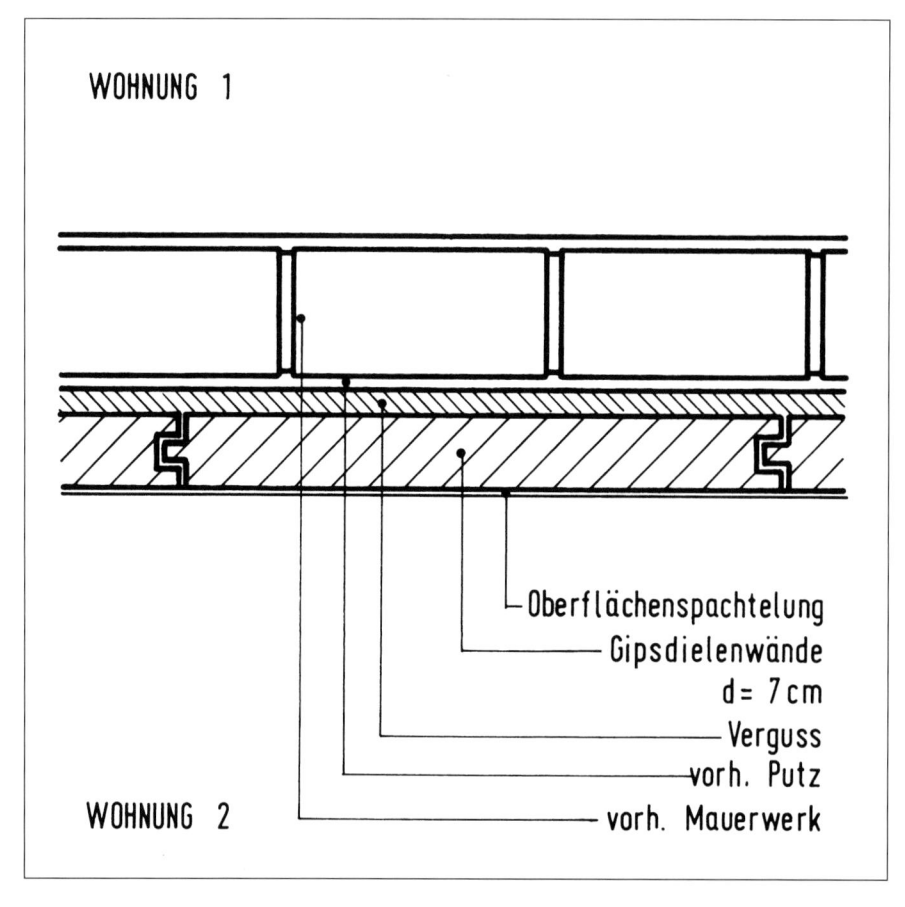

WOHNUNG 1

WOHNUNG 2
- Oberflächenspachtelung
- Gipsdielenwände d= 7 cm
- Verguss
- vorh. Putz
- vorh. Mauerwerk

KS-/Dielenwand D = 7,0 cm	
Baukosten	110,- DM/m²
Schalldämmung je nach Ausbildung der flankierenden Bauteile (vorh. = 24 cm Bimsmauerwerk 300 kg)	
a) bewertetes Schalldämm-Maß R'_w mit Vorsatzschale, Schallschutzanforderung DIN 4109 (53 dB), erhöhter Schallschutz nach DIN 4109 (55 dB)	53 dB wird knapp erreicht wird nicht erreicht
Konstruktionsstärke	11,5 cm
Einbauzeiten	1,0 Std./m² einschl. Spachtelung
Trocknungs-/ Wartungszeiten	3 Tage
Gewicht Vorsatzschale Gesamtgewicht einschl. vorhandener Wand	74 kg/m² 374 kg/m²
Anmerkungen: Zweischaligkeit schalltechnisch schlecht. Gute Schalldämmung nur über hohes Flächengewicht erreichbar – deshalb Fugenverguß erforderlich	

4 Innenwände

WOHNUNG 1

WOHNUNG 2
- Oberflächenspachtelung
- Porenbetonwand d = 10 cm
- Verguss
- vorh. Putz
- vorh. Mauerwerk

Porenbetonwand D = 10,0 cm	
Baukosten	110,- DM/m²
Schalldämmung je nach Ausbildung der flankierenden Bauteile (vorh. = 24 cm Bimsmauerwerk 300 kg)	
a) bewertetes Schalldämm-Maß R'$_w$ mit Vorsatzschale, Schallschutzanforderung DIN 4109 (53 dB), erhöhter Schallschutz nach DIN 4109 (55 dB)	52 dB wird nicht erreicht wird nicht erreicht
Konstruktionsstärke	14,5 cm
Einbauzeiten	1,0 Std./m² einschl. Spachtelung
Trocknungs-/ Wartungszeiten	3 Tage
Gewicht Vorsatzschale	84 kg/m²
Gesamtgewicht einschl. vorhandener Wand	384 kg/m²
Anmerkungen: Ausreichender Luftschallschutz für Wohnungstrennwände wird nicht erreicht. Gefahr von Resonanzen mit Einbrüchen der Schalldämmung bei ca. 250 bis 500 Hz (Hauptfrequenzbereich der menschlichen Sprache)	

WOHNUNG 1

WOHNUNG 2
- neuer Wandputz
- neues Mauerwerk z.B. KS d = 11,5 cm
- Verguss
- vorh. Putz
- vorh. Mauerwerk

KS-/Ziegelwand D = 11,5 cm	
Baukosten	145,- DM/m²
Schalldämmung je nach Ausbildung der flankierenden Bauteile (vorh. = 24 cm Bimsmauerwerk 300 kg)	
a) bewertetes Schalldämm-Maß R'$_w$ mit Vorsatzschale, Schallschutzanforderung DIN 4109 (53 dB), erhöhter Schallschutz nach DIN 4109 (55 dB)	54 dB wird erreicht wird nicht erreicht
Konstruktionsstärke	16,0 cm
Einbauzeiten	1,5 Std./m² einschl. Putz
Trocknungs-/ Wartungszeiten	8 Tage
Gewicht Vorsatzschale	180 kg/m²
Gesamtgewicht einschl. vorhandener Wand	480 kg/m²
Anmerkungen: Zweischaligkeit schalltechnisch schlecht. Gute Schalldämmung nur über hohes Flächengewicht erreichbar – deshalb Fugenverguß erforderlich	

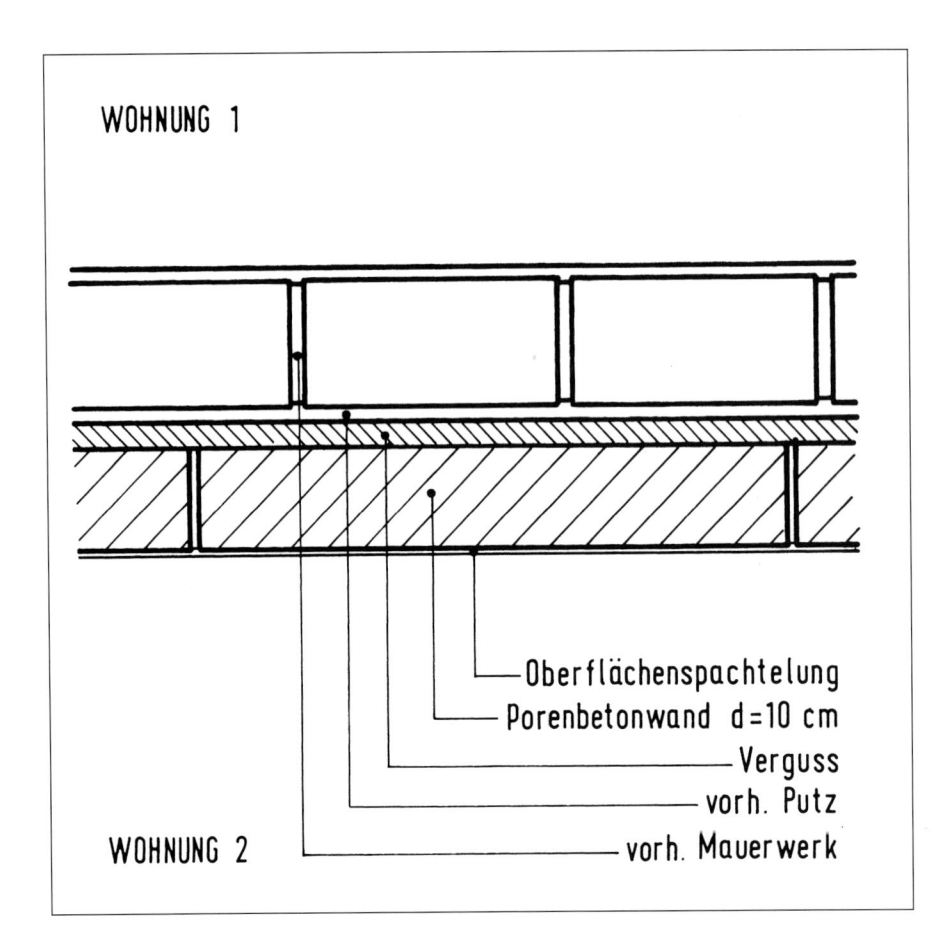

4.2.2 Verbesserung des Schallschutzes durch Vorsatzschalen auf Schwingelementen – Erläuterung

Vorsatzschalen auf Schwingelementen zeichnen sich durch folgende Vorteile aus:
- Hohe Schalldämmwerte
- Geringes Gewicht
- Kleiner Konstruktionsmaße
- Fertige Oberflächen
- Geringe Feuchtebelastung
- Geringe Folgearbeiten

Die Gesamtkonstruktion besteht aus an der Wand montierten federnden Schwingelementen und darauf befestigten Gipskarton- oder Gipsfaserplatten.

Als Schwingelement werden Schwinghölzer oder Federbügel verwendet.

Schwinghölzer bestehen aus einem 100,00 mm breiten und 25,0 mm dicken Kokosfaserstreifen, der mit einer Holzleiste (24,0 x 48,0 mm) verklebt und verklammert ist.

Der Kokosfaserstreifen wird mit Mörtel oder Ansetzgips bestrichen, an die Wand angesetzt und ausgerichtet. Auf der Holzleiste wird die Wandbekleidung befestigt.

Zuvor ist unbedingt die Festigkeit des Untergrundes zu prüfen, damit sich die neue Vorsatzschale nicht mit dem alten Putz von der Wand löst.

Federbügel dienen zur Fixierung von Holz- oder Metallständern, die vor der Wand aufgestellt werden. Der Federbügel selbst besteht aus einem vorgestanzten und vorgebogenen Metallbügel, der zur Vermeidung von Schallübertragung mit Dämmstreifen auf der vorhandenen Trennwand verschraubt wird. Die Wandbekleidung wird an den Holz- oder Metallständern befestigt. Als Wandbekleidung eignen sich vor allem Gipskarton- und Gipsfaserplatten. Daneben sind andere Bekleidungen möglich, zum Beispiel Holzwolleleichtbauplatten mit Putzüberzug, die jedoch bauartbedingt Feuchtigkeit in das Bauwerk einbringen.

Bei der Montage von Gipskarton- oder Gipsfaserplatten ist darauf zu achten, daß Schrauben oder andere Befestigungsmittel nur mit den Schwinghölzern oder Federelementen Kontakt haben und nicht bis zur vorhandenen Trennwand reichen, weil so geschaffene Schallbrücken die Schallschutzeigenschaften der Wand erheblich beeinträchtigen.

Die Fugen zwischen neuer Wandbekleidung und flankierenden Bauteilen sind sorgfältig zu verschließen. Hierfür können elastische Dichtungsmassen (zum Beispiel auf Acrylbasis) verwendet werden. Möglich ist aber auch ein Fugenverschluß mit Gipsspachtelmassen, wenn diese durch Papierstreifen von den flankierenden Bauteilen getrennt werden, damit sie nicht unkontrolliert reißen. Für den Schallschutz ist es von großer Bedeutung, daß alle Randfugen sorgfältig verschlossen werden. Ein weiterer wichtiger Aspekt der Schalldämmung ist die Hohlraumdämpfung. Durch das Einbringen von Dämmatten in den Hohlraum der Vorsatzschale wird die Schalldämmung erheblich verbessert. Hierfür dürfen jedoch nur Faserdämmstoffe mit einem längenbezogenen Strömungswiderstand von 5×5^3 bis 5×10^4 Ns/m^4 verwendet werden. Harte Dämmstoffe können die Schalldämmung verschlechtern.

Grundsätzlich ist bei der Errichtung von Vorsatzschalen zu bedenken, daß die Schalldämmung der vorhandenen Trennwand verbessert wird, daß aber die Schallängsleitung durch flankierende Bauteile (Wände, Decken, Querwände) bestehen bleibt. Dies kann das Dämmergebnis beeinträchtigen.

Zur Vermeidung unnötiger Schallängsleitung in Vorsatzschalen selbst sind die Vorsatzschalen bei neuen Querwänden zu trennen.

4.2.3 Verbesserung des Schallschutzes durch Vorsatzschalen auf Schwingelementen – Details

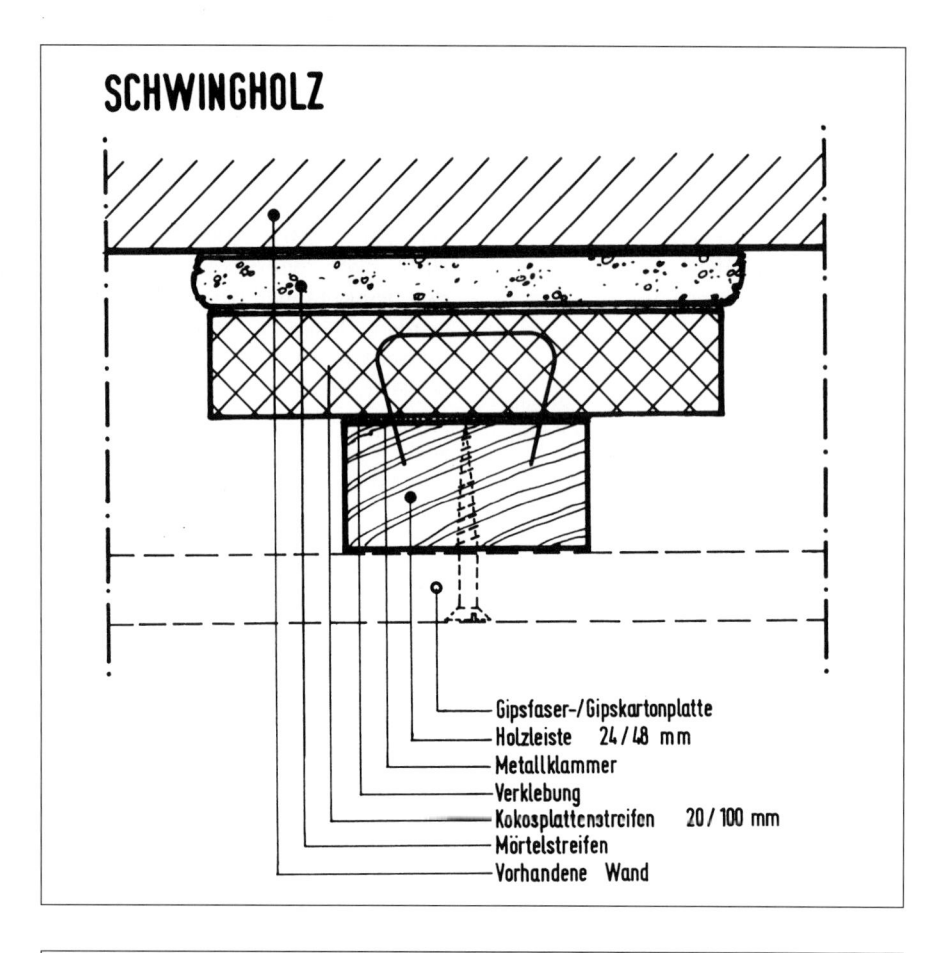

SCHWINGHOLZ

- Gipsfaser-/Gipskartonplatte
- Holzleiste 24/48 mm
- Metallklammer
- Verklebung
- Kokosplattenstreifen 20/100 mm
- Mörtelstreifen
- Vorhandene Wand

Schwingholz

Bestehend aus:

- Holzleiste 24,0 x 48,0 mm als Tragkonstruktion
- Kokosplattenstreifen 20,0 x 100,0 mm als Verbindungselement

Montage:

- Ansetzen und Ausrichten des Kokosplattenstreifens mit Ansetzmörtel an der Wand
- Befestigen von Gipsfaserplatten an den Holzleisten

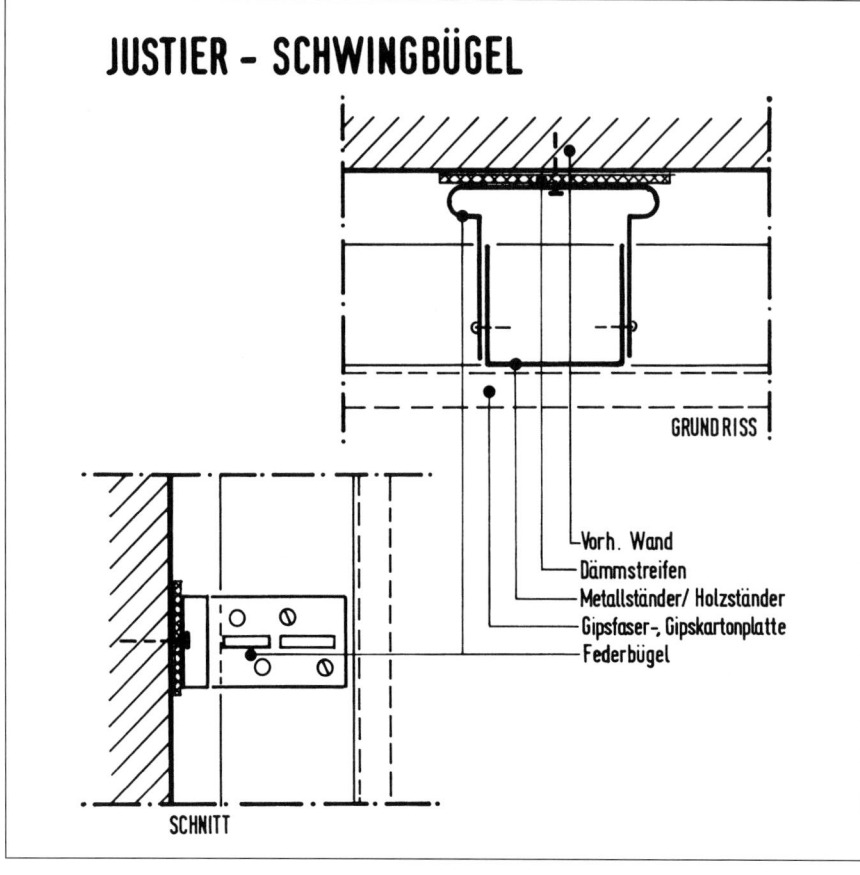

JUSTIER - SCHWINGBÜGEL

GRUNDRISS

- Vorh. Wand
- Dämmstreifen
- Metallständer/ Holzständer
- Gipsfaser-, Gipskartonplatte
- Federbügel

SCHNITT

Justier-Schwingbügel

Bestehend aus:

- Vorgestanzten und vorgebogenen Blechstreifen

Montage:

- Befestigen der Schwingbügel mit Dämmfilzunterlage auf der vorhandenen Wand
- Aufstellen von Holz- oder Metallständern, die mit den Schwingbügeln gehalten werden (Schrauben oder Blindnieten)
- Befestigen von Gipsfaser- oder Gipskartonplatten mit Schrauben an den Holz- oder Metallständern

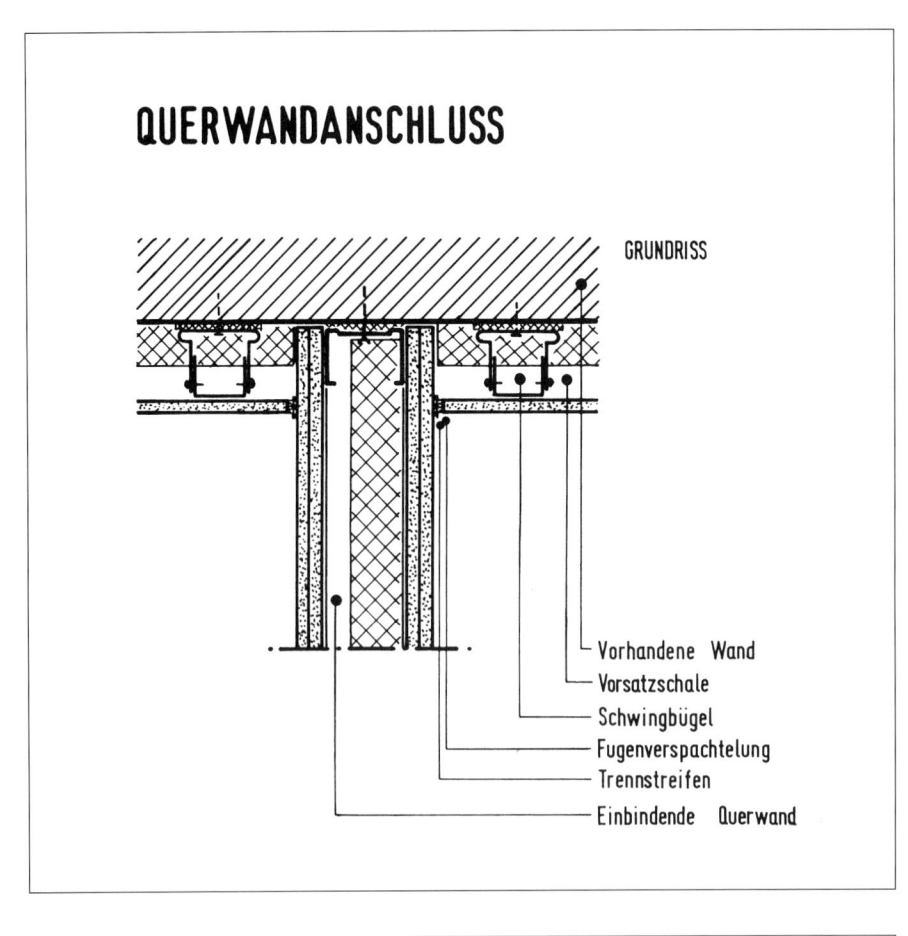

Querwandanschluß

Werden zusammen mit der Vorsatzschale auch neue Querwände erstellt, so sind die Querwände vor Errichtung der Vorsatzschale aufzustellen.

Durch diese Bauart wird eine Schalllängsleitung innerhalb der Vorsatzschale von einem Raum in den anderen verhindert (besonders wichtig bei hohen Schallschutzanforderungen an die neue Trennwand).

Die neue Querwand ist durch einen Dämmstreifen von der vorhandenen Massivwand zu trennen.

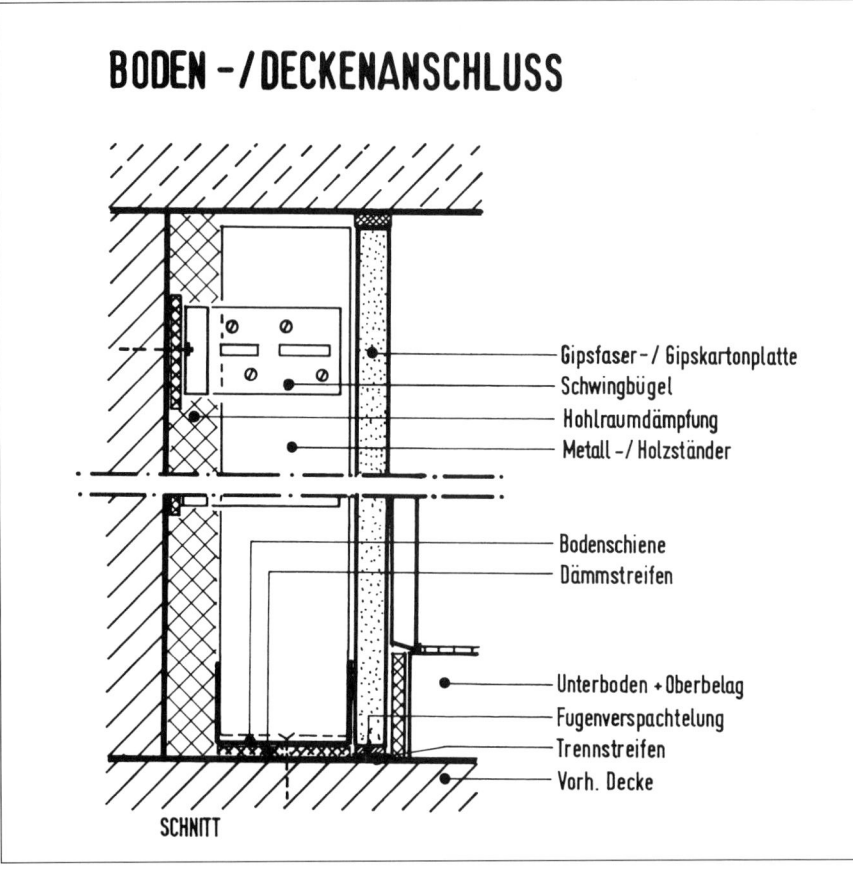

Boden-/Deckenanschluß

Der Anschluß an Boden und Decke ist unbedingt luftdicht zu verschließen. Hierzu sind Gipsspachtelmassen zu verwenden, die durch Papierstreifen von Boden oder Decke zu trennen sind, um unkontrollierte Abrisse zu verhindern. Gegebenenfalls können für den Verschluß auch elastische Materialien (zum Beispiel auf Acrylbasis) verwendet werden.

Die Bodenschiene ist durch einen Filzstreifen vom Untergrund zu trennen.

4.2.4 Vergleichende Beurteilung

	Gipsplatten-verbundelement	Gipsplatten-bekleidung auf Schwingelementen	Freistehende Ständerwand mit Gipsplattenbekleidung	KS-Dielenwand $D = 7,0$ cm	Porenbetonwand $D = 10,0$ cm	KS-Ziegelwand $D = 11,5$ cm
Baukosten	70,– DM/m²	110,– DM/m²	100,– DM/m²	110,– DM/m²	110,– DM/m²	145,– DM/m²
Schalldämmung je nach Ausbildung der flankierenden Bauteile (vorh. = 24 cm Bimsmauerwerk 300 kg) a) bewertetes Schalldämm-Maß R'_w mit Vorsatzschale, Schallschutzanforderung DIN 4109 (53 dB), erhöhter Schallschutz nach DIN 4109 (55 dB)	54 dB wird erreicht wird nicht erreicht	54 dB wird erreicht wird nicht erreicht	54 dB wird erreicht wird nicht erreicht	53 dB wird knapp erreicht wird nicht erreicht	52 dB wird nicht erreicht wird nicht erreicht	54 dB wird erreicht wird nicht erreicht
Konstruktionsstärke	ca. 6,5 cm	6,5 bis 9,5 cm	8,5 cm	11,5 cm	14,5 cm	16,0 cm
Einbauzeiten	0,35 Std./m²	0,80 bis 1,00 Std./m²	0,90 Std./m²	1,0 Std./m² einschl. Spachtelung	1,0 Std./m² einschl. Spachtelung	1,5 Std./m² einschl. Putz
Trocknungs-/Wartezeiten	1,5 Tage	1,5 Tage	1,5 Tage	3 Tage	3 Tage	8 Tage
Gewicht Vorsatzschale Gesamtgewicht einschl. vorhandener Wand	14 kg/m² –	16 kg/m² –	16 kg/m² –	74 kg/m² 374 kg/m²	84 kg/m² 384 kg/m²	180 kg/m² 480 kg/m²
Anmerkungen	–	–	–	Zweischaligkeit schalltechnisch schlecht. Gute Schalldämmung nur über hohes Flächengewicht erreichbar – deshalb Fugenverguß erforderlich	Ausreichender Luftschallschutz für Wohnungswände wird nicht erreicht. Gefahr von Resonanzen mit Einbrüchen der Schalldämmung bei ca. 250 bis 500 Hz (Hauptfrequenzbereich der menschlichen Sprache)	Zweischaligkeit schalltechnisch schlecht. Gute Schalldämmung nur über hohes Flächengewicht erreichbar – deshalb Fugenverguß erforderlich

4.3 Problempunkt:
Mangelnde Dichtigkeit von Feuchtraumwänden

Undichtigkeiten von Feuchtraumwänden können, neben Oberflächenschäden wie Salzausblühungen oder Putzabplatzungen, erhebliche Schäden an der Tragkonstruktion hervorrufen, wenn diese zum Beispiel aus Holz besteht. Viele Gebäude der Gründerzeit, aber auch Häuser der 20er und 30er Jahre, haben tragende Innenwände aus Holzfachwerk, vor allem aber sehr feuchtigkeitsempfindliche Holzbalkendecken.

Ständige Durchfeuchtung von Pfosten, Riegeln, Schwellen und Deckenbalken führt zu Pilz- oder Schwammbefall, im Extremfall zu Zerstörung des Holzquerschnittes.

Schadensursachen

Ursache für die Undichtigkeiten sind meist defekte Anschlüsse zwischen Fliesenbelag und Badewanne beziehungsweise Brausetasse.

Seltener sind klaffende Risse im Fliesenbereich selbst die Ursache.

Nach der gültigen Norm DIN 18195 »Bauwerksabdichtungen« ist der Einbau von Dichtungsbahnen als Abdichtung gegen Feuchtigkeit vorgeschrieben.

Es ist allerdings fraglich, ob die DIN 18195, Teil 5 »Bauwerksabdichtungen, Abdichtungen gegen drückendes Wasser« überhaupt für die Abdichtung häuslicher Badezimmer Gültigkeit besitzt, in Fachkreisen wird dies zunehmend bestritten.

Unabhängig davon ist die Abdichtung durch Dichtungsbahnen nur sinnvoll im Zusammenhang mit der Errichtung von Vorsatzschalen. Dies ist aber bei der Altbaumodernisierung oft nicht möglich.

In der Praxis haben sich aus diesem Grund eine Reihe anderer Abdichtungsverfahren durchgesetzt, die hier näher vorgestellt werden.

Abdichtungsverfahren

Abhängig ist die Auswahl der einzelnen Verfahren von der Feuchtebeanspruchung der einzelnen Wand und vom vorhandenen Untergrund.

Verfaultes Holzfachwerk als Folge undichter Fliesenbeläge im Nachbarraum

Voranstrich/Spachtelung als Abdichtung unter Fliesenbelägen

Wandbekleidung mit Kunststofftapete

Bei dieser Wandbekleidung werden auf die geputzten oder gespachtelten Wände Tapeten aus Kunststoff (Vinyl) oder aus Papier mit wasserabweisender Oberfläche aufgeklebt.

Diese Tapeten bilden keine Abdichtung im klassischen Sinn, sondern lediglich einen Spritzwasserschutz für sehr geringe Feuchtebelastungen. Das Material wird nicht »auf Maß« sondern überlappend geklebt, um die Nähte zu dichten.

In Räumen mit geringer Feuchtebelastung (zum Beispiel Gäste-WC) ist diese Wandbekleidung völlig ausreichend. Gegenüber Fliesenbelägen besteht ein erheblicher Preisvorteil.

Zu beachten ist allerdings:

Kunststofftapeten behindern sehr stark die Feuchteregulierung der Wandoberfläche. Nicht selten kommt es deshalb bei falscher Anwendung zu extremer Schwärzepilzbildung auf der Rückseite der Tapete, nämlich dann, wenn fälschlicherweise versucht wird, durchfeuchtete Wandoberflächen so abzudichten.

Aufbringen von Fliesenbelägen mit Unterkonstruktionen aus Sperrputz

Diese Konstruktion kann sinnvollerweise nur auf noch unverputztem Mauerwerk angebracht werden. Normalerweise ist dies bei der Altbaumodernisierung die Ausnahme, da vorhandene Wände im allgemeinen verputzt sind. Sollte ein vorhandener Altputz als Untergrund für Fliesenbeläge nicht mehr geeignet sein, ist es im allgemeinen sinnvoller, den Altputz nur stellenweise abzuschlagen und neue Gipskarton- oder Gipsfaserplatten mit Mörtelbatzen anzusetzen.

Nur in ganz seltenen Fällen wird es unumgänglich sein, den vorhandenen Altputz vollständig abzuschlagen. In diesem Fall ist dann die Anbringung von Sperrputz eine gute Möglichkeit, um eine vorhandene Wand ausreichend gegen Feuchtigkeit abzudichten.

Problematisch ist bei dieser Ausführung die Rißgefährdung des sehr starren Putzes durch Bewegung des Untergrundes und der Anschluß des Putzes an die Abdichtung des Fußbodens. Bei Fußböden aus Beton sollte der Anschluß an eine mineralische Fußbodenabdichtung mit einer Flaschenkehle erfolgen. Durch diese Ausführung wird eine sehr große Kontaktfläche zwischen den beiden Abdichtungsflächen geschaffen.

Bei Holzbalkendecken sind Dichtungsbahnen des Fußbodens mit Schienen auf dem Putz zu sichern.

Grundsätzlich sind alle Rohrdurchführungen durch Wandabdichtungen aus Sperrputz zusätzlich zu dichten.

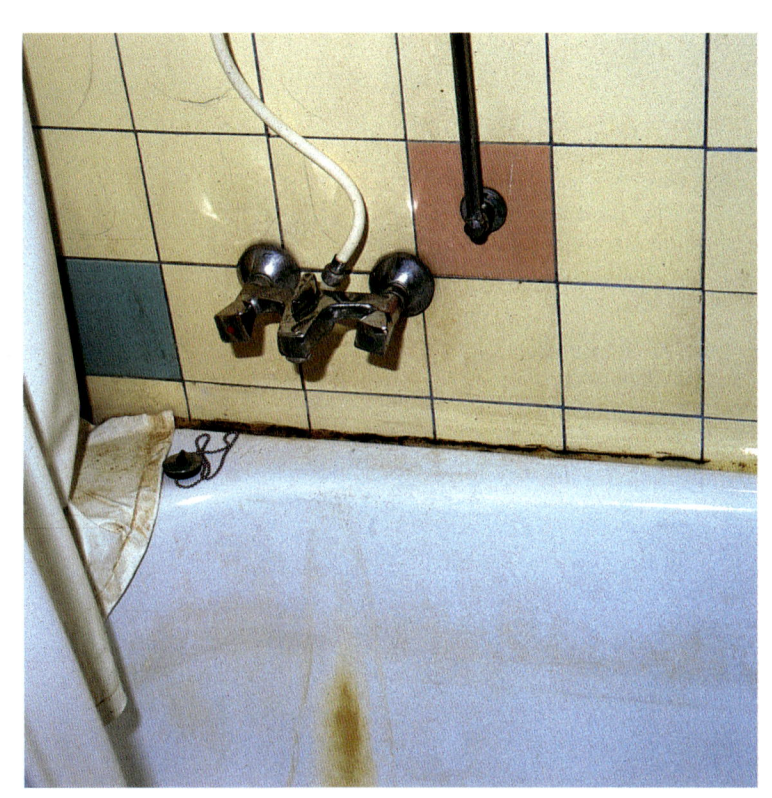

Eine undichte Fuge zwischen Badewanne und Fliesen ist eine sehr häufige Schadensursache

Gipsplatten, befestigt auf Mörtelbatzen, als Untergrund für neue Fliesenbeläge

Aufbringen des Dichtungsanstriches

Häufigster Untergrund für Fliesenbeläge bei Althausmodernisierung sind Gipskarton- oder Gipsfaserplatten. Durch zusätzliche Maßnahmen muß der Feuchteschutz dieser Platten gewährleistet werden. Die Verwendung imprägnierter Platten allein reicht als Feuchteschutz nicht aus.

Besonders bewährt hat sich bei Gipskarton- oder Gipsfaserplatten das Aufbringen von Anstrichen mit Kautschuk-/Bitumenemulsionen. Die Anstriche sind ausreichend wasserdicht und gewährleisten durch ihre Elastizität, daß Bewegung und Verformung der relativ weichen Unterkonstruktion aufgenommen werden können.

Die Anstriche besitzen allerdings keine oder nur geringe rißüberbrückende Eigenschaften. Bei kritischen Untergründungen sollte deshalb zur Verbesserung der Rißsicherheit Glasgewebe in den Anstrich eingebettet werden.

Es sind grundsätzlich drei Anstriche aufzubringen, wobei die Trocknungszeiten der einzelnen Anstriche unbedingt eingehalten werden müssen. Die Ecken zwischen Wänden beziehungsweise zwischen Wand und Boden sind zusätzlich mit Dichtungsbändern zu dichten. Sowohl für Anstrich als auch für Fugenbänder geben die Hersteller der Gipsständerwände Hinweise, Materialien und Verarbeitungsrichtlinien heraus.

Bei der Verwendung von Dispersionsklebern auf Dichtungsanstrichen ist Vorsicht geboten, da das Abtrocknen der Kleber – Dispersionskleber erhärten durch Trocknung – durch den wasserdichten Untergrund behindert ist. Auch bei diesen Abdichtungsverfahren müssen Rohrdurchführungen unbedingt zusätzlich gedichtet werden.

Aufbringen einer Spachtelung mit Dünnbettmörtel

Bei der Verlegung der Fliesen in Dünnbettmörtel kann eine ausreichende Dichtigkeit dadurch erreicht werden, daß der Untergrund vor der eigentlichen Fliesenverlegung zunächst mit einer Spachtelung des Fliesenmörtels versehen wird. Dieses Abdichtungsverfahren ist für Putzuntergründe ebenso geeignet wie für Untergründe aus Gipskarton- oder Gipsfaserplatten oder sonstigen Plattenwänden.

Nach Trocknung der Spachtelschicht können die Fliesen wie üblich im Dünnbettverfahren verlegt werden.

Auch bei diesem Abdichtungsverfahren sind die Ecken und die Rohrdurchführungen zusätzlich mit Dichtungsbändern zu dichten.

Aufbringen von Dichtungsbahnen

Das Aufbringen von Dichtungsbahnen ist unumgänglich bei Bädern mit hoher Feuchtebelastung (zum Beispiel Studentenwohnheime, Hotels).

Als Schutz der Dichtungsschicht und zur Aufnahme der Fliesenbeläge sind dünne Plattenwände vorzusehen, die der vorhandenen Konstruktion vorgestellt werden.

Für die Abdichtung werden Kunststoff- oder Bitumenbahnen verwendet. Anschlüsse an die Fußbodenabdichtung, die ebenfalls aus Dichtungsbahnen bestehen sollten, sind mit einer Hohlkehle auszuführen, um die Rißgefahr in diesem Bereich zu vermindern.

Gefährdetster Punkt bei der Abdichtung mit Dichtungsbahnen ist die Rohrdurchführung, die deshalb auf jeden Fall mit einem Klemmflansch ausgeführt werden sollte.

Einbau von Fertigelementen

Die größte Sicherheit bei der Abdichtung von Feuchtraumwänden (und -böden) wird durch die Verwendung von Fertigelementen erzielt, sofern die eingebauten Türen oder Vorhänge sorgfältig genutzt werden.

Diese vorgefertigten Bauteile bestehen aus fertigen Einheiten oder aus Boden- und Wandelementen, die auf der Baustelle zu fertigen Badeinheiten zusammengesetzt werden.

Hierbei garantieren Flanschverbindungen absolute Wasserdichtigkeit. Die Elemente können entweder nur aus einer Duschzelle oder aus einem kompletten Badezimmer bestehen. Die Einzelelemente bestehen im allgemeinen aus einem Holzkern mit einer Beschichtung aus glasfaserverstärktem Kunststoff oder vollständig aus Kunststoff. Alle Teile werden werkseitig mit gebrauchsfertigen Oberflächen aus Kunstharz hergestellt.

Wegen des hohen Preises ist ihre Verwendung sicher auf Ausnahmen beschränkt.

4.3 Problempunkt: Mangelnde Dichtigkeit von Feuchtraumwänden

4.3.1 Übersicht über Lösungsmöglichkeiten

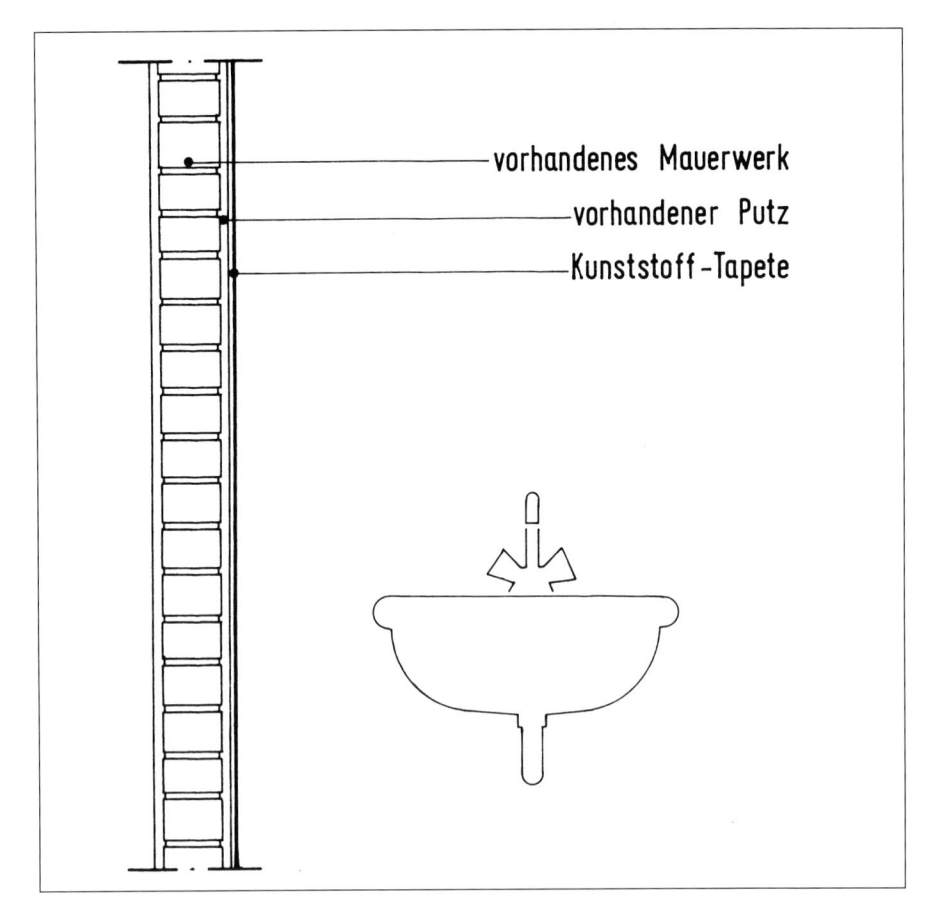

Diagramm 1: Wandaufbau mit
- vorhandenes Mauerwerk
- vorhandener Putz
- Kunststoff-Tapete

Aufbringen einer Kunststofftapete	
Baukosten	20,- DM/m²
Folgekosten	Keine
Lebensdauer	5 Jahre
Einbauzeiten	0,20 Std./m²
Trocknungs-/ Wartezeiten	Keine
Dichtigkeit	Gering
Begleitende erforderliche Maßnahmen	Keine
Anmerkungen	Geeignet zum Beispiel für Gäste-WC

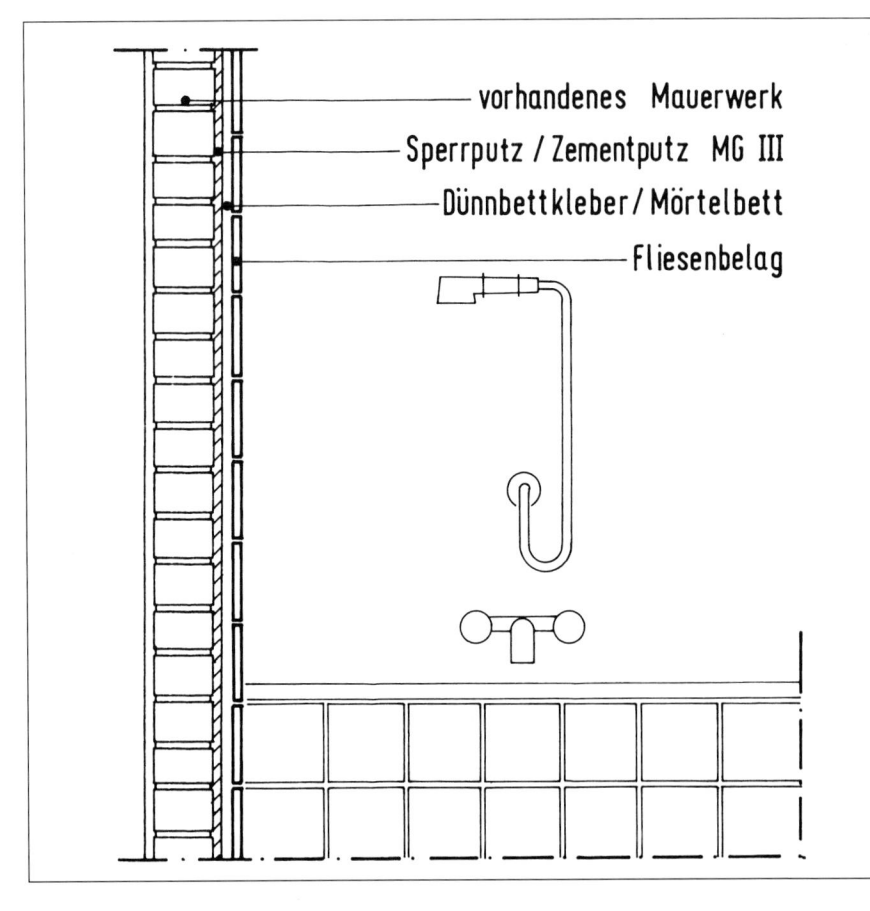

Diagramm 2: Wandaufbau mit
- vorhandenes Mauerwerk
- Sperrputz / Zementputz MG III
- Dünnbettkleber / Mörtelbett
- Fliesenbelag

Aufbringen eines Sperrputzes	
Baukosten	50,- DM/m²
Folgekosten	Ca. 130,- DM/m² für Fliesenbelag
Lebensdauer	40 Jahre
Einbauzeiten	0,60 Std./m²
Trocknungs-/ Wartezeiten	2 Tage
Dichtigkeit	Gut, aber rißgefährdet
Begleitende erforderliche Maßnahmen	Fliesenbelag
Anmerkungen	Rohrdurchführungen müssen zusätzlich gedichtet werden

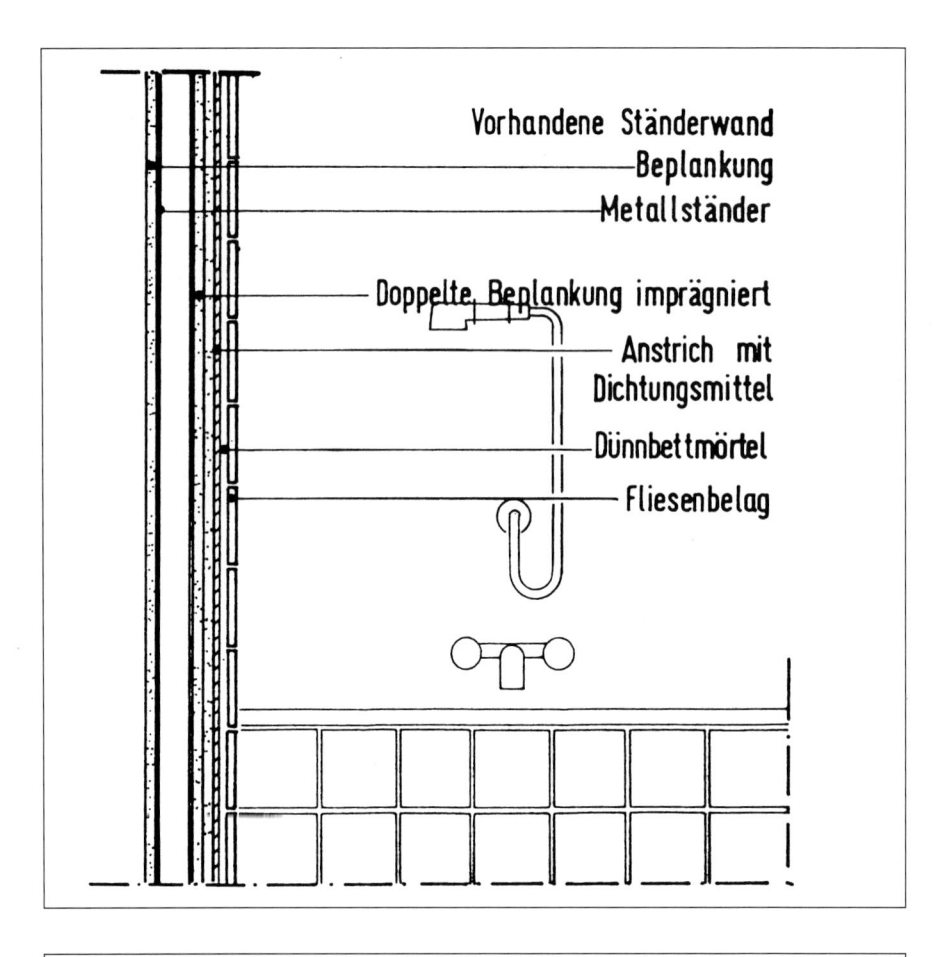

Diagram 1 labels

Vorhandene Ständerwand
- Beplankung
- Metallständer
- Doppelte Beplankung imprägniert
- Anstrich mit Dichtungsmittel
- Dünnbettmörtel
- Fliesenbelag

Aufbringen eines Dichtungsanstriches	
Baukosten	30,- DM/m²
Folgekosten	Ca. 130,- DM/m² für Fliesenbelag
Lebensdauer	25 bis 30 Jahre, noch keine Langzeit-Erfahrungswerte
Einbauzeiten	3 x 0,10 Std./m²
Trocknungs-/ Wartezeiten	3 x 12 Std.
Dichtigkeit	Gut, aber rißgefährdet
Begleitende erforderliche Maßnahmen	Fliesenbelag
Anmerkungen	Rohrdurchführungen müssen zusätzlich gedichtet werden

Diagram 2 labels

Vorhandene Ständerwand
- Beplankung
- Metallständer
- Doppelte Beplankung imprägniert
- Spachtelung z.B. mit hochvergütetem Dünnbettmörtel
- Dünnbettmörtel
- Fliesenbelag

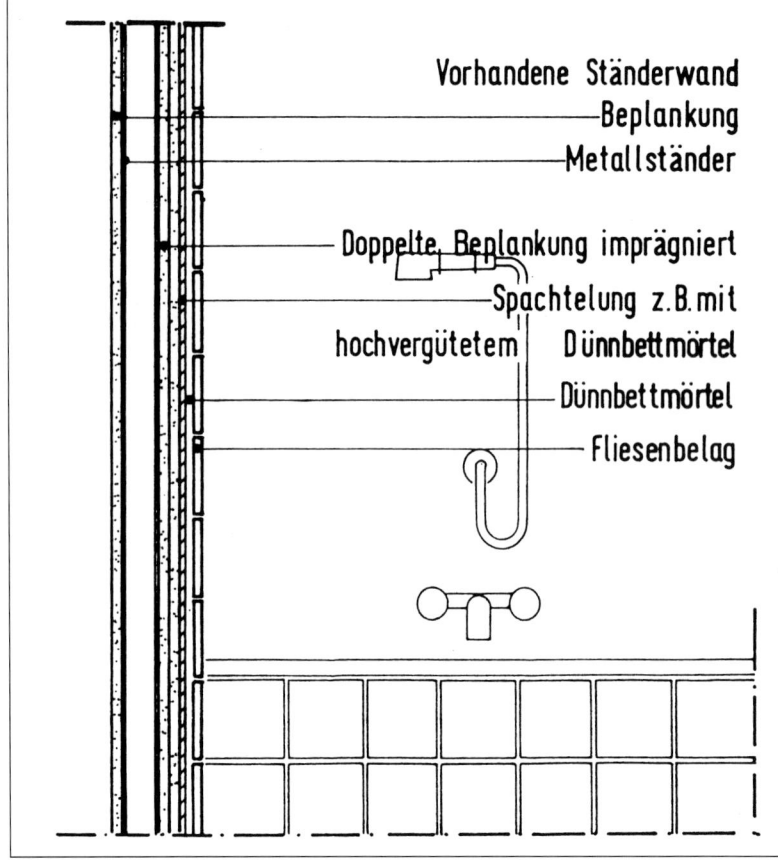

Aufbringen einer Spachtelung	
Baukosten	55,- DM/m²
Folgekosten	Ca. 130,- DM/m² für Fliesenbelag
Lebensdauer	25 bis 30 Jahre, noch keine Langzeit-Erfahrungswerte
Einbauzeiten	0,20 Std./m²
Trocknungs-/ Wartezeiten	12 Std.
Dichtigkeit	Gut, aber etwas rißgefährdet
Begleitende erforderliche Maßnahmen	Fliesenbelag
Anmerkungen	Rohrdurchführungen müssen zusätzlich gedichtet werden

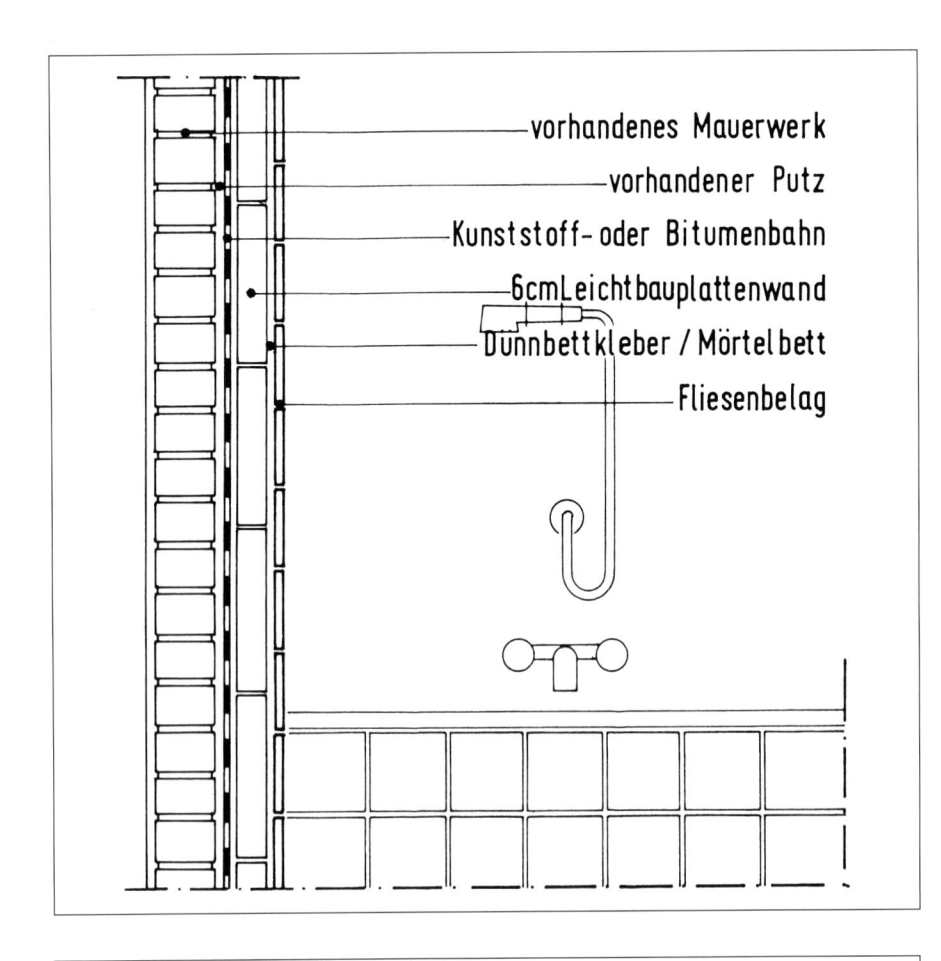

4.3 Problempunkt: Mangelnde Dichtigkeit von Feuchtraumwänden

- vorhandenes Mauerwerk
- vorhandener Putz
- Kunststoff- oder Bitumenbahn
- 6cm Leichtbauplattenwand
- Dünnbettkleber / Mörtelbett
- Fliesenbelag

Aufbringen einer Dichtungsbahn	
Baukosten	140,- DM/m² (inkl. Vorsatzschale)
Folgekosten	Ca. 130,- DM/m² für Fliesenbelag
Lebensdauer	40 Jahre
Einbauzeiten	1,0 + 1,0 Std./m²
Trocknungs-/ Wartezeiten	2 bis 3 Tage
Dichtigkeit	Sehr gut
Begleitende erforderliche Maßnahmen	Einbau Vormauerschale, Fliesenbelag
Anmerkungen	Rohrdurchführungen müssen zusätzlich gedichtet werden

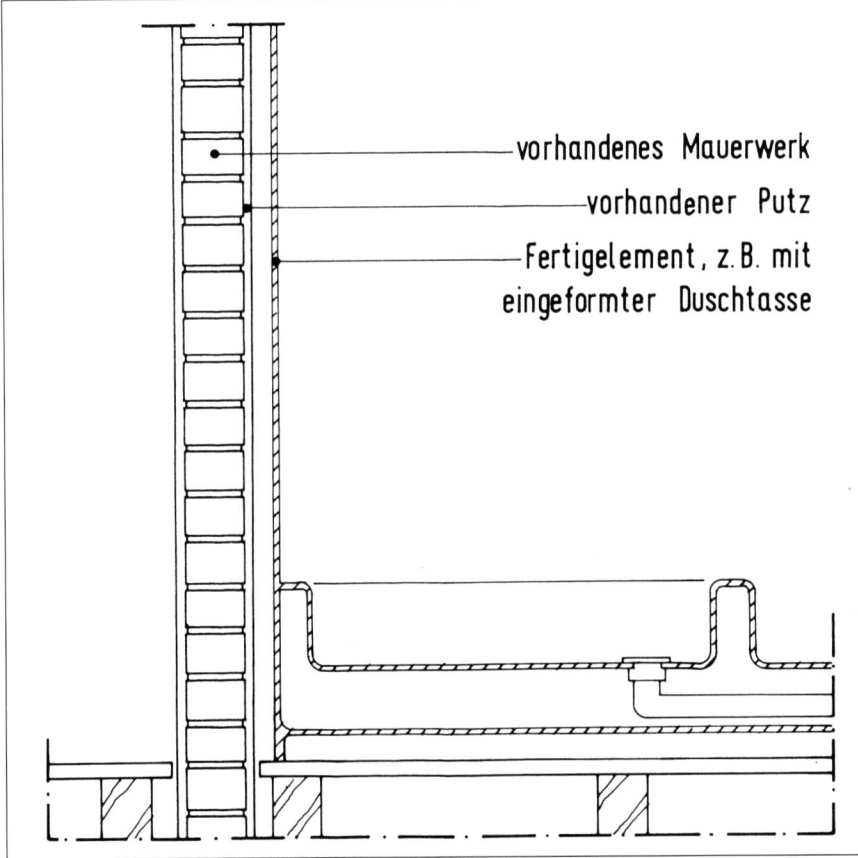

- vorhandenes Mauerwerk
- vorhandener Putz
- Fertigelement, z.B. mit eingeformter Duschtasse

Einbau von Fertigbadelementen	
Baukosten	2.900,- DM/ Dusche
Folgekosten	Keine
Lebensdauer	25 bis 30 Jahre
Einbauzeiten	6 bis 8 Std./ Dusche
Trocknungs-/ Wartezeiten	1 Tag
Dichtigkeit	Sehr gut
Begleitende erforderliche Maßnahmen	Keine

4.3.2 Abdichtung von Feuchtraumwänden durch Spachtelung mit Dünnbettmörtel – Erläuterung

Von den verschiedenen Verfahren zur Abdichtung von Feuchtraumwänden eignet sich die Spachtelung mit Dünnbettmörtel aus bestimmten Gründen besonders gut:

1. Das Abdichtungsmaterial ist für die Fliesenverlegung ohnehin vorhanden.
2. Die Abdichtung kann in einem Arbeitsgang aufgebracht werden.
3. Das Abdichtungsmaterial besitzt (in Grenzen) rißüberbrückende Eigenschaften.

Für die Dünnbettverlegung von Fliesen stehen verschiedene Mörtel beziehungsweise Kleber zur Verfügung, die sich bei wasserbeanspruchten Bereichen als Dichtungsspachtel unterschiedlich gut eignen:

Mineralische Mörtel auf Zementbasis, als Mörtel, die durch Hydratation erhärten (Pulverkleber), eignen sich besonders gut. Kunstharze, die dem Mörtel beim Anrühren auf der Baustelle zugesetzt werden müssen, erhöhen die Klebkraft, die Elastizität und die Wasserdichtigkeit.

Kunstharzdispersionskleber sind hochelastische Kleber für Untergründe, die (noch) geringe Bewegungen aufweisen. Die Kleber haben sehr gute rißüberbrückende Eigenschaften. Sie sind jedoch nicht dauerhaft wasserbeständig. Dispersionskleber erhärten durch Trocknung, ihre Verwendung bei Steinzeugfliesen oder bei wasserdichten Untergründen ist deshalb nicht empfehlenswert.

Für besondere Anwendungsfälle stehen *Zweikomponenten-Kunstharzkleber* zur Verfügung. Diese Kleber sind dauerhaft wasserbeständig und beständig gegen viele aggressive Medien. Wegen ihres hohen Preises bleiben sie Sonderanwendungen vorbehalten. Auf wasserempfindlichen Untergründen (zum Beispiel Spanplatten) sind sie jedoch unabdingbar, wobei die Verlegung von Fliesen auf Spanplatten grundsätzlich nicht empfohlen werden kann.

Spachtelungen aus Dünnbettmörtel oder -kleber sind zur Erzielung einer ausreichenden Wasserdichtigkeit mindestens 3,0 mm dick aufzutragen. Voraussetzung sind ebene und glatte Untergründe (zum Beispiel Gipskarton- oder Gipsfaserplatten oder gespachtelte Plattenwände). Sind keine ausreichend glatten Untergründe vorhanden, ist zuvor eine Ausgleichsspachtelung erforderlich.

Zur Verbesserung der Rißsicherheit können Glasseidengewebe in die Spachtelung eingebettet werden. Empfehlenswert ist dies bei Spachtelung über Untergründen aus verschiedenen Materialien (Mauerwerk neben Gipskarton).

Raumecken sind zusätzlich mit Dichtungsbändern abzudichten. Vor dem Spachtelauftrag werden die Dichtungsbänder in den Raumecken aufgeklebt und anschließend überspachtelt. Die Dichtungsbänder sind so beschaffen, daß der entsprechende Kleber beziehungsweise Dünnbettmörtel besonders gut auf ihnen haftet. Es dürfen deshalb nur die vom jeweiligen Mörtel- beziehungsweise Klebstoffhersteller empfohlenen Dichtungsbänder benutzt werden (siehe hierzu Abschnitt 8.2).

Die Dichtungsfähigkeit der Bänder sollte im Übergang zwischen Wand und Boden nicht überschätzt werden. Für die Abdichtung zu massiven (Beton-) Decken ist das Dichtungsband sicher gut geeignet, aber dauerhafte Bewegungen oder Senkungen eines (Holz-)Fußbodens werden die Dichtungsbänder ohne besondere Maßnahmen nicht schadlos überstehen. Hier sind andere Abdichtungen (zum Beispiel Bitumen- oder Kunststoffdichtungsbahnen) vorzusehen.

4.3.3 Abdichtung von Feuchtraumwänden durch Spachtelung mit Dünnbettmörtel – Details

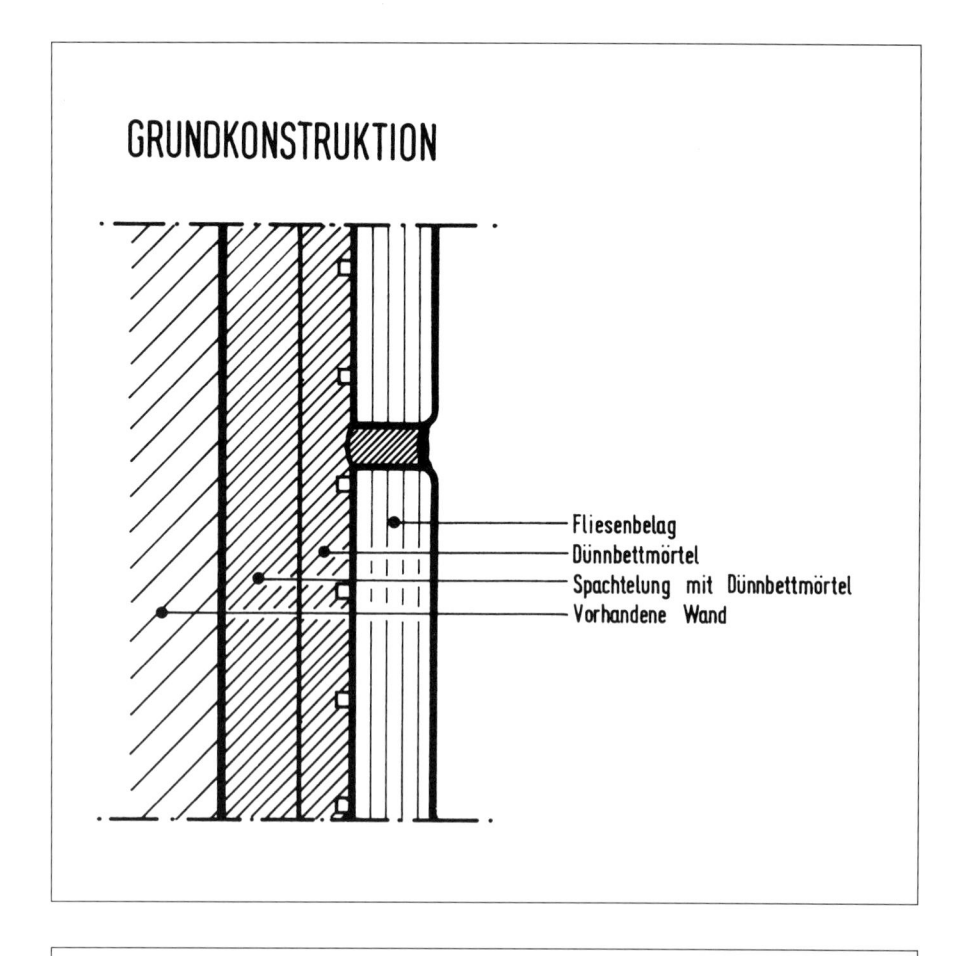

GRUNDKONSTRUKTION

- Fliesenbelag
- Dünnbettmörtel
- Spachtelung mit Dünnbettmörtel
- Vorhandene Wand

Grundkonstruktion

– Aufbringen des vergüteten Dünnbettmörtels als Spachtelung auf den glatten tragfähigen Untergrund

– Dicke der Spachtelung mindestens 3,0 mm

– Nach Trocknung der Spachtelung Verlegen der Fliesen im Dünnbettmörtel

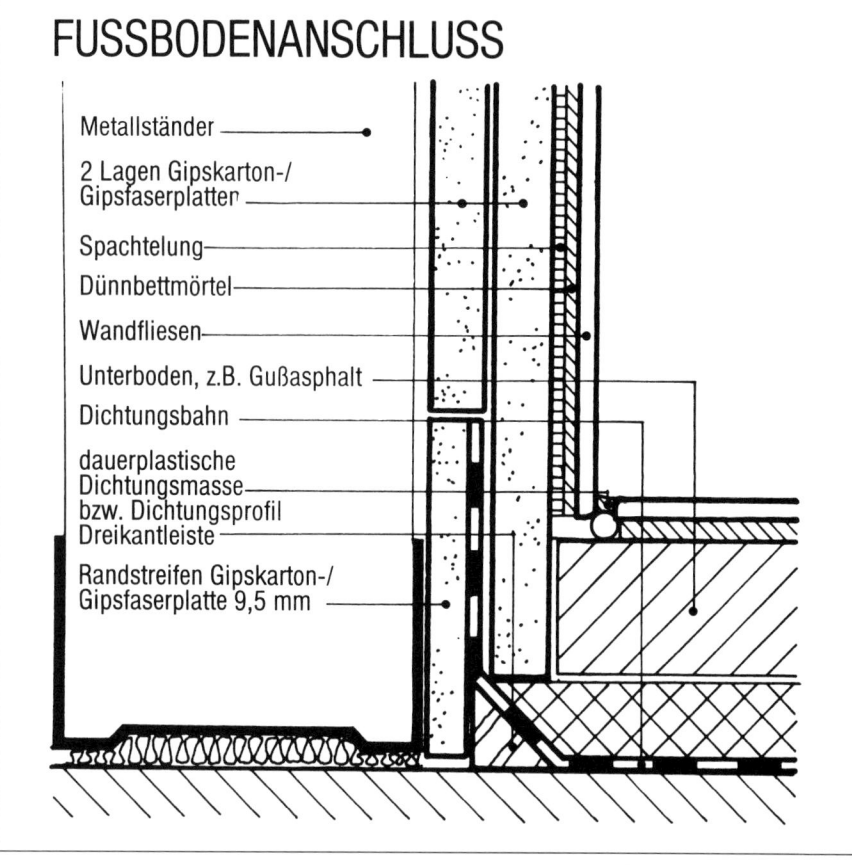

FUSSBODENANSCHLUSS

- Metallständer
- 2 Lagen Gipskarton-/Gipsfaserplatten
- Spachtelung
- Dünnbettmörtel
- Wandfliesen
- Unterboden, z.B. Gußasphalt
- Dichtungsbahn
- dauerplastische Dichtungsmasse bzw. Dichtungsprofil
- Dreikantleiste
- Randstreifen Gipskarton-/Gipsfaserplatte 9,5 mm

Fußbodenanschluß

– Montage eines Gipsplattenstreifens am Ständerwerk

– Aufkanten der Fußbodenabdichtung bis über OKF

– Montage der übrigen Gipskarton-/Gipsfaserplatten

– Aufbringen der Spachtelung

– Aufbringen des Fliesenbelages

– Dauerplastische Abdichtung der Bodenfuge

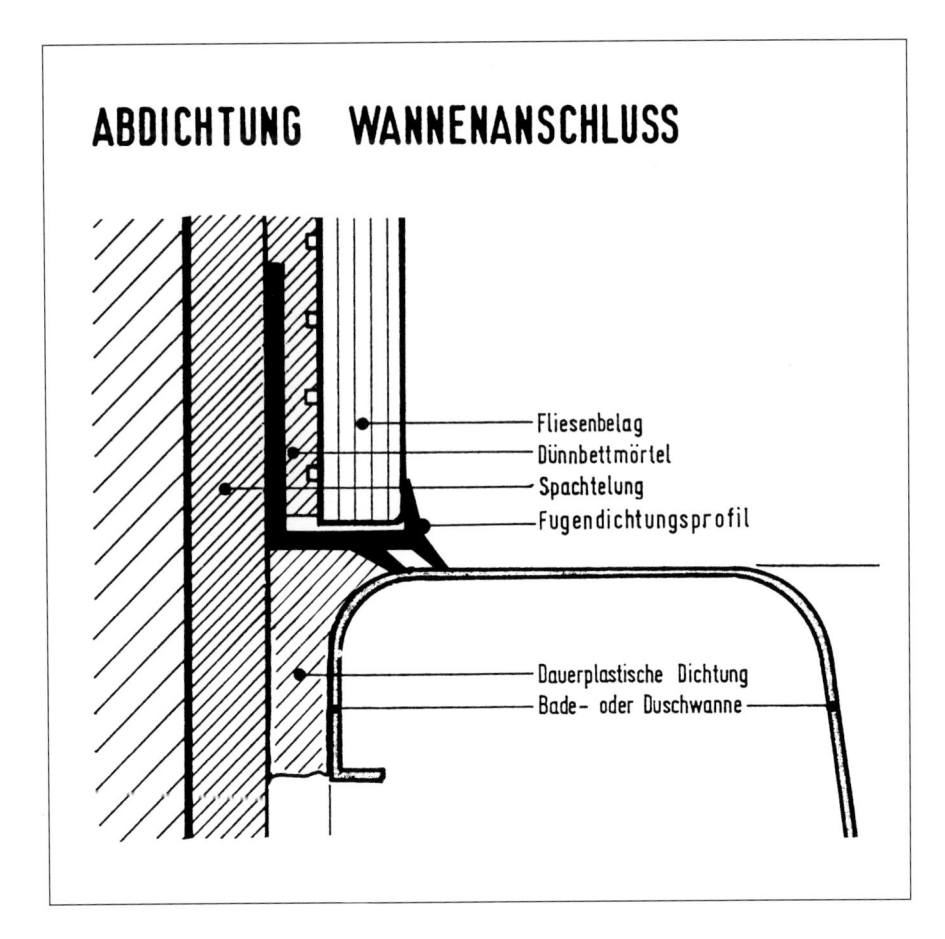

ABDICHTUNG WANNENANSCHLUSS

- Fliesenbelag
- Dünnbettmörtel
- Spachtelung
- Fugendichtungsprofil
- Dauerplastische Dichtung
- Bade- oder Duschwanne

Abdichtung Wannenanschluß

Die Bade- oder Duschwanne ist zweifach im Wandanschluß zu dichten:

- Bei Montage der Wanne ist der Wandanschluß gegen die Sperrschicht der Wand abzudichten (Dichtungsmittel vor der Montage anbringen).

- Im Zusammenhang mit der Fliesenverlegung empfiehlt sich die Abdichtung mit einem Dichtungsprofil. Das Profil wird in den Klebemörtel eingelegt. Es ersetzt die auffällige Abdichtung durch örtlich eingebrachte Dichtungsmassen.

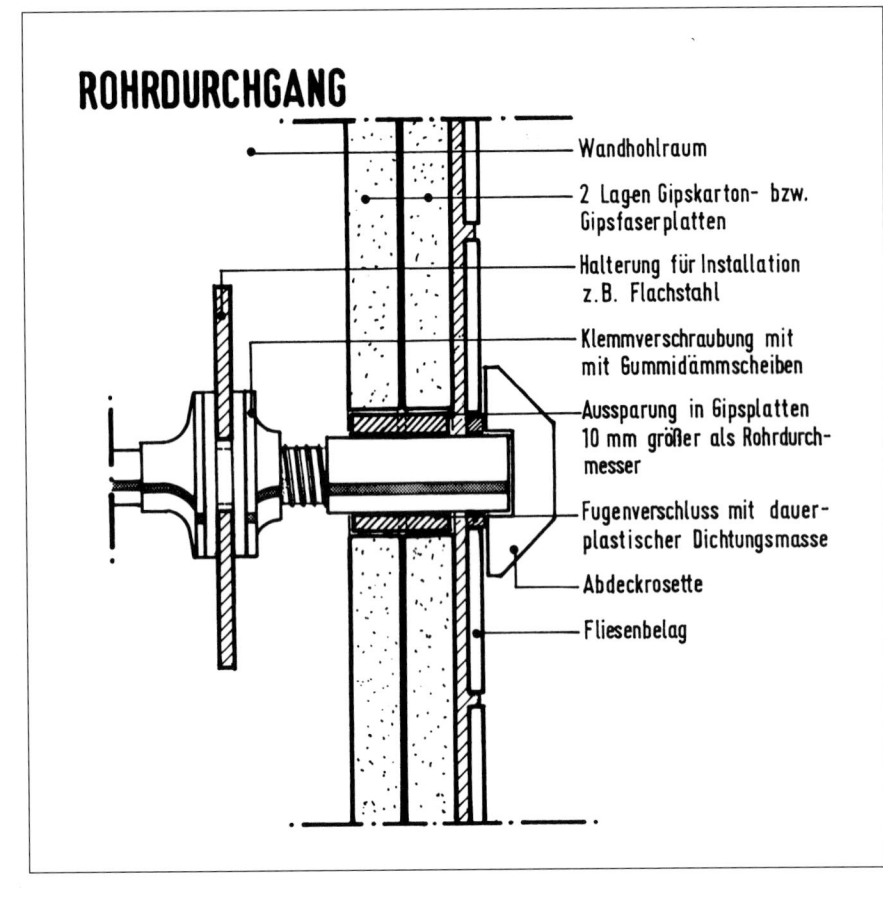

ROHRDURCHGANG

- Wandhohlraum
- 2 Lagen Gipskarton- bzw. Gipsfaserplatten
- Halterung für Installation z.B. Flachstahl
- Klemmverschraubung mit mit Gummidämmscheiben
- Aussparung in Gipsplatten 10 mm größer als Rohrdurchmesser
- Fugenverschluss mit dauerplastischer Dichtungsmasse
- Abdeckrosette
- Fliesenbelag

Rohrdurchgang

- Fixierung des Rohraustrittes über Halterung (zum Beispiel aus Flachstahl) am Ständerwerk

- Aussparung in Gipskarton-/Gipsfaserplatte 10,0 mm größer herstellen als Rohraußendurchmesser

- Herstellen der Spachtelung als Wassersperrschicht

- Abdichten des Rohres gegen die Gipskarton-/Gipsfaserplatte mit dauerplastischer Dichtungsmasse

4.3.4 Vergleichende Beurteilung

	Kunststofftapete	Sperrputz	Dichtungsanstrich	Spachtelung	Dichtungsbahn	Fertigbadelement
Baukosten	20,- DM/m²	50,- DM/m²	30,- DM/m²	55,- DM/m² .	140,- DM/m² (inkl. Vorsatzschale)	2.900,- DM/ Dusche
Folgekosten	keine	Ca. 130,- DM/m² für Fliesenbelag	Ca. 130,- DM/m² für Fliesenbelag	Ca. 130,- DM/m² für Fliesenbelag	Ca. 130,- DM/m² für Fliesenbelag	Keine
Lebensdauer	5 Jahre	40 Jahre	25 bis 30 Jahre, noch keine Langzeit-Erfahrungswerte	25 bis 30 Jahre, noch keine Langzeit-Erfahrungswerte	40 Jahre	25 bis 30 Jahre
Einbauzeiten	0,20 Std./m²	0,60 Std./m²	3 x 0,10 Std./m²	0,2 Std./m²	1,0 + 1,0 Std./m²	6 bis 8 Std./ Dusche
Trocknungs-/ Wartezeiten	Keine	2 Tage	3 x 12 Std.	12 Std.	2 bis 3 Tage	1 Tag
Dichtigkeit	Gering	Gut, aber rißgefährdet	Gut, aber rißgefährdet	Gut, aber rißgefährdet	Sehr gut	Sehr gut
Begleitende erforderliche Maßnahmen	Keine	Fliesenbelag	Fliesenbelag	Fliesenbelag	Einbau Vormauerschale, Fliesenbelag	Keine
Anmerkungen	Geeignet zum Beispiel für Gäste-WC	Rohrdurchführungen müssen zusätzlich gedichtet werden	Rohrdurchführungen müssen zusätzlich gedichtet werden	Rohrdurchführungen müssen zusätzlich gedichtet werden	Rohrdurchführungen müssen zusätzlich gedichtet werden	–

5 Decken

5.1 Problempunkt: Fäulnisbefall in Balkenköpfen

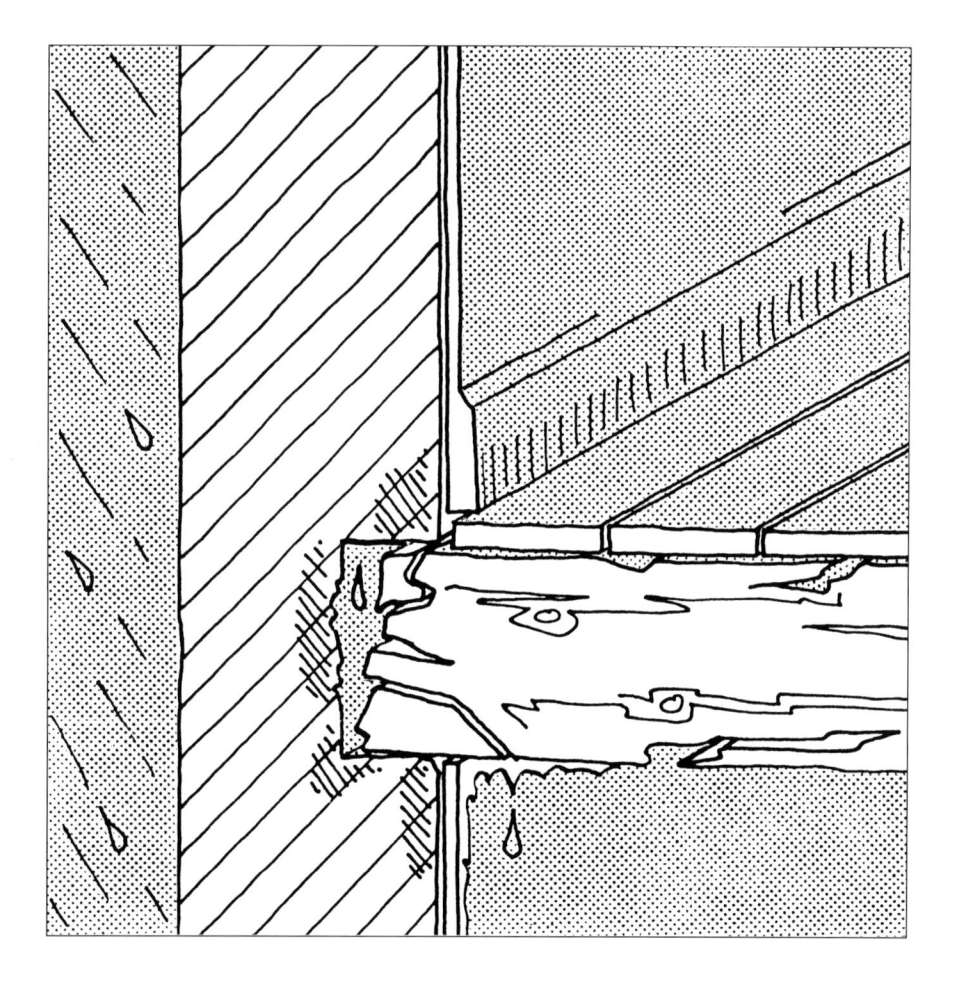

Kaum ein Altbau mit Holzbalkendecken wird völlig ohne Schäden an tragenden Deckenbalken sein. Im allgemeinen wurden die tragenden Holzteile zum Zeitpunkt des Einbaus nicht oder nur gering gegen den Befall durch Holzschädlinge geschützt. Bisweilen wurden die Balkenköpfe im offenen Feuer geschwärzt, so daß sich eine Schutzschicht aus verkohltem Holz bildete. Manche Baumeister fertigten die Auflager der Balkenköpfe in der Weise, daß die Holzbalken keinen direkten Kontakt zum möglicherweise durchfeuchteten Mauerwerk hatten. Schon frühzeitig hatte man den Auflagerbereich als einen der Schadensschwerpunkte erkannt.

Eingebaute Hölzer können von Pilzen oder Insekten befallen werden. Häufige Schädlinge aus der Gruppe der Insekten sind der sogenannte »Holzwurm«, genauer: Gemeiner Nagekäfer (Anobium punctatum) und der Hausbock. Der Hausbock zählt zu den gefährlichsten Schadinsekten, sein Vorkommen ist meldepflichtig.

Der Befall durch Schadinsekten ist, vor allem bei trockenem Holz, meist geringer als zunächst angenommen, oft ist zuvor ein Aufschluß des Holzes durch Fäulnispilze erforderlich. Viel häufiger ist bei Deckenbalken der Befall durch Pilze. Häufigste Schädlingsarten sind Braun- oder Weißfäulepilze oder der Echte Hausschwamm.

Sowohl Fäulnispilze als auch Schwämme benötigen zu ihrer Entstehung einen überdurchschnittlichen Feuchtegehalt des Holzes von mehr als 18 %. Dies ist bei normalen Innenraumverhältnissen nicht der Fall. Zu Schäden kommt es deshalb fast ausschließlich in Bereichen erhöhter Feuchtezufuhr, zum Beispiel bei Holzdecken über Kellergeschossen (deshalb hier vorzugsweise Gewölbe oder Kappendecken), im Auflagerbereich von durchfeuchteten Außenwänden (Wetterseiten) oder in Bereichen mit Sanitärgegenständen (undichte WC- oder Waschbeckenabläufe, undichte Duscheinrichtungen). In allen Bereichen, in denen das Holz ständiger Durchfeuchtung ausgesetzt wird, ist der Befall durch Fäulnispilze oder Schwämme unvermeidlich.

Hierbei ist der Echte Hausschwamm der gefährlichste Holzschädling, der nur zu seiner Entstehung eine überdurchschnittliche Holzfeuchte benötigt. Haben sich einmal Fruchtkörper gebildet, wird die zum Wachstum erforderliche Feuchte über meterlange Myzelstränge aus durchfeuchteten Bereichen herantransportiert.

Anobienbefall in einem Fußboden

Befall durch Hausbock an einem Dachstuhl

Der Echte Hausschwamm

Der Befall durch den Echten Hausschwamm ist meldepflichtig. Seine Bekämpfung muß besonders sorgfältig erfolgen, befallene Holzteile müssen einen Meter weit über die eigentliche Befallstelle hinaus entfernt und verbrannt werden. Eine chemische Behandlung umgebender Bereiche ist unerläßlich. Die Lagerung des ausgebauten und befallenen Holzes auf der Baustelle ist unbedingt zu vermeiden, weil hierdurch neue Schadensherde geschaffen werden können.

Im WTA-Merkblatt 11-2-91 »Der Echte Hausschwamm – Erkennung, Lebensbedingungen, vorbeugende und bekämpfende Maßnahmen, Leistungsverzeichnis« wird sehr umfassend auf die Problematik und auf Lösungsmöglichkeiten eingegangen.

Zur Untersuchung auf Befall durch Holzschädlinge sind die Deckenkonstruktionen an allen gefährdeten Stellen zu öffnen.

Das heißt: grundsätzlich Aufnehmen des Dielenbelages an den Außenwänden, in WC-Bereichen und um Abflußrohre herum.

Muß man bereits vor Beginn der Bauarbeiten den Zustand der Balken untersuchen, oder, läßt der Oberboden (wertvolles Parkett) ein Öffnen des Belages nicht zu, so sind die Untersuchungen mit Hilfe der Endoskopie durchzuführen. Bei dieser Untersuchungsmethode bleibt der Oberboden weitgehend unversehrt – unvermeidliche Bohrlöcher werden nach Abschluß der Arbeiten wieder mit Dübeln verschlossen.

Nach Analyse von Schädigungen wird man die Reparatur schadhafter Holzbalken so ausführen, daß die Beschädigung angrenzender Bauteile möglichst gering gehalten wird. Besonders wichtig sind schonende Renovierungsweisen, wenn alte Stuckdecken erhalten werden müssen.

Folgende Verfahren zur Restaurierung schadhafter Holzbalken oder Balkenköpfe stehen zur Verfügung:

- Anlaschen von Holzbohlen
- Einbau von Stahlschuhen
- Einbau von Wechseln
- Reparatur durch Kunstharzprothese.

Die Auswahl des geeigneten Verfahrens hängt ab vom Umfang der vorgefundenen Schädigung, von der Notwendigkeit, angrenzende Bereiche zu schützen, und von den Auflagerbedingungen in der vorhandenen Wand. (Bei ständig durchfeuchteten Mauern wird man zum Beispiel sinnvollerweise korrosionsgeschützte Stahlschuhe einbauen.)

Neben der Holzsanierung sind flankierende Maßnahmen zur Reduzierung der Feuchtebelastung äußerst wichtig, um erneute Schädigungen des Holzes zu vermeiden.

Flankierende Maßnahmen sind insbesondere die Trockenlegung oder Abdichtung durchfeuchteter Wandbereiche und die Abdichtung defekter Abflußrohre.

Im folgenden sind alle wichtigen Verfahren in einer Übersicht dargestellt.

Durch Fäulnisbefall völlig zerstörter Holzbalken

Hausschwammbefall an einem Holzbalken

Reparatur der Balkenköpfe durch angelaschte Bohlen

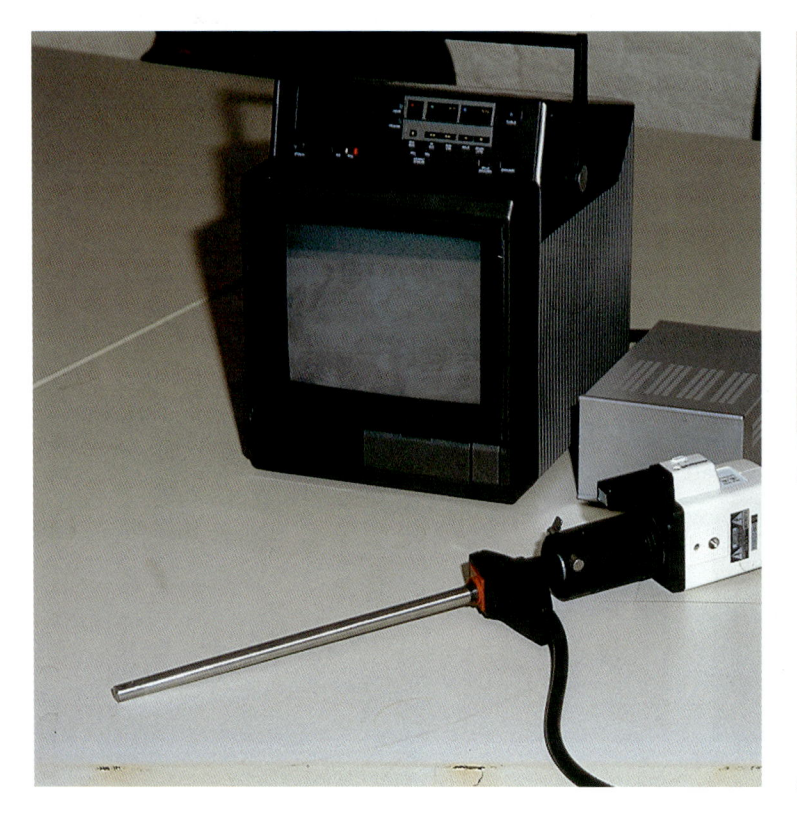

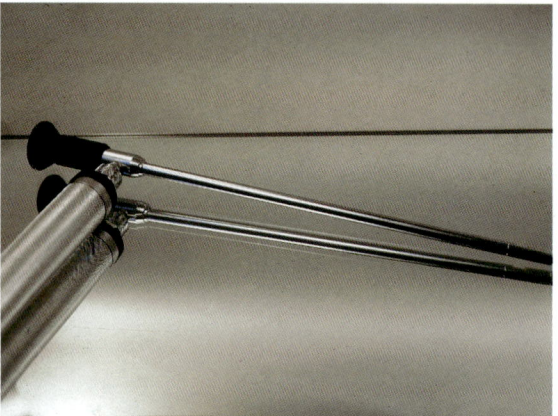

Kleines, batteriebetriebenes Endoskop

Endoskop zur Untersuchung von Deckenhohlräumen

5.1 Problempunkt: Fäulnisbefall in Balkenköpfen

5.1.1 Übersicht über Lösungsmöglichkeiten

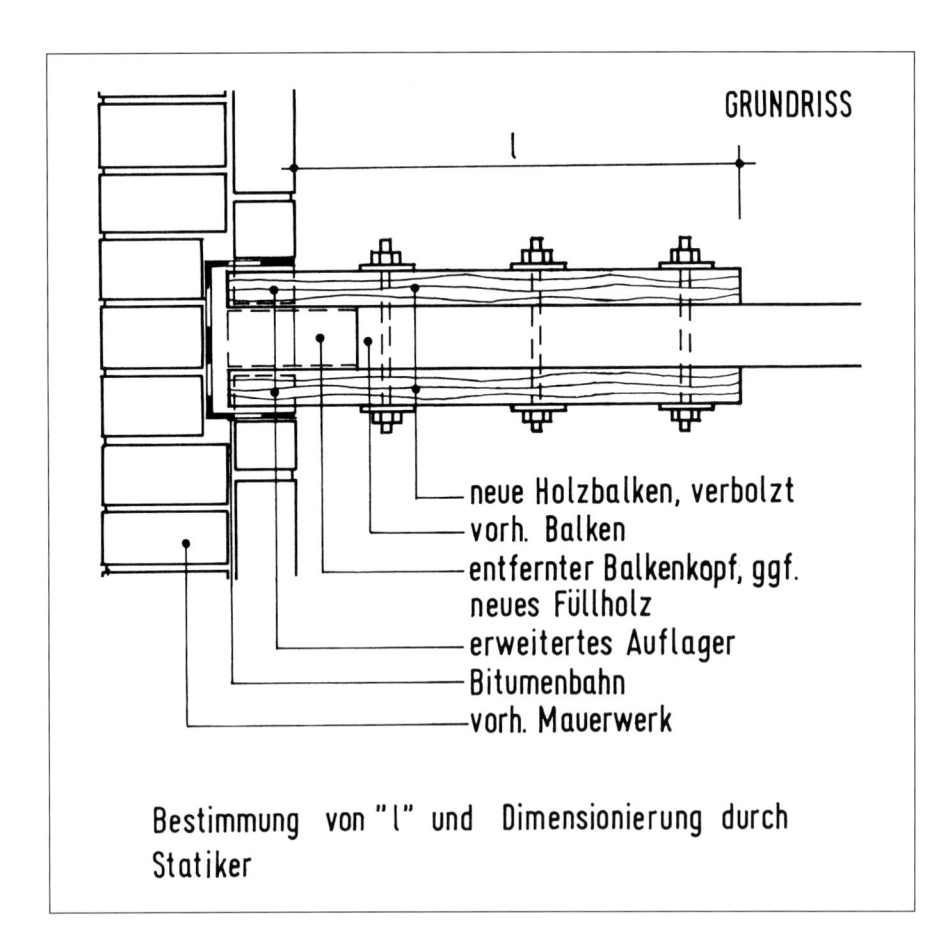

GRUNDRISS

- neue Holzbalken, verbolzt
- vorh. Balken
- entfernter Balkenkopf, ggf. neues Füllholz
- erweitertes Auflager
- Bitumenbahn
- vorh. Mauerwerk

Bestimmung von "l" und Dimensionierung durch Statiker

Anlaschen von Bohlen	
Baukosten	400,– bis 700,– DM einschl. Beiarbeiten
Verhalten bei Feuchtebelastung	Gefährdet
Begleitende erforderliche Maßnahmen	Fußboden beiarbeiten
Gestaltung	Nicht geeignet für sichtbare Konstruktionen
Einbauzeiten	1/2 Tag
Trocknungs-/ Wartezeiten	Keine
Anmerkungen	Neue Konstruktion erschütterungsfrei einbauen. Nicht nageln, sondern verschrauben

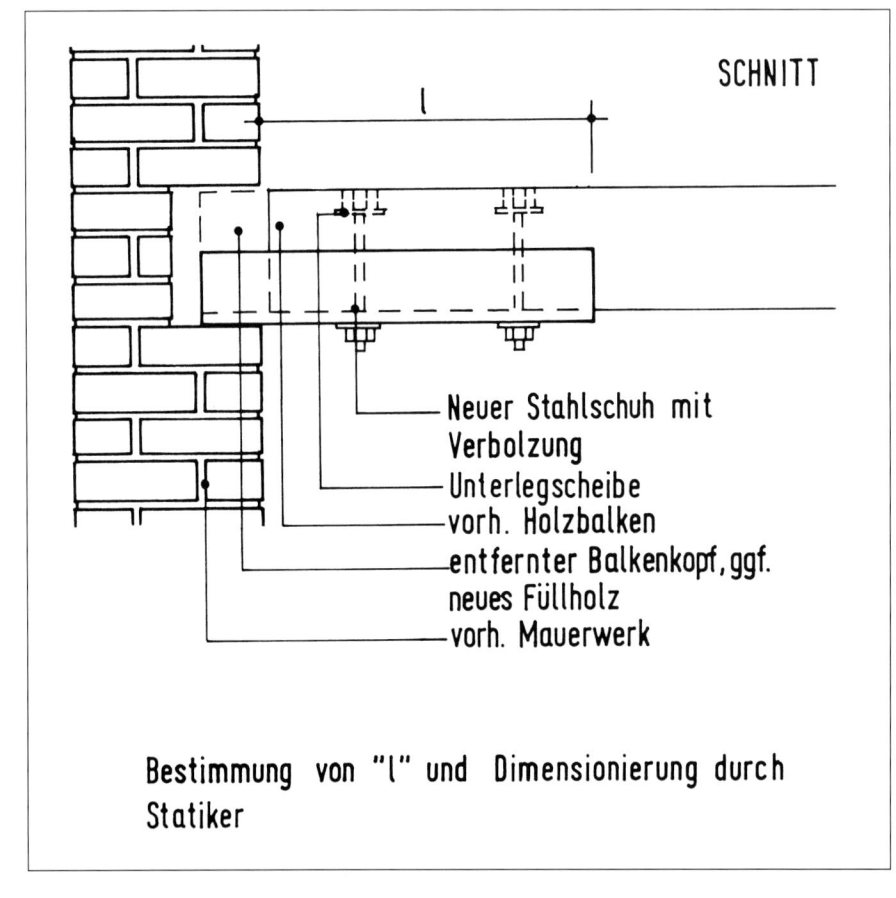

SCHNITT

- Neuer Stahlschuh mit Verbolzung
- Unterlegscheibe
- vorh. Holzbalken
- entfernter Balkenkopf, ggf. neues Füllholz
- vorh. Mauerwerk

Bestimmung von "l" und Dimensionierung durch Statiker

Einbau von Stahlschuhen	
Baukosten	400,– bis 700,– DM einschl. Beiarbeiten
Verhalten bei Feuchtebelastung	Nicht Gefährdet
Begleitende erforderliche Maßnahmen	Ggf. Erneuerung des Deckenputzes, Fußboden beiarbeiten
Gestaltung	Bedingt geeignet für sichtbare Konstruktionen
Einbauzeiten	1/2 Tag (ohne Putzerneuerung)
Trocknungs-/ Wartezeiten	Keine
Anmerkungen	Neue Konstruktion erschütterungsfrei einbauen. Nicht nageln, sondern verschrauben. Einfache bewährte Ausführung

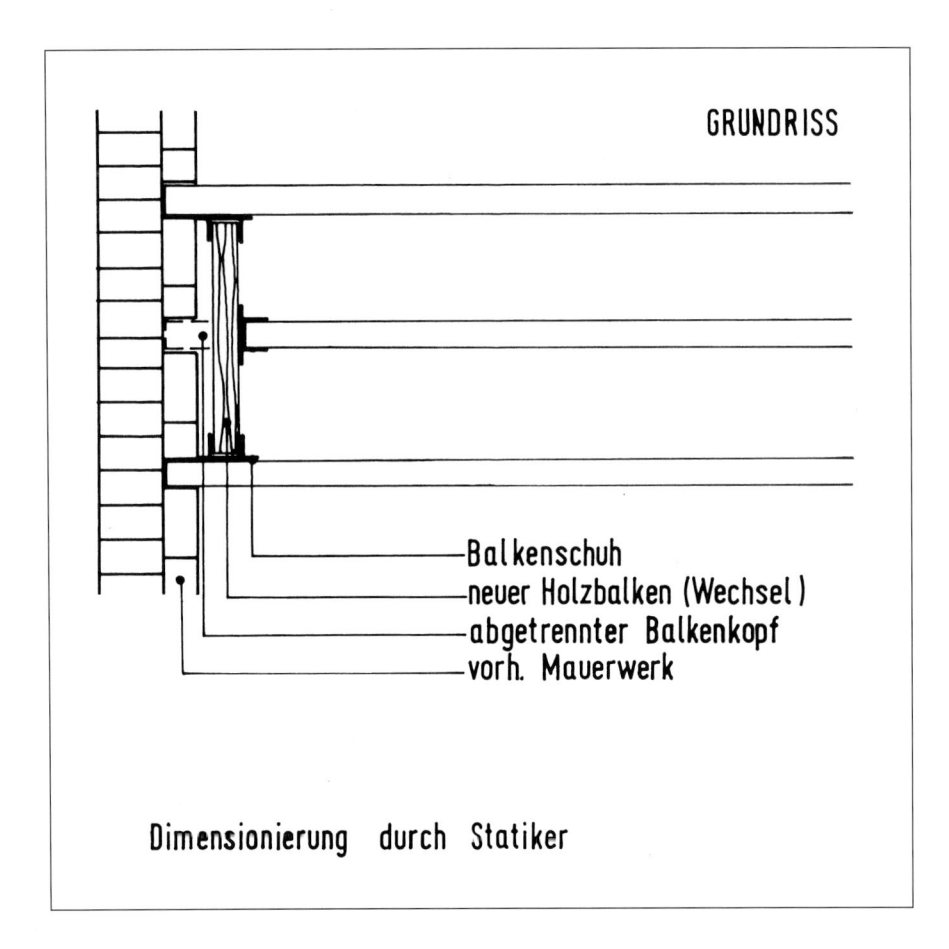

GRUNDRISS

- Balkenschuh
- neuer Holzbalken (Wechsel)
- abgetrennter Balkenkopf
- vorh. Mauerwerk

Dimensionierung durch Statiker

Einbau von Wechseln	
Baukosten	800,- bis 1.000,- DM einschl. Beiarbeiten
Verhalten bei Feuchtebelastung	Nicht gefährdet, aber nebenliegende Tragbalken beachten
Begleitende erforderliche Maßnahmen	Ggf. Erneuerung des Deckenputzes, Fußboden beiarbeiten
Gestaltung	Bedingt geeignet für sichtbare Konstruktionen
Einbauzeiten	1/2 Tag (ohne Putzerneuerung)
Trocknungs-/ Wartezeiten	Keine
Anmerkungen	Neue Konstruktion erschütterungsfrei einbauen. Nicht nageln, sondern verschrauben. Einfache bewährte Ausführung

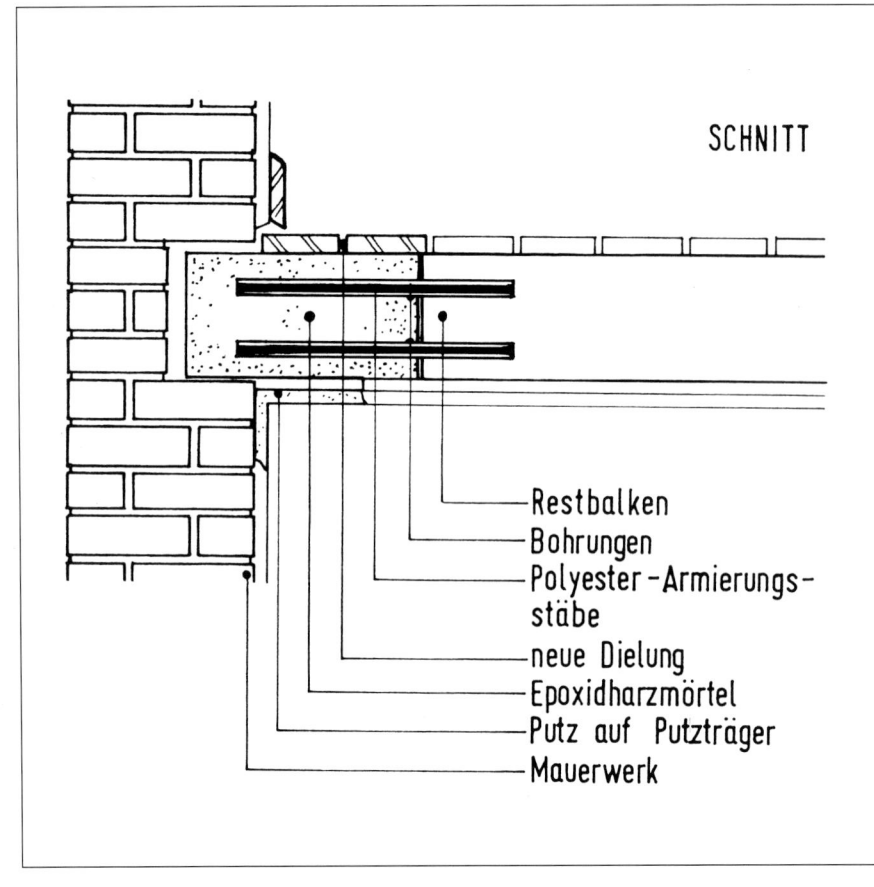

SCHNITT

- Restbalken
- Bohrungen
- Polyester-Armierungsstäbe
- neue Dielung
- Epoxidharzmörtel
- Putz auf Putzträger
- Mauerwerk

Reparatur durch Kunstharzprothese	
Baukosten	800,- bis 1.000,- DM einschl. Beiarbeiten
Verhalten bei Feuchtebelastung	Nicht Gefährdet
Begleitende erforderliche Maßnahmen	Fußboden beiarbeiten
Gestaltung	Sehr gut geeignet für sichtbare Konstruktionen
Einbauzeiten	2 Tage
Trocknungs-/ Wartezeiten	1 Tag

5.1.2 Vergleichende Beurteilung

	Anlaschen von Bohlen	Einbau von Stahlschuhen	Einbau von Wechseln	Reparatur durch Kunstharzprothese
Baukosten	400,- bis 700,- DM einschl. Beiarbeiten	400,- bis 700,- DM einschl. Beiarbeiten	800,- bis 1.000,- DM einschl. Beiarbeiten	800,- bis 1.000,- DM einschl. Beiarbeiten
Verhalten bei Feuchtebelastung	Gefährdet	Nicht gefährdet	Nicht gefährdet, aber nebenliegende Tragbalken beachten	Nicht gefährdet
Begleitende erforderliche Maßnahmen	Fußboden beiarbeiten	Ggf. Erneuerung des Deckenputzes, Fußboden beiarbeiten	Ggf. Erneuerung des Deckenputzes, Fußboden beiarbeiten	Fußboden beiarbeiten
Gestaltung	Nicht geeignet für sichtbare Konstruktionen	Bedingt geeignet für sichtbare Konstruktionen	Bedingt geeignet für sichtbare Konstruktionen	Sehr gut geeignet für sichtbare Konstruktionen
Einbauzeiten	1/2 Tag	1/2 Tag (ohne Putzerneuerung)	1/2 Tag (ohne Putzerneuerung)	2 Tage
Trocknungs-/Wartezeiten	Keine	Keine	Keine	1 Tag
Anmerkungen	Neue Konstruktion erschütterungsfrei einbauen. Nicht nageln, sondern verschrauben. Einfache bewährte Ausführung	Neue Konstruktion erschütterungsfrei einbauen. Nicht nageln, sondern verschrauben. Einfache bewährte Ausführung	Neue Konstruktion erschütterungsfrei einbauen. Nicht nageln, sondern verschrauben.	–

5.2 Problempunkt:
Ungenügender Schallschutz von Decken

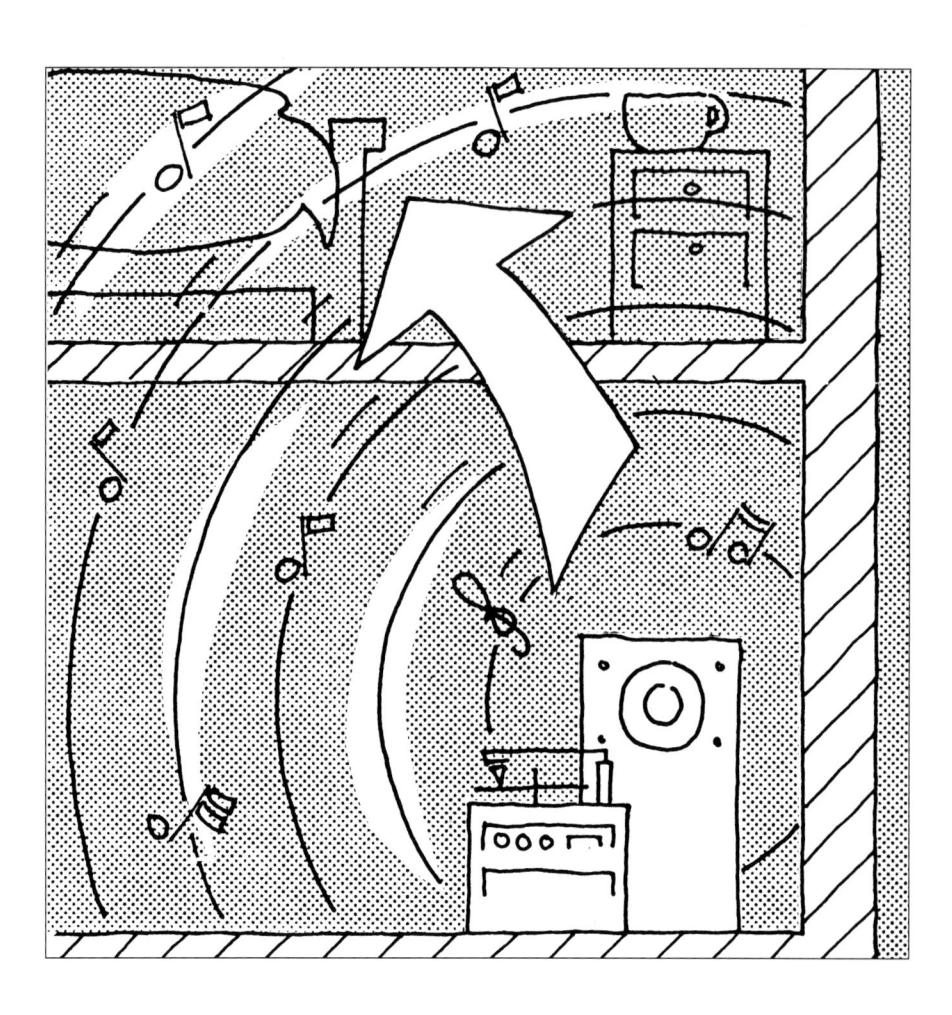

5.2 Problempunkt: Ungenügender Schallschutz von Decken

Spanplatten als neuer Unterboden

Beim nachträglichen Ausbau von Dachgeschossen ist unbedingt der Schallschutz der Decke zu beachten

Bei der Modernisierung alter Häuser trifft man auf sehr unterschiedliche Deckenkonstruktionen. In Gründerzeithäusern und in den Häusern der 20er und 30er Jahre findet man vorwiegend Holzbalkendecken, während die Häuser der 50er Jahren schon zum großen Teil Betondecken, meist mit Verbundestrich, aufweisen.

Trotz unterschiedlicher Konstruktionen ist ihnen eines gemeinsam: Ihre schallschutztechnischen Eigenschaften sowohl für den Luftschallschutz als auch für den Trittschallschutz sind im allgemeinen nicht ausreichend.

Die derzeit gültigen Normen für den Schallschutz sind zwar ohne weiteres auf vorhandene Konstruktionen in Altbauten nicht anwendbar, sie können jedoch als Richtschnur und Vergleich dienen.

Erforderliche Luft- und Trittschalldämmung zum Schutz gegen Schallübertragung aus einem fremden Wohn- oder Arbeitsbereich
(Ausschnitt aus Tabelle 3 in DIN 4109 »Schallschutz im Hochbau«)

Spalte	1	2	3	4
			\multicolumn{2}{c}{Anforderungen}	
Zeile		Bauteile	erf. R'_w dB	erf. $L'_{n,w}$ (erf. TSM) dB
1 Geschoßhäuser mit Wohnungen und Arbeitsräumen				
1	Decken	Decken unter allgemein nutzbaren Dachräumen, z.B. Trockenböden, Abstellräumen und Ihren Zugängen	53	53 (10)
2		Wohnungstrenndecken (auch -treppen) und Decken zwischen fremden Arbeitsräumen bzw. vergleichbaren Nutzungseinheiten	54	53 (10)
3		Decken über Keller, Hausfluren, Treppenräumen unter Aufenthaltsräumen	52	53 (10)
4		Decken über Durchfahrten, Einfahrten von Sammelgaragen und ähnliches unter Aufenthaltsräumen	55	53 (10)

Trittschallschutz

Die nebenstehende Tabelle aus DIN 4109 zeigt die Mindestanforderungen an den Luft- und Trittschallschutz, wie sie für Neubauten heute zu erfüllen wären. Diese Werte werden von den historischen Holzbalkendecken nicht erreicht.

Alte Holzbalkendecken weisen etwa folgende Werte auf:

- bewerteter Norm-Trittschallpegel $L'_{n,w}$ ca. 68 dB
- bewertetes Schalldämm-Maß R'_w ca. 49 dB

Zur Verbesserung des Schallschutzes sind deshalb im Rahmen der Modernisierung geeignete Maßnahmen durchzuführen, die vor allem den Trittschallschutz verbessern. Dies ist zwar gesetzlich nicht vorgeschrieben, wird von den Nutzern jedoch erwartet.

Folgende Möglichkeiten bestehen hierzu:

- Aufbringen weichfedernder Gehbeläge
- Aufbringen schwimmender Unterböden (schwimmender Estrich, schwimmend verlegte Gips- oder Spanplatten)
- Erhöhung des Deckengewichtes
- Einbau von zusätzlichen Unterdecken
- Kombination verschiedener Maßnahmen

Schallschutz verschiedener Holzbalkendecken

lfd. Nr.	Deckenausführung	flächenbezogene Masse [kg/m²]	bewertetes Schalldämm-Maß R'_w*) [dB]	bewerteter Norm-Trittschallpegel $L'_{n,w}$ [dB]
1	alte Holzbalkendecke mit Schlackenfüllung	160	49	66 bis 70
2	Normalausführung (5 cm Sandschüttung); jedoch Putzschale über Leisten befestigt, die ihrerseits über Blechbügel an den Balken angebracht sind	160	54	53
3	unterseitige Verkleidung aus 2 Lagen 12,5 mm Gipskartonplatten G über Federbügel F befestigt; Mineralwolle M im Deckenhohlraum mit Teppichboden (VM = 25 dB)	90	56	55 / 49
4	unterseitige Verkleidung aus Gipskartonplatten G über Federbügel F befestigt; schwimmender Zementestrich Z auf 30/25 mm Mineralfaserplatten D ohne Gehbelag mit Teppichboden (ΔL_w = 25 dB)	185	59	50 / 44
5	unterseitige Verkleidung mit Federbügeln, 25 mm Holzspanplatten H auf 30/25 Mineralfaserplatten D 40 mm Betonplatten B	185	60	37**)

*) R'_w gültig für Holzbauten
**) Ohne Übertragung über Wände

Aus: Gösele/Schüle/Künzel; Schall, Wärme, Feuchte

Das Aufbringen weichfedernder Gehbeläge, zumeist Teppichbeläge, ist sicher die einfachste Art zur Verbesserung der vorhandenen Konstruktion. Dadurch wird jedoch nur eine Verbesserung der Trittschalldämmung und nicht der Luftschalldämmung erreicht. Die Verbesserung auf Holzböden beträgt etwa 10 dB.

Eine ähnliche Verbesserung erhält man durch den Einbau von schwimmenden Estrichen. Die Verbesserung auf Holzbalkendecken ist jedoch nicht so gut wie auf Massivdecken. Die möglichen Verbesserungsmaße betragen 8 dB bis 16 dB.

Entscheidend für die Dämmwirkung ist das Gewicht der zusätzlichen Estrichplatte. Die Steifigkeit der Dämmschicht hat dabei keinen so großen Einfluß auf die Dämmwirkung, so daß auch mit dünnen Dämmschichten gearbeitet werden kann, was bei den notwendigerweise geringen Aufbauhöhen im Altbau von Bedeutung ist.

Trotzdem werden die bauphysikalischen Möglichkeiten ganz stark eingeschränkt durch die statischen und konstruktiven Gegebenheiten. Im allgemeinen verfügen Holzbalkendecken über keine großen Reserven bei der Tragfähigkeit, so daß zusätzliches Gewicht aus Estrichen nur selten aufgenommen werden kann. Des weiteren behindern vorhandene Anschlußpunkte an Türen, Fenstern und Eingängen die Höhe des möglichen Fußbodenaufbaus.

Eine erhebliche Verbesserung der Schalldämmung wird durch eine Beschwerung der Decken erreicht. Hierbei spielt es nur eine untergeordnete Rolle, an welcher Stelle im Deckenaufbau die Beschwerung eingebaut wird. Von größerer Bedeutung ist die Ausbildung der Beschwerung. Kleinteilige, biegeweiche Beschwerungen (z.B. Bürgersteigplatten, Betonsteine, Sandschüttungen oder Ähnliches) verbessern die Schalldämmung einer Decke mehr als durchgehende Beton- oder Estrichscheiben.

Mit dem Einbau zusätzlicher Unterdecken kann die Schallabstrahlung über die Deckenunterseite ganz erheblich reduziert werden. Hierbei sind jedoch eine Reihe von Details zu beachten, die im nächsten Abschnitt eingehender beschrieben werden.

5.2 Problempunkt: Ungenügender Schallschutz von Decken

5.2.1 Übersicht über Lösungsmöglichkeiten

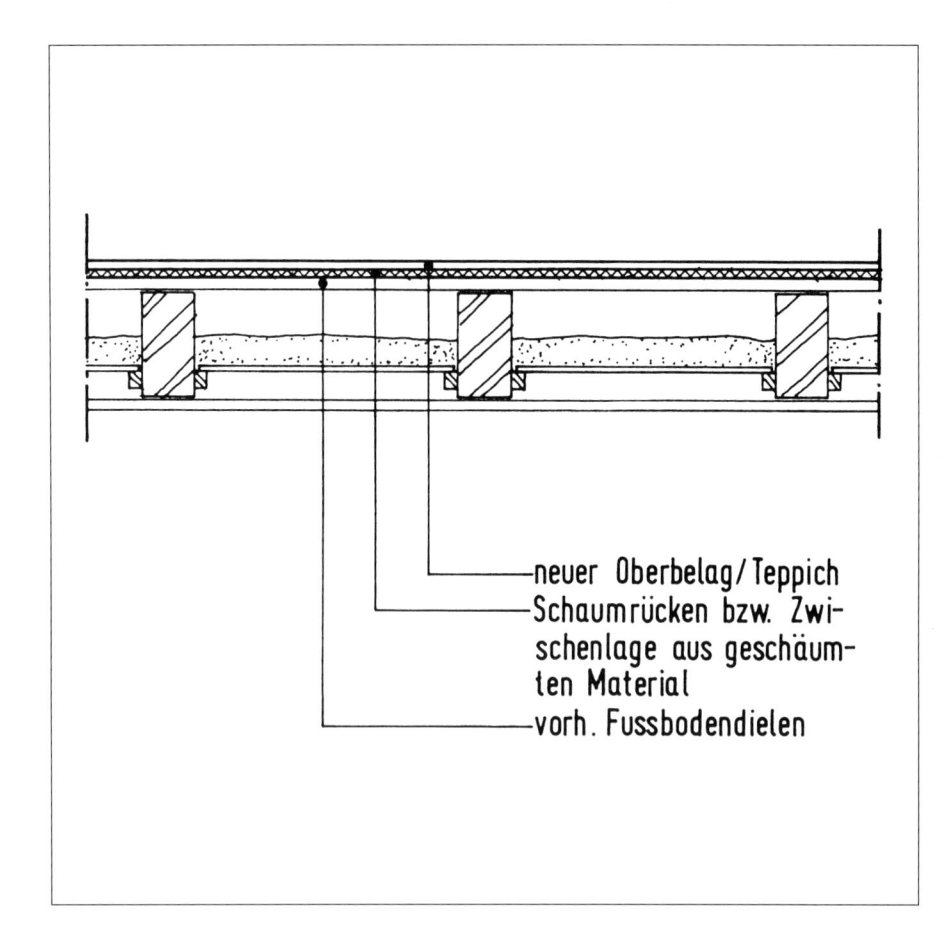

— neuer Oberbelag / Teppich
— Schaumrücken bzw. Zwischenlage aus geschäumten Material
— vorh. Fussbodendielen

Unterschäumte Oberbeläge	
Baukosten	60,- DM/m²
Lebensdauer	Teppich 5 bis 10 Jahre PVC: 10 bis 20 Jahre
Schallschutz	VM = 20 dB
a) Trittschallschutzverbesserungsmaß VM_H auf Holzbalkendecken	6 dB
b) Trittschallschutzmaß TSM (TSM_{eqH} = –3)	+ 3 dB
Schallschutzanforderung DIN 4109 TSM = 10 dB	wird nicht erreicht
Erhöhter Schallschutz nach DIN 4109 TSM = 17 dB	wird nicht erreicht
c) Luftschallschutz (bewertetes Schalldämm-Maß R'_w)	54 dB (mit Unterdecke an Federschienen)
Schallschutzanforderung DIN 4109 R'_w = 54 dB	wird erreicht
Erhöhter Schallschutz nach DIN 4109 R'_w = 55 dB	wird nicht erreicht
Einbauzeiten	0,15 Std./m²
Trocknungs-/Wartezeiten	1 Tag (nach dem Spachteln)
Gewicht	5 kg/m²

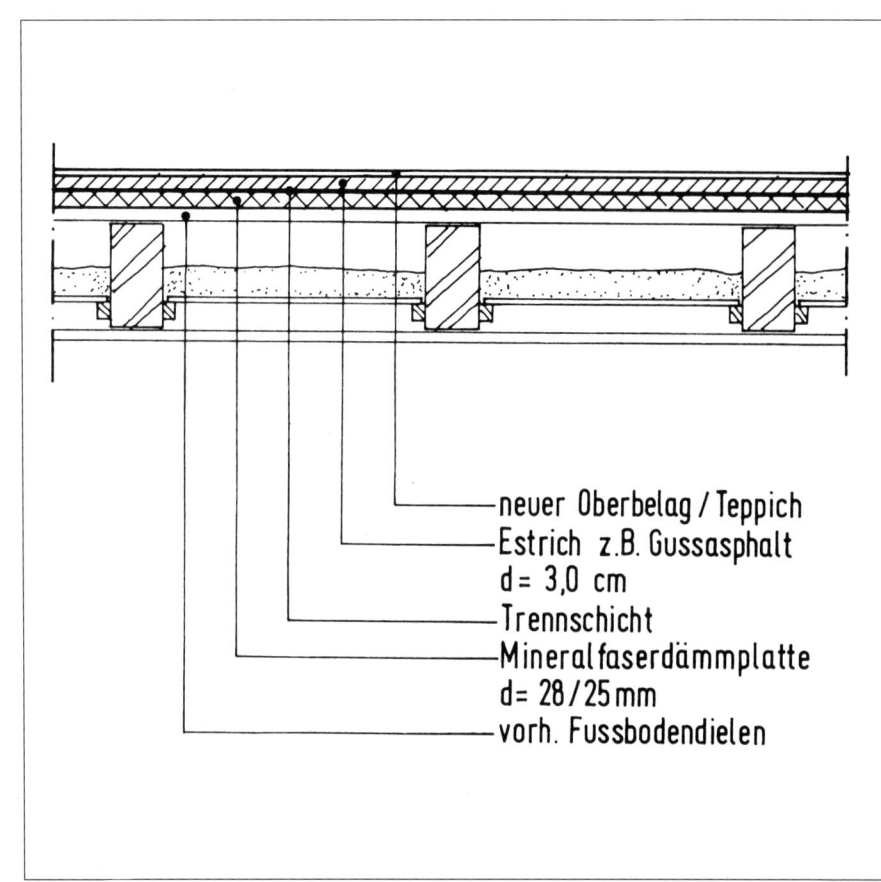

— neuer Oberbelag / Teppich
— Estrich z.B. Gussasphalt d = 3,0 cm
— Trennschicht
— Mineralfaserdämmplatte d = 28/25 mm
— vorh. Fussbodendielen

Schwimmende schwere Unterböden	
Baukosten	120,- DM/m²
Lebensdauer	25 bis 30 Jahre
Schallschutz	
a) Trittschallschutzverbesserungsmaß VM_H auf Holzbalkendecken	16 dB
b) Trittschallschutzmaß TSM (TSM_{eqH} = –3)	+ 13 dB
Schallschutzanforderung DIN 4109 TSM = 10 dB	wird erreicht
Erhöhter Schallschutz nach DIN 4109 TSM = 17 dB	wird nicht erreicht
c) Luftschallschutz (bewertetes Schalldämm-Maß R'_w)	55 dB (mit Unterdecke an Federschienen)
Schallschutzanforderung DIN 4109 R'_w = 54 dB	wird erreicht
Erhöhter Schallschutz nach DIN 4109 R'_w = 55 dB	wird nicht erreicht
Einbauzeiten	0,45 Std./m²
Trocknungs-/Wartezeiten	mindestens 2 bis 3 Tage (Zementestrich), 1 Tag (Gußasphalt)
Gewicht	65 kg/m²

5 Decken

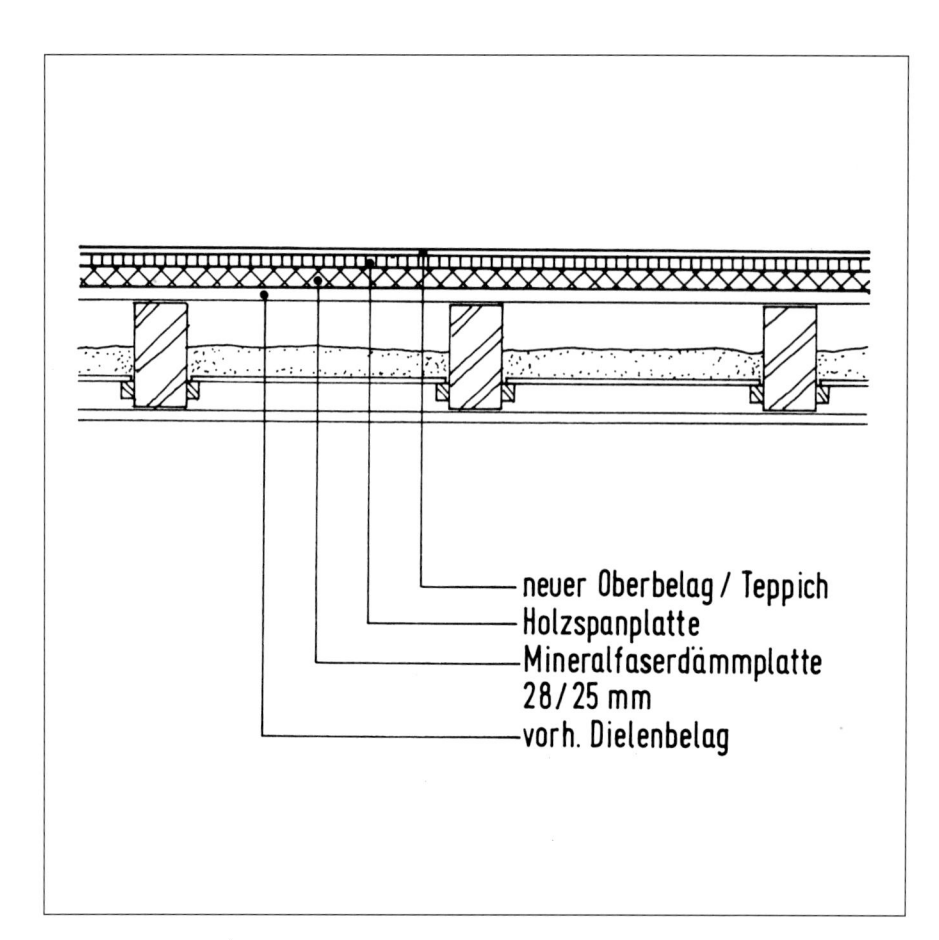

– neuer Oberbelag / Teppich
– Holzspanplatte
– Mineralfaserdämmplatte 28/25 mm
– vorh. Dielenbelag

Schwimmende leichte Unterböden	
Baukosten	110,- DM/m²
Lebensdauer	25 bis 30 Jahre
Schallschutz	
a) Trittschallschutz-verbesserungsmaß VM_H auf Holzbalkendecken	4 bis 6 dB
b) Trittschallschutzmaß TSM (TSM_{eqH} = –3)	+ 1 bis 3 dB
Schallschutzanforderung DIN 4109 TSM = 10 dB	wird erreicht
Erhöhter Schallschutz nach DIN 4109 TSM = 17 dB	wird nicht erreicht
c) Luftschallschutz (bewertetes Schalldämm-Maß R'_w)	54 dB (mit Unterdecke an Federschienen)
Schallschutzanforderung DIN 4109 R'_w = 54 dB	wird erreicht
Erhöhter Schallschutz nach DIN 4109 R'_w = 55 dB	wird nicht erreicht
Einbauzeiten	0,55 Std./m²
Trocknungs-/Wartezeiten	Keine
Gewicht	15 kg/m²

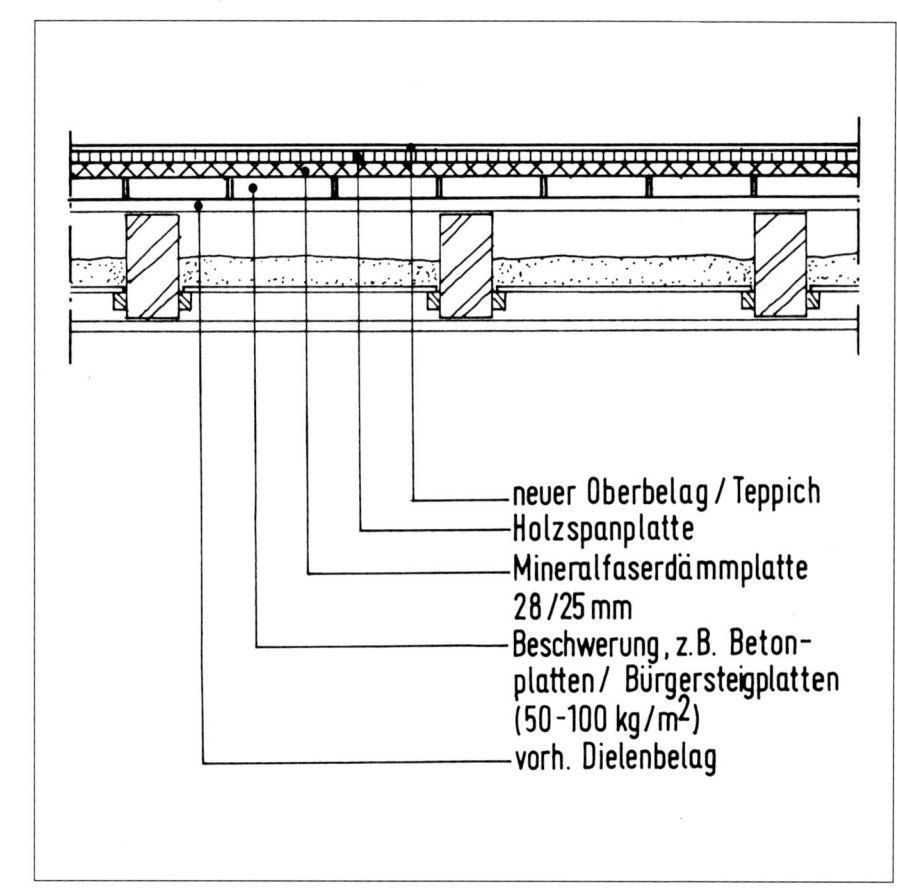

– neuer Oberbelag / Teppich
– Holzspanplatte
– Mineralfaserdämmplatte 28/25 mm
– Beschwerung, z.B. Betonplatten/ Bürgersteigplatten (50-100 kg/m²)
– vorh. Dielenbelag

Beschwerung der Decke	
Baukosten	160,- DM/m² (einschl. schwimmendem leichtem Unterboden)
Lebensdauer	20 bis 30 Jahre
Schallschutz	
a) Trittschallschutz-verbesserungsmaß VM_H auf Holzbalkendecken	20 bis 35 dB je nach Gewicht der Beschwerung
b) Trittschallschutzmaß TSM (TSM_{eqH} = –3)	+ 17 bis 32 dB
Schallschutzanforderung DIN 4109 TSM = 10 dB	wird erreicht
Erhöhter Schallschutz nach DIN 4109 TSM = 17 dB	wird erreicht
c) Luftschallschutz (bewertetes Schalldämm-Maß R'_w)	55 dB (mit Unterdecke an Federschienen)
Schallschutzanforderung DIN 4109 R'_w = 54 dB	wird erreicht
Erhöhter Schallschutz nach DIN 4109 R'_w = 55 dB	wird erreicht
Einbauzeiten	0,65 Std./m²
Trocknungs-/Wartezeiten	Keine
Gewicht	100 kg/m²

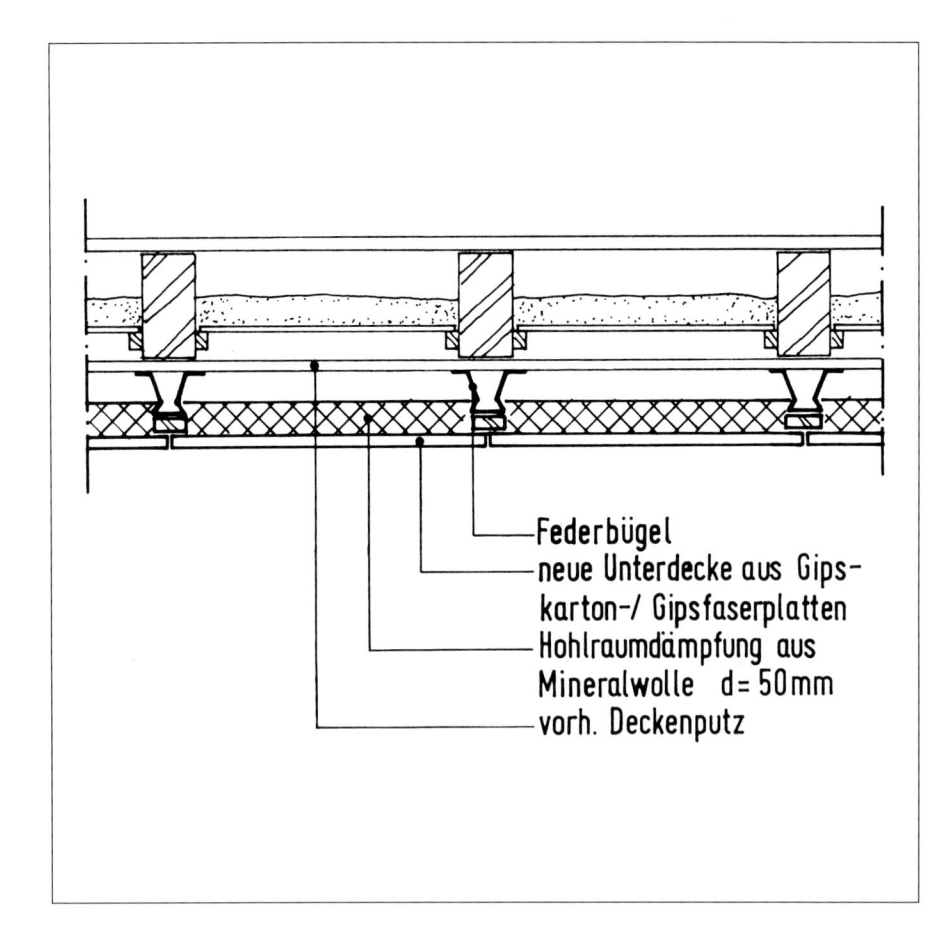

5.2 Problempunkt: Ungenügender Schallschutz von Decken

Federbügel
neue Unterdecke aus Gipskarton-/ Gipsfaserplatten
Hohlraumdämpfung aus Mineralwolle d= 50mm
vorh. Deckenputz

Zusätzliche Unterdecke	
Baukosten	100,- DM/m²
Lebensdauer	25 bis 30 Jahre
Schallschutz	
a) Trittschallschutz-verbesserungsmaß VM_H auf Holzbalkendecken	
b) Trittschallschutzmaß TSM (TSM_{eqH} = –3)	+ 8 dB
Schallschutzanforderung DIN 4109 TSM = 10 dB	wird erreicht
Erhöhter Schallschutz nach DIN 4109 TSM = 17 dB	wird nicht erreicht
c) Luftschallschutz (bewertetes Schalldämm-Maß R'_w)	56 dB (ohne Oberbeläge)
Schallschutzanforderung DIN 4109 R'_w = 54 dB	wird erreicht
Erhöhter Schallschutz nach DIN 4109 R'_w = 55 dB	wird erreicht
Einbauzeiten	0,90 Std./m²
Trocknungs-/Wartezeiten	Keine
Gewicht	15 kg/m²

5.2.2 Verbesserung des Schallschutzes durch zusätzliche Unterdecken – Erläuterung

Die häufigste Form der Deckenkonstruktion im Altbau ist die Holzbalkendecke mit Dielenbelag, Blindboden, Schlackeschüttung und unterseitigem Deckenputz auf Holzspalierlattung.

Durch den Einbau abgehängter Decken kann die Schalldämmung einer solchen Decke um bis zu 20 dB verbessert werden.

Hierbei ist folgendes zu beachten:

Die neue untergehängte Deckenkonstruktion muß biegeweich sein. Als Material kommen vor allem Gipsfaser- oder Gipskartonplatten in Frage. Neuere Untersuchungen haben ergeben, daß eine zweite Lage Gipsfaser- oder Gipskartonplatten die Schalldämmung um etwa weitere 4 dB verbessern kann. Üblich sind Platten von 10,0 oder 12,5 mm Dicke.

Zur Vermeidung von Schallbrücken sind die Deckenplatten punktweise, besser an Federelementen zu montieren. Als Federelemente können Schwingbügel oder Federschienen verwendet werden. Der Achsabstand der Schienen sollte mindestens 40 cm betragen, um die Biegeweichheit der Unterdecke nicht durch eine zu starre Befestigung zu gefährden.

Genau wie bei den Vorsatzschalen vor Wänden muß auch bei der abgehängten Decke zur Verbesserung des Schallschutzes eine Hohlraumdämpfung eingebracht werden. Verwendet werden sollten Materialien mit einem längenbezogenen Strömungswiderstand von 5×10^3 bis 10^4 Ns/m^4, hierzu zählen vor allem weiche, faserige Dämmstoffe. Die Dämmstoffdicke sollte mindestens 50 mm betragen.

Die Randanschlüsse der abgehängten Decke sind luftdicht herzustellen. Hierzu sind die Randfugen mit Gipsspachtelmassen zu verschließen, alternativ können dauerplastische Dichtungsmaterialien Verwendung finden.

Grundsätzlich ist bei der Ausführung der Decke zu beachten, daß Schallbrücken zwischen vorhandener Deckenkonstruktion und neuer Unterdecke, zum Beispiel durch Kontakt an vorhandenen Unterzügen, vermieden werden.

Die Möglichkeiten der Schalldämmung werden auch hier eingeschränkt durch das Problem der Schall-Längsleitung in den flankierenden Bauteilen, also den Wänden. Gute Schalldämmeigenschaften werden nur erreicht bei einer flächenbezogenen Masse der flankierenden Bauteile von mindestens 350 kg/m^2. Andernfalls müssen die Wände zusätzlich mit biegeweichen Vorsatzschalen versehen werden.

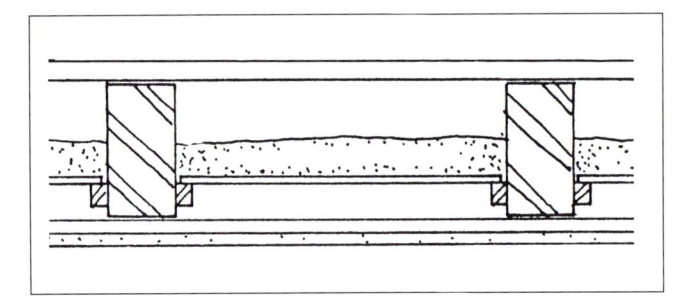

Alte Holzbalkendecke mit neuer Unterdecke

Zusätzliche Unterdecke – Einbauleuchten müssen in einer weiteren Ebene darunter angeordnet werden, um den Schallschutz nicht zu gefährden.

5.2.3 Verbesserung des Schallschutzes durch zusätzliche Unterdecken – Details

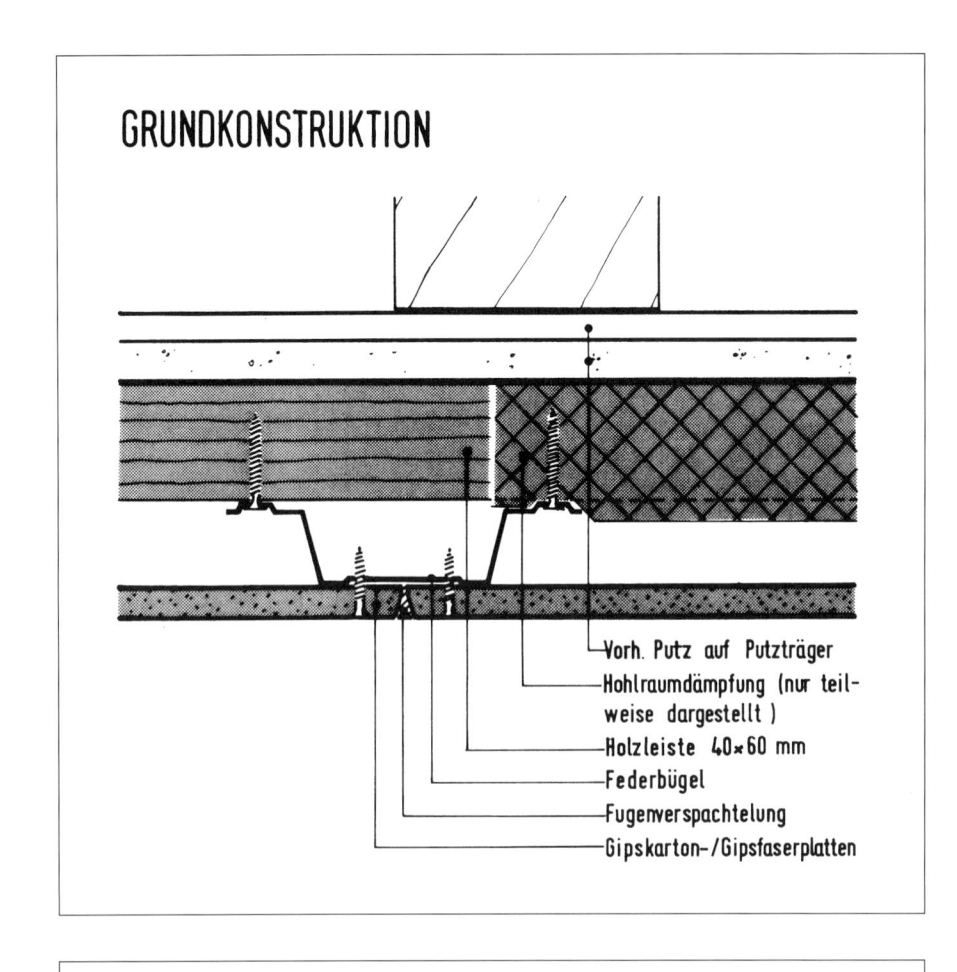

GRUNDKONSTRUKTION

- Vorh. Putz auf Putzträger
- Hohlraumdämpfung (nur teilweise dargestellt)
- Holzleiste 40×60 mm
- Federbügel
- Fugenverspachtelung
- Gipskarton-/Gipsfaserplatten

Grundkonstruktion

- Anbringen und Ausrichten von Holzleisten 40,0 x 60,0 mm unter der vorhandenen Decke
- Anschrauben von Federschienen (Abstand > 40,0 cm) an den Holzleisten
- Einbau der Hohlraumdämpfung (zum Beispiel Mineralfasermatten $d = 50,0$ mm)
- Anschrauben der Gipskarton- oder Gipsfaserplatten
- Verspachteln der Fugen

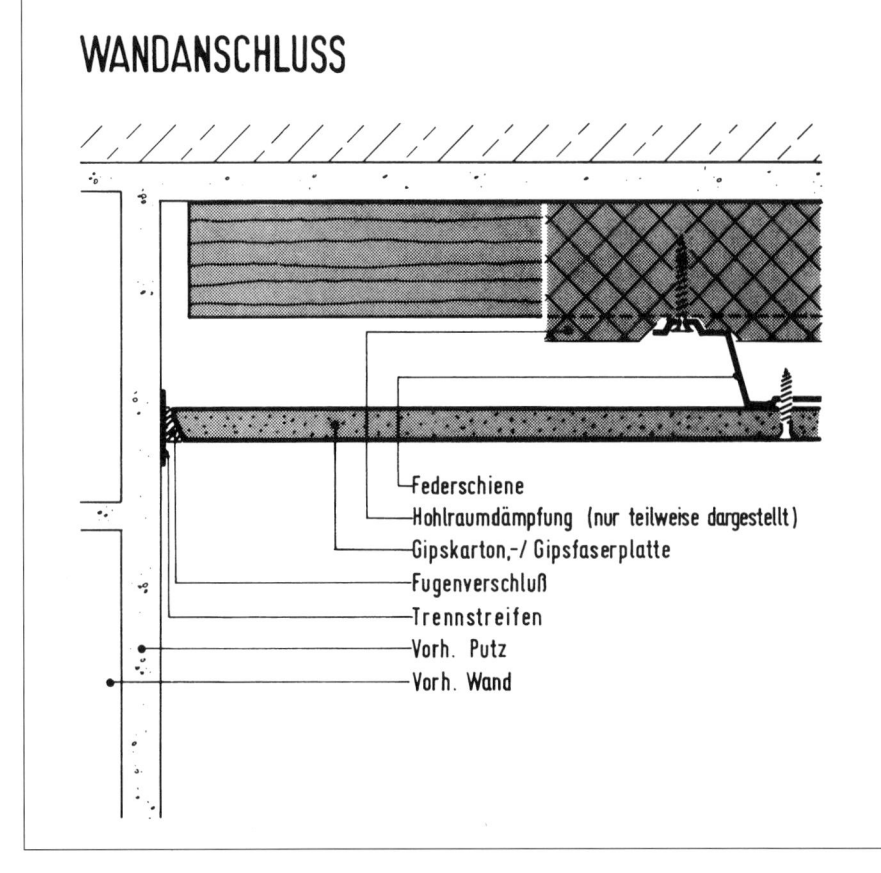

WANDANSCHLUSS

- Federschiene
- Hohlraumdämpfung (nur teilweise dargestellt)
- Gipskarton,-/ Gipsfaserplatte
- Fugenverschluß
- Trennstreifen
- Vorh. Putz
- Vorh. Wand

Wandanschluß

Für die Schallschutzeigenschaften der Unterdecke ist es wichtig, daß die Deckenränder dicht abgeschlossen werden.

Ein ausreichend dichter Anschluß wird erreicht, wenn der Fugenverschluß mit Gipsspachtelmassen vorgenommen wird. Hierbei ist der Spachtel durch einen Trennstreifen vom Altputz zu trennen, um unkontrollierte Abrisse zu vermeiden. Alternativ können für den Fugenverschluß elastische Dichtungsmassen (zum Beispiel auf Acrylbasis) verwendet werden.

5.2.4 Vergleichende Beurteilung

	Unterschäumte Oberbeläge	Schwimmende schwere Unterböden	Schwimmende leichte Unterböden	Beschwerung der Decke	Zusätzliche Unterdecke
Baukosten	60,- DM/m²	120,- DM/m²	110,- DM/m²	160,- DM/m² (einschl. schwimmendem leichtem Unterboden)	100,- DM/m²
Lebensdauer	Teppich: 5 bis 10 Jahre PVC: 10 bis 20 Jahre	25 bis 30 Jahre	25 bis 30 Jahre	20 bis 30 Jahre	25 bis 30 Jahre
Schallschutz a) Trittschallschutzverbesserungsmaß VM_H auf Holzbalkendecken	$VM = 20$ dB 6 dB	16 dB	4 bis 6 dB	20 bis 35 dB je nach Gewicht der Beschwerung	
b) Trittschallschutzmaß TSM ($TSM_{eqH} = -3$)	+ 3 dB	+ 13 dB	+ 1 bis 3 dB	+ 17 bis 32 dB	+ 8 dB
Schallschutzanforderung DIN 4109 TSM = 10 dB	wird nicht erreicht	wird erreicht	wird erreicht	wird erreicht	wird erreicht
Erhöhter Schallschutz nach DIN 4109 TSM = 17 dB	wird nicht erreicht	wird nicht erreicht	wird nicht erreicht	wird erreicht	wird nicht erreicht
c) Luftschallschutz (bewertetes Schalldämm-Maß R'_w)	54 dB (mit Unterdecke an Federschienen)	55 dB (mit Unterdecke an Federschienen)	54 dB (mit Unterdecke an Federschienen)	55 dB (mit Unterdecke an Federschienen)	56 dB (ohne Oberbeläge)
Schallschutzanforderung DIN 4109 $R'_w = 54$ dB	wird erreicht	wird erreicht	wird erreicht	wird erreicht	wird erreicht
Erhöhter Schallschutz nach DIN 4109 $R'_w = 55$ dB	wird nicht erreicht	wird nicht erreicht	wird nicht erreicht	wird erreicht	wird erreicht
Einbauzeiten	0,15 Std./m²	0,45 Std./m²	0,55 Std./m²	0,65 Std./m²	0,90 Std./m²
Trocknungs-/Wartezeiten	1 Tag (nach dem Spachteln)	mindestens 2 bis 3 Tage (Zementestrich), 1 Tag (Gußasphalt)	Keine	Keine	Keine
Gewicht	5 kg/m²	65 kg/m²	15 kg/m²	100 kg/m²	15 kg/m²

5.3 Problempunkt: Ungenügender Wärmeschutz von Decken

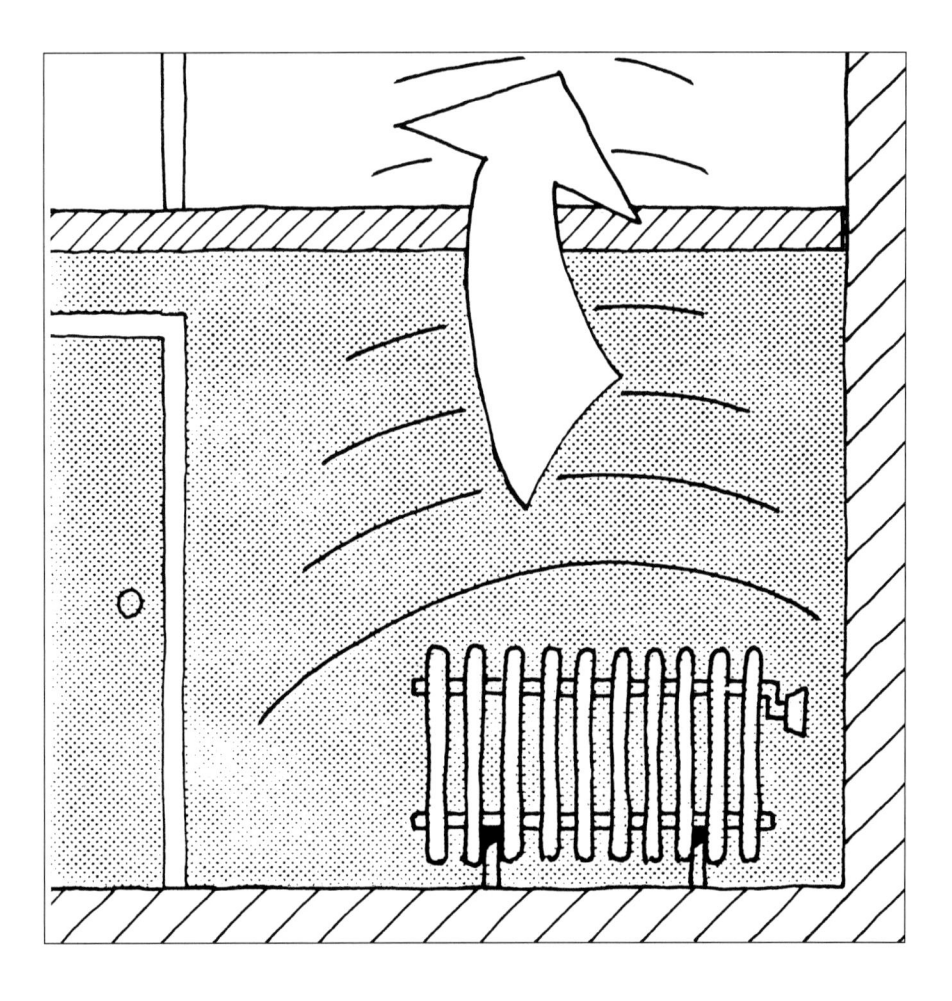

Der ungenügende Wärmeschutz von Decken wirkt sich vor allem in Erdgeschoßräumen über unbeheizten Kellern und in Obergeschossen mit nicht gedämmten Decken zum Dachboden aus.

Der mangelnde Wärmeschutz führt zu unnötig hohen Heizkosten und beeinträchtigt erheblich das Wohlbefinden der Bewohner (Strahlungswärmeverluste des Körpers an umgebende kalte Bauteilflächen). Außerdem besteht die Gefahr von Kondensatbildung.

Nachträgliche Wärmedämmung von Kellerdecken

Wärmedämmung durch aufgespritzte Zellulose

Neue Wärmeschutzverordnung

Seit 1.1.1995 gilt in Deutschland eine neue, verschärfte Wärmeschutzverordnung. Ziel dieser Verordnung ist es, den Heizwärmeverbrauch von Gebäuden und damit auch deren CO_2-Emission um ungefähr ein Drittel zu senken, in erster Linie durch eine Verbesserung der Wärmedämmung.

Diese neue Wärmeschutzverordnung verlangt auch für Altbauten das Einhalten von Mindestwärmedämmungen, wenn dem nicht besondere Gründe entgegenstehen.

Für den hier beschriebenen Fall bedeutet dies, daß Decken gegenüber dem Keller, dem unbeheizten Dachraum oder gegenüber der Außenluft einen Mindestwärmeschutz aufweisen müssen, wenn sie erneuert, mit einer Verkleidung oder mit einer Wärmedämmung versehen werden.

Für Decken wird die Einhaltung folgender Wärmedurchgangswerte (k-Werte) gefordert:

1. Dächer und Decken zu Dachräumen $k_D < 0{,}30$
2. Kellerdecken $k_G < 0{,}50$

Bei üblichen vorhandenen Konstruktionsmaterialien bedeutet dies in etwa die Verwendung folgender Dämmstoffstärken:

1. Dächer und Decken zu Dachräumen 14 cm Dämmung
2. Kellerdecken 8 cm Dämmung

Die genannten Dämmstoffstärken können selbstverständlich nur Anhaltswerte sein, da für die Berechnung des Wärmedurchgangswertes (k-Wert) immer auch die vorhandenen Bauteilschichten berücksichtigt werden, die bei jedem Bauvorhaben anders sind.

Weitere detaillierte Hinweise finden sich in Kapitel 1, Abschnitt 1.7.3.

Zusätzliche Wärmedämmung bei Decken über Kellergeschossen

Eine zusätzliche Wärmedämmung kann am einfachsten erreicht werden durch Anbringen von Dämmstoffen an der Deckenunterseite. Die Bereiche sind im allgemeinen gut zugänglich, und das Anbringen der Wärmedämmung bereitet meist keine Probleme.

Am einfachsten ist es, wenn Hartschaumplatten direkt an die Decke geklebt werden können. Mineralische Dämmstoffe eignen sich für diese Anbringungsart weniger gut. Sie sind vorzugsweise in Verbindung mit einer Deckenabhängung aus Gipskarton- oder Gipsfaserplatten einzusetzen.

Immer häufiger zur Anwendung kommt eine Wärmedämmung durch aufgespritzte Zellulose. Rohrleitungen, Aussparungen und Überhänge lassen sich dadurch besser überbrücken.

Laut Wärmeschutzverordnung sollte die Dämmstoffdicke etwa 80,0 mm betragen (für übliche Dämmstoffe), beziehungsweise 140,0 mm über Durchfahrten.

Voraussetzung für diese Art der Anbringung von Dämmstoffen ist eine ausreichende Kellerhöhe und eine gerade Kellerdecke. Für Gewölbekeller scheidet die unterseitige Anbringung von Dämmstoffen aus konstruktiven Gründen meist aus. Zu groß wären auch die Wärmeverluste des Gewölbes an flankierende Bauteile wie zum Beispiel die Außenmauern.

Bei Erdgeschoß-Fußböden aus Holzdielen auf Lagerhölzern besteht die Möglichkeit, den vorhandenen Deckenhohlraum mit Dämmstoff auszufüllen. Hierzu werden Löcher in den Dielenbelag gebohrt und loses Dämmaterial in den Deckenhohlraum eingeblasen. Mit Hilfe von Kontrollöffnungen läßt sich die Verteilung des Dämmstoffes in der Decke überwachen. Voraussetzung ist ein ausreichend großer Deckenhohlraum für die erforderlichen Dämmstoffstärken.

Befindet sich der vorhandene Fußboden des Erdgeschosses in einem Zustand, der eine grundlegende Renovierung erforderlich macht, so kann unter bestimmten Umständen auch ein neuer Fußboden als schwimmender Estrich auf zusätzlicher Wärmedämmschicht eingebracht werden.

Hierdurch wird das Fußbodenniveau des Erdgeschosses um mindestens 11,0 bis 13,0 cm angehoben, wenn der alte Fußboden nicht abgebrochen wird, was sicher die Ausnahme ist. Diese Lösung ist daher nur möglich bei ausreichend hohen Räumen und bei Türen mit großer Durchgangshöhe. Durch die hohen Dämmstoffstärken, die durch die neue Wärmeschutzverordnung gefordert werden, verliert diese Konstruktion zusehends an Bedeutung.

Um unnötige Trocknungs- und Wartezeiten zu vermeiden, sind schwimmende Estriche in Trockenbauweise oder solche mit kurzen Abbindezeiten (zum Beispiel Gußasphalt) zu verwenden.

Zusätzliche Wärmedämmung bei Decken unter Dachgeschoß

Auch hier kann die Wärmedämmung am einfachsten außerhalb des Wohnraumes aufgebracht werden. Bei nicht begangenen Dachböden (Spitzböden) geschieht dies am einfachsten durch Auflegen von Dämmstoffen auf die Decke oberhalb des Geschosses. Laut Wärmeschutzverordnung sollte die Mindestdämmstoffdicke hier überschläglich 140,0 mm betragen, wenn keine nennenswerten anderen Dämmschichten vorhanden sind.

Bei begehbaren und genutzten Dachräumen muß die aufgebrachte Dämmung gegen mechanische Beschädigungen und, bei Trockenspeichern, gegen Feuchtebelastung geschützt werden. Dies kann zum Beispiel erreicht werden durch die Verwendung von Verbundelementen aus Polystyrol-Hartschaumplatten mit oberseitiger Holzplatte. Eine Lackierung der Spanplatte verhindert das Eindringen von geringen Feuchtigkeitsmengen. Gegen gelegentliches Abtropfen bei feuchter Wäsche mag das ein ausreichender Schutz sein. Bei stärkerer Feuchtebelastung müssen andere Maßnahmen getroffen werden, zum Beispiel Verlegung von Kunststoffböden. Hierbei muß jedoch unbedingt die Problematik der Kondensatbildung beachtet werden. Unter der Wärmedämmung muß eine Dampfsperrschicht angeordnet sein, die eine größere Dampfdichtigkeit aufweist als der oberseitig aufgebrachte Bodenbelag. Ansonsten kommt es zum Eindringen von Feuchtigkeit aus dem warmen Raumbereich in die Konstruktion, mit der Gefahr der Kondensation und der Gefährdung durch Kondensatfeuchte, was insbesondere bei Holzkonstruktionen zu schwerwiegenden Schäden führen kann.

Statt Verbundelementen können zur Dämmung des Dachgeschosses aber auch Lagerhölzer mit Spanplatten verlegt werden. Die Zwischenräume zwischen den einzelnen Lagerhölzern werden mit mineralischen Dämmstoffen ausgefüllt. Hier kann ebenfalls die Oberseite der Spanplatten durch Anstrich vor Feuchteeinwirkung geschützt werden. Da mineralische Dämmstoffe einen wesentlich geringeren Diffusionswiderstand haben als Polystyrolhartschäume, muß hier der Gefahr der Kondensatbildung noch größere Beachtung geschenkt werden.

Ist es nicht möglich, die Wärmedämmung auf die Decke aufzulegen, bieten sich folgende Möglichkeiten der zusätzlichen Wärmedämmung an:

Bei manchen Arten von Holzbalkendecken, vor allem wenn keine Schüttungen vorhanden sind, bestehen ausreichend große durchgehende Hohlräume, die mit Dämmstoff ausgefüllt werden können. Am zweckmäßigsten geschieht dies durch Einblasen von Dämmstoff. Erforderliche Füll- und Kontrollöffnungen können meist ohne Probleme im Dachgeschoß hergestellt werden.

Am aufwendigsten ist die Anbringung zusätzlicher Wärmedämmungen auf der Unterseite der Decke. Hierzu müssen neue Unterdecken aus Gipskarton- oder Gipsfaserplatten eingezogen werden. Die erforderliche Wärmedämmung wird dann im Deckenhohlraum untergebracht. Auch bei dieser Konstruktion ist es außerordentlich wichtig, eine Dampfsperre unterhalb der nicht dampfdichten Wärmedämmung einzubauen, vor allem, wenn nicht auszuschließen ist, daß sich in der vorhandenen Deckenkonstruktion über der Wärmedämmung diffusionsdichte Schichten befinden, die den Durchtritt von Wasserdampf behindern und so zu Kondensatschäden in der Konstruktion führen können.

5.3.1 Übersicht über Lösungsmöglichkeiten

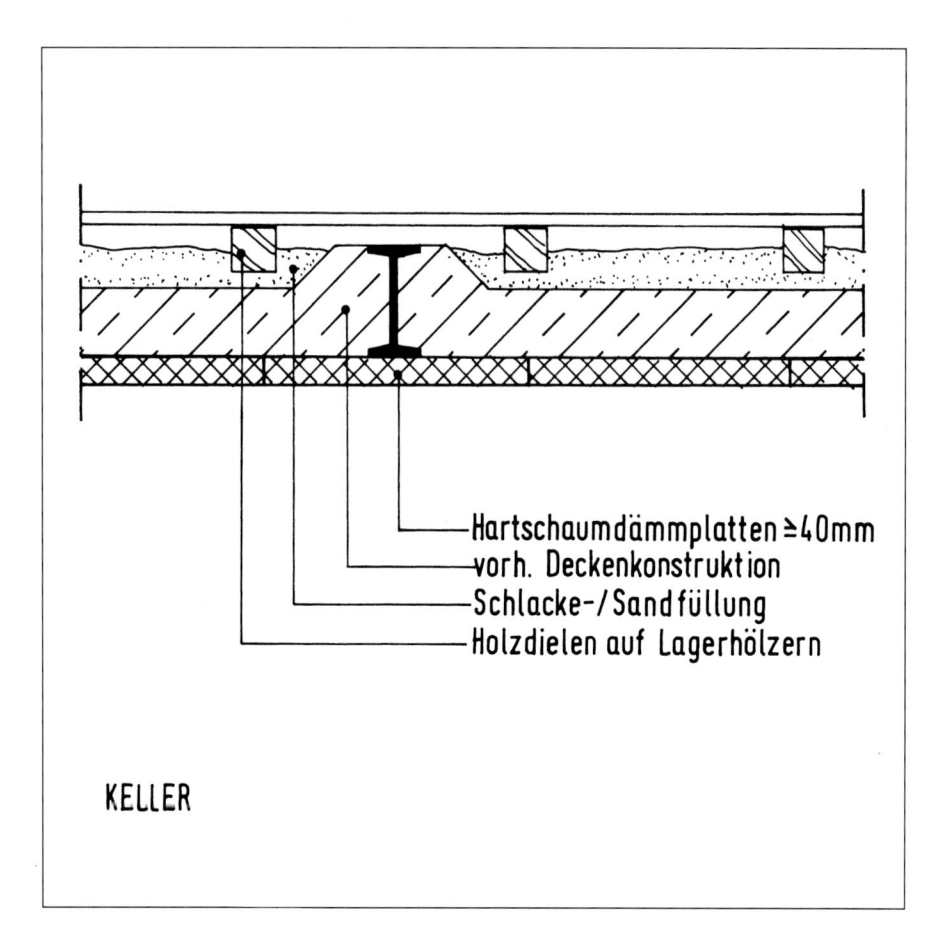

— Hartschaumdämmplatten ≥40mm
— vorh. Deckenkonstruktion
— Schlacke-/Sandfüllung
— Holzdielen auf Lagerhölzern

KELLER

Dämmung unter der Kellerdecke	
Baukosten	25,- DM/m²
Lebensdauer	Ca. 15 bis 20 Jahre
Einbauzeiten	0,25 Std./m²
Beeinträchtigung der Wohnnutzung	Keine Beeinträchtigung
Gewicht	6 kg/m²
Konstruktionshöhe	4,0 cm
Anmerkungen	Gefahr der mechanischen Beschädigung

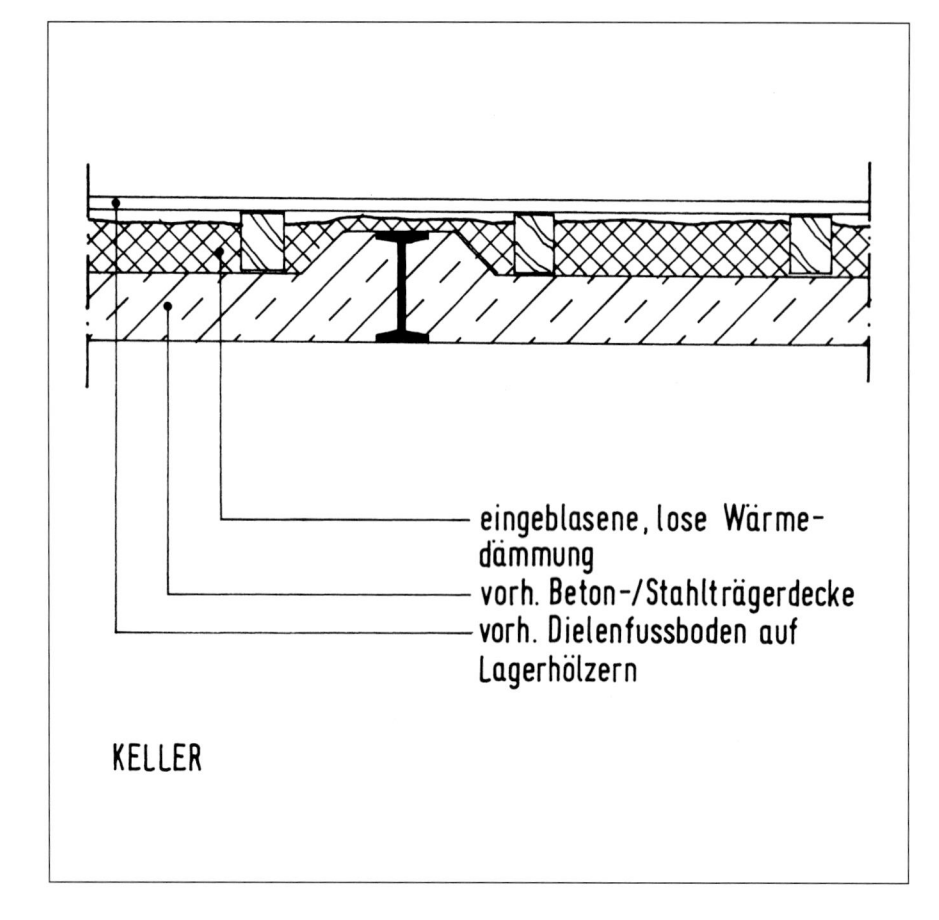

— eingeblasene, lose Wärmedämmung
— vorh. Beton-/Stahlträgerdecke
— vorh. Dielenfussboden auf Lagerhölzern

KELLER

Dämmung innerhalb der Deckenkonstruktion	
Baukosten	35,- DM/m²
Lebensdauer	Ca. 40 bis 50 Jahre
Einbauzeiten	0,15 Std./m²
Beeinträchtigung der Wohnnutzung	Geringe Beeinträchtigung
Gewicht	12 kg/m²
Konstruktionshöhe	Innerhalb der Decke
Anmerkungen	–

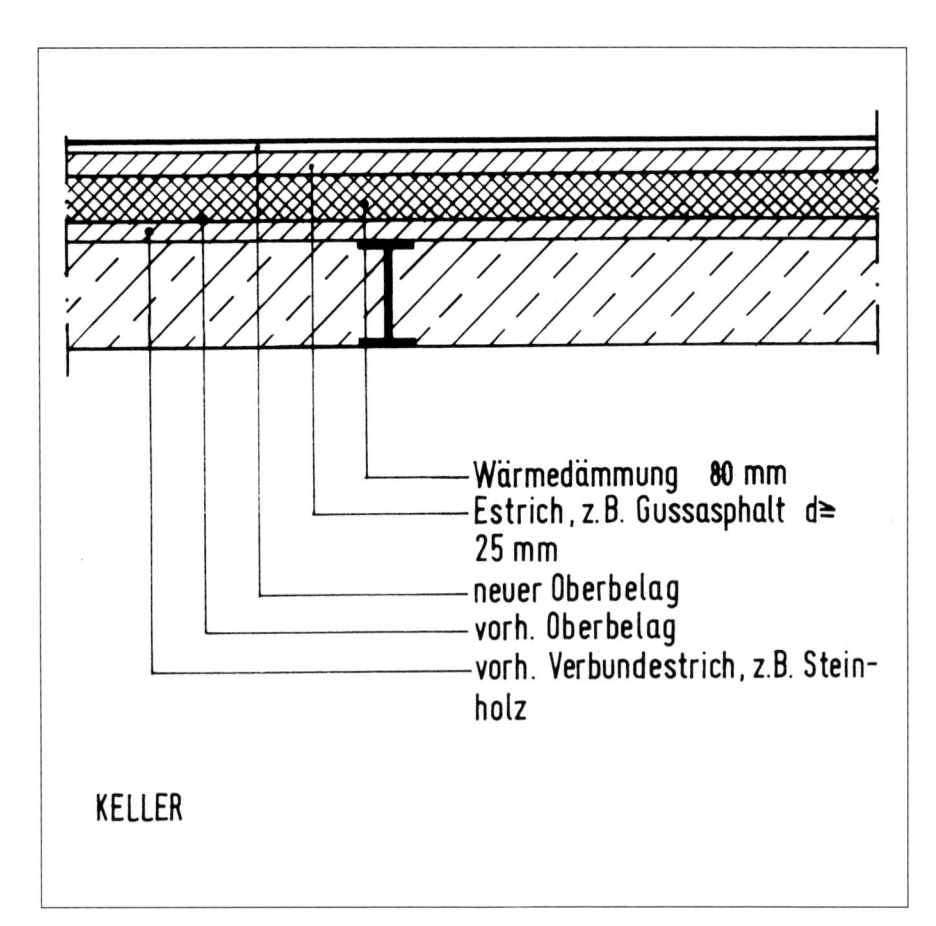

5.3 Problempunkt: Ungenügender Wärmeschutz von Decken

KELLER

- Wärmedämmung 80 mm
- Estrich, z.B. Gussasphalt d≥ 25 mm
- neuer Oberbelag
- vorh. Oberbelag
- vorh. Verbundestrich, z.B. Steinholz

Oberseitige Wärmedämmung mit schwimmendem Estrich	
Baukosten	40,- DM/m² ohne Abbruch des alten Bodens
Lebensdauer	25 bis 30 Jahre
Einbauzeiten	0,50 Std./m²
Beeinträchtigung der Wohnnutzung	Starke Beeinträchtigung
Gewicht	65 kg/m²
Konstruktionshöhe	8,0 cm
Anmerkungen	Durchgehende Dämmung über den Wänden

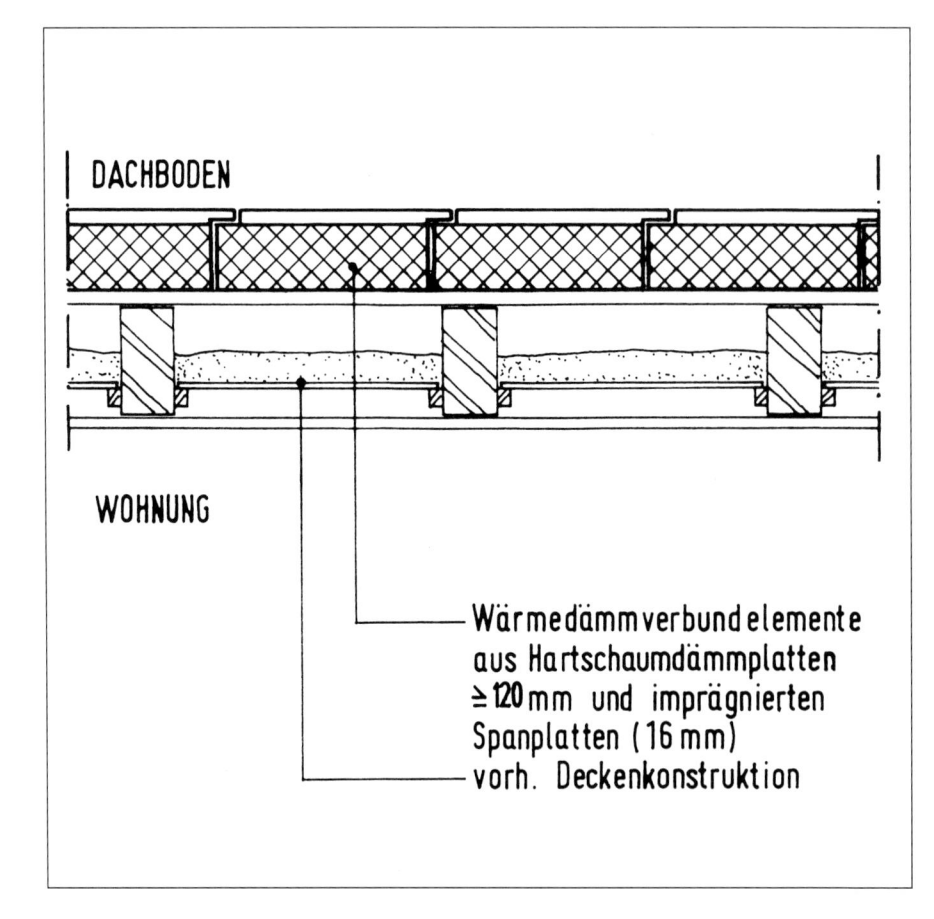

DACHBODEN

WOHNUNG

- Wärmedämmverbundelemente aus Hartschaumdämmplatten ≥120 mm und imprägnierten Spanplatten (16 mm)
- vorh. Deckenkonstruktion

Aufbringen von Wärmedämmelementen auf DG-Fußboden	
Baukosten	55,- DM/m²
Lebensdauer	Ca. 15 bis 20 Jahre
Einbauzeiten	0,30 Std./m²
Beeinträchtigung der Wohnnutzung	Keine Beeinträchtigung
Gewicht	17 kg/m²
Konstruktionshöhe	6,0 cm
Anmerkungen	Durchgehende Dämmung über den Wänden

DACHBODEN

WOHNUNG

— Eingeblasene, lose Wärmedämmung
— vorh. Deckenkonstruktion

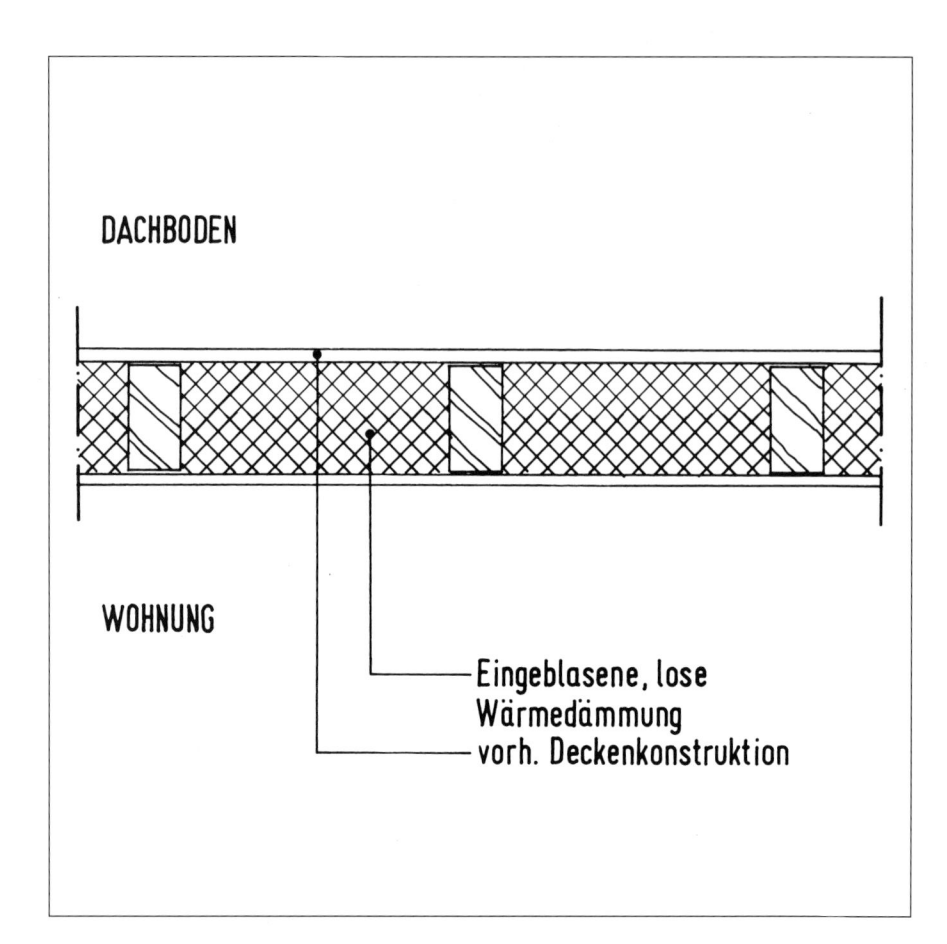

Einbringen von Dämmstoff in Deckenkonstruktion	
Baukosten	35,- DM/m²
Lebensdauer	Ca. 40 bis 50 Jahre
Einbauzeiten	0,15 Std./m²
Beeinträchtigung der Wohnnutzung	Keine Beeinträchtigung
Gewicht	12 kg/m²
Konstruktionshöhe	Innerhalb der Decke
Anmerkungen	Ggf. unterseitige Dampfsperre erforderlich

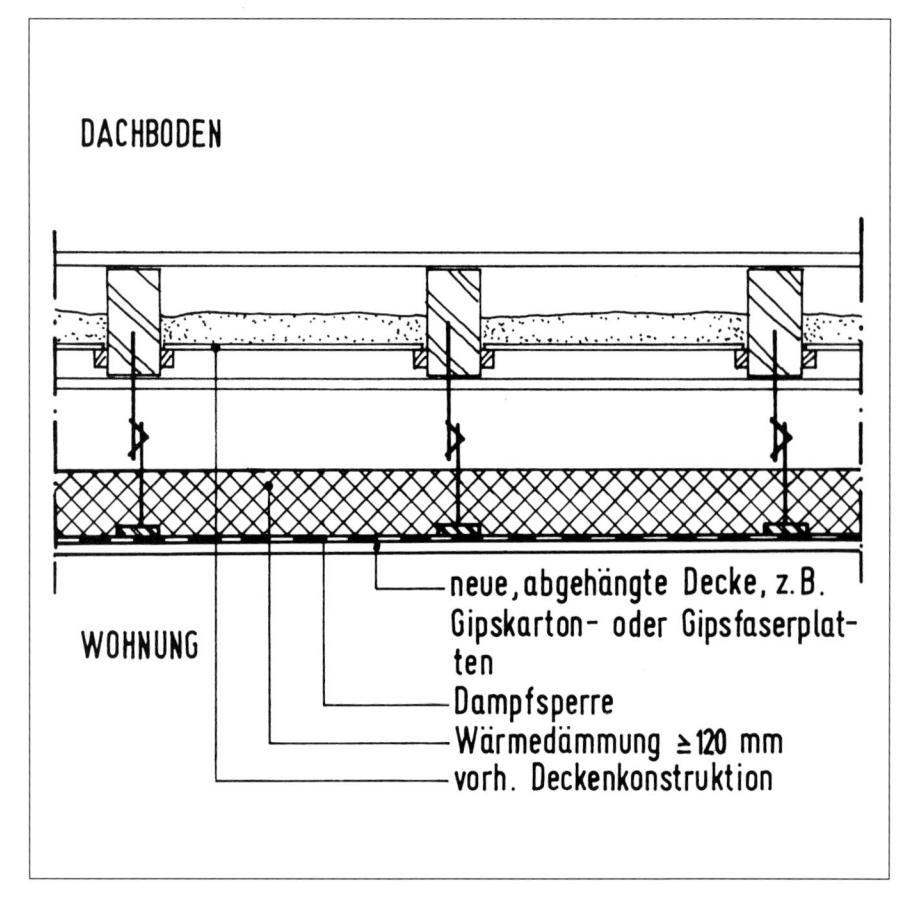

DACHBODEN

WOHNUNG

— neue, abgehängte Decke, z.B. Gipskarton- oder Gipsfaserplatten
— Dampfsperre
— Wärmedämmung ≥ 120 mm
— vorh. Deckenkonstruktion

Deckenabhängung im OG	
Baukosten	100,- DM/m²
Lebensdauer	25 bis 30 Jahre
Einbauzeiten	0,90 Std./m²
Beeinträchtigung der Wohnnutzung	Starke Beeinträchtigung
Gewicht	17 kg/m²
Konstruktionshöhe	8,0 cm
Anmerkungen	Dampfsperre in Räumen mit hoher Feuchteentwicklung erforderlich

5.3.2 Vergleichende Beurteilung

	Kellerdecke			Decke zum Dachboden		
	Dämmung unter der Kellerdecke	Dämmung innerhalb der Deckenkonstruktion	Oberseitige Wärmedämmung mit schwimmendem Estrich	Aufbringen von Wärmedämmelementen auf DG-Fußboden	Einbringen von Dämmstoff in Deckenkonstruktion	Deckenabhängung im OG
Baukosten	25,- DM/m²	35,- DM/m²	40,- DM/m² ohne Abbruch des alten Bodens	55,- DM/m²	35,- DM/m²	100,- DM/m²
Lebensdauer	Ca. 15 bis 20 Jahre	Ca. 40 bis 50 Jahre	25 bis 30 Jahre	Ca. 15 bis 20 Jahre	Ca. 40 bis 50 Jahre	25 bis 30 Jahre
Einbauzeiten	0,25 Std./m²	0,15 Std./m²	0,50 Std./m²	0,30 Std./m²	0,15 Std./m²	0,90 Std./m²
Beeinträchtigung der Wohnnutzung	Keine Beeinträchtigung	Geringe Beeinträchtigung	Starke Beeinträchtigung	Keine Beeinträchtigung	Keine Beeinträchtigung	Starke Beeinträchtigung
Gewicht	6 kg/m²	12 kg/m²	65 kg/m²	17 kg/m²	12 kg/m²	17 kg/m²
Konstruktionshöhe	4,0 cm	Innerhalb der Decke	8,0 cm	6,0 cm	Innerhalb der Decke	8,0 cm
Anmerkungen	Gefahr der mechanischen Beschädigung	–	Durchgehende Dämmung über den Wänden	Durchgehende Dämmung über den Wänden	Ggf. unterseitige Dampfsperre erforderlich	Dampfsperre in Räumen mit hoher Feuchteentwicklung erforderlich

6 Dächer

6.1 Problempunkt:
Schadhafte Eindeckung von geneigten Dächern

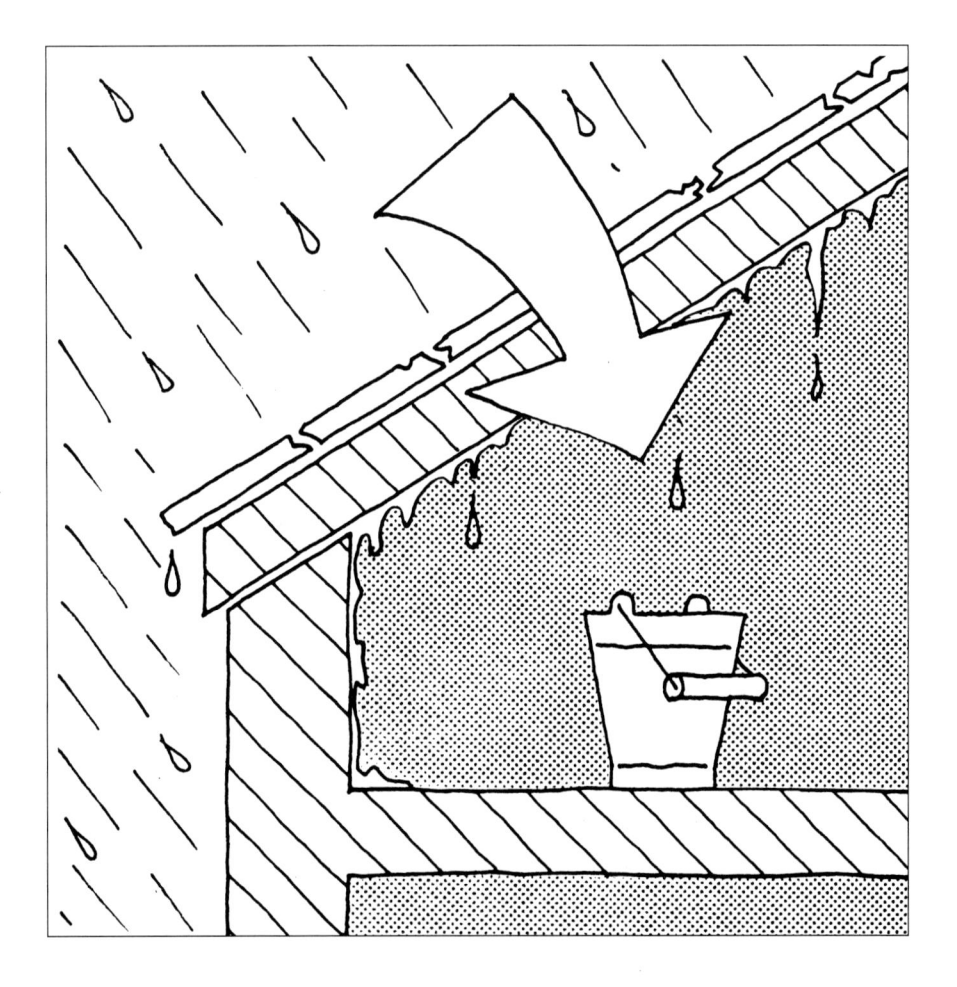

Vorhandene Dacheindeckung mit Tondachziegel

Gründe der Dacherneuerung

Zahlreiche Gründe sind ausschlaggebend für Erneuerungsarbeiten an geneigten Dachflächen. Dies können sein:

- Undichte Dachflächen
- Fehlende Unterspannbahn
- Fehlende Wärmedämmung
- Defekte Randanschlüsse
- Beschädigte oder nicht ausreichend tragfähige Unterkonstruktion
- Ausbau des Dachgeschosses
- Sicherung des Bestandes im Zuge von allgemeinen Sanierungsarbeiten.

Die *undichte* Dachfläche ist der dringendste Grund für eine Dachinstandsetzung. Durch Frosteinwirkung und durch mechanische Beschädigungen addieren sich kleine Schäden an Dachziegeln zu nennenswertem Umfang, der eine Reparatur unumgänglich macht.

Oft kommt hinzu, daß ein *Mörtelverstrich* immer stärker reißt und herausbricht, so daß Wind- und Staubdichtigkeit des Daches nicht mehr gewährleistet sind.

Bei anderen Dächern fehlt die *Unterspannbahn* als Sicherung gegen Staub und Flugschnee. Da es keine sinnvolle Möglichkeit gibt, Unterspannbahnen nachträglich von innen anzubringen und an die Dachentwässerung anzuschließen, bleibt die Neu- oder Umdeckung als einzige Möglichkeit, eine Unterspannbahn einzubauen.

Das gleiche gilt für *fehlende Wärmedämmung,* die sinnvollerweise nur dann nachträglich eingebaut werden kann, wenn die funktionsfähige Unterdeckung vorhanden ist.

Defekte Randanschlüsse werden selten allein für eine Dacherneuerung ursächlich sein. Umfangreiche Erneuerungsarbeiten an Dachanschlüssen können aber vielleicht ausschlaggebend sein für Erneuerungsarbeiten am gesamten Dach.

Häufig kommt es an alten Dachstühlen, die noch ohne chemischen Holzschutz ausgeführt wurden, zu *Befall durch Holzschädlinge* (Pilze, Anobien, Hausbock etc.). Sind zur Behebung der Schäden umfangreiche Arbeiten am Dachstuhl erforderlich, und muß die Dachfläche dazu in Teilbereichen entfernt werden, so kann es sinnvoll sein, mit den erforderlichen Reparaturarbeiten die Sanierung oder Erneuerung der Dachfläche zu verbinden.

Daneben können *optische Gründe* für die Erneuerungsarbeiten bestimmend sein, wenn zum Beispiel alte Dachflächen oft mit andersfarbigen Ziegeln repariert wurden und jetzt wieder ein einheitliches Bild der Dachfläche gewünscht wird.

Umdecken der vorhandenen Dacheindeckung

Ist eine vorhandene Dacheindeckung noch intakt, und sind fehlende Unterspannbahn und fehlende Wärmedämmung für die Erneuerungsarbeiten entscheidend, so kann die bestehende Dachfläche mit Erfolg *umgedeckt* werden.

Hierzu wird der vorhandene Dachbelag flächenweise aufgedeckt und die alte Lattung entfernt. Nach dem Aufnageln der Unterspannbahn werden neue Lattung und Konterlattung aufgebracht und die alten Ziegel wieder aufgelegt.

Dieses Verfahren lohnt sich vor allem dann, wenn das Dach mit guten, festen Ziegeln eingedeckt ist oder besonders wertvolle Ziegel, zum Beispiel aus Gründen des Denkmalschutzes, erhalten werden sollen. Sind die Ziegel sehr alt und brüchig, ist das Verfahren unrentabel, da zu viele Dachziegel beim Umdecken zerstört werden und ersetzt werden müssen.

Neueindecken des Daches

Bei der Erneuerung von Dachflächen stellt sich die Frage, ob *Tonziegel* oder *Betondachsteine* für die Neueindeckung verwendet werden sollen.

Dies ist vor allem eine Frage des Erscheinungsbildes. Alte denkmalgeschützte Gebäude wird man sicher wieder mit Tonziegeln decken, während neuere Gebäude, für die keine Denkmalschutzanforderungen bestehen, auch mit Betondachsteinen gedeckt werden können.

Betondachsteindeckungen bieten einen erheblichen Preisvorteil gegenüber Tonziegeln und haben oft eine höhere Lebensdauer.

Das Gewicht beider Deckungen ist nahezu gleich. Alternativ sind für bestimmte Gebäude auch Deckungen mit *profilierten Kurzwellplatten* aus Faserzement möglich. Die Profilierung dieser Platten garantiert den erforderlichen freien Lüftungsquerschnitt ohne zusätzliche Lattung. Das Erscheinungsbild des Daches wird jedoch stark verändert. Dies ist zu berücksichtigen.

Bei der Erneuerung von Dachflächen mit Schieferdeckung ist es nicht immer erforderlich, Naturschiefer zu verwenden, vor allem wenn es sich um die Erneuerung kleiner Flächen bei Dachgauben oder Kaminen handelt. Aus Kostengründen können hier auch Faserzementplatten als Schieferersatz verwendet werden. Hier sind letztlich Aspekte der Wirtschaftlichkeit, des Erscheinungsbildes und des Denkmalschutzes gegeneinander abzuwägen.

Neue Dacheindeckung mit Betondachsteinen

Neue Dacheindeckung mit Tondachziegeln

6.1.1 Übersicht über Lösungsmöglichkeiten

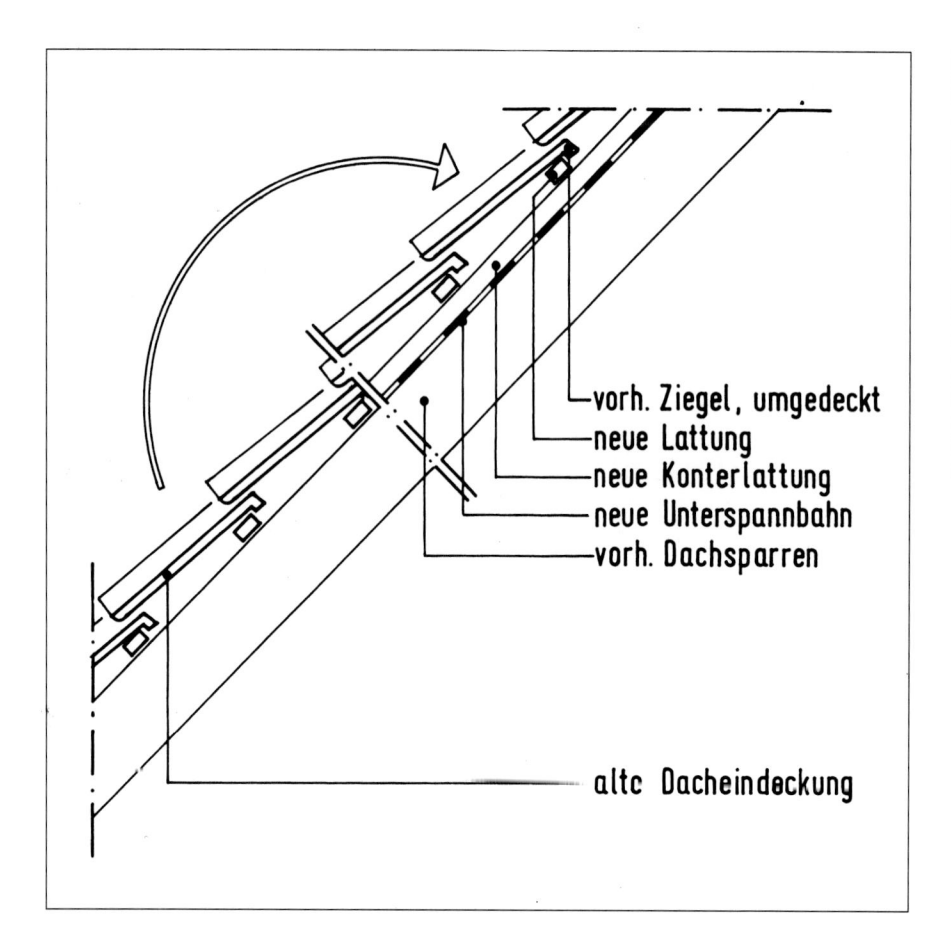

- vorh. Ziegel, umgedeckt
- neue Lattung
- neue Konterlattung
- neue Unterspannbahn
- vorh. Dachsparren

alte Dacheindeckung

Umdecken der vorhandenen Ziegel	
Baukosten	70,– DM/m²
Lebensdauer	Abhängig vom Zustand der vorhandenen Deckung
Einbauzeiten	0,80 Std./m²
Gewicht	Abhängig von der vorhandenen Deckung
Anmerkungen	Sehr gute Eignung bei denkmalgeschützten Gebäuden

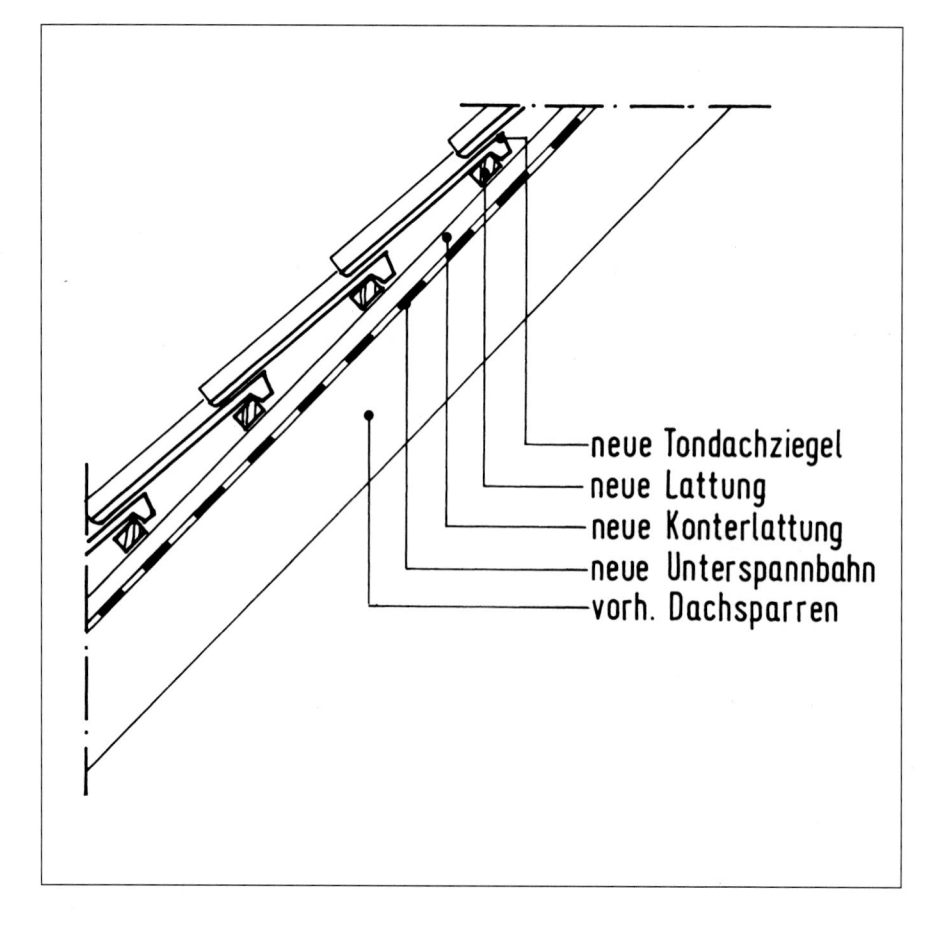

- neue Tondachziegel
- neue Lattung
- neue Konterlattung
- neue Unterspannbahn
- vorh. Dachsparren

Neue Tondachziegel	
Baukosten	110,– DM/m²
Lebensdauer	25 bis 30 Jahre
Einbauzeiten	1,0 Std./m²
Gewicht	50 bis 55 kg/m²
Anmerkungen	Sehr gute Eignung bei denkmalgeschützten Gebäuden

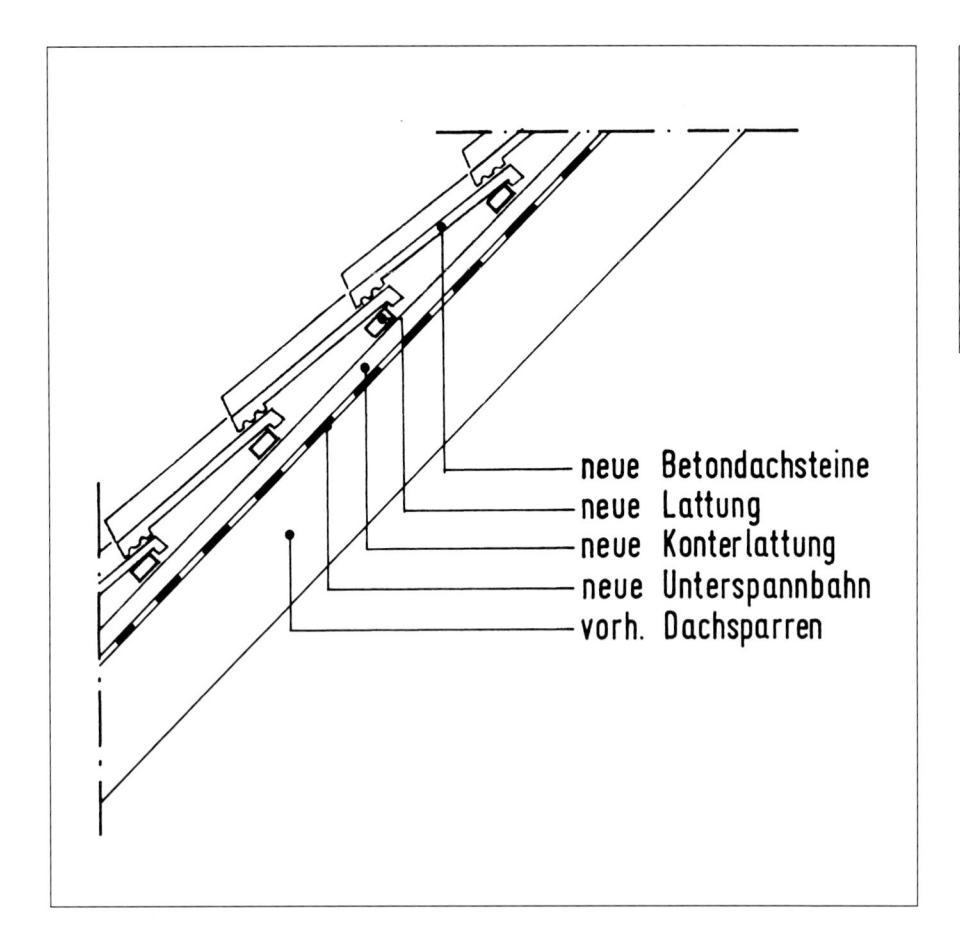

6.1 Problempunkt: Schadhafte Eindeckung von geneigten Dächern

— neue Betondachsteine
— neue Lattung
— neue Konterlattung
— neue Unterspannbahn
— vorh. Dachsparren

Neue Betondachsteine	
Baukosten	95,- DM/m²
Lebensdauer	30 bis 50 Jahre
Einbauzeiten	1,0 Std./m²
Gewicht	50 bis 60 kg/m²
Anmerkungen	Umstrittene Eignung bei denkmalgeschützten Gebäuden

— Profilierte Kurzwellplatten L= 62,5 cm
— Dachlatten
— Unterspannbahn
— vorh. Dachsparren

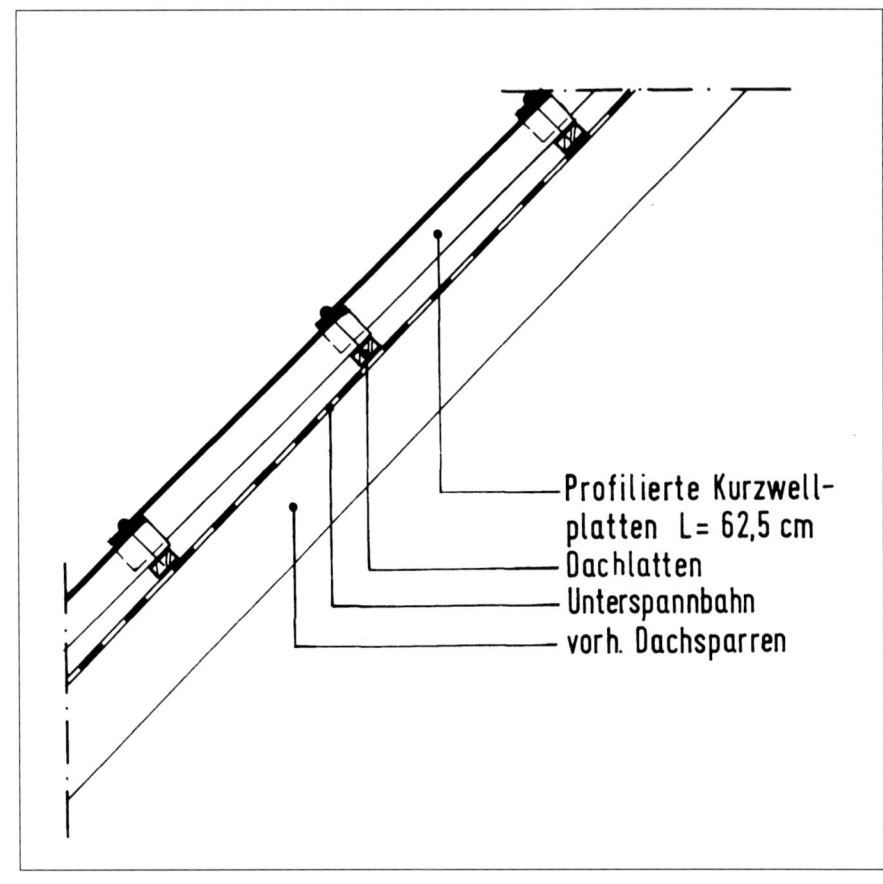

Neue Faserzementwellplatten	
Baukosten	110,- DM/m²
Lebensdauer	25 bis 30 Jahre
Einbauzeiten	0,70 Std./m²
Gewicht	20 kg/m²
Anmerkungen	Keine Eignung bei denkmalgeschützten Gebäuden

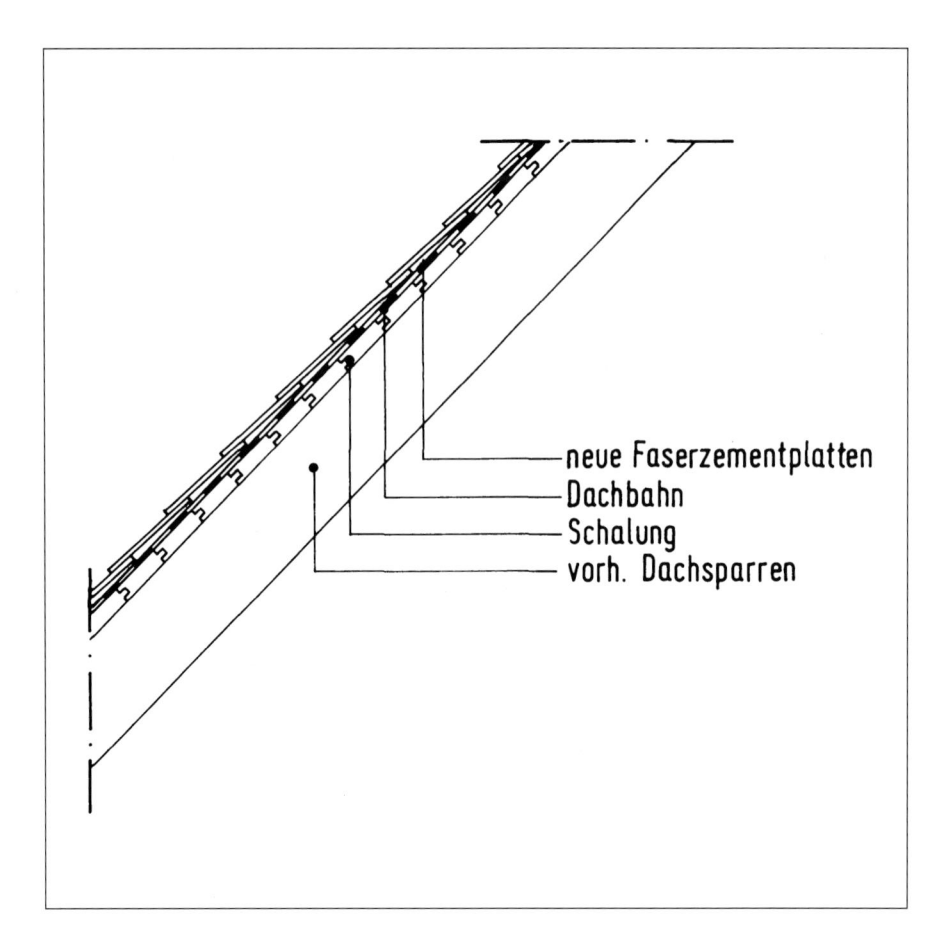

- neue Faserzementplatten
- Dachbahn
- Schalung
- vorh. Dachsparren

Faserzementplatten als Schieferersatz	
Baukosten	175,– DM/m²
Lebensdauer	25 bis 30 Jahre
Einbauzeiten	2,3 Std./m²
Gewicht	35 kg/m²
Anmerkungen	Fragliche Eignung bei denkmalgeschützten Gebäuden

6.1.2 Erneuerung der vorhandenen Dacheindeckung durch Tondachziegel oder Betondachsteine – Erläuterung

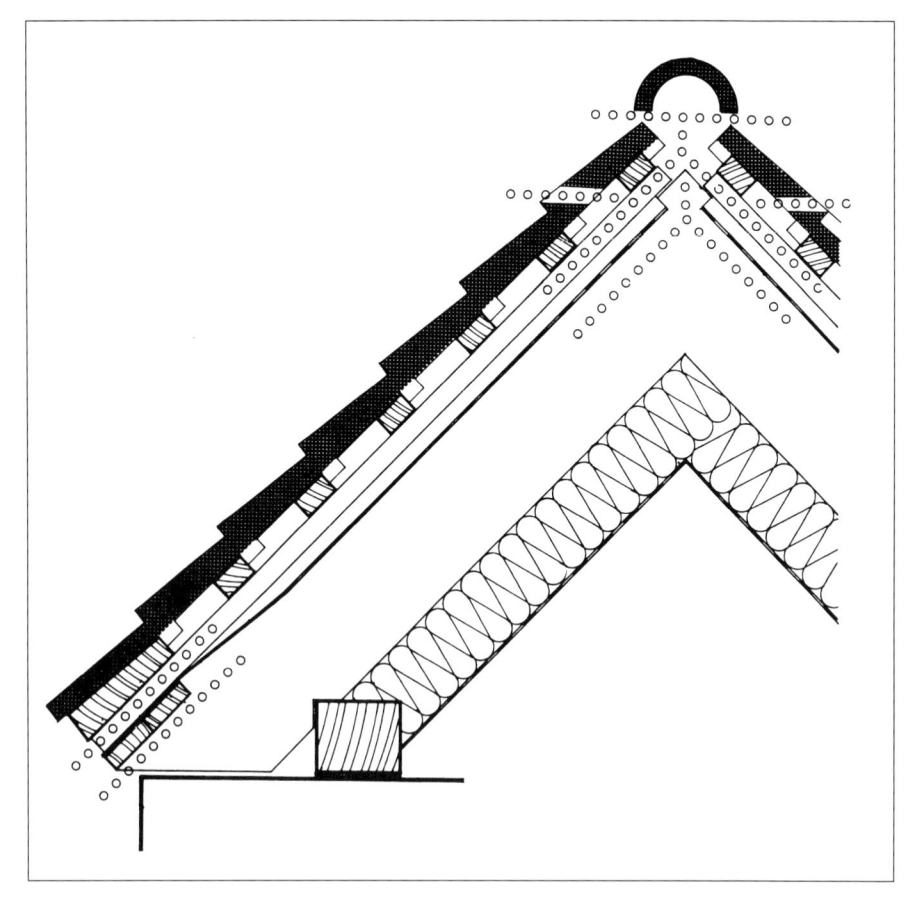

Bei der Erneuerung der Dacheindeckung muß zwischen Betondachsteinen oder Tondachziegeln gewählt werden, beide Dachziegelarten stehen in großer Formen- und Farbenauswahl zur Verfügung. Selbst klassische Ziegelformen sind inzwischen als Betondachsteine erhältlich.

Die Wahl des Dachdeckungsmaterials ist deshalb von mehreren Faktoren abhängig:

- vom gewünschten optischen Eindruck (Form und Farbe des Ziegels)
- vom geplanten Kostenrahmen (15 bis 25 % Preisvorteil bei Betondachsteinen gegenüber Tondachziegeln)
- von Auflagen des Denkmalpflegeamtes (das im allgemeinen Tondachziegel bevorzugt)
- von der vorhandenen Dachneigung (bestimmte flache Dachneigungen können nur mit Sonderziegeln gedeckt werden).

Für die meisten Ziegelarten stehen entsprechende Sonderformate wie Lüfter-, Ortgang-, Firststeine etc. zur Verfügung.

Zugehörige Dachfläche je Meter Traufe

Unterspannbahn und Belüftung der Konstruktion

Unabhängig von speziellen Sonderlösungen ist bei allen Erneuerungsarbeiten am Dach vor allem die richtige konstruktive Gesamtlösung, das heißt der richtige Einbau von Unterspannbahnen und die richtige Ausbildung der Durchlüftung mit Zu- und Abluftöffnungen, besonders wichtig. Hierzu sind die Ausführungen der Dachdeckerrichtlinien zu beachten:

Bei der Erneuerung von Dachdeckungen sind immer Unterspannbahnen als Schutz gegen Staub, Flugschnee oder Schlagregen zusätzlich mit einzubauen. Beim Einbau von Wärmedämmung unterhalb der Dachhaut sind Unterspannbahnen sogar zwingend vorgeschrieben.

Unterspannbahnen sind mit einem leichten Durchgang und mit mindestens 10,0 cm Höhenüberdeckung parallel zur Traufe über den Sparren anzubringen.

Erforderliche Mindest-Lüftungsquerschnitte

Sparren-länge	Mindest-Lüftungsquerschnitt				geforderte diffusions-äquivalente Luftschicht-dicke s_d
	Traufe		First und Grat **	Dach-bereich	
	Quer-schnitt	Lüftungs-spalt *			
m	cm²/m	cm	cm²/m	cm²/m	m
6	200	2,4	60	200	2,0
7	200	2,4	70	200	2,0
8	200	2,4	80	200	2,0
9	200	2,4	90	200	2,0
10	200	2,4	100	200	2,0
11	220	2,6	110	200	5,0
12	240	2,9	120	200	5,0
13	260	3,1	130	200	5,0
14	280	3,3	140	200	5,0
15	300	3,6	150	200	5,0
16	320	3,8	160	200	10,0
17	340	4,0	170	200	10,0
18	360	4,3	180	200	10,0
19	380	4,5	190	200	10,0
20	400	4,8	200	200	10,0
21	420	5,0	210	200	10,0
22	440	5,2	220	200	10,0
etc.					

* Bezogen auf eine Querschnittseinengung durch Sparren von ca. 16 %. Durch Lüftungsgitter o. ä. kann ein größerer Lüftungsspalt notwendig werden.
** Jeweils Angabe des Gesamtquerschnitts

Um eine ausreichende Lüftung des Raumes zwischen Unterspannbahn und Dachdeckung zu gewährleisten, sind Konterlatten mindestens 24,0 mm dick auf den Sparren über der Unterspannbahn anzubringen.

Am First müssen die Unterspannbahnen ca. 50,0 mm unterhalb des Firstscheitelpunktes enden.

An der Traufe sind die Unterspannbahnen an die Dachrinne, auf einen Traufstreifen oder unter die Traufbohle zu führen.

Weiterhin ist zu bedenken, daß sowohl der Raum zwischen Unterspannbahn und Dachdeckung als auch der Raum unter der Unterspannbahn an Traufe und First entlüftet werden muß.

Der Lüftungsquerschnitt an den Traufen muß mindestens 2 ‰ der zur Traufe zugehörigen Dachfläche, jedoch mindestens 200,0 cm²/m Traufe uneingeschränkter Lüftungsquerschnitt betragen. Konterlatten und Sparren, die den Lüftungsraum einengen, sind bei der Bemessung der Höhe des Lüftungsspaltes zu berücksichtigen, ebenso der einengende Querschnitt von Traufgittern.

Am First muß der Lüftungsquerschnitt mindestens 0,5 ‰ der gesamten dazugehörigen Dachfläche betragen. Der ermittelte Lüftungsquerschnitt kann durch den Einsatz von geeigneten Lüftungssystemen oder -elementen, wie Lüftungsziegel oder Firstspaltentlüftung, erreicht werden.

Auch an eventuell vorhandenen Graten wird ein Mindestlüftungsquerschnitt von 0,5 ‰ der dazugehörigen Dachfläche gefordert. Ist eine Lüftung über die Gratziegel oder Gratsteine nicht möglich, dann müssen in jedem Sparrenfeld ausreichend viele Lüftungsziegel oder Lüftungssteine eingebaut werden. Die Ausbildung des Lüftungsquerschnittes ist außerordentlich wichtig.

Wasserdampfdiffusion

Aus den bewohnten Räumen des Hauses dringt Wasserdampf durch die Konstruktion in den Raum zwischen Unterspannbahn und Dachhaut. Wird dieser Wasserdampf nicht durch Belüftung abgeführt, kommt es zur Kondensatbildung auf der Unterseite der Dachdeckung. Besonders kritisch ist dies bei Dachziegeln, die das Kondenswasser kapillar aufnehmen. Ein Teil des aufgenommenen Wassers wird durch Verdunstung an der Oberfläche zwar wieder abgegeben, bei Übersättigung kommt es jedoch durch Frost-/Tauwechselschäden zur Zerstörung der Ziegel.

So sind zum Beispiel jahrhundertealte Ziegel durch falsche Anbringung einer Unterspannbahn innerhalb kürzester Zeit zerstört worden.

Analog zur Unterspannbahn sind auch andere Konstruktionen, zum Beispiel Schalungen mit Abdeckungen aus Bitumen oder Kunststoffbahnen, möglich. Die Anforderungen an die Lüftung gelten entsprechend.

Die Entscheidung, ob für die Eindeckung Tonziegel oder Betondachsteine verwendet werden, hängt letztlich vom Gestaltungswunsch ab. Betondachsteine bieten gegenüber Tonziegeln einen Preisvorteil von etwa 15,– bis 30,– DM/m². Das Gewicht beider Konstruktionen ist etwa gleich. Es beträgt einschließlich Lattung ca. 50 kg/m².

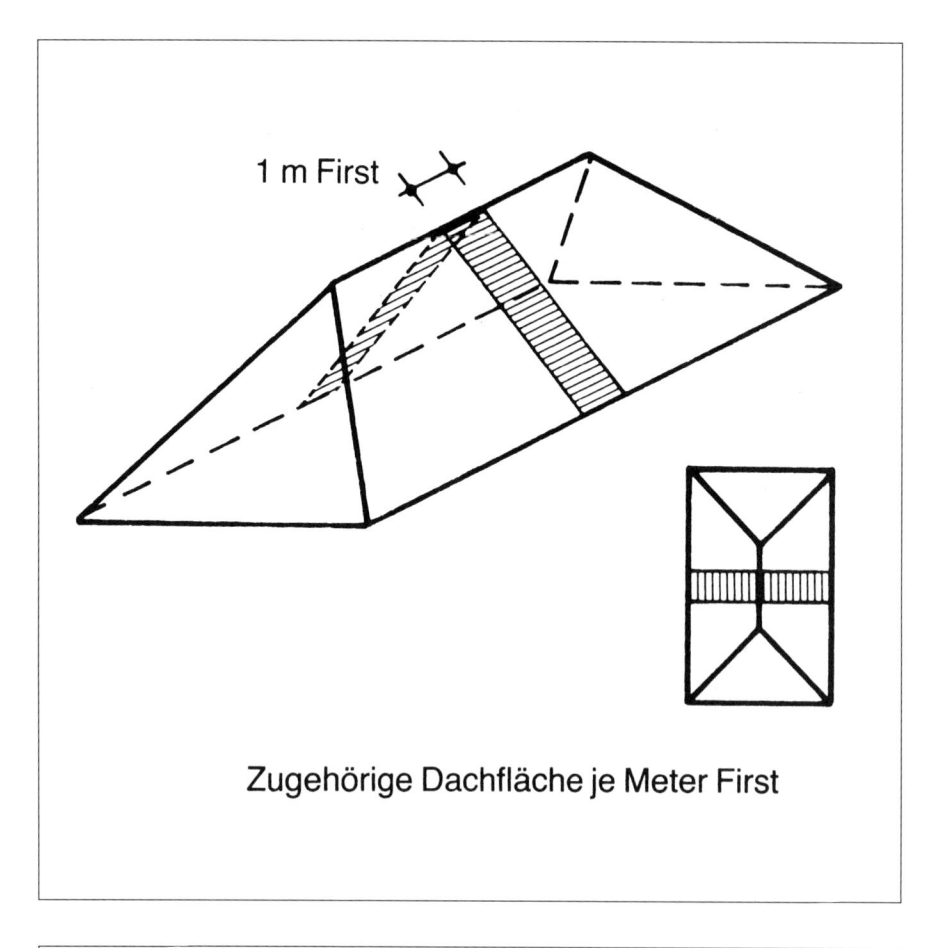

Zugehörige Dachfläche je Meter First

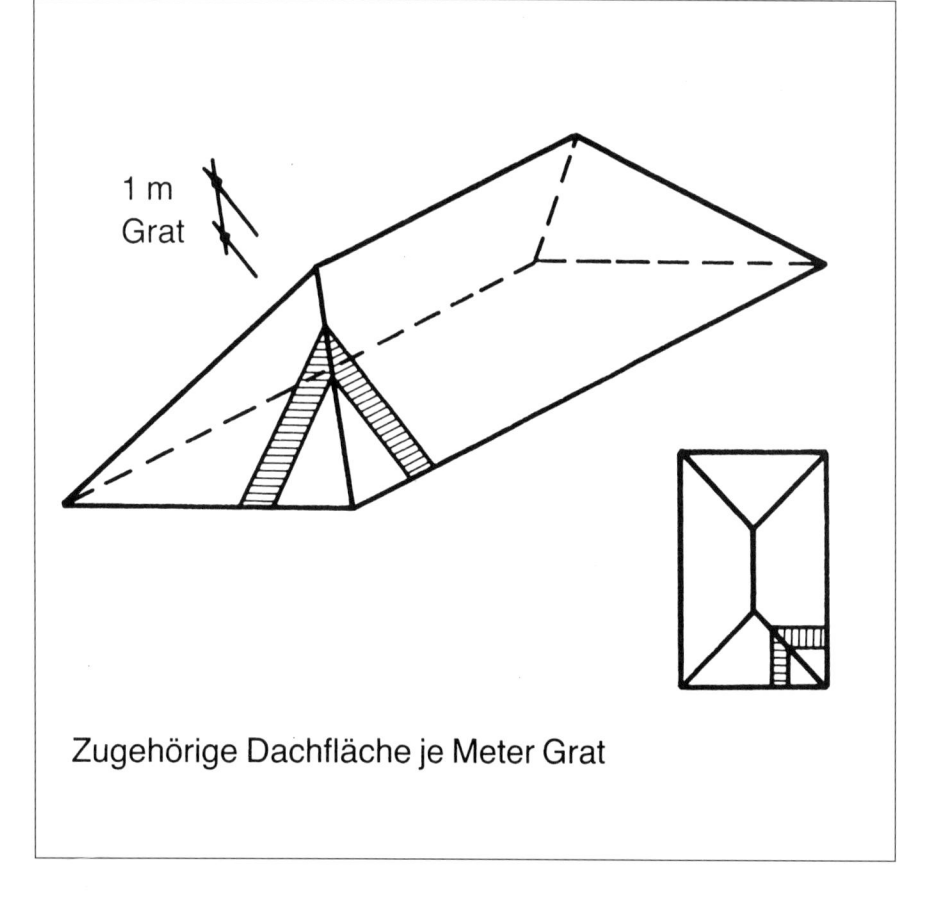

Zugehörige Dachfläche je Meter Grat

6.1.3 Erneuerung der vorhandenen Dacheindeckung durch Tondachziegel oder Betondachsteine – Details

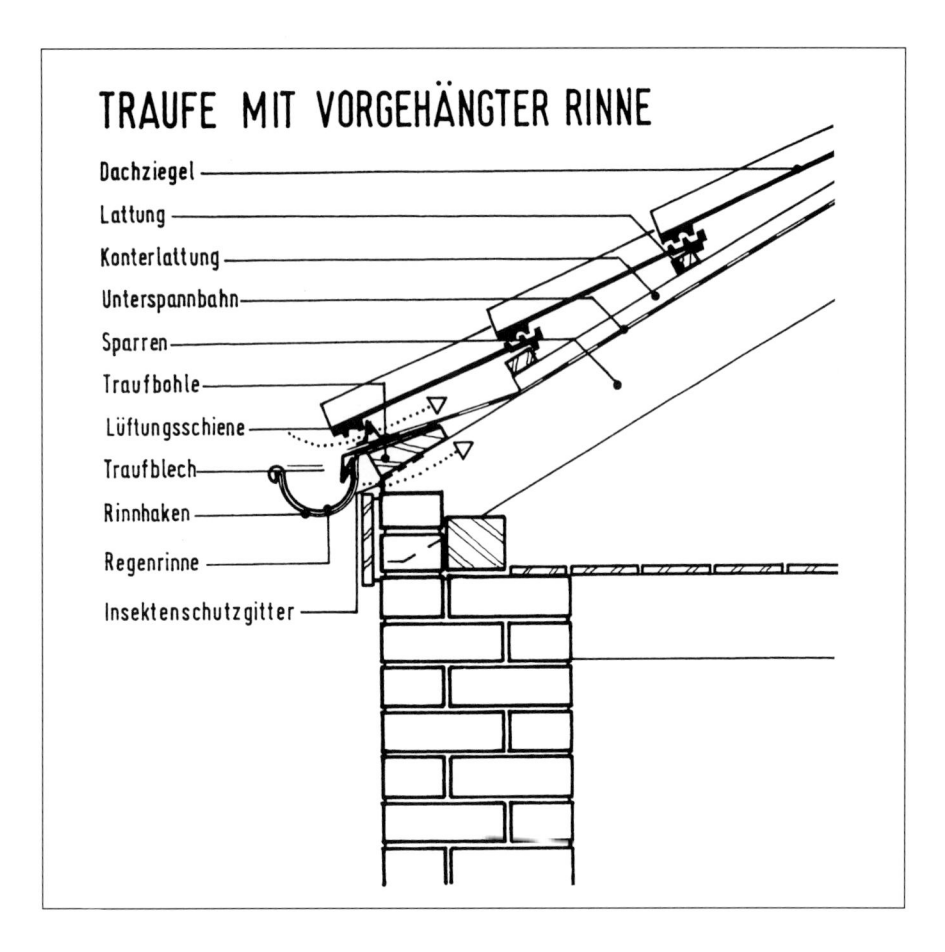

TRAUFE MIT VORGEHÄNGTER RINNE

- Dachziegel
- Lattung
- Konterlattung
- Unterspannbahn
- Sparren
- Traufbohle
- Lüftungsschiene
- Traufblech
- Rinnhaken
- Regenrinne
- Insektenschutzgitter

Traufe mit vorgehängter Rinne

- Belüftung unter- und oberhalb der Unterspannbahn
- Aufsetzen einer Traufbohle, um Ausklinken der Sparren zu vermeiden
- Das Hochführen der Unterspannbahn auf die Traufbohle birgt die Gefahr der Wassersackbildung. Diese Konstruktion ist deshalb nur bei einer Dachneigung über 25 Grad anzuwenden.

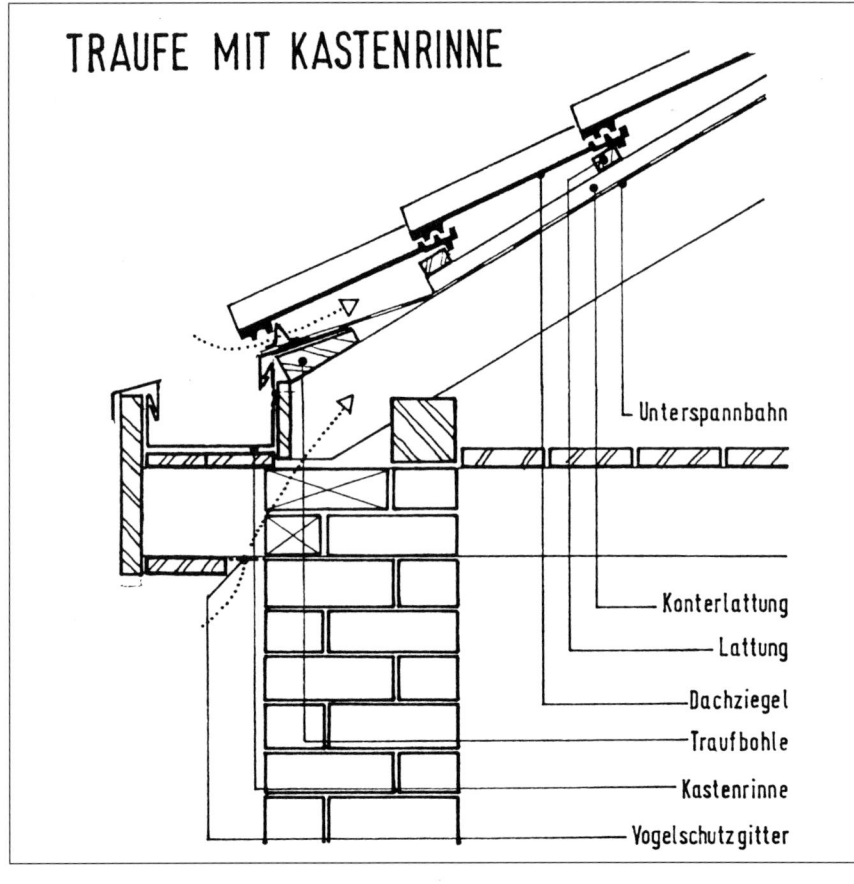

TRAUFE MIT KASTENRINNE

- Unterspannbahn
- Konterlattung
- Lattung
- Dachziegel
- Traufbohle
- Kastenrinne
- Vogelschutzgitter

Traufe mit Kastenrinne

- Belüftung unter- und oberhalb der Unterspannbahn
- Aufsetzen einer Traufbohle, um Ausklinken der Sparren zu vermeiden
- Sicherung der unteren Luftöffnung durch entsprechende Ausbildung des Kastenrinnenbodens und ggf. durch Entfernen von Steinen aus dem Mauerabschluß.

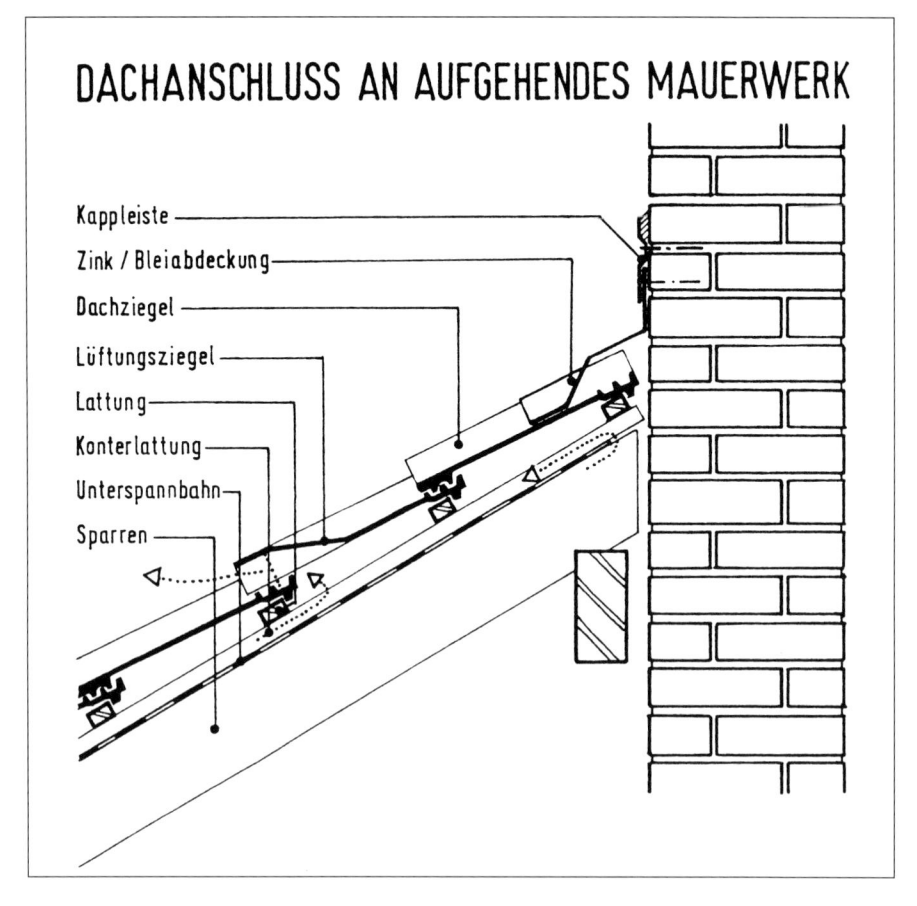

6.1 Problempunkt: Schadhafte Eindeckung von geneigten Dächern

DACHANSCHLUSS AN AUFGEHENDES MAUERWERK

Kappleiste
Zink / Bleiabdeckung
Dachziegel
Lüftungsziegel
Lattung
Konterlattung
Unterspannbahn
Sparren

Dachanschluß an aufgehendes Mauerwerk

- Oberer Wandanschluß mit Brustblech, Walzbleistreifen und normalem Mittelfeldziegel

- Obere und untere Lüftungsschicht werden gemeinsam durch Lüftungsziegel entlüftet

- Abluft aus den Sparrenfeldern durch einen mindestens 4,0 cm breiten Abluftspalt, den die Unterspannbahn vor der Mauer frei läßt, in die obere Lüftungsschicht führen

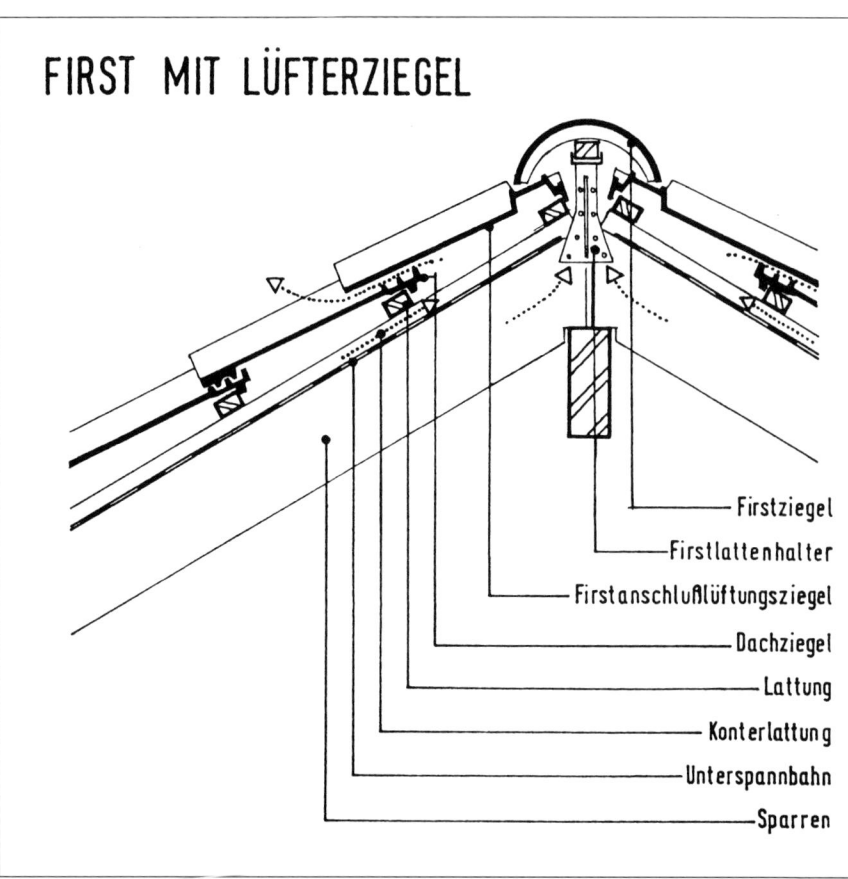

FIRST MIT LÜFTERZIEGEL

Firstziegel
Firstlattenhalter
Firstanschlußlüftungsziegel
Dachziegel
Lattung
Konterlattung
Unterspannbahn
Sparren

First mit Lüfterziegel

- Ausbildung mit Firstziegel und anschließendem längsverschiebbaren Firstanschluß-Lüftungsziegel

- Entlüftung von oberer und unterer Lüftungsschicht gemeinsam durch den Firstanschluß-Lüftungsziegel

- Sicherung des Firstspaltes durch Abdeckblech

6.1.4 Vergleichende Beurteilung

	Umdecken der vorhandenen Ziegel	Neue Tondachziegel	Neue Betondachsteine	Neue Faserzement-wellplatten	Faserzementplatten als Schieferersatz
Baukosten	70,- DM/m^2	110,- DM/m^2	95,- DM/m^2	110,- DM/m^2	175,- DM/m^2
Lebensdauer	Abhängig vom Zustand der vorhandenen Deckung	25 bis 30 Jahre	30 bis 50 Jahre	25 bis 30 Jahre	25 bis 30 Jahre
Einbauzeiten	0,80 Std./m^2	1,0 Std./m^2	1,0 Std./m^2	0,70 Std./m^2	2,30 Std./m^2
Gewicht	Abhängig von der vorhandenen Deckung	50 bis 55 kg/m^2	50 bis 60 kg/m^2	20 kg/m^2	35 kg/m^2
Anmerkungen	Sehr gute Eignung bei denkmalgeschützten Gebäuden	Sehr gute Eignung bei denkmalgeschützten Gebäuden	Umstrittene Eignung bei denkmalgeschützten Gebäuden	Keine Eignung bei denkmalgeschützten Gebäuden	Fragliche Eignung bei denkmalgeschützten Gebäuden

6.2 Problempunkt: Geringe Wärmedämmung von Dächern

Der nachträgliche Ausbau von Dachgeschossen oder gestiegene Anforderungen an vorhandene Dachraumausbauten machen eine zusätzliche Wärmedämmung der gering oder gar nicht gedämmten Dachkonstruktion notwendig.

Bei den Häusern der Gründerzeit, der 20er und 30er Jahre sowie den Häusern der 50er Jahre bildet das Flachdach die Ausnahme. Es werden hier deshalb vor allem Konstruktionslösungen für geneigte Dächer vorgestellt. Für die nachträgliche unterseitige Wärmedämmung von Flachdächern können, soll die vorhandene Dachhaut erhalten bleiben, die im Punkt *nachträgliche Wärmedämmung von Decken* vorgestellten Konstruktionen sinngemäß angewendet werden, wobei raumseitig unbedingt eine Dampfsperre aus 0,05 mm Aluminiumfolie oder 0,2 mm PE-Folie eingebaut werden muß, die gleichzeitig sorgfältig als Windsperre auszubilden ist.

Für die nachträgliche Wärmedämmung geneigter Dächer bestehen grundsätzlich verschiedene Konstruktionsmöglichkeiten:

- die Dämmung oberhalb des Sparrens
- die Dämmung unter den Sparren
- die Dämmung zwischen den Sparren.

Neue Wärmeschutzverordnung

Für Ausbildung und Dimensionierung der Wärmedämmung an Dächern gibt es eindeutige Regeln und Verordnungen:

- DIN 4108 »Wärmeschutz im Hochbau«
- Neue Wärmeschutzverordnung gültig ab 1. 1. 1995

Die Anforderungen der beiden Verordnungen sind sehr unterschiedlich. Die DIN 4108 formuliert lediglich Mindestanforderungen an den Wärmeschutz, Ziel ist hierbei der *Schutz der Konstruktion* vor Kondensatschäden.

Demgegenüber stellt die neue Wärmeschutzverordnung hohe Anforderungen an den Wärmeschutz mit dem Ziel der *erheblichen Einsparung von Heizenergie.*

Im ersten Kapitel dieses Buches ist der Frage des Wärmeschutzes, insbesondere der neuen Wärmeschutzverordnung ein ganzer Abschnitt gewidmet. Hier werden deshalb nur die Aspekte für das Dach behandelt.

Wärmedämmung zwischen den Sparren durch Mineralfaserplatten

Nachträglich ausgebautes Dachgeschoß

6.2 Problempunkt: Geringe Wärmedämmung von Dächern

Anforderungen der Wärmeschutzverordnung

Die neue Wärmeschutzverordnung stellt, auch für Altbauten ganz klare Anforderungen an den maximalen Wärmedurchgang für Außenwände:

Der maximale Wärmedurchgangskoeffizient (k-Wert) für Decken/Dächer beträgt demnach:

$k_D \leq 0{,}30$ W/(m²K)

Um diesen Wert zu erreichen, müßten etwa 12,0 bis 14,0 cm einer üblichen Wärmedämmung aufgebracht werden.

Eine einfache Überschlagsrechnung hilft, einen Anhaltswert für den k-Wert zu ermitteln:

$$k = \frac{4}{\text{Dämmstoffdicke}}$$

(Die Überschlagsrechnung gilt für undurchsichtige Bauteile und eine Wärmeleitfähigkeit von 0,040 W/(m²K), das sind übliche Wärmedämmstoffe.)

Die Anbringung dieser Dämmstoffstärken dürfte im allgemeinen keine Schwierigkeit darstellen, wenngleich man verstärkt zweilagige Dämmstofflagen verwenden wird, weil der zur Verfügung stehende freie Sparrenquerschnitt nicht den erforderlichen Freiraum aufweist.

Ausnahmen sieht die neue Wärmeschutzverordnung für Baudenkmäler und sonstige, besonders erhaltenswerte Bausubstanz vor (siehe hierzu Abschnitt 1.7.3).

Dämmung oberhalb der Sparren

Diese Konstruktion hat den Vorteil, daß keinerlei Eingriffe im vorhandenen Dachwohnraum vorgenommen werden müssen. Die vorhandene Dachunterseite bleibt völlig erhalten. Die Konstruktion eignet sich vor allem für Anwendungsfälle, in denen ein bestehender Dachgeschoßausbau durch zusätzliche Wärmedämmaßnahmen nicht beeinträchtigt werden soll, oder für Fälle, in denen die Dachsparren sichtbar bleiben sollen.

Voraussetzung für diese Konstruktion ist, daß die gesamte Dacheindeckung abgenommen wird.

Sie bietet sich vor allem dann an, wenn defekte Dacheindeckungen vollständig erneuert werden müssen.

Erforderliche Sparrenhöhe bei Verwendung mineralischer Dämmstoffe (Volumenvergrößerung der Dämmung)

Bei der Anbringung der Wärmedämmung oberhalb der Sparren ist, wenn keine Fertigelemente verwendet werden, grundsätzlich eine Schalung vorzusehen, die mit Bitumendachbahnen oder Kunststoffbahnen als Unterdeckung abgedeckt werden sollte.

Bei der Verwendung von Fertigelementen ist unbedingt zu prüfen, ob die vorhandene Dachfläche die erforderliche Ebenheit aufweist.

Für die Wärmedämmung werden Hartschaumplatten verwendet, die auf die Schalung aufgelegt und durch die Befestigung der Konterlattung gehalten werden. Hierbei ist zu beachten, daß die Vernagelung der Konterlattung allein keinen ausreichenden statischen Verbund zu den Sparren herstellt. Durch die zwischenliegende Wärmedämmschicht werden die Nägel vielmehr unzulässig auf Biegung beansprucht. Der kraftschlüssige Verbund zwischen Konterlattung und Sparren muß an Traufe und First durch Verschraubung und zwischengelegte Holzdistanzstücke hergestellt werden.

Sind die Dämmstoffplatten nicht so ausgebildet, daß sie Wasser sicher ableiten (zum Beispiel besondere Falzausbildung), so muß die Dachkonstruktion durch Unterspannbahnen gegen Flugschnee und Treibregen geschützt werden.

Bei dieser Art der Wärmedämmung ist man relativ frei in der Wahl der Konstruktionshöhe, so daß die geforderten Dämmstoffstärken der neuen Wärmeschutzverordnung gut eingebaut werden können.

Dämmung unter den Sparren

Bei vorhandener unterseitiger Dachbekleidung und funktionsfähiger dichter Dacheindeckung wird eine zusätzliche Wärmedämmung sinnvollerweise unterhalb der Sparren angebracht.

Hierzu werden unterseitig Hölzer in Dämmstoffdicke senkrecht zu den Sparren aufgeschraubt, die Zwischenräume mit Wärmedämmung ausgefüllt und eine unterseitige Bekleidung aus Gipskarton- oder Gipsfaserplatten aufgebracht.

Alternativ können Verbundplatten verwendet werden.

Die notwendige raumseitige Dampfsperre kann in Form einer Aluminiumkaschierung der Wärmedämmung oder als PE-Folie vorgesehen werden.

Der Vorteil der unterseitigen Wärmedämmung liegt vor allem darin, daß sie ohne Öffnen oder Umdecken der Dachhaut eingebaut werden kann. Man muß allerdings in Kauf nehmen, daß ein Teil der Wohnfläche beziehungsweise der Höhe unter Dachschrägen verlorengeht.

Durch die geforderten Dämmstoffstärken der neuen Wärmeschutzverordnung entstehen sehr große Konstruktionshöhen, wenn die gesamte Dämmung unter den Sparren angebracht wird. Dieses Verfahren bietet sich deshalb besonders dann an, wenn zusätzliche Dämmungen eingebaut werden sollen.

Dämmung zwischen den Sparren

Aus konstruktiven Gründen ist der Raum zwischen den Sparren für die Unterbringung der Wärmedämmung besonders gut geeignet. Die Dämmung erfolgt sinnvollerweise von unten, kann theoretisch aber auch von oben eingebracht werden; dann stellt allerdings die Anbringung der Dampfsperre ein Problem dar, da diese nicht von oben eingebaut werden kann.

Das Verfahren eignet sich also sowohl für die nachträgliche Wärmedämmung bisher unverkleideter Dachkonstruktionen, bei denen die Eindeckung erhalten bleibt, als auch für unterseitig verkleidete Dachkonstruktionen, bei denen die Eindeckung erneuert wird.

In jedem Fall muß allerdings ein ausreichend großer Sparrenquerschnitt zur Verfügung stehen, damit die geforderten Dämmstoffstärken eingebaut werden können.

Ein Problem besteht darin, bei Einbau der Dämmung von oben die unbedingt erforderliche Dampfsperre sinnvoll und lagerichtig einzubauen. Die Dampfsperre ist bei Dämmstoffen, die nicht aus genügend dampfdichten Stoffen wie Glasschaum oder Schaumkunststoffen bestehen, unbedingt notwendig. Bei vorhandener Bekleidung der Dachunterseite kann sie sinnvollerweise nur als Aluminiumfolie (0,05 mm) unter der Tapete auf der Innenseite der Dachbekleidung angebracht werden.

Bei von unten frei zugänglichen Sparrenquerschnitten kann eine Dampfsperre auch aus 0,2 mm PE-Folie unterhalb der Sparren angebracht werden.

Für die Dämmung zwischen den Sparren kommen vor allem mineralische Dämmstoffe in Platte oder Bahnen zur Anwendung, da sie sich Unregelmäßigkeiten der Konstruktion besser anpassen lassen als Hartschaumdämmstoffe.

Es muß allerdings beachtet werden, daß mineralische Dämmstoffe nach dem Einbau Volumenvergrößerungen aufweisen, wodurch der vorhandene Lüftungsraum eingeengt wird. Dies ist bei der Dimensionierung des Lüftungsquerschnittes zu berücksichtigen.

Dämmung zwischen und unter den Sparren

Bei dieser Art der Verlegung werden zwei zuvor beschriebene Konstruktionen miteinander kombiniert. Der entscheidende Vorteil besteht darin, daß die erforderlichen Dämmstoffstärken mit einem Minimum an konstruktivem Aufwand und einem Minimum an Raumverlust eingebaut werden können.

6.2 Problempunkt: Geringe Wärmedämmung von Dächern

6.2.1 Übersicht über Lösungsmöglichkeiten

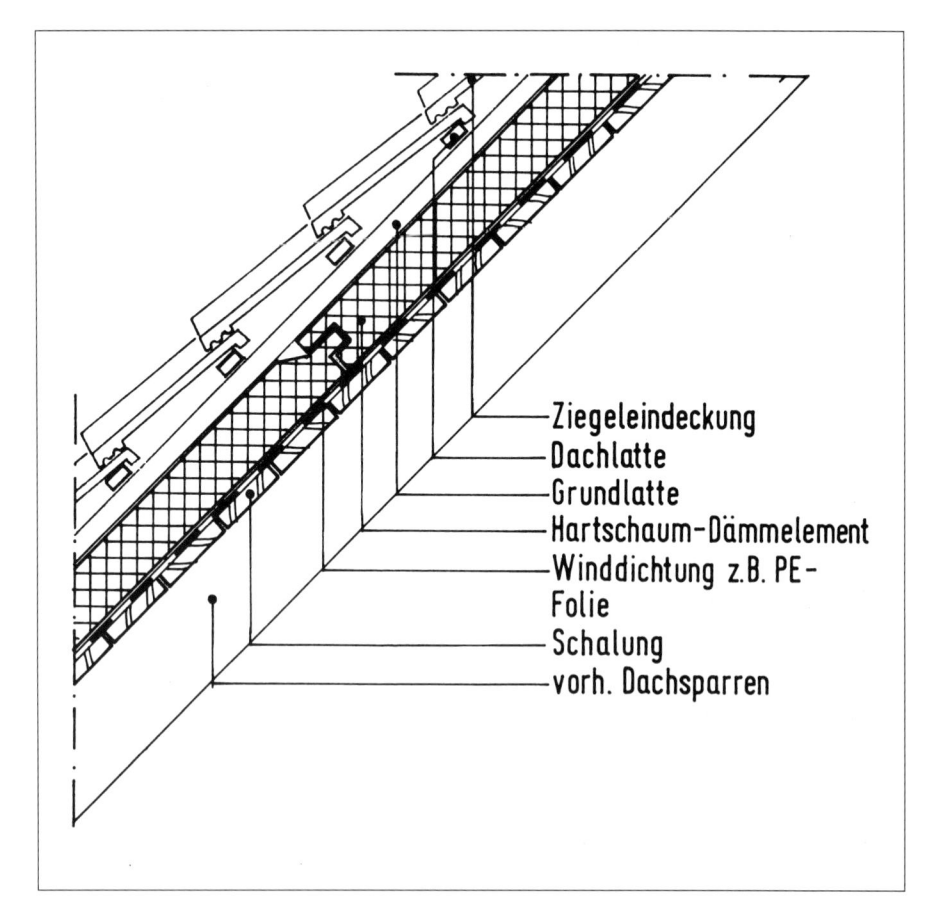

Bildunterschriften (oben):
- Ziegeleindeckung
- Dachlatte
- Grundlatte
- Hartschaum-Dämmelement
- Winddichtung z.B. PE-Folie
- Schalung
- vorh. Dachsparren

Dämmung auf den Sparren	
Baukosten	95,- DM/m² einschl. Schalung
Lebensdauer	Ca. 20 bis 25 Jahre
Einbauzeiten	0,60 Std./m²
Gewicht	19 kg/m² (einschl. Schalung)
Begleitende erforderliche Maßnahmen	Schalung auf den Sparren
Beeinträchtigung der Wohnnutzung	Nein, wenn Schalung vorhanden
Verlust an Wohnfläche	Nein
Geeignet für sichtbare Sparren	Ja
Anmerkungen	Besonders wichtig ist die Fugenabdichtung der Dampfsperre, um eine ausreichende Winddichtigkeit zu gewährleisten

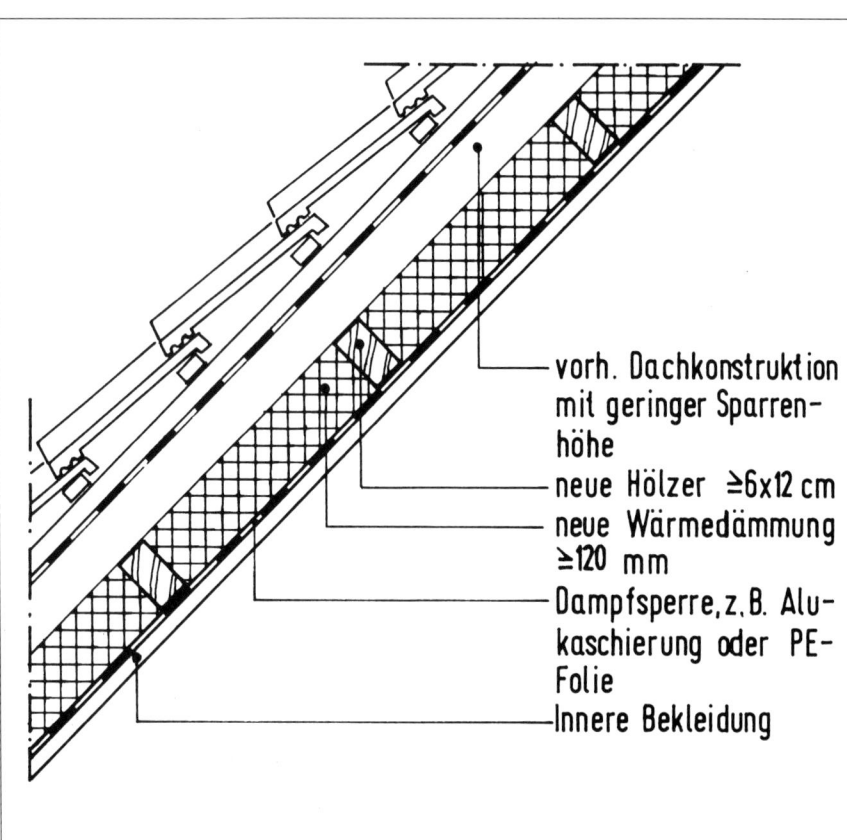

Bildunterschriften (unten):
- vorh. Dachkonstruktion mit geringer Sparrenhöhe
- neue Hölzer ≧6x12 cm
- neue Wärmedämmung ≧120 mm
- Dampfsperre, z.B. Alukaschierung oder PE-Folie
- Innere Bekleidung

Dämmung unter den Sparren	
Baukosten	40,- DM/m²
Lebensdauer	Ca. 20 bis 25 Jahre
Einbauzeiten	0,10 Std./m²
Gewicht	14 kg/m²
Begleitende erforderliche Maßnahmen	Keine
Beeinträchtigung der Wohnnutzung	Ja
Verlust an Wohnfläche	Ja
Geeignet für sichtbare Sparren	Nein
Anmerkungen	Besonders wichtig ist die Fugenabdichtung der Unterspannbahn, um eine ausreichende Winddichtigkeit zu gewährleisten

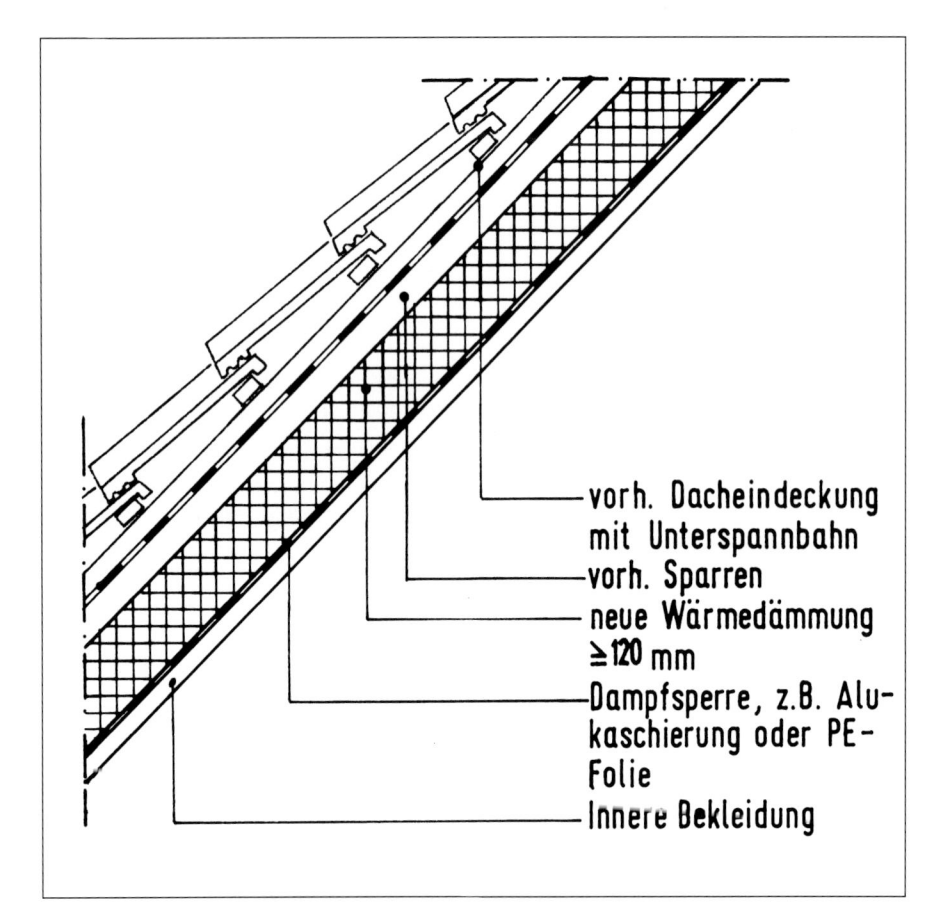

- vorh. Dacheindeckung mit Unterspannbahn
- vorh. Sparren
- neue Wärmedämmung ≧120 mm
- Dampfsperre, z.B. Alukaschierung oder PE-Folie
- Innere Bekleidung

Dämmung zwischen den Sparren	
Baukosten	25,- DM/m²
Lebensdauer	Ca. 20 bis 25 Jahre
Einbauzeiten	0,10 Std./m²
Gewicht	8 kg/m²
Begleitende erforderliche Maßnahmen	Keine
Beeinträchtigung der Wohnnutzung	Ja
Verlust an Wohnfläche	Nein
Geeignet für sichtbare Sparren	Nein
Anmerkungen	Besonders wichtig ist die Fugenabdichtung der Dampfsperre, um eine ausreichende Winddichtigkeit zu gewährleisten

6.2.2 Zusätzliche Wärmedämmung zwischen den Sparren – Erläuterung

Der Einbau der Wärmedämmung zwischen den Sparren ist der häufigste Anwendungsfall. Das Anbringen der Dämmung kann an dieser Stelle am einfachsten und ohne weitere Hilfskonstruktionen erfolgen, außerdem ist der Raum zwischen den Sparren ohnehin ungenutzt vorhanden. Die Dämmung kann also ohne Verlust an Innenraum montiert werden. Häufigste Montagearten sind das Einklemmen zwischen den Sparren oder das Anheften an den Sparren mit Heftrandmatten.

Voraussetzung ist in jedem Fall eine für die erforderliche Dämmstoffstärke ausreichende Sparrenhöhe.

Um Bauschäden durch Kondensatbildung zu vermeiden, sind zwei Dinge beim Anbringen der Dämmung zu beachten:

1. Oberhalb der Dämmung muß ein freier Lüftungsquerschnitt verbleiben.
2. Der Durchgang von Wasserdampf durch die Konstruktion muß in zulässigen Grenzen gehalten werden.

Grundsätzlich sollte bei allen Dämmstoffen zur Begrenzung des Wasserdampfeintrittes raumseitig eine Dampfsperre aus 0,05 mm Aluminiumfolie oder 0,2 mm PE-Folie eingebaut werden. Eine Ausnahme bilden einige Dämmstoffe aus Schaumkunststoff, die über einen ausreichend hohen Diffusionswiderstand verfügen, so daß bei sorgfältiger Verlegung ohne Fugenundichtigkeiten auf eine Dampfsperre verzichtet werden kann. Das gleiche gilt für Dämmstoffe aus Schaumglas, die praktisch vollständig dampfdicht sind.

Werden raumseitig keine Dampfsperren angeordnet, so ist die dampfsperrende Wirkung der Dämmung, gemessen als diffusionsäquivalente Luftschichtdicke (sd), nachzuweisen. Sie ist abhängig von der Sparrenlänge (a) und muß betragen:

- Sparrenlänge a < 10 m: sd > 2 m
- Sparrenlänge a < 15 m: sd > 5 m
- Sparrenlänge a > 15 m: sd > 10 m

Die diffusionsäquivalente Luftschichtdicke (sd) wird folgendermaßen errechnet:

$$sd = s \cdot \mu$$

Hierbei ist:

s = Schichtdicke der Wärmedämmung in Meter
μ = Wasserdampfdiffusionswiderstandszahl der Wärmedämmung

Zur Vermeidung von Tauwasserbildung ist oberhalb der Wärmedämmschicht eine belüftete Schicht anzuordnen, die an Traufe und First an die Außenluft angeschlossen sein muß. Für die Luftschicht selbst sowie für Lüftungsöffnungen an Traufe und First sind Mindestquerschnitte vorgeschrieben.

Bei der Bemessung des Lüftungsquerschnittes ist zu berücksichtigen, daß der Lüftungsraum durch Zunahme der Dicke des Dämmstoffes (bei Mineralfasermatten) zusätzlich eingeengt werden kann.

Die maximale Dicke des einzubauenden Dämmstoffes sollte deshalb 4,0 bis 5,0 cm weniger betragen als die vorhandene Sparrenhöhe.

Reicht der vorhandene Sparrenquerschnitt zur Unterbringung der erforderlichen Dämmstoffdicke nicht aus, so ist ein Teil des Dämmstoffes unterhalb der Sparren anzubringen. Dies ist am einfachsten möglich, wenn die vorhandenen Sparren aufgedickt werden (zum Beispiel durch Aufschrauben von Kanthölzern 4,0 x 6,0 cm).

Alu-kaschierte Mineralwollematten zwischen den Sparren

Sparrenvolldämmung

Bei der Sparrenvolldämmung wird der gesamte zu Verfügung stehende Sparrenhohlraum mit Dämmstoff ausgefüllt. Ein Hohlraum zur Belüftung der Konstruktion besteht nicht mehr. Bei Untersuchungen an geneigten Dächern ist festgestellt worden, daß die in diesen Hohlräumen zirkulierende Luft große Mengen Feuchtigkeit, auch von außen nach innen, transportiert, und nicht unerhebliche Mengen Feuchtigkeit, insbesondere an der Unterseite der Dampfsperre, kondensieren.

Fehlt der freie Lüftungsraum kann diese Kondensation nicht mehr stattfinden, weil der Luftaustausch unterbleibt.

Durch Verwendung dampfdichter Sperren auf der Raumseite und durch dampfdurchlässige Unterspannbahnen auf der Oberseite ist sicherzustellen, daß keine Feuchtigkeit aus der Raumluft in die Konstruktion eindringt, und daß eventuell vorhandene Feuchtigkeit aus der Konstruktion entweichen kann.

Wasserdampfdiffusions-Widerstandszahlen

Stoff	Richtwert der Wasserdampfdiffusionswiderstandszahl μ
Wärmedämmstoffe	
Holzwolle-Leichtbauplatten	2/5
Korkdämmstoffe	5/10
Schaumkunststoffe	
Polystyrol-Partikelschaum, je nach Rohdichte	20/50 bis 40/100
Polystyrol-Extruder Schaum	80/300
Polyurethan-Hartschaum	30/100
Phenolharz-Hartschaum	30/50
Mineralische und pflanzliche Faserdämmstoffe	1
Schaumglas nach DIN 18174	praktisch dampfdicht
PVC-Folien, Dicke ≥ 0,1 mm	20 000 – 50 000
Polyäthylenfolien, Dicke ≥ 0,1 mm	100 000
Aluminium-Folien, Dicke ≥ 0,05 mm	praktisch dampfdicht
andere Metallfolien, Dicke ≥ 0,1 mm	praktisch dampfdicht

Mindest-Lüftungsquerschnitte und geforderte äquivalente Luftschichtdicken

Sparrenlänge	Mindest-Lüftungsquerschnitt				geforderte diffusionsäquivalente Luftschichtdicke s_d
	Traufe		First und Grat **	Dachbereich	
	Querschnitt	Lüftungsspalt *			
m	cm²/m	cm	cm²/m	cm²/m	m
6	200	2,4	60	200	2,0
7	200	2,4	70	200	2,0
8	200	2,4	80	200	2,0
9	200	2,4	90	200	2,0
10	200	2,4	100	200	2,0
11	220	2,6	110	200	5,0
12	240	2,9	120	200	5,0
13	260	3,1	130	200	5,0
14	280	3,3	140	200	5,0
15	300	3,6	150	200	5,0
16	320	3,8	160	200	10,0
17	340	4,0	170	200	10,0
18	360	4,3	180	200	10,0
19	380	4,5	190	200	10,0
20	400	4,8	200	200	10,0
21	420	5,0	210	200	10,0
22	440	5,2	220	200	10,0
etc.					

* Bezogen auf eine Querschnittseinengung durch Sparren von ca. 16 %. Durch Lüftungsgitter o. ä. kann ein größerer Lüftungsspalt notwendig werden.
** Jeweils Angabe des Gesamtquerschnitts

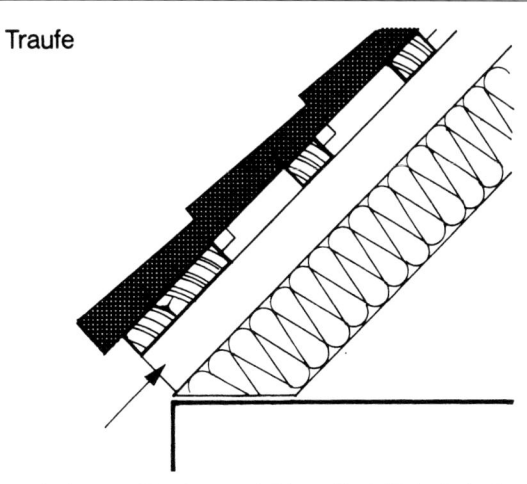

6.2 Problempunkt: Geringe Wärmedämmung von Dächern

Traufe

L_f mindestens 2‰ der zugehörigen Dachfläche jedoch mindestens 200 cm²/lfm Traufe

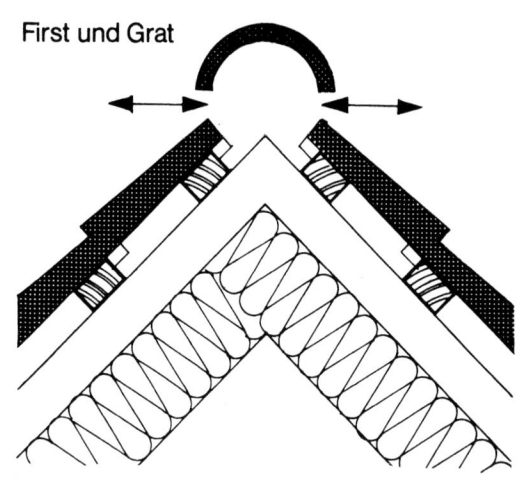

First und Grat

L_f mindestens 0,5‰ der zugehörigen Dachfläche

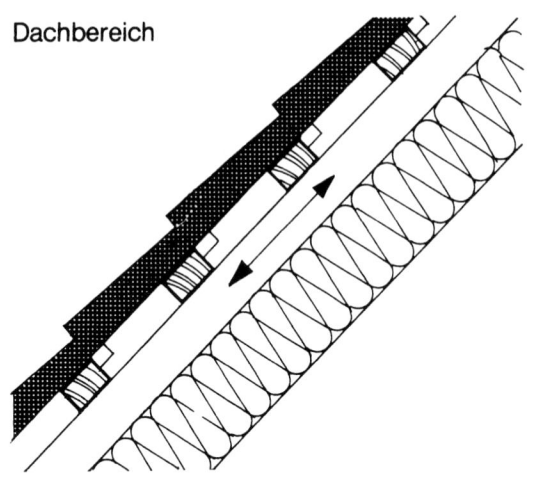

Dachbereich

L_f mindestens 200 cm²/m jedoch mindestens 2 cm freie Höhe

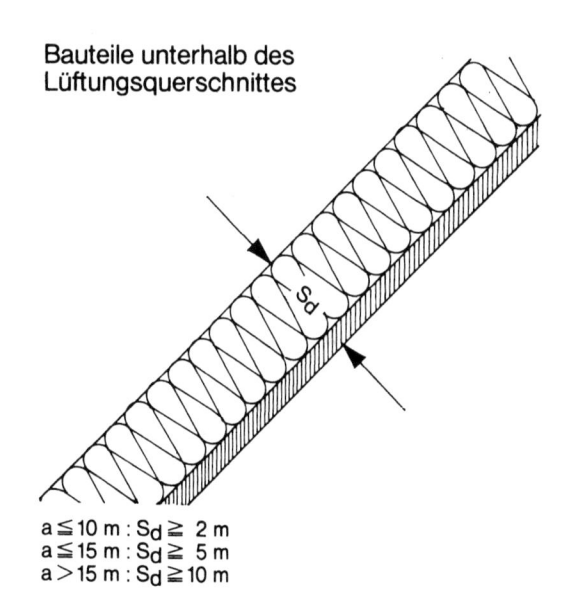

Bauteile unterhalb des Lüftungsquerschnittes

$a \leq 10$ m : $S_d \geq 2$ m
$a \leq 15$ m : $S_d \geq 5$ m
$a > 15$ m : $S_d \geq 10$ m

L_f: freier Lüftungsquerschnitt
a: Sparrenlänge
S_d: Diffusionsäquivalente Luftschichtdicke

Mindestquerschnitte für Lüftungsöffnungen

6.2.3 Vergleichende Beurteilung

	Dämmung auf den Sparren	Dämmung unter den Sparren	Dämmung zwischen den Sparren
Baukosten	95,- DM/m^2 einschl. Schalung	40,- DM/m^2	25,- DM/m^2
Lebensdauer	Ca. 20 bis 25 Jahre	Ca. 20 bis 25 Jahre	Ca. 20 bis 25 Jahre
Einbauzeiten	0,60 Std./m^2	0,10 Std./m^2	0,10 Std./m^2
Gewicht	19 kg/m^2 einschl. Schalung	14 kg/m^2	8 kg/m^2
Begleitende erforderliche Maßnahmen	Schalung auf den Sparren	Keine	Keine
Beeinträchtigung der Wohnnutzung	Nein, wenn Schalung vorhanden	Ja	Ja
Verlust an Wohnfläche	Nein	Ja	Nein
Geeignet für sichtbare Sparren	Ja	Nein	Nein
Anmerkungen	Besonders wichtig ist die Fugenabdichtung der Dampfsperre, um eine ausreichende Winddichtigkeit zu gewährleisten	Besonders wichtig ist die Fugenabdichtung der Unterspannbahn, um eine ausreichende Winddichtigkeit zu gewährleisten	Besonders wichtig ist eine Fugenabdichtung der Dampfsperre, um eine ausreichende Winddichtigkeit zu gewährleisten

7 Treppen

7.1 Problempunkt:
Ausgetretene Holzstufenbeläge

Reparatur einer Treppenstufe durch Kantenprofil und Spachtelung

Kaum ein altes Haus, in dem sich keine ausgetretenen Stufen finden. Zumeist bei Holztreppen, seltener bei Steinstufen, zeigen sich die typischen Laufspuren an den Vorderkanten der Stufen. Typisch ist die Abnahme der ausgetretenen Stufen von unten nach oben, eben entsprechend der Treppennutzung.

Bewohner eines Hauses gewöhnen sich im allgemeinen so stark an ausgetretene Treppenstufen, daß Fehlstellen oft nicht mehr wahrgenommen werden. Dennoch bedeuten die ausgetretenen Stufen eine erhebliche Stolpergefahr. Darüber hinaus sehen die abgetretenen Kanten meist sehr unschön aus.

Zur Reparatur der Treppenstufen gibt es verschiedene Möglichkeiten, deren Einsatz im wesentlichen von der gewünschten Gestaltung der Treppe abhängt.

Kantenprofil

Am einfachsten, gestalterisch aber oft unbefriedigend, ist die Reparatur, wenn die Treppe mit einem neuen Oberbelag aus Teppich oder Kunststoff belegt wird, die alte Holzstufe also nicht sichtbar bleibt.

In diesem Falle wird auf die Stufenvorderkante eine Metallschiene zur Begradigung aufgeschraubt. Die Metallschiene dient als Lehre und als Halt für die Ausspachtelung der Vertiefung. Der neue Oberbelag verdeckt Spachtelung und Schienenansatz, so daß wieder ein befriedigendes Erscheinungsbild der Stufe entsteht. Die Setzstufe kann, bis auf einen Erneuerungsanstrich, unbearbeitet bleiben, da sie selten Schäden aufweist.

Stufenknarren

Ein besonderes Problem bildet das Knarren der Stufen beim Begehen.

Bei der Herstellung der Treppe werden die Stufen unter Spannung vom Tischler zusammengefügt. Durch das Trocknen des Holzes geht die Spannung verloren, und die obere Verbindung zwischen Tritt- und Setzstufe löst sich. Dieses Trocknen des Holzes trat in eher feuchten, unbeheizten Treppenhäusern selten auf. Es wird begünstigt durch die Zentralbeheizung von Häusern und durch die Anordnung von Heizkörpern im Treppenhäusern.

Zur Sanierung der Treppe wird die (untere) Verschraubung zwischen Tritt- und Setzstufe gelöst, die Triffstufen werden gegeneinander ausgekeilt und die Setzstufe wird an der Trittstufe neu verschraubt. Nach Entfernen der Keile sitzt die Setzstufe wieder unter Spannung zwischen den Trittstufen. Bewegungen und Knarrgeräusche sind unterbunden. Ein sehr wirkungsvolles, aber auch arbeitsintensives und damit teures Verfahren.

Aufdoppeln der Trittstufe

Das Aufbringen von Teppich- oder Kunststoffbelägen bedeutet eine starke optische Veränderung der Treppe, die nicht immer erwünscht ist.

Soll die Holzoberfläche der Stufe erhalten bleiben, muß die Stufe nach dem Spachteln aufgedoppelt werden. Hierzu kann eine neue Holzplatte mit vorderer Abschlußleiste auf die Trittstufe aufgeschraubt werden. Dies ist die klassische, tischlermäßige Reparaturmethode.

Es gibt aber auch die Möglichkeit, eine dünne Sperrholzplatte mit einem Stufenkantenprofil zu kombinieren. Dies führt zu einem niedrigeren Konstruktionsaufbau, ist aber gestalterisch oft sehr kritisch.

Aufdoppeln von Tritt- und Setzstufe

Beim Aufdoppeln von Tritt- und Setzstufe wird über die gesamte vorhandene Konstruktion eine neue komplette Stufe aufgesetzt, die mit der Unterkonstruktion verschraubt wird.

Statt einer massiven Holzkonstruktion sind auch Kombinationen aus Stufenkantenprofil und dünnen Sperrholzplatten auf Spachtelunterlage möglich.

Zur Verbesserung der Montage kann es erforderlich sein, den vorspringenden Teil der Trittstufe abzuschneiden.

Vor allem bei den Konstruktionen mit Sperrholzplatten ist sehr sorgfältig auf die Ausführung zu achten, da viele Systeme gestalterisch unbefriedigend sind.

Ausgetretene Holzstufen in einem alten Treppenhaus

7.1 Problempunkt: Ausgetretene Holzstufenbeläge

7.1.1 Übersicht über Lösungsmöglichkeiten

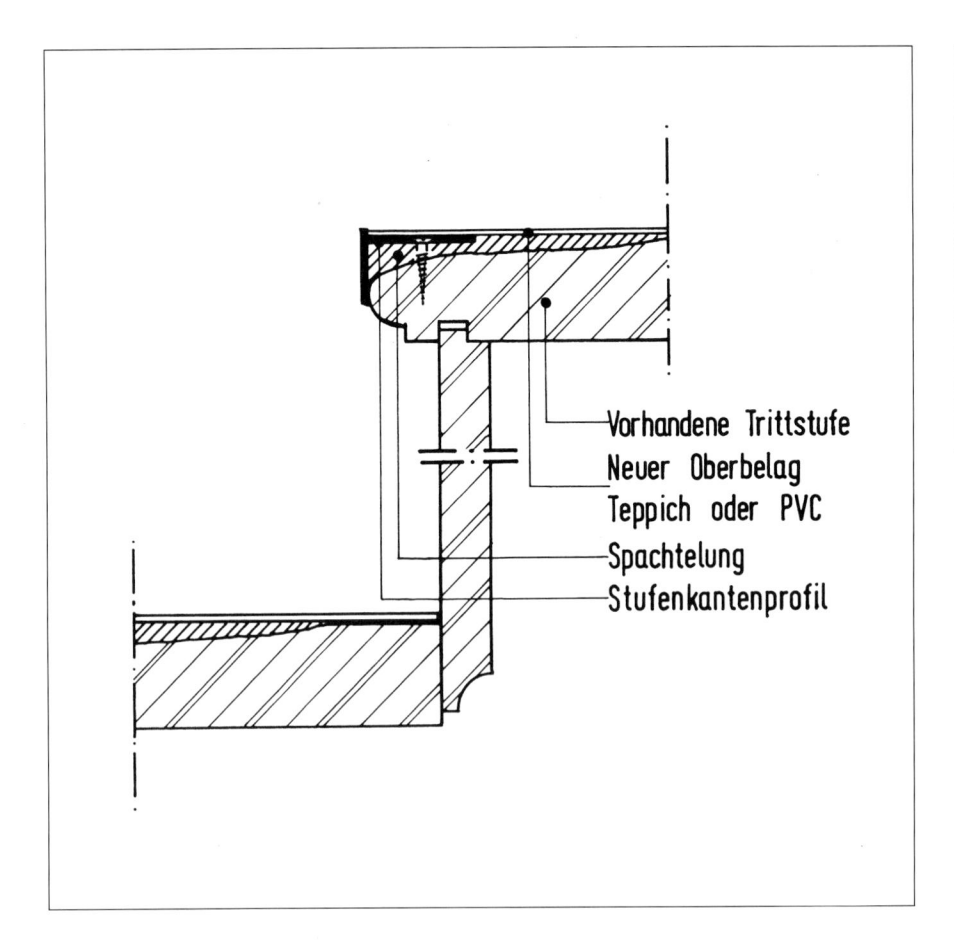

Vorhandene Trittstufe
Neuer Oberbelag Teppich oder PVC
Spachtelung
Stufenkantenprofil

Kantenprofil, Spachtelung, PVC/Teppich	
Baukosten	50,– DM/Stufe
Begleitende erforderliche Maßnahmen	Keine
Instandhaltungskosten	Keine
Lebensdauer	15 bis 20 Jahre
Einbauzeiten	0,45 Std./Stufe
Trocknungs-/ Wartezeiten	1 Tag nach der Spachtelung
Konstruktionshöhe	0,5 cm

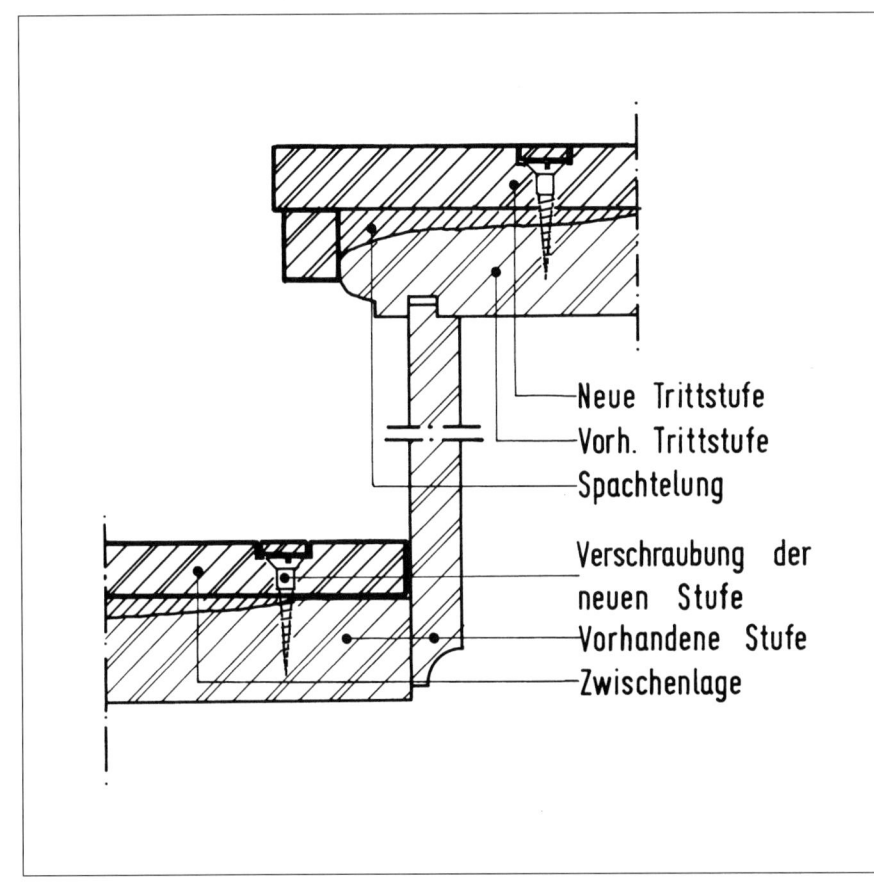

Neue Trittstufe
Vorh. Trittstufe
Spachtelung
Verschraubung der neuen Stufe
Vorhandene Stufe
Zwischenlage

Aufdoppelung Trittstufe	
Baukosten	265,– DM/Stufe
Begleitende erforderliche Maßnahmen	Ggf. Lackierung
Instandhaltungskosten	25,– DM/Stufe alle 10 Jahre für Versiegelung. Anstricherneuerung alle 7 Jahre
Lebensdauer	25 bis 30 Jahre
Einbauzeiten	0,50 Std./Stufe
Trocknungs-/ Wartezeiten	Keine, wenn fertig lackierte Stufen eingebaut werden
Konstruktionshöhe	3,0 cm
Anmerkungen	Beim Aufdoppeln der Stufen Geländerhöhe berücksichtigen

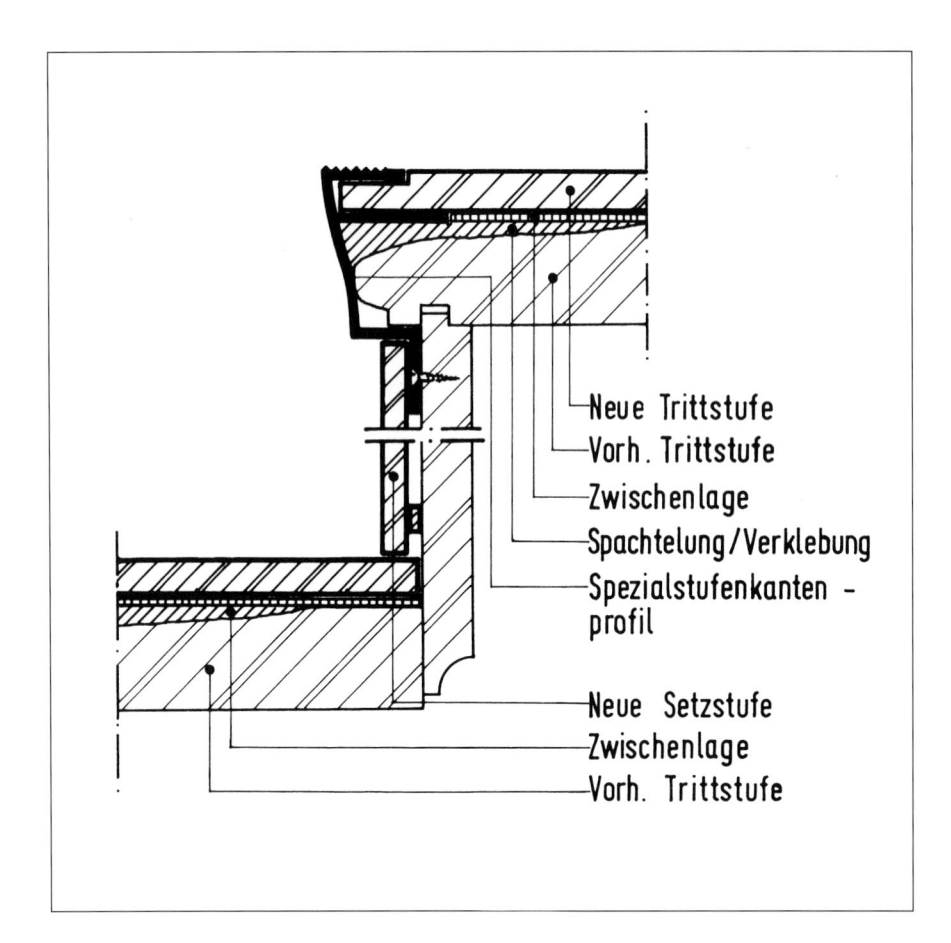

Labels on drawing:
- Neue Trittstufe
- Vorh. Trittstufe
- Zwischenlage
- Spachtelung/Verklebung
- Spezialstufenkanten-profil
- Neue Setzstufe
- Zwischenlage
- Vorh. Trittstufe

Aufdoppelung von Tritt- und Setzstufen	
Baukosten	375,– DM/Stufe
Begleitende erforderliche Maßnahmen	Ggf. Lackierung
Instandhaltungskosten	30,– DM/Stufe alle 10 Jahre für Versiegelung. Anstricherneuerung alle 7 Jahre.
Lebensdauer	25 bis 30 Jahre
Einbauzeiten	0,70 Std./Stufe
Trocknungs-/Wartezeiten	Keine, wenn fertig lackierte Stufen eingebaut werden
Konstruktionshöhe	3,0 cm

7.1.2 Vergleichende Beurteilung

	Kantenprofil, Spachtelung, PVC/Teppich	Aufdoppelung Trittstufe	Aufdoppelung Tritt- und Setzstufen
Baukosten	50,– DM/Stufe	265,– DM/Stufe	375,– DM/Stufe
Begleitende erforderliche Maßnahmen	Keine	Ggf. Lackierung	Ggf. Lackierung
Instandhaltungskosten	Keine	25,– DM/Stufe alle 10 Jahre für Versiegelung. Anstricherneuerung alle 7 Jahre	30,– Stufe alle 10 Jahre für Versiegelung. Anstricherneuerung alle 7 Jahre
Lebensdauer	15 bis 20 Jahre	25 bis 30 Jahre	25 bis 30 Jahre
Einbauzeiten	0,45 Std./Stufe	0,50 Std./Stufe	0,70 Std./Stufe
Trocknungs-/Wartezeiten	1 Tag nach der Spachtelung	Keine, wenn fertig lackierte Stufen eingebaut werden	Keine, wenn fertig lackierte Stufen eingebaut werden
Konstruktionshöhe	0,5 cm	3,0 cm	3,0 cm
Anmerkungen	–	Beim Aufdoppeln der Stufen Geländerhöhe berücksichtigen	–

8 Fußböden

8.1 Problempunkt:
Ausgetretene, unebene Fußbodenbeläge

Die meisten alten Häuser zeigen unebene, ausgetretene Fußbodenbeläge. Die Ursachen hierfür sind vielfältig: ausgetretene Naturstein- oder losgetretene Fliesenbeläge in Hausfluren, durchgetretene Oberbeläge über sandenden Zement- oder staubenden Steinholzfußböden, verzogene und ausgetretene Holzdielenfußböden.

Am häufigsten findet man ausgetretene Holzdielenböden. Da die Sanierungsmöglichkeiten für Holzdielenböden am ehesten auf andere Fußbodenarten übertragen werden können und bei Holzuntergründen die schwierigsten Ausgangsbedingungen bestehen, wird dieses Schadensbild hier als Grundmuster dargestellt.

Bei der Sanierung von Fußbodenbelägen muß unterschieden werden zwischen *Unebenheiten des Bodens* und *Schieflagen der gesamten Deckenkonstruktion*.

Während Unebenheiten des Bodenbelages durch einen neuen Oberboden ausgeglichen werden können, lassen sich Schieflagen der Decke durch entsprechende Zwischenschichten (Schüttungen, Dämmstofflagen) beheben. Von größter Bedeutung ist hierbei das Gewicht der zusätzlich aufgebrachten Konstruktion.

Folgende Konstruktionen in Form von neuen Unterböden kommen als Sanierungsmöglichkeit in Betracht:

- Ausgleichsspachtelung
- Trockenunterböden aus Span- oder Gipsplatten
- Gußasphaltestrich
- Anhydritestrich
- Zementestrich.

Alter, ausgetretener Dielenbelag mit breiten Fugen

Einbau von Gußasphalt als neuer Unterboden

Ausgleichsspachtelung

Als Unterbodenspachtelmassen werden pulverförmige Haft- und Planierzement-Mehrzweckspachtelmassen verwendet.

Die Spachtelmassen werden mit Wasser angerührt und in Schichtstärken bis zu 1,0 cm auf den Untergrund aufgetragen. Sie erhärten innerhalb von 5 bis 6 Stunden. Holzböden, die durch Bohnern oder Wachsen an der Oberfläche Fette aufweisen, sind vor dem Aufbringen der Spachtelmassen zu entfetten, zusätzlich ist das Aufbringen eines Voranstriches, zum Beispiel aus Chloropren-Kautschuk-Kleber, empfehlenswert.

Spachtelmassen auf mineralischer Basis (Gips, Zement, Anhydrit) dürfen normalerweise nur auf starren Untergründen aufgebracht werden. Durch Zusatz von Kunstharzen lassen sich Spachtelmassen jedoch so elastisch einstellen, daß sie auch auf (gering beweglichen) Holzböden verwendet werden können. In die Spachtelmasse eingebettete Glasfasergewebe erhöhen zusätzlich die Rißsicherheit.

Zur Erzielung einer ausreichend ebenen Oberfläche sind sehr häufig mehrere Lagen Spachtelmasse aufzutragen. Dies ist bei der Ausschreibung zu beachten, da viele ausführende Firmen nur einlagige Spachtelaufträge kalkulieren und ausführen. In jedem Fall lohnt sich eine genaue Information über die Qualifikation und die Erfahrung der ausführenden Firmen. Da das Spachtelmaterial im allgemeinen sehr teuer ist, und die unebenen Böden große Mengen an Ausgleichsmasse erfordern, sind hier Konflikte bei der Ausführung nicht selten.

Auf die ausgehärtete Spachtelmasse können die Bodenbeläge direkt verlegt werden. Zwischen den einzelnen Spachtelgängen ist jeweils etwa ein Tag Trocknungszeit einzuhalten.

Trockenunterböden aus Spanplatten

Zur Überdeckung größerer Unebenheiten eignen sich Unterböden aus Spanplatten.

Durch ihre Stabilität und Festigkeit können sie Hohllagen der Unterkonstruktion schadensfrei überbrücken, gegebenenfalls ist die schwimmende Verlegung auf Schüttungen (zum Beispiel aus geblähtem und gemahlenem Steinmaterial) möglich.

Verwendet werden fast ausschließlich kunstharzgebundene Holzspanplatten. Entsprechend ihrer Feuchtebeständigkeit werden sie in drei Werkstoffklassen eingeteilt.

V 20 = beständig in Räumen mit niedriger Luftfeuchte (< 70%), Verleimung nicht wetterbeständig

V 100 = beständig gegen hohe Luftfeuchte (< 80%), Verleimung nicht wetterbeständig

V 100 G = wie V 100, jedoch mit Holzschutzmittel gegen Pilzbefall geschützt.

In Innenräumen ist die Verwendung von Holzspanplatten V 100 G im allgemeinen nicht erforderlich (Ausnahme: bei Decken über Kellergewölben etc.).

Spanplatten für den Fußbodenbereich werden mit Nut und Feder hergestellt. Die einzelnen Platten werden untereinander verleimt und mit dem Unterboden verschraubt. Beim Verlegen sind Kreuzfugen nicht zulässig.

Vor dem Verlegen von Oberbelägen sind die Plattenstöße und die Schraublöcher zu spachteln.

Vorteile von Spanplattenunterböden sind ihre schnelle Verlegbarkeit, die glatte Oberfläche und die trockene Bauweise.

Spachtelung eines alten Holzdielenbodens

Trockenunterböden aus Gipsplatten

Als Alternative zu Holzspanplatten stehen Gipsplattenfußbodenelemente zur Verfügung.

Sie bestehen aus zwei bis drei miteinander verklebten Gipskarton- bzw. Gipsfaserplatten, deren Rand mit Nut und Feder oder mit Stufenfalz ausgebildet ist. Der mechanische Randverbund der verlegten Platten untereinander wird durch Verklebung hergestellt.

Für besondere Anwendungsfälle gibt es Fußbodenverbundelemente mit Hartschaumunterlage. Sie eignen sich für die Verwendung bei Anforderungen an den Schall- oder Wärmeschutz. Ihre Konstruktionshöhe beträgt allerdings mindestens 5,0 bis 6,0 cm.

Unterböden aus Gußasphaltestrich

Gußasphaltestriche werden überall dort eingesetzt, wo höhere Anforderungen an den Unterboden gestellt werden. Gegenüber Böden aus Spanplatten oder Gipsplatten läßt sich zum Beispiel der hohle Klang oder das Knarren beim Begehen der Decken vermeiden.

Gußasphalt besteht aus Steinmehl, Sand, Splitt und ca. 10% Bitumen als Bindemittel. Der Gußasphalt wird in stationären Anlagen hergestellt und in beheizbaren Kochern mit Rührwerk transportiert und angeliefert.

Auf der Baustelle wird der Gußasphalt, der etwa 200 bis 240 °C heiß ist, von Hand eingebaut, mit Sand abgerieben und geglättet. Nach ca. 2 bis 4 Stunden ist der Gußasphalt erhärtet und kann begangen werden.

Gußasphalt wird im allgemeinen auf einer Schüttung mit Trennlage in 2,0 bis 3,0 cm Stärke eingebaut. Er besitzt auch ohne weichfedernde Unterschichten eine recht gute Schalldämpfung und eine gute Wärmedämmung.

Neben der kurzen Aushärtezeit liegt ein großer Vorteil vor allem darin, daß keine zusätzliche Feuchte in den Bau gebracht wird.

Problematisch sind bei Gußasphalt die mit dem Einbau verbundene Hitze- und Geruchsentwicklung sowie später, während der Nutzung, die Eindruckgefahr punktförmiger Lasten.

Außerdem muß berücksichtigt werden, daß bei Flächen unter 100 m^2 hohe Mindermengenzuschläge anfallen.

Wenn die statischen Verhältnisse es zulassen, kann Gußasphalt problemlos auf Holzbalkendecken verlegt werden.

Unterböden aus Anhydritestrich

Als Alternative zu Gußasphaltestrich kommen Anhydritestriche in Betracht.

Es handelt sich hierbei um Estriche aus einem Gemisch aus Sand und Anhydritbinder, meist mit einem Zusatz von Fließmitteln, die vorzugsweise auf Schüttung und Trennlage eingebaut werden.

Der Estrich wird naß eingebracht, eben abgezogen und geglättet. Bei der zunehmenden Verwendung von Fließestrichen kann das Abziehen entfallen, da auch so ausreichend ebene Oberflächen erzielt werden.

Bei Estrichflächen bis zu 1000 m^2 ist die Ausbildung von Fugen nicht erforderlich.

Der Estrich kann nach ein bis zwei Tagen begangen werden und ist im allgemeinen nach zehn Tagen soweit getrocknet, daß Bodenbeläge verlegt werden können. Ein Spachteln des Estrichs ist nicht erforderlich, da Anhydritestriche mit sehr glatter Oberfläche hergestellt werden können.

Anhydritestrich ist sehr feuchteempfindlich und darf ständig einwirkender Feuchte nicht ausgesetzt werden. Dies ist besonders zu beachten bei Feuchtegefährdung durch Dampfdiffusion (zum Beispiel bei Holzbalkendecken über Badezimmern). Hier ist in jedem Fall eine Dampfsperre unter dem Estrich einzubauen.

Unterböden aus Zementestrich

Zementestriche als Gemisch aus Sand und Zement, feucht eingebracht, verdichtet, abgerieben und geglättet, sind bei der Althausmodernisierung eher die Ausnahme, da sie einige Nachteile mit sich bringen.

Normale Zementestriche erhärten relativ langsam, bringen erhebliche Feuchtemengen in das Haus, müssen wegen des starken Schwindverhaltens in kurzen Abständen Fugen erhalten und sind relativ schwer.

Ihre Vorteile liegen im Preis, in der hohen Festigkeit, der Feuchtebeständigkeit und vor allem darin, daß sie relativ einfach herzustellen sind. Sie haben in der Altbaumodernisierung ihre Bedeutung vor allem dort, wo kleinere Flächen aus Estrich hergestellt werden müssen.

Diese Arbeiten können dann von Rohbauunternehmen mit durchgeführt werden, ohne daß Spezialfirmen hinzugezogen werden müssen.

8.1 Problempunkt: Ausgetretene, unebene Fußbodenbeläge

8.1.1 Übersicht über Lösungsmöglichkeiten

Spachtelung mit eingebettetem Gewebe
Vorhandener Dielenbelag

Ausgleichsspachtelung	
Baukosten	30,- DM/m²
Folgekosten	–
Begleitende erforderliche Maßnahmen	–
Lebensdauer	20 Jahre
Einbauzeiten	0,13 Std./m²
Trocknungs-/Wartezeiten	3 x 1 Tag
Gewicht	(d = 0,5 cm) 7,0 kg/m²
Konstruktionshöhe	0,5 cm
Feuchtebeständigkeit	Normal
Ausführendes Unternehmen	Fußbodenleger

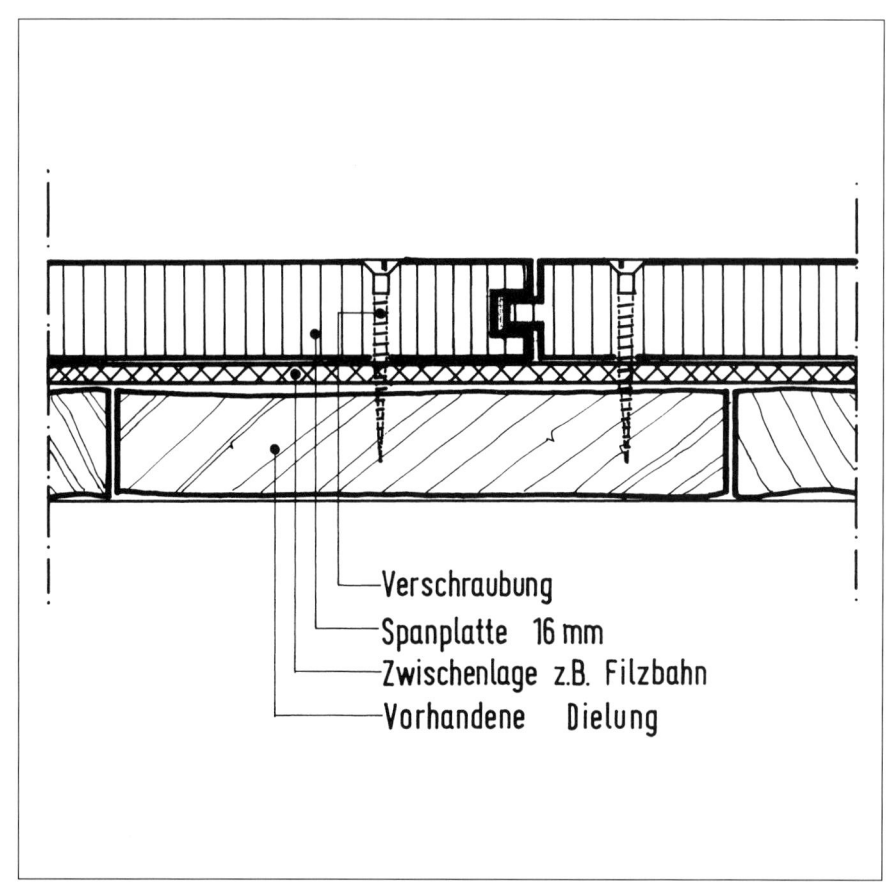

Verschraubung
Spanplatte 16 mm
Zwischenlage z.B. Filzbahn
Vorhandene Dielung

Trockenunterboden aus Spanplatten	
Baukosten	30,- DM/m²
Folgekosten	–
Begleitende erforderliche Maßnahmen	–
Lebensdauer	20 Jahre
Einbauzeiten	0,36 Std./m²
Trocknungs-/Wartezeiten	1 Tag
Gewicht	(d = 19,0 cm) 16,0 kg/m²
Konstruktionshöhe	1,9 cm
Feuchtebeständigkeit	Gering
Ausführendes Unternehmen	Fußbodenleger

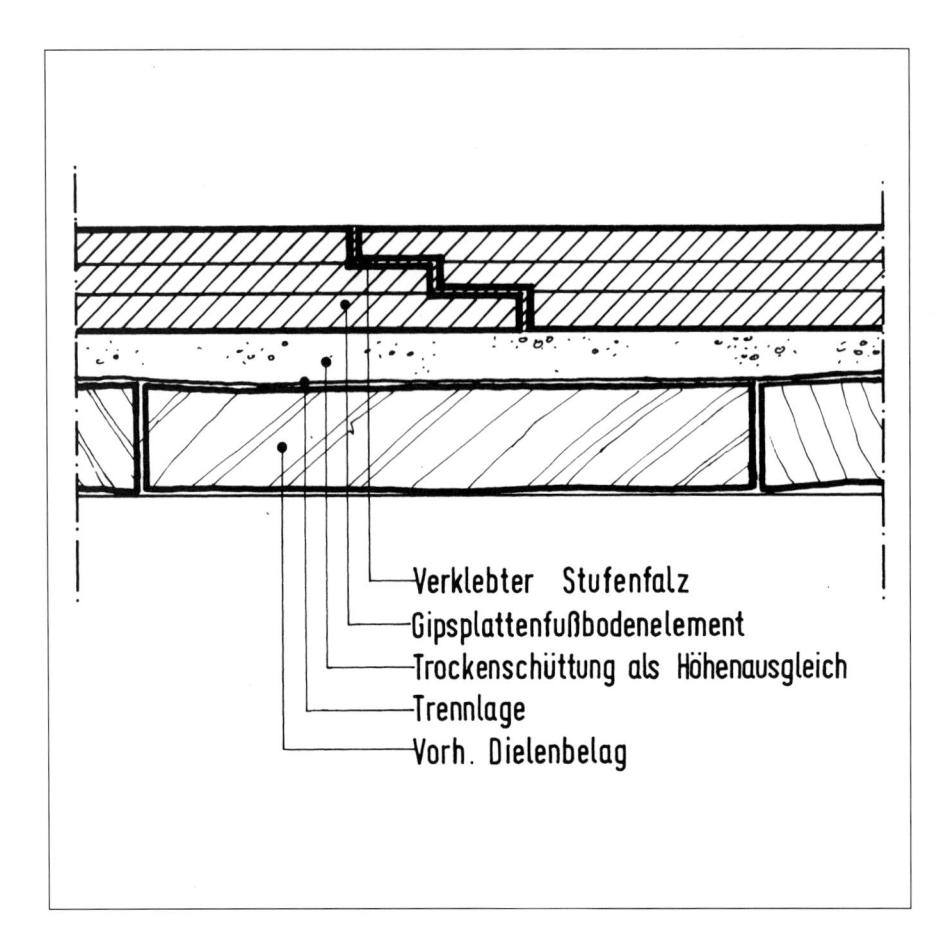

Figure (oben): Trockenunterboden-Aufbau mit Beschriftungen:
- Verklebter Stufenfalz
- Gipsplattenfußbodenelement
- Trockenschüttung als Höhenausgleich
- Trennlage
- Vorh. Dielenbelag

Trockenunterboden aus Gipsplatten	
Baukosten	60,- DM/m²
Folgekosten	–
Begleitende erforderliche Maßnahmen	–
Lebensdauer	20 Jahre, noch wenig Lanzeiterfahrung
Einbauzeiten	0,23 Std./m²
Trocknungs-/Wartezeiten	1 Tag
Gewicht	(d = 2,5 cm) 22,0 kg/m²
Konstruktionshöhe	2,5 cm
Feuchtebeständigkeit	Gering
Ausführendes Unternehmen	Trockenbauer

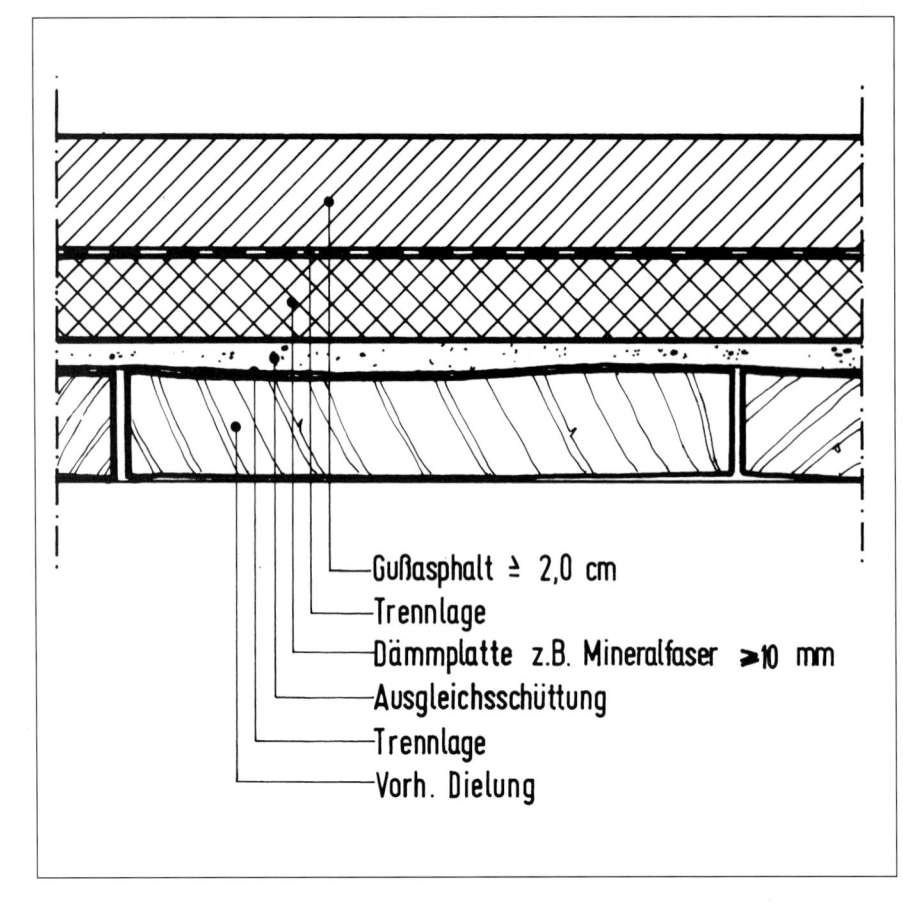

Figure (unten): Gußasphaltestrich-Aufbau mit Beschriftungen:
- Gußasphalt ≥ 2,0 cm
- Trennlage
- Dämmplatte z.B. Mineralfaser ≥ 10 mm
- Ausgleichsschüttung
- Trennlage
- Vorh. Dielung

Gußasphaltestrich	
Baukosten	50,- DM/m²
Folgekosten	5,- DM/m²
Begleitende erforderliche Maßnahmen	Spachtelung
Lebensdauer	30 bis 40 Jahre
Einbauzeiten	0,80 Std./m²
Trocknungs-/Wartezeiten	2 Stunden
Gewicht	(d = 3,5 cm) 80,5 kg/m²
Konstruktionshöhe	4,5 cm
Feuchtebeständigkeit	Sehr gut
Ausführendes Unternehmen	Fachunternehmen
Anmerkungen	Starke Geruchsbelästigung beim Einbau

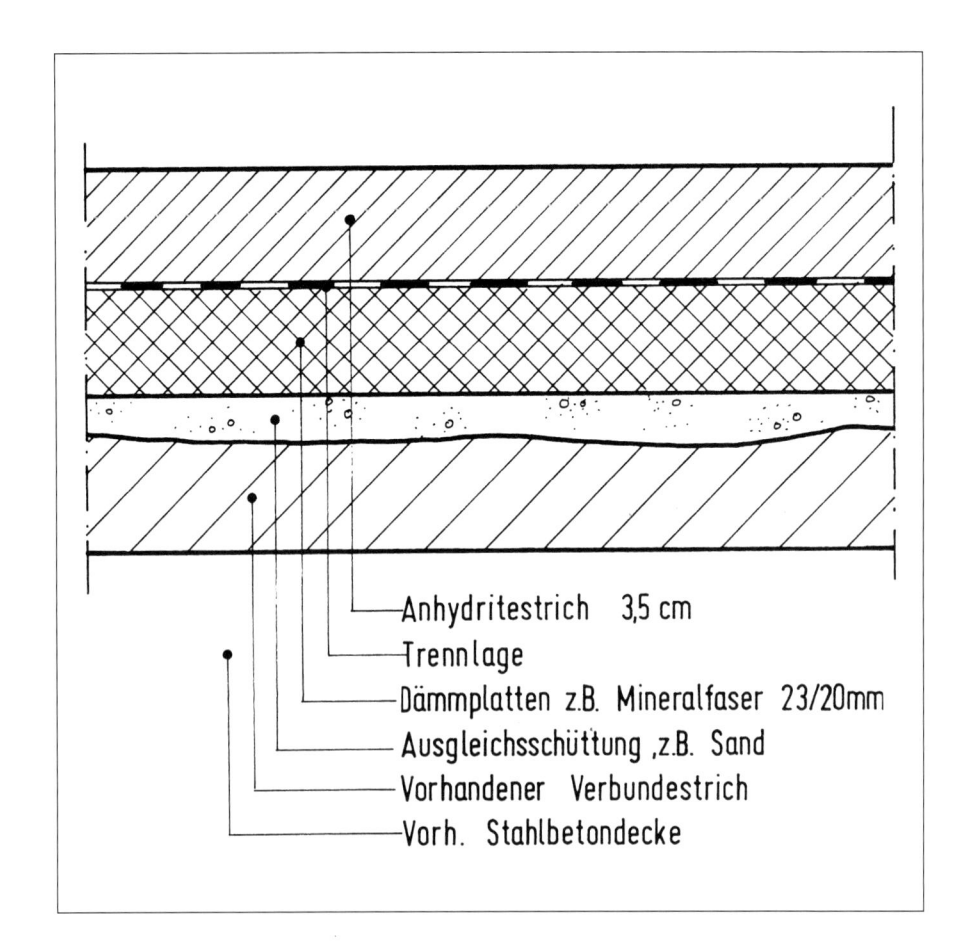

8.1 Problempunkt: Ausgetretene, unebene Fußbodenbeläge

Anhydritestrich 3,5 cm
Trennlage
Dämmplatten z.B. Mineralfaser 23/20 mm
Ausgleichsschüttung ,z.B. Sand
Vorhandener Verbundestrich
Vorh. Stahlbetondecke

Anhydritestrich	
Baukosten	50,- DM/m²
Folgekosten	2,- DM/m²
Begleitende erforderliche Maßnahmen	Abschleifen
Lebensdauer	25 bis 30 Jahre
Einbauzeiten	0,15 Std./m²
Trocknungs-/Wartezeiten	1 bis 2 Tage (10 Tage)
Gewicht	(d = 3,5 cm) 77,0 kg/m²
Konstruktionshöhe	6,0 cm
Feuchtebeständigkeit	Gering
Ausführendes Unternehmen	Estrichleger

Zementestrich 3,5 cm
Trennlage
Dämmplatten z.B. Mineralfaser 23/20 mm
Ausgleichsschüttung
Vorhandener Verbundestrich
Vorh. Stahlbetondecke

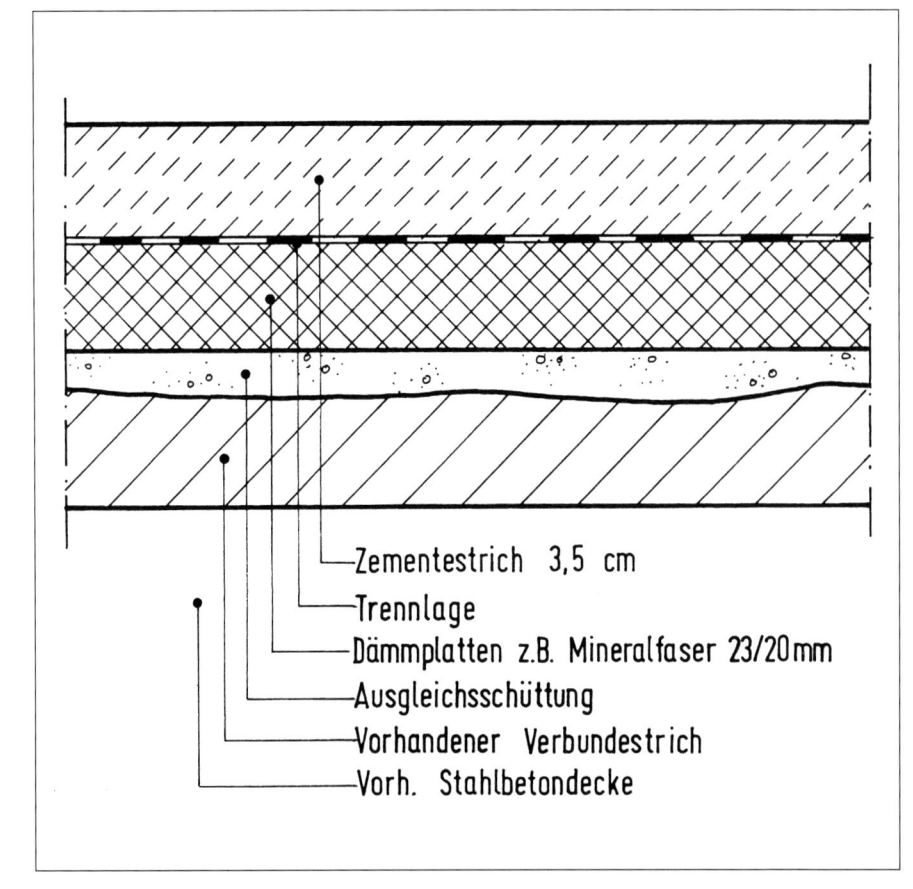

Zementestrich	
Baukosten	30,- DM/m²
Folgekosten	5,- DM/m²
Begleitende erforderliche Maßnahmen	Spachtelung
Lebensdauer	30 bis 40 Jahre
Einbauzeiten	0,45 Std./m²
Trocknungs-/Wartezeiten	2 bis 3 Tage (28 Tage)
Gewicht	(d = 3,5 cm) 77,0 kg/m²
Konstruktionshöhe	6,0 cm
Feuchtebeständigkeit	Sehr gut
Ausführendes Unternehmen	Estrichleger, Rohbauer
Anmerkungen	Hohe Feuchtebelastung bei Einbau

8.1.2 Vergleichende Beurteilung

	Ausgleichs-spachtelung	Spanplatten	Gipsplatten	Gußasphaltestrich	Anhydritestrich	Zementestrich
Baukosten	30,- DM/m²	30,- DM/m²	60,- DM/m²	50,- DM/m²	50,- DM/m²	30,- DM/m²
Folgekosten	–	–	–	5,- DM/m²	2,- DM/m²	5,- DM/m²
Begleitende erforderliche Maßnahmen	–	–	–	Spachtelung	Abschleifen	Spachtelung
Lebensdauer	20 Jahre	20 Jahre	20 Jahre, noch wenig Langzeiterfahrung	30 bis 40 Jahre	25 bis 30 Jahre	30 bis 40 Jahre
Einbauzeiten	0,13 Std./m²	0,36 Std./m²	0,23 Std./m²	0,80 Std./m²	0,15 Std./m²	0,45 Std./m²
Trocknungs-/ Wartezeiten	3 x 1 Tag	1 Tag	1 Tag	2 Stunden	1 bis 2 Tage (10 Tage)	2 bis 3 Tage (28 Tage)
Gewicht	(d = 0,5 cm) 7,0 kg/m²	(d = 19,0 cm) 16,0 kg/m²	(d = 2,5 cm) 22,0 kg/m²	(d = 3,5 cm) 80,5 kg/m²	(d = 3,5 cm) 77,0 kg/m²	(d = 3,5 cm) 77,0 kg/m²
Konstruktions-höhe	0,5 cm	1,9 cm	2,5 cm	4,5 cm	6,0 cm	6,0 cm
Feuchte-beständigkeit	Normal	Gering	Gering	Sehr gut	Sehr gering	Sehr gut
Ausführendes Unternehmen	Fußbodenleger	Fußbodenleger	Trockenbauer	Fachunternehmen	Estrichleger	Estrichleger, Rohbauer
Anmerkungen	–	–	–	Starke Geruchs-belästigung beim Einbau	–	Hohe Feuchte-belastung beim Einbau

8.2 Problempunkt: Unzureichende Wasserdichtigkeit von Badezimmerböden

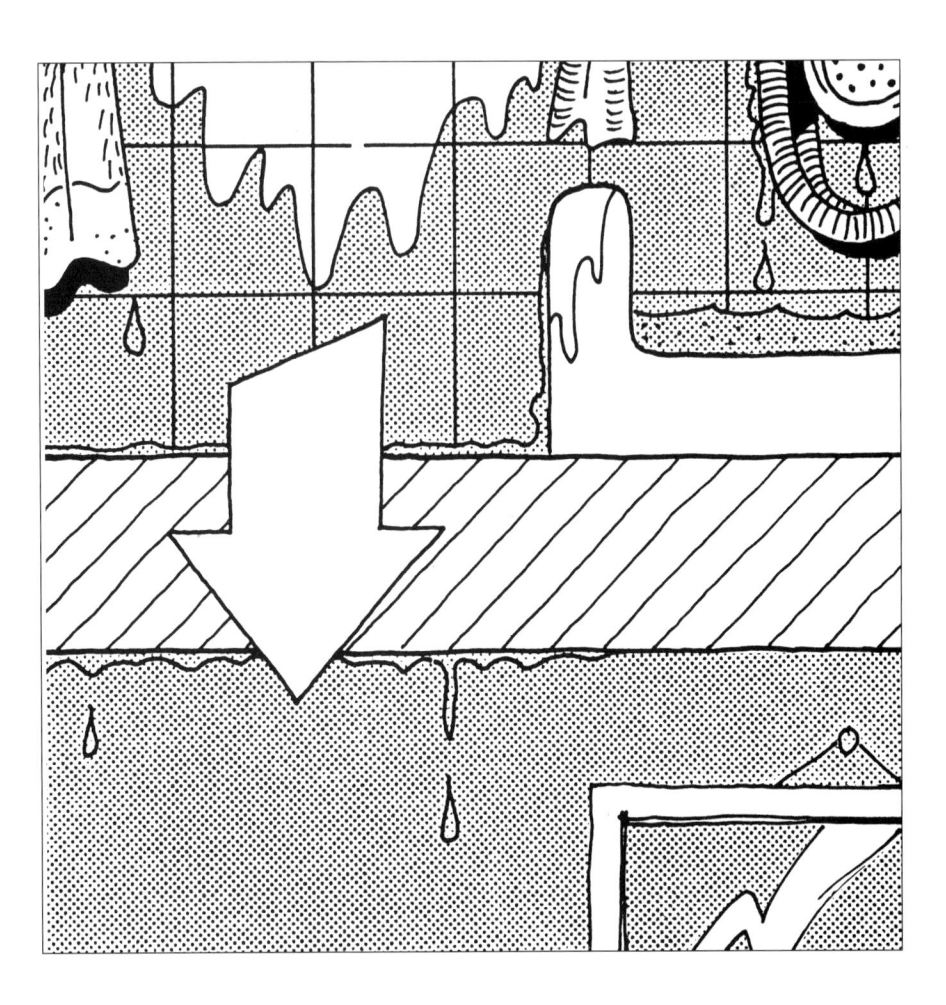

Die unzureichende Wasserdichtigkeit von Badezimmerböden ist ein häufiger und gravierender Mangel bei alten Gebäuden.

Während sich Schadensbilder bei undichten Fußböden über Betondecken noch auf Verfärbungen und schlimmstenfalls auf Abplatzungen des Deckenputzes beschränken, führen ständige Durchfeuchtungen bei Holzbalkendecken unweigerlich zu Pilz- oder Schwammbefall mit Zerstörung des Holzquerschnittes und Verlust der Tragfähigkeit.

Insbesondere beim nachträglichen Einbau von Duschen werden Wände und Fußböden von Badezimmern stark durch Spritzwasser beansprucht.

Eventuell vorhandene Duschabtrennungen werden leider nur in den seltensten Fällen sorgfältig genug benutzt. Bei der Planung ist deshalb immer davon auszugehen, daß ein Großteil des Duschwassers als Spritz- oder Schwallwasser auf den Fußboden gelangt.

Zur Abdichtung des Fußbodens stehen folgende Konstruktionen zur Verfügung:

- Einbau eines PVC - oder Kautschuk-Belages, dessen Fugen verschweißt sind
- Spachtelung des Fußbodens mit vergütetem Dünnbettkleber
- Einbau von Bitumen- oder Kunststoffdichtungsbahnen

Nach der gültigen Norm DIN 18195 ist der Einbau von Dichtungsbahnen als Feuchteschutz vorgeschrieben.

Es ist allerdings fraglich, ob die DIN 18195 Teil 5 »Bauwerksabdichtungen, Abdichtungen gegen nicht drückendes Wasser« überhaupt für die Abdichtung häuslicher Badezimmer Gültigkeit besitzt. In Fachkreisen wird dies häufig bestritten.

Unabhängig davon sollten Badezimmerböden auf Holzbalkendecken immer mit Dichtungsbahnen ausgebildet werden, da alle anderen Dichtungsverfahren durch die Bewegungen des Bodens und die damit verbundene Rißgefahr zu stark gefährdet sind.

Gumminoppenbelag als Badezimmerboden

Eine Ausnahme bilden Holzbalkendecken mit Gußasphalt, hier kann der Feldbereich als gering rißgefährdet angesehen werden, Gefahrenstellen liegen hier vor allem im Anschluß an aufgehende Bauteile.

Grundsätzlich sollte auch bei allen hochbeanspruchten Badezimmern wie in Hotels, Studentenheimen etc. auf Bahnenabdichtungen nicht verzichtet werden.

Bei weniger intensiver Nutzung oder bei Massivdecken sind alternative Konstruktionen aber durchaus möglich:

Abdichtung mit PVC- bzw. Synthese-Kautschuk-Belägen

Der vorhandene Dielenboden wird durch Aufbringen einer Spachtelung oder einer Spanplatte begradigt. Besonders günstig ist das Aufbringen eines Gußasphalts, da dieser fugenlos eingebaut werden kann und selbst wasserdicht ist.

Auf den vorbereiteten Unterboden werden PVC- oder Kautschukbeläge in Bahnen oder Platten aufgeklebt.

Für die Verklebung sollten Zweikomponenten-Reaktionsharzkleber verwendet werden.

Die Platten- oder Bahnstöße werden aufgefräst und anschließend mit thermoplastischen Dichtungsschnüren verschweißt. Hierdurch ist im Feldbereich eine recht gute Dichtigkeit zu erzielen.

Besonders schwierig ist der wasserdichte Anschluß an aufgehende Bauteile. Hier sind unbedingt vorgefertigte Wandanschlußprofile zu verwenden. Die Verwendung dauerplastischer Dichtungsmassen zum Verschluß der Randfuge reicht in keinem Fall zur Abdichtung aus.

Auf die Gefahr, daß durch die fehlende Durchlüftung Bauschäden (z. B. Schwamm) entstehen können, muß in diesem Zusammenhang hingewiesen werden. Die Gefahr darf aber nicht überschätzt werden. Zur Entwicklung von Hausschwamm und anderen pflanzlichen Holzschädlingen ist immer die Zufuhr von Feuchtigkeit erforderlich. In einem schadensfreien, zentralbeheizten Gebäude sind die Deckenbereiche in aller Regel trocken. Erst die Zufuhr von Feuchtigkeit durch schadhafte Konstruktionen, wie zum Beispiel undichte Böden, oder Diffusion und anschließende Kondensation an kalten Bauteilen, führt zu Schäden, wenn die Feuchtigkeit am Entweichen aus der Holzkonstruktion durch dampfdichte Bodenbeläge gehindert wird.

Wandanschluß

Die Wandanschlußprofile sind vor Verlegung des Bodenbelages sorgfältig an der Wand zu befestigen, anschließend ist der Bodenbelag auf den unteren Teil des Profils aufzukleben. Eckausbildungen des Wandanschlußprofils sind auf Gehrung zu schneiden und zu verschweißen, am besten sind vorgefertigte Eckteile zu verwenden.

Der Anschluß des Wandprofils an unebene Wandoberflächen ist nicht unkritisch. Die Abdichtungsfähigkeit im Anschluß an Wandbereiche darf deshalb nicht überschätzt werden.

Abdichtung durch Spachtelung des Fußbodens mit vergütetem Dünnbettkleber in Zusammenhang mit Fliesenbelägen

Die Abdichtung des Fußbodens mit Spachtelmassen setzt einen ebenen, tragfähigen Untergrund voraus. Auf alten Dielenböden ist also zunächst ein ebener Unterboden aufzubringen. Er kann bestehen aus: Spanplatten, Spachtelungen oder Estrichen, hier vor allem der wasserdichte und wasserbeständige Gußasphaltestrich. Bei Spachtelböden und Spanplatten ist immer die Rißgefahr zu berücksichtigen.

Die Abdichtung des Fußbodens durch Verlegung von Fliesenbelägen allein gewährleistet noch keine ausreichende Dichtigkeit. Diese kann jedoch erreicht werden, wenn der Untergrund zuvor mit dem für die Fliesenverlegung bestimmten Dünnbettmörtel vorgespachtelt wird.

Verwendet werden hierfür Pulverzementkleber, Dispersionskleber oder Zweikomponenten-Reaktionsharzkleber. Bei Untergründen aus Holzspanplatten muß dringend vor der Verwendung von wasserhaltigen beziehungsweise wasserabgebenden Klebern, also vor Pulverzement- oder Dispersionsklebern, gewarnt werden. Die Feuchtigkeitsabgabe kann zu starken Formänderungen der Holzspanplatte führen. Die Spanplatten wölben sich und der gesamte Fliesenbelag reißt. Hier dürfen nur Reaktionsharzkleber verwendet werden.

Da bei der Verlegung von Fliesen im Dünnbettverfahren der Kleber oder Mörtel nach dem Auftrag durchgekämmt wird, ist eine gleichmäßige Beschichtung als wassersperrende Schicht so nicht zu gewährleisten. Diese wassersperrende Schicht kann nur erreicht werden durch eine vollflächige 3,0 mm dicke Vorspachtelung. Erst nach Trocknung dieser Spachtelung kann der Dünnbettmörtel oder -kleber wie gewohnt aufgebracht und durchgekämmt werden.

Alternativ kann eine Abdichtung auch durch dreifachen Anstrich mit Bitumen-Kautschuk-Emulsionen vorgenommen werden.

Auch bei Abdichtungen mit Spachtelungen besteht das größte Problem wieder im Anschluß an die Abdichtung der Wände. Die hierfür wichtigen Details sind im folgenden Abschnitt dargestellt.

Einbau von Bitumen- oder Kunststoffdichtungsbahnen

Der Einbau von Dichtungsbahnen ist die sicherste, aber auch aufwendigste Art der Fußbodenabdichtung. Verwendet werden Bitumenbahnen, vorzugsweise Schweißbahnen, oder Kunststoffbahnen, zum Beispiel solche, die quellverschweißt werden. Dichtungsbahnen werden bei der Altbaumodernisierung direkt auf der Dielung verlegt. Die Abdeckung erfolgt mit geeigneten Unterböden, vorzugsweise Gußasphalt, gegebenenfalls auch anderen Estrichen oder Span- bzw. Gipsplatten auf Ausgleichsschüttungen.

Neben der Flächendichtigkeit besteht ein großer Vorteil der Dichtungsbahnen darin, daß die Abdichtung ohne große Probleme an der Wand hochgeführt werden kann. Dies erleichtert den Anschluß an die Abdichtung der Wände, die immer über die Bodenabdichtung geführt werden soll.

Besonders gut ist die Ausbildung des Wandanschlusses bei Verwendung von Ständerwänden mit Beplankung aus Gipskarton- oder Gipsfaserplatten zu lösen.

Nach Aufstellen des Ständerwerkes ist die Abdichtung zunächst an einem schmalen Plattenstreifen aufzukanten. Die weitere Beplankung überlappt die Abdichtung, so daß eine sehr gute Dichtigkeit gewährleistet ist. Für die Wandabdichtung können verschiedene Verfahren gewählt werden, die im Abschnitt 4.3 »Problempunkte: Mangelnde Dichtigkeit von Feuchtraumwänden« beschrieben werden.

8.2.1 Übersicht über Lösungsmöglichkeiten

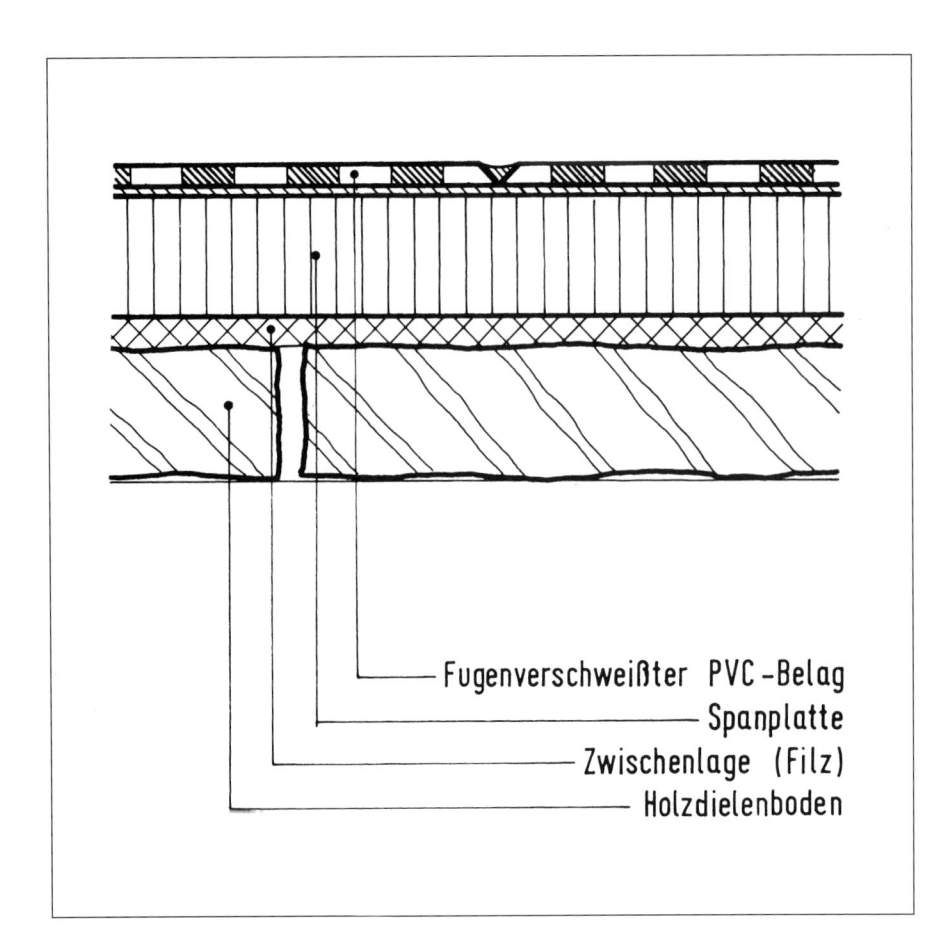

Fugenverschweißter PVC-Belag
Spanplatte
Zwischenlage (Filz)
Holzdielenboden

Fugenverschweißter PVC-Boden	
Baukosten	12,- DM/m²
Begleitende erforderliche Maßnahmen	Spanplatten als Unterboden 30,- DM/m² PVC-Belag 35,- DM/m²
Lebensdauer	20 Jahre
Einbauzeiten	0,27 Std./m²
Trocknungs-/ Wartezeiten	2 x 1 Tag (nach dem Vorspachteln)
Gewicht	PV-Boden = 4,0 kg/m² Spanplatte = 16,0 kg/m² 20,0 kg/m²
Konstruktionshöhe (einschl. Unterboden)	35,0 mm
Abdichtungsgrad	Mittel, im Randbereich kritisch
Ausführendes Unternehmen	Fußbodenleger
Anmerkungen	Abdichtung an aufgehende Bauteile kritisch

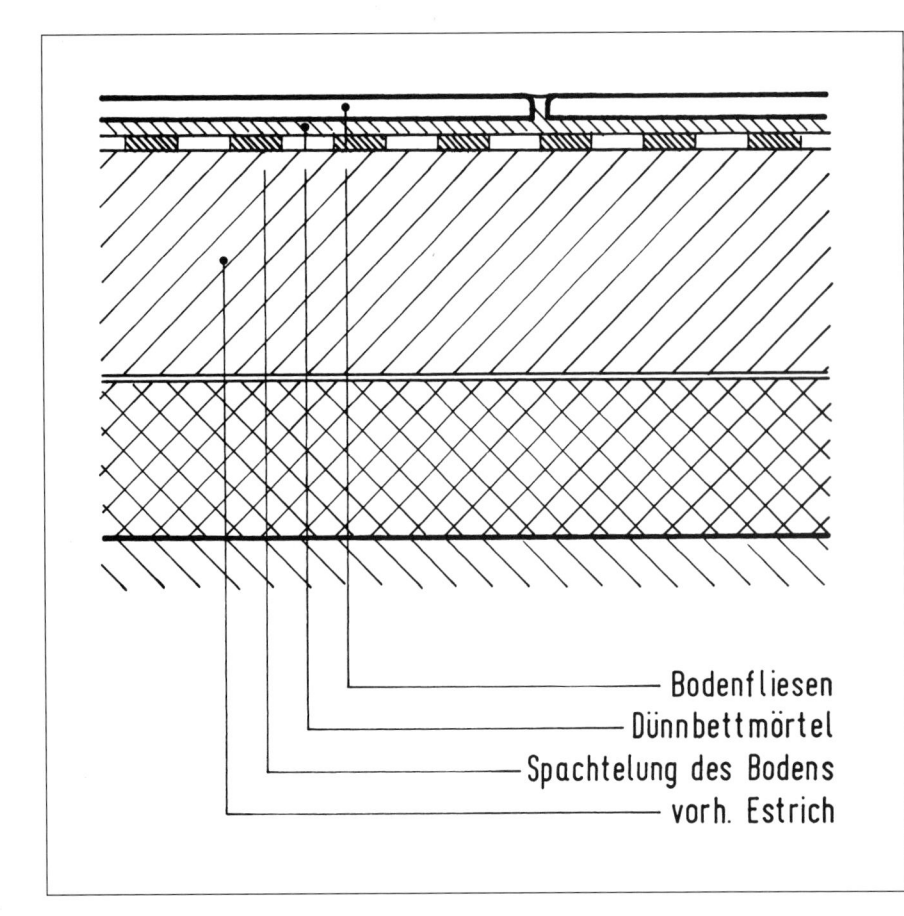

Bodenfliesen
Dünnbettmörtel
Spachtelung des Bodens
vorh. Estrich

Abdichtung durch Spachtelung	
Baukosten	55,- DM/m²
Begleitende erforderliche Maßnahmen	Fliesenbelag 150,- DM/m²
Lebensdauer	Geschätzt: 20 bis 25 Jahre, Erfahrungswerte liegen noch nicht vor
Einbauzeiten	0,26 Std./m²
Trocknungs-/ Wartezeiten	1 Tag
Gewicht	Spachtelung = 1,0 kg/m² Spanplatte = 16,0 kg/m² Fliesen = 10,0 kg/m² 27,0 kg/m²
Konstruktionshöhe (einschl. Unterboden)	11,0 mm
Abdichtungsgrad	Mittel
Ausführendes Unternehmen	Fliesenleger

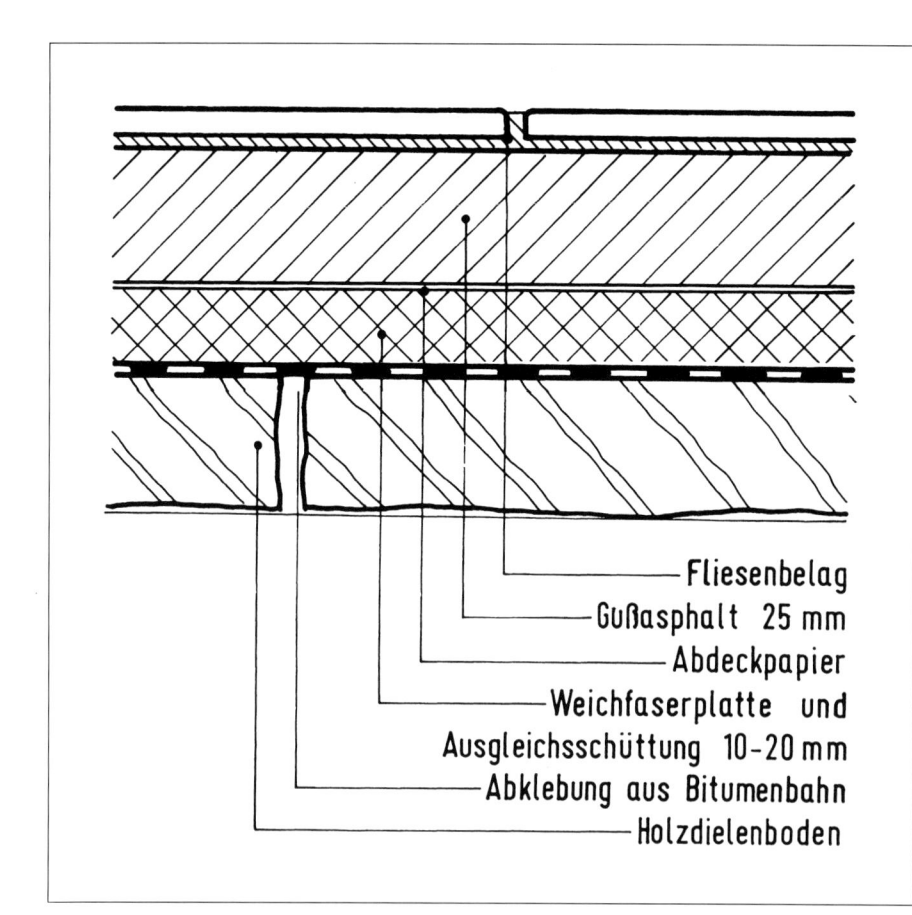

8.2 Problempunkt: Unzureichende Wasserdichtigkeit von Badezimmerböden

- Fliesenbelag
- Gußasphalt 25 mm
- Abdeckpapier
- Weichfaserplatte und Ausgleichsschüttung 10–20 mm
- Abklebung aus Bitumenbahn
- Holzdielenboden

Abklebung mit Dichtungsbahnen	
Baukosten	30,– DM/m²
Begleitende erforderliche Maßnahmen	Gußasphalt als Unterboden 55,– DM/m² Fliesenbelag 150,– DM/m²
Lebensdauer	40 bis 50 Jahre
Einbauzeiten	0,44 Std./m²
Trocknungs-/ Wartezeiten	Keine
Gewicht	Abklebung = 2,0 kg/m² Estrich = 60,0 kg/m² Fliesen = 10,0 kg/m² 72,0 kg/m²
Konstruktionshöhe (einschl. Unterboden)	57,0 mm
Abdichtungsgrad	Hoch
Ausführendes Unternehmen	Estrichleger

8.2.2 Abdichtung von Feuchtraumfußböden – Details

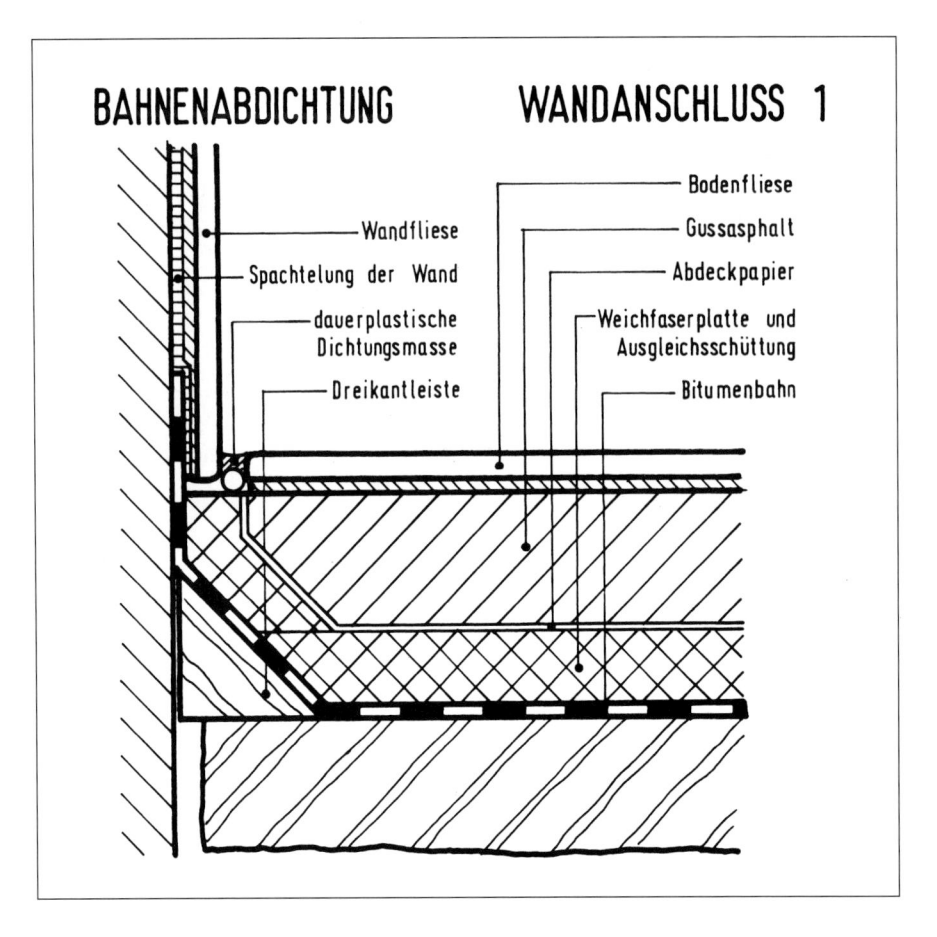

BAHNENABDICHTUNG WANDANSCHLUSS 1

- Wandfliese
- Spachtelung der Wand
- dauerplastische Dichtungsmasse
- Dreikantleiste
- Bodenfliese
- Gussasphalt
- Abdeckpapier
- Weichfaserplatte und Ausgleichsschüttung
- Bitumenbahn

Bahnenabdichtung Wandanschluß 1

- Aufkanten der Bahnenabdichtung am massiven Mauerwerk
- Einlegen von Dreikantleisten, um Beschädigung der Dichtungsbahnen im Eckbereich zu vermeiden
- Dichtungsspachtel der Wand über Bahnenabdichtung führen
- Eckfuge des Fliesenbelags in den Fußboden legen, um Abriß bei Bewegungen zu verhindern

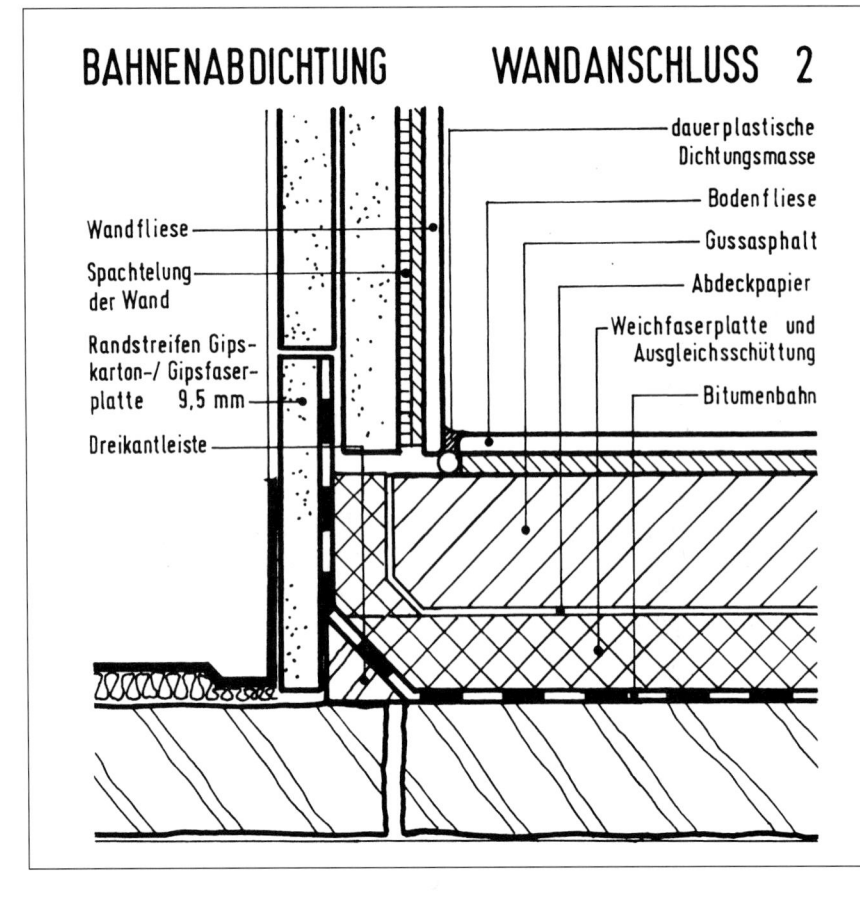

BAHNENABDICHTUNG WANDANSCHLUSS 2

- Wandfliese
- Spachtelung der Wand
- Randstreifen Gipskarton-/ Gipsfaserplatte 9,5 mm
- Dreikantleiste
- dauerplastische Dichtungsmasse
- Bodenfliese
- Gussasphalt
- Abdeckpapier
- Weichfaserplatte und Ausgleichsschüttung
- Bitumenbahn

Bahnenabdichtung Wandanschluß 2

- Bahnenabdichtung an Randstreifen der Ständerwand aufkanten
- Einlegen von Dreikantleisten, um Beschädigung der Dichtungsbahn im Eckbereich zu vermeiden
- Beplankungslage mit Spachtelung über Bahnabdichtung führen
- Eckfuge des Fliesenbelages in den Fußboden legen, um Abriß bei Bewegungen zu verhindern

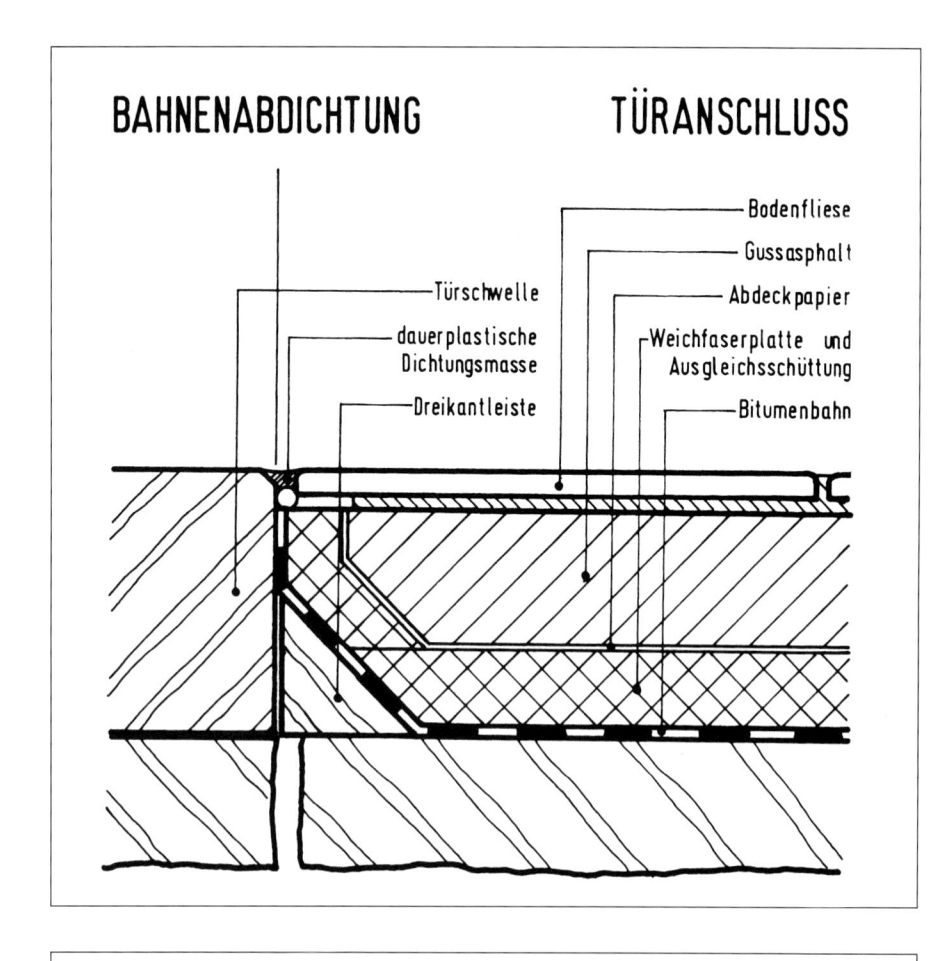

8.2 Problempunkt: Unzureichende Wasserdichtigkeit von Badezimmerböden

BAHNENABDICHTUNG – TÜRANSCHLUSS

- Türschwelle
- dauerplastische Dichtungsmasse
- Dreikantleiste
- Bodenfliese
- Gussasphalt
- Abdeckpapier
- Weichfaserplatte und Ausgleichsschüttung
- Bitumenbahn

Bahnenabdichtung Türanschluß

- Einbau einer Holzschwelle in die Badezimmertür
- Aufkanten der Dichtungsbahn an der Türschwelle
- Einlegen einer Dreikantleiste, um Beschädigung der Dichtungsbahn im Eckbereich zu vermeiden
- Dauerplastische Abdichtung der Fuge zwischen Fliesenbelag und Türschwelle

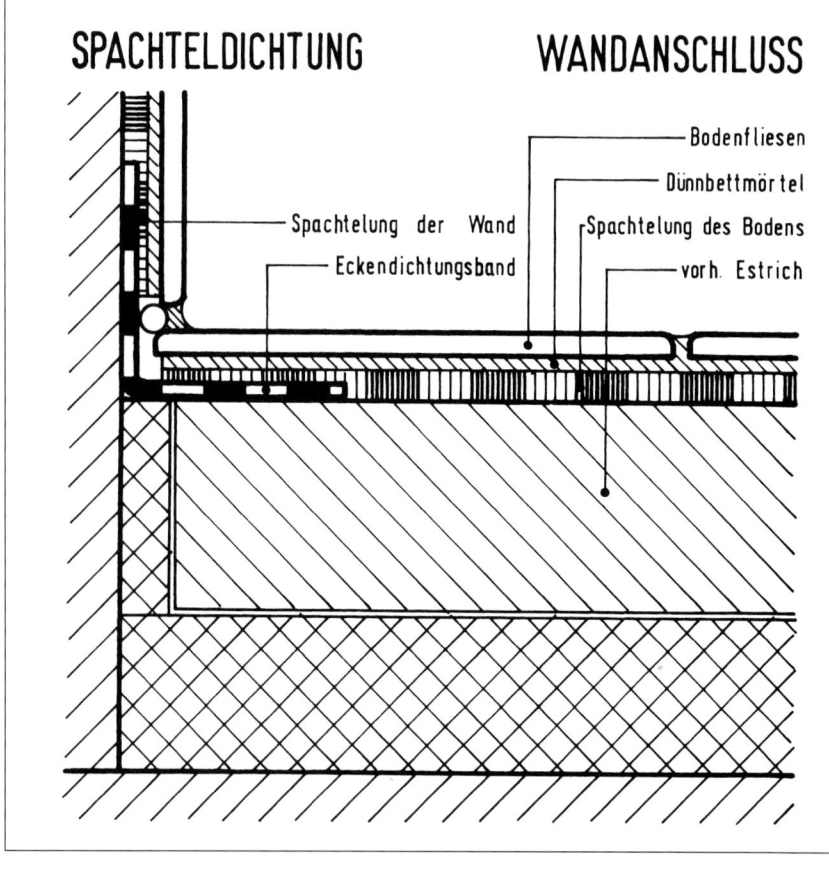

SPACHTELDICHTUNG – WANDANSCHLUSS

- Spachtelung der Wand
- Eckendichtungsband
- Bodenfliesen
- Dünnbettmörtel
- Spachtelung des Bodens
- vorh. Estrich

Spachteldichtung Wandanschluß

- Einkleben eines Dichtungsbandes in die Ecke zwischen Fußboden und Wand
- Aufbringen des Dichtungsspachtels auf Boden- bzw. Wandfläche
- Überdecken des Dichtungsbandes mit Dichtungspachte

Dichtungsband und Spachtelmasse sind herstellerabhängig aus unterschiedlichen Materialen. Zur Sicherung der Verträglichkeit Herstellerangaben beachten.

8.2.3 Vergleichende Beurteilung

	Fugenverschweißter PVC-Boden	**Abdichtung durch Spachtelung**	**Abklebung mit Dichtungsbahnen**
Baukosten	12,- DM/m^2	55,- DM/m^2	30,- DM/m^2
Begleitende erforderliche Maßnahmen	Spanplatte als Unterboden 30,- DM/m^2 PVC-Belag 35,- DM/m^2	Fliesenbelag 150,- DM/m^2	Gußasphalt als Unterboden 55,- DM/m^2 Fliesenbelag 150,- DM/m^2
Lebensdauer	20 Jahre	Geschätzt 20 bis 25 Jahre, Erfahrungswerte liegen noch nicht vor	40 bis 50 Jahre
Einbauzeiten	0,27 Std./m^2	0,26 Std./m^2	0,44 Std./m^2
Trocknungs-/Wartezeiten	2 x 1 Tag (nach dem Vorspachteln)	1 Tag	Keine
Gewicht	PV-Boden = 4,0 kg/m^2 Spanplatte = 16,0 kg/m^2 20,0 kg/m^2	Spachtelung = 1,0 kg/m^2 Spanplatte = 16,0 kg/m^2 Fliesen = 10,0 kg/m^2 27,0 kg/m^2	Abklebung = 2,0 kg/m^2 Estrich = 60,0 kg/m^2 Fliesen = 10,0 kg/m^2 72,0 kg/m^2
Konstruktionshöhe (einschl. Unterboden)	35,0 mm	11,0 mm	57,0 mm
Abdichtungsgrad	Mittel, im Randbereich kritisch	Mittel	Hoch
Ausführendes Unternehmen	Fußbodenleger	Fliesenleger	Estrichleger
Anmerkungen	Abdichtung an aufgehende Bauteile kritisch	–	–

9 Fenster/Türen

9.1 Problempunkt:
Geringe Wärmedämmung von Fenstern/Türen

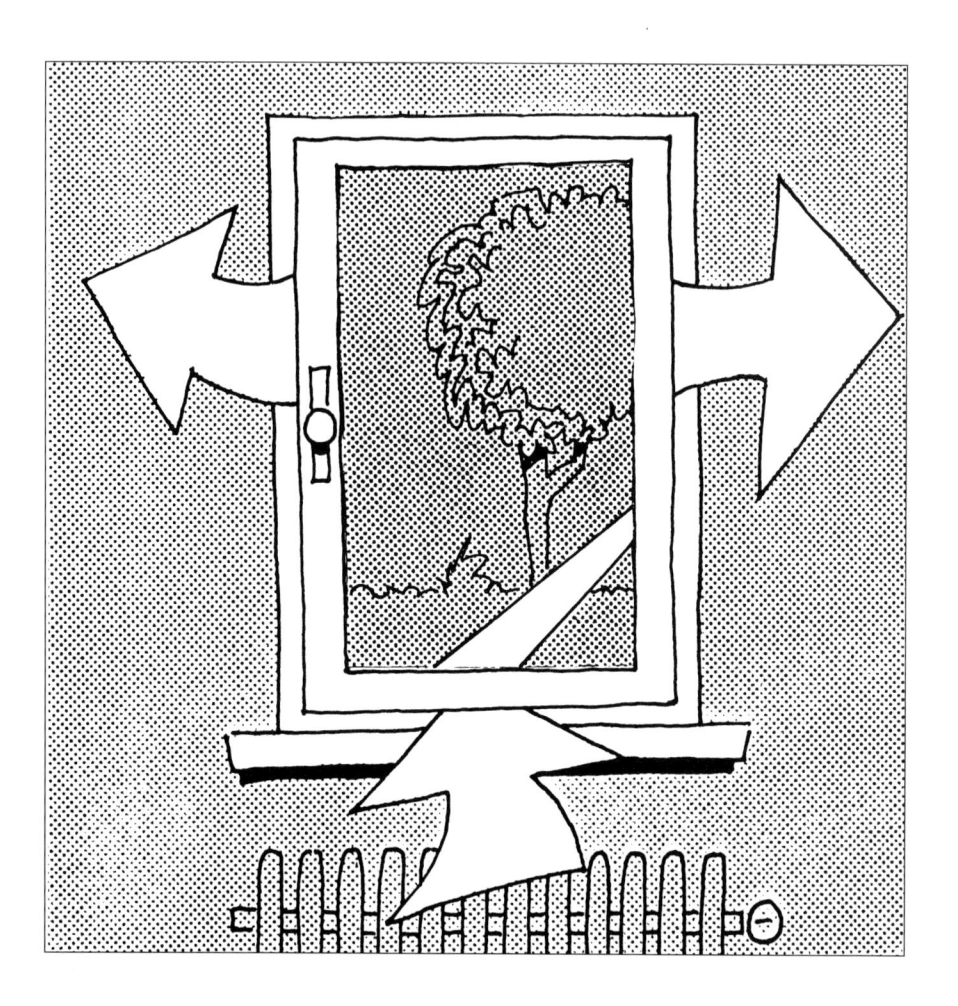

Ausgangssituation

Undichte, nicht wärmegedämmte Fenster führen zu erheblichen Wärmeverlusten. Hierbei ist zu unterscheiden zwischen *Transmissionswärmeverlusten* durch geringe Dämmwirkung von Einfachverglasung und *Lüftungswärmeverlusten* durch geringe Fugendichtigkeit.

Bevor Maßnahmen zur Behebung der Wärmeverluste getroffen werden, ist genau zu analysieren, ob es sich um Transmissionswärmeverluste, um Lüftungswärmeverluste oder um eine Kombination beider Verlustquellen handelt.

Nicht selten trifft man in Gründerzeithäusern Kastenfenster an, die recht gute Wärmedämmwerte aufweisen, bei denen es durch Fugenundichtigkeiten jedoch zu erheblichen Wärmeverlusten kommt.

Andererseits findet man oft in Bauten der 50er Jahre noch gut und dicht schließende Fenster, die infolge der Einfachverglasung hohe Transmissionswärmeverluste aufweisen.

Zur Verbesserung der Wärmedämmung von Fenstern (und Fenstertüren) stehen folgende Möglichkeiten zur Verfügung:

- Einbau von Dichtungsprofilen
- Einbau einer zweiten Glasscheibe in Sparrahmen
- Einbau von Wärmeschutzglas in vorhandenen Rahmen
- Einbau eines neuen Fensters mit Wärmeschutzverglasung
- Einbau eines neuen Verbundfensters.

Neue Wärmeschutzverordnung

Neben Außenwand und Dach führen die Fenster bei manchen Baualtersstufen mit zu den höchsten Heizwärmeverlusten.

Die seit 1. 1. 1995 geltende neue Wärmeschutzverordnung stellt deshalb auch an Fenster in Altbauten bestimmte Anforderungen, wenn die Fenster ersetzt oder erneuert werden (ausführliche Hinweise zur neuen Wärmeschutzverordnung siehe Abschnitt 1.7.3).

Der geforderte maximale Wärmedurchgang für Fenster (Glas und Rahmen) beträgt

$$k_F < 1,8 \text{ W/(m}^2\text{K)}$$

In der Praxis bedeutet dies zum Beispiel die Verwendung von Kunststoff- oder Holzeinfachfenstern mit Energiesparglas ($k = 1,8$) als Minimallösung. Zu empfehlen wäre jedoch die kaum teurere Verwendung von Wärmeschutzglas mit $k = 1,4$, weil sie die Wärmedämmung noch einmal verbessert.

Die bisher übliche Verwendung von Zweischeibenwärmeschutzglas ist nicht mehr gestattet und auch nicht zu empfehlen.

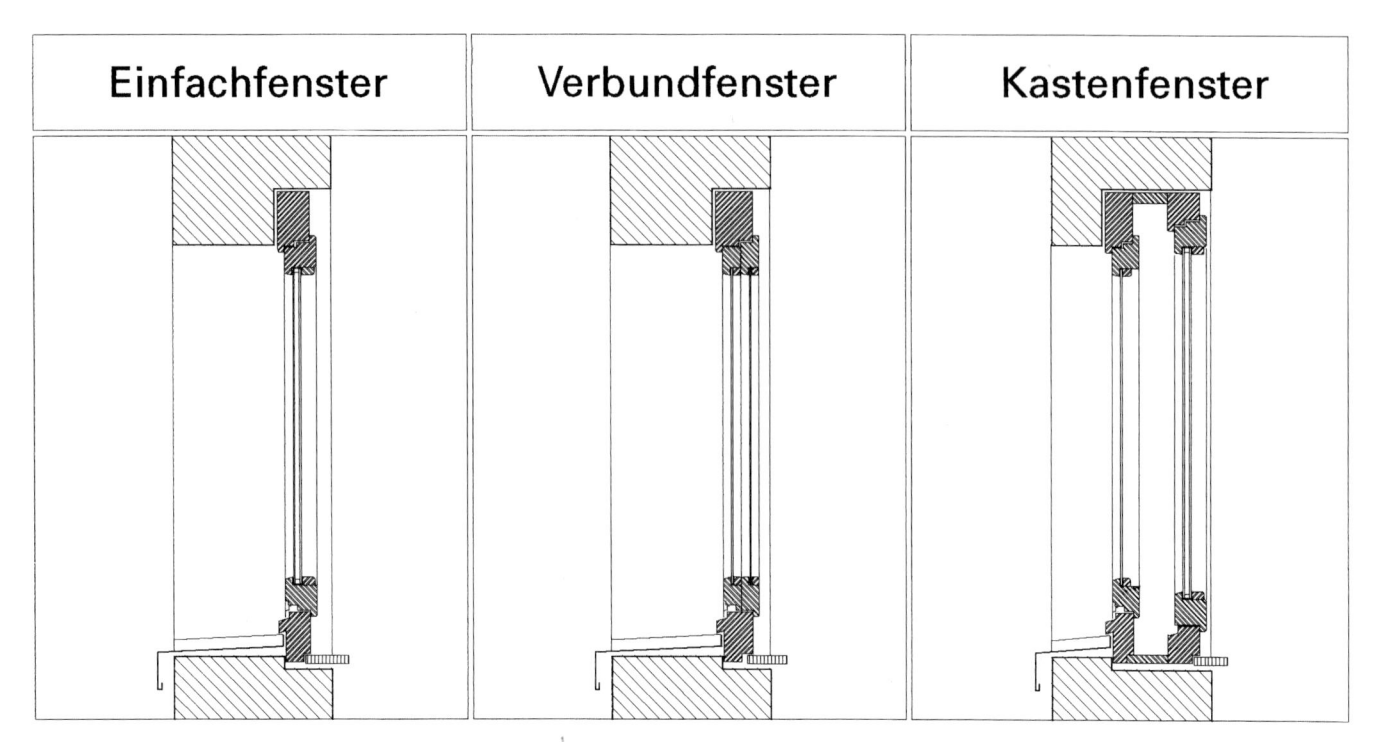

| Einfachfenster | Verbundfenster | Kastenfenster |

Fensterarten

Anforderungen an die Dichtheit

Anforderungen an die Dichtheit von Gebäuden werden für bestehende Gebäude nicht unmittelbar gefordert. In der Praxis muß man jedoch davon ausgehen, daß alle neu eingebauten Fenster diesen Anforderungen (Begrenzung des Fugendurchlaßkoeffizienten nach Anlage 4 der WSchVO) entsprechen. Hinsichtlich der Begrenzung der Energieverluste ist dies ein großer Vorteil, hinsichtlich des erforderlichen Austausches von Raumluft und der damit verbundenen Feuchtigkeitsproblemen kann es bei Altbauten, insbesondere wenn die Wärmedämmung anderer Außenbauteile, zum Beispiel der Außenwände, zu gering ist, zu sehr großen Problemen kommen.

Das Problem fugendichter Fenster

Der Einbau fugendichter Fenster oder die Abdichtung vorhandener Fugen führt zwangsläufig zu einem stark vermindertem Luftaustausch zwischen Wohnung und Außenluft.

Während bisher feuchte Luft aus Innenräumen durch die Fugenundichtigkeiten der Fenster im Luftaustausch abgeführt wurde, ist dieser Vorgang nun unterbrochen oder zumindest stark eingeschränkt. Die Folge hiervon kann eine starke Erhöhung der Luftfeuchte des Innenraumes sein. Die Luftfeuchte kann soweit ansteigen, daß es an den Innenseiten von Außenbauteilen mit geringer Oberflächentemperatur (Raumecken, Fensterleibungen, Bereiche hinter Bildern, Schränken etc.) zur Unterschreitung der Taupunkttemperatur und damit zur Bildung von Kondensat kommt. Dies muß unbedingt verhindert werden.

Abhilfe kann geschaffen werden durch eine Verbesserung der Wärmedämmung der Außenwandflächen, so daß niedrige Bauteiloberflächentemperaturen verhindert werden, oder durch Entfeuchtung der Innenluft bei gezieltem Luftaustausch (Stoßlüftung).

Wenn die Verbesserung der Wärmedämmung der Außenwände nicht möglich ist, dann müssen die Bewohner unbedingt durch ausführliche Information mit dem Problem vertraut gemacht und zu sorgfältigem und richtigem Lüften angehalten werden.

Isolierglas	Energiesparglas	Wärmeschutzglas	Superglazing
800 DM / m²	860 DM / m²	880 DM / m²	1000 DM / m²
k-Wert 2,6	k-Wert 1,8	k-Wert 1,4	k-Wert 1,1

Preise für Einfachfenster / k-Wert für Fenster aus Glas und Rahmen
Preisstand 1996 incl. MwSt.

Einbau von Dichtungsprofilen

Der Einbau von Dichtungsprofilen empfiehlt sich dann, wenn Lüftungswärmeverluste zu beheben sind, also zum Beispiel bei zusätzlicher Dämmung vorhandener Kastenfenster oder als ergänzende Maßnahme beim Einbau von Wärmeschutzglas oder beim Einbau einer zweiten Scheibe in vorhandene Holzfenster.

Zum Einbau von Dichtungsprofilen wird in den vorhandenen Flügelrahmen umlaufend eine Nut eingefräst, in die das Dichtungsprofil eingeklemmt wird. Hierbei muß beachtet werden, daß vor allem auf der Bandseite des Fensters keine unzulässig hohen Quetschungen der Dichtung auftreten.

Bei ausreichend breiten Rahmenprofilen kann eine Schlupfnut eingefräst werden, die das unter Druck verbreiterte Dichtungsprofil aufnimmt.

Auch unter Berücksichtigung der neuen Wärmeschutzverordnung hat diese Maßnahme ihre Bedeutung, zum Beispiel bei denkmalgeschützten Fenstern oder bei gut erhaltenen Kasten- oder Doppelfenstern. Diese Fensterart hat zum einen recht gute Wärmedämmeigenschaften hinsichtlich der Transmissionswärmeverluste, zum anderen sieht die Wärmeschutzverordnung durchaus auch Ausnahmen, insbesondere für denkmalgeschützte Bausubstanz, vor.

Neue Holzfenster mit historischer Sprossenteilung

Einbau einer zweiten Glasscheibe in Sparrahmen

Zur Verminderung von Transmissionswärmeverlusten ist die Wärmedämmung des Glases im Fenster zu verbessern.

Am einfachsten und preiswertesten kann dies durch Einbau einer zweiten Glasscheibe auf der Innenseite des vorhandenen Fensters geschehen. Voraussetzung hierfür ist eine intakte vorhandene Verglasung mit funktionsfähigem, zumindest reparaturfähigem Kittfalz.

Die zweite Glasscheibe wird durch schmale Kunststoff-/Aluprofile eingefaßt und mit Spezialschrauben auf der Innenseite des Fensterflügels gehalten.

Geringe Undichtigkeiten zwischen Kunststoffprofil und vorhandenem Fensterflügel führen zu einer gewissen Durchlüftung des Scheibenzwischenraumes und verhindern so weitgehend eine Kondensatbildung zwischen den Scheiben.

Trotz der einfachen Handhabung verliert dieses Verfahren durch die Einführung der neuen Wärmeschutzverordnung sehr stark an Bedeutung, weil die jetzt höheren Anforderungen nicht erreicht werden.

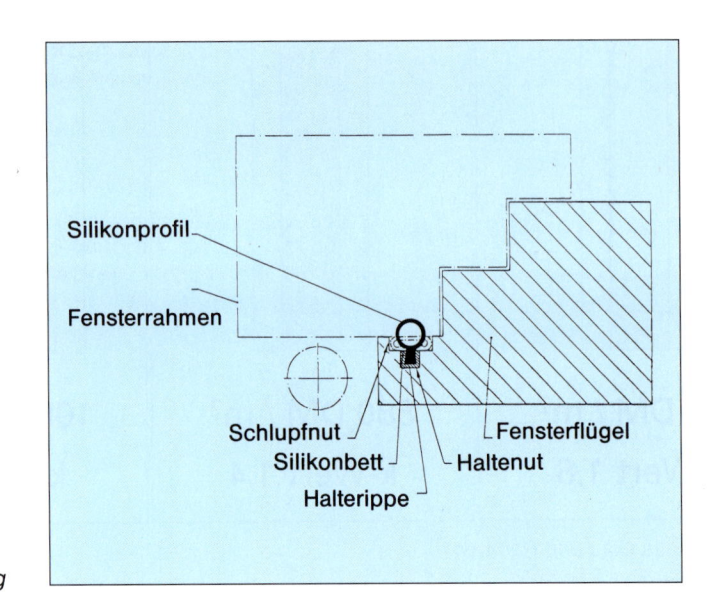

Schlupfnut zur Aufnahme der zusammengedrückten Dichtung

Einbau von Wärmeschutzglas in vorhandenen Rahmen

Ist die alte Verglasung schadhaft oder wird eine zweite innere Scheibe aus optischen Gründen nicht gewünscht, so kann eine Verbesserung des Wärmeschutzes durch den Ersatz der Einscheibenverglasung durch Zweischeibenwärmeschutzglas erreicht werden, vorausgesetzt die vorhandenen Rahmen sind in gutem Zustand

Es gibt mehrere Möglichkeiten, Zweischeibenwärmeschutzglas in alte Holzrahmen einzusetzen, sie sind am Ende des Kapitels im Detail dargestellt.

Einbau eines zweiten Fensters auf der Rauminnenseite

Einbau eines zweiten Fensters innen

Ein besonders guter Wärmeschutz wird durch Ausbildung eines Kastenfensters erreicht. Das alte Fenster wird belassen, und ein zweites neues Fenster wird auf der Innenseite der Wand ergänzt. Hierbei wird das neue Fenster mit Flügeldichtungen und Wärmeschutzglas versehen. Die lichte Öffnung des neuen Fensters muß dabei größer sein als der Flügelrahmen des vorhandenen Fensters, damit man das alte Fenster durch das neue hindurch öffnen kann.

Meist ist es erforderlich, die alte vorhandene Fensterbank bündig mit der Wand abzuschneiden, damit das neue Fenster an der Wand angeschraubt werden kann.

Ein großer Vorteil dieser Dämmaßnahme besteht darin, die alten Fenster mit Sprossenteilung oder profilierten Flügelrahmen belassen zu können und gleichzeitig die Transmissions- und Lüftungswärmeverluste stark zu mindern.

Neues Fenster mit Wärmeschutzverglasung

Ist das alte vorhandene Fenster sehr stark beschädigt, wird es sinnvollerweise gegen ein neues mit Wärmeschutzverglasung ausgetauscht.

Als Materialien für die Rahmenkonstruktion stehen Holz, Aluminium oder Kunststoff zur Verfügung. Die Wahl des Rahmenmaterials hängt stark ab von den Gegebenheiten und vom persönlichen Geschmack. Dazu kommen regionale Besonderheiten.

Hier gibt es große Unterschiede zwischen Nord- und Süddeutschland. Während im Norden viele Kunststoffenster verwendet werden, sind im Süden eher Holzfenster vertreten.

Neues Verbundfenster

Sind Belange des Denkmalschutzes zu berücksichtigen, scheiden neue Fenster mit Wärmeschutzverglasung meist aus, da ihre Profilabmessungen zu groß sind und oft nur Sprossen mit großen Abmessungen eingebaut werden können.

In solchen Fällen werden Verbundfenster eingesetzt. Hierbei sind zwei Fensterflügel unmittelbar miteinander verkoppelt. Der äußere Flügel ist dabei immer einfach verglast, der innere Flügel erhält eine Wärmeschutzverglasung.

Die Einfachverglasung des äußeren Flügelrahmens gestattet problemlos den Einbau von Holzsprossen in geringen Abmessungen, die dem historischen Vorbild entsprechen.

Zu Reinigungszwecken können die beiden Fensterflügel entkoppelt und geöffnet werden.

Bei erhöhtem Denkmalschutz werden immer häufiger Verbundfenster verwendet, welche mit einem Wetterschenkel und besonderen Profilen ausgeführt werden, um die Regenschiene voll abzudecken und vollkommen die ursprüngliche Gestaltung wieder zu erreichen.

9.1.1 Übersicht über Lösungsmöglichkeiten

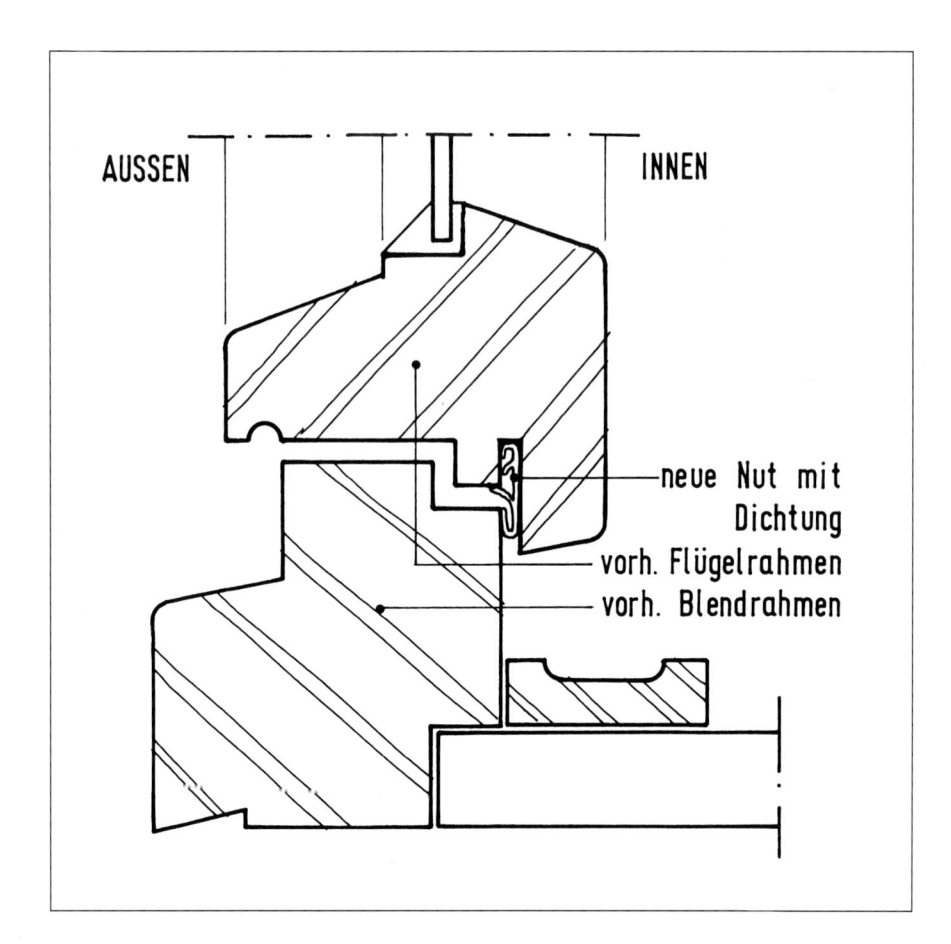

Beschriftung linke Abbildung (oben):
- neue Nut mit Dichtung
- vorh. Flügelrahmen
- vorh. Blendrahmen

AUSSEN — INNEN

Einbau von Dichtungsprofilen	
Baukosten	25,- DM/m²
Lebensdauer	5 bis 10 Jahre
Begleitende erforderliche Maßnahmen	Keine
Einbauzeiten	Ca. 1 Std./Fenster
Wartezeiten	Keine
Veränderung der Scheibengröße	Keine
Wärmedurchgangskoeffizient W (m² x K) (siehe DIN 4108)	Ca. 5,2
Ausführendes Unternehmen	Glaser
Beeinträchtigung der Wohnnutzung	Gering
Denkmalverträglichkeit	Gut

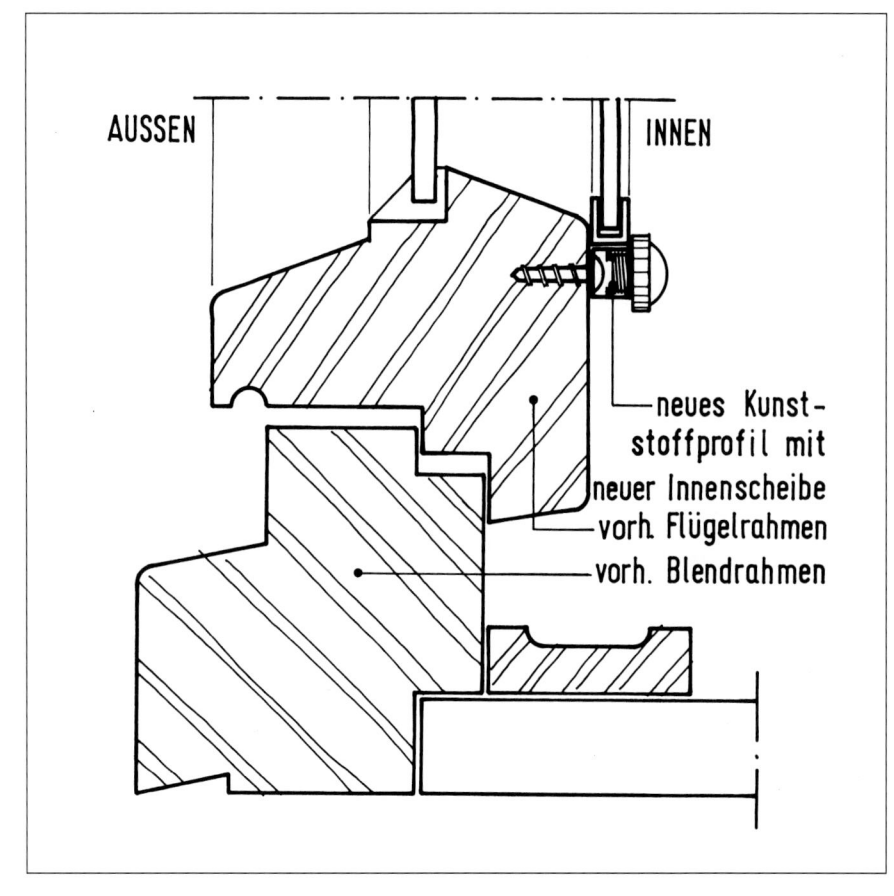

Beschriftung linke Abbildung (unten):
- neues Kunststoffprofil mit neuer Innenscheibe
- vorh. Flügelrahmen
- vorh. Blendrahmen

AUSSEN — INNEN

Einbau einer zweiten Glasscheibe in Sparrahmen	
Baukosten	350,- DM/m²
Lebensdauer	10 bis 20 Jahre
Begleitende erforderliche Maßnahmen	Dichtungsprofile einbauen
Einbauzeiten	Ca. 30 Min./Fenster
Wartezeiten	Keine
Veränderung der Scheibengröße	Keine
Wärmedurchgangskoeffizient W (m² x K) (siehe DIN 4108)	Ca. 2,6
Ausführendes Unternehmen	Glaser/Tischler
Beeinträchtigung der Wohnnutzung	Gering
Denkmalverträglichkeit	Gut
Anmerkungen	Alte Sprossenteilung bleibt erhalten, Verfahren verliert an Bedeutung

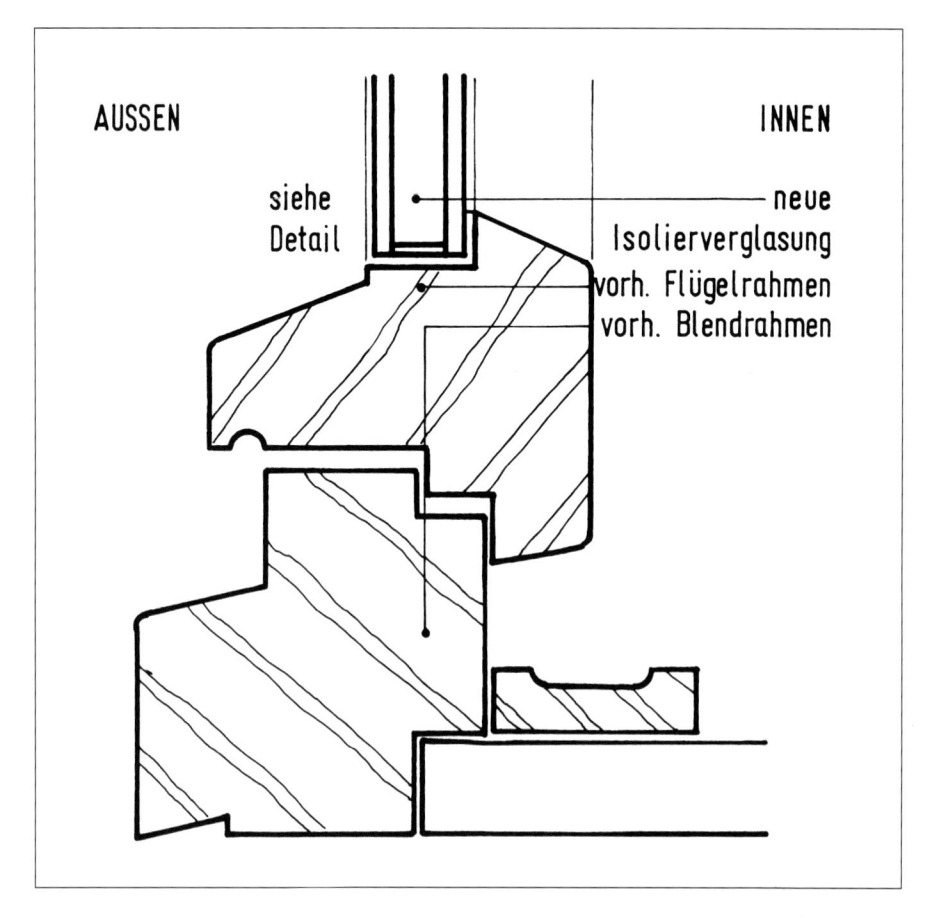

9.1 Problempunkt: Geringe Wärmedämmung von Fenstern/Türen

AUSSEN — **INNEN**

siehe Detail — neue Isolierverglasung
vorh. Flügelrahmen
vorh. Blendrahmen

Einbau von Wärmeschutzglas in vorhandenen Rahmen	
Baukosten	370,- DM/m²
Lebensdauer	10 bis 20 Jahre
Begleitende erforderliche Maßnahmen	Dichtungsprofile einbauen
Einbauzeiten	Ca. 1 Std./Fenster
Wartezeiten	1 Tag
Veränderung der Scheibengröße	Neue Scheibe ist kleiner bei einigen Verfahren
Wärmedurchgangs-koeffizient W (m² x K) (siehe DIN 4108)	Ca. 2,6
Ausführendes Unternehmen	Glaser/Tischler
Beeinträchtigung der Wohnnutzung	Gering
Denkmalverträglichkeit	Schlecht
Anmerkungen	Schwächung des Rahmens durch Auffräsen bei einigen Verfahren

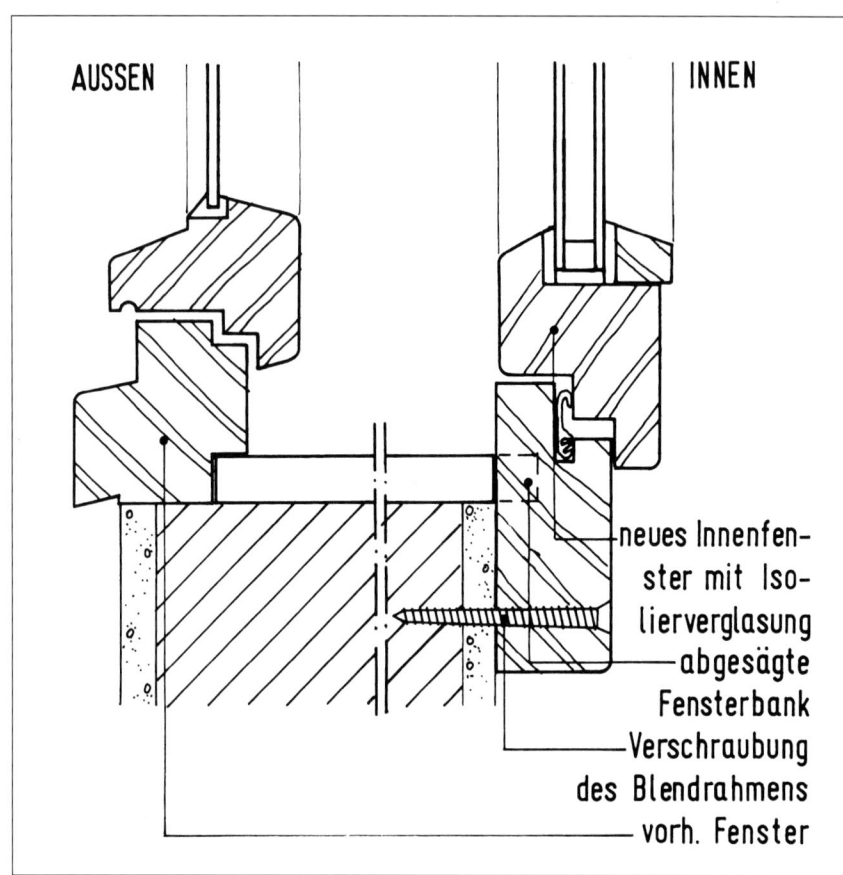

AUSSEN — **INNEN**

neues Innenfenster mit Isolierverglasung
abgesägte Fensterbank
Verschraubung des Blendrahmens
vorh. Fenster

Einbau eines zweiten Fensters innen	
Baukosten	540,- DM/m²
Lebensdauer	40 Jahre Holz 10 bis 20 Jahre Glas
Begleitende erforderliche Maßnahmen	Dichtungsprofile einbauen
Einbauzeiten	Ca. 1 Std./Fenster
Wartezeiten	Keine
Veränderung der Scheibengröße	Lichteinfall insgesamt geringer
Wärmedurchgangs-koeffizient W (m² x K) (siehe DIN 4108)	Ca. 1,9
Ausführendes Unternehmen	Tischler
Beeinträchtigung der Wohnnutzung	Gering
Denkmalverträglichkeit	Gut
Anmerkungen	Alte Sprossenteilung bleibt erhalten

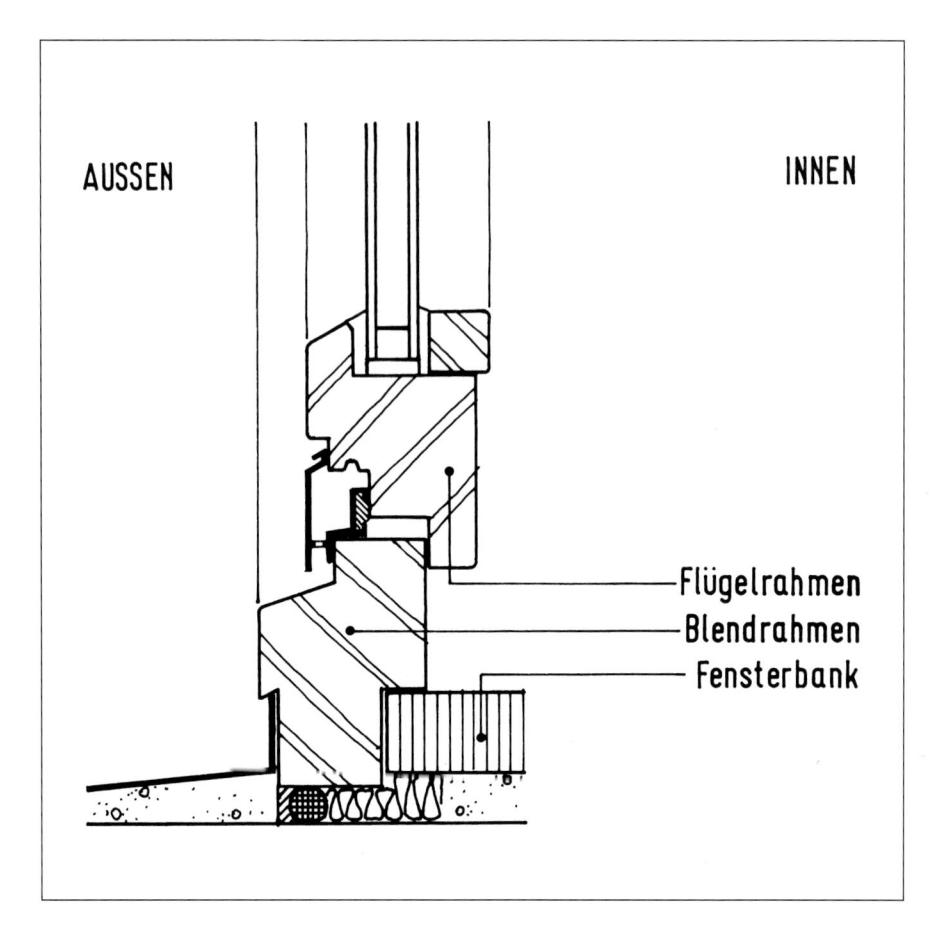

Labels on upper diagram: AUSSEN, INNEN, Flügelrahmen, Blendrahmen, Fensterbank

Neues Fenster mit Wärmeschutz-verglasung (ohne Denkmalschutz)	
Baukosten	710,– DM/m²
Lebensdauer	40 Jahre Holz 10 bis 20 Jahre Glas
Begleitende erforderliche Maßnahmen	Beiputz/Anstrich Wand
Einbauzeiten	Ca. 2 Std./Fenster
Wartezeiten	Keine
Veränderung der Scheibengröße	Geringfügig kleiner
Wärmedurchgangs-koeffizient W (m² x K) (siehe DIN 4108)	Ca. 2,6
Ausführendes Unternehmen	Tischler
Beeinträchtigung der Wohnnutzung	Mittel
Denkmalverträg-lichkeit	Schwierig
Anmerkungen	Sprossenteilung beachten!

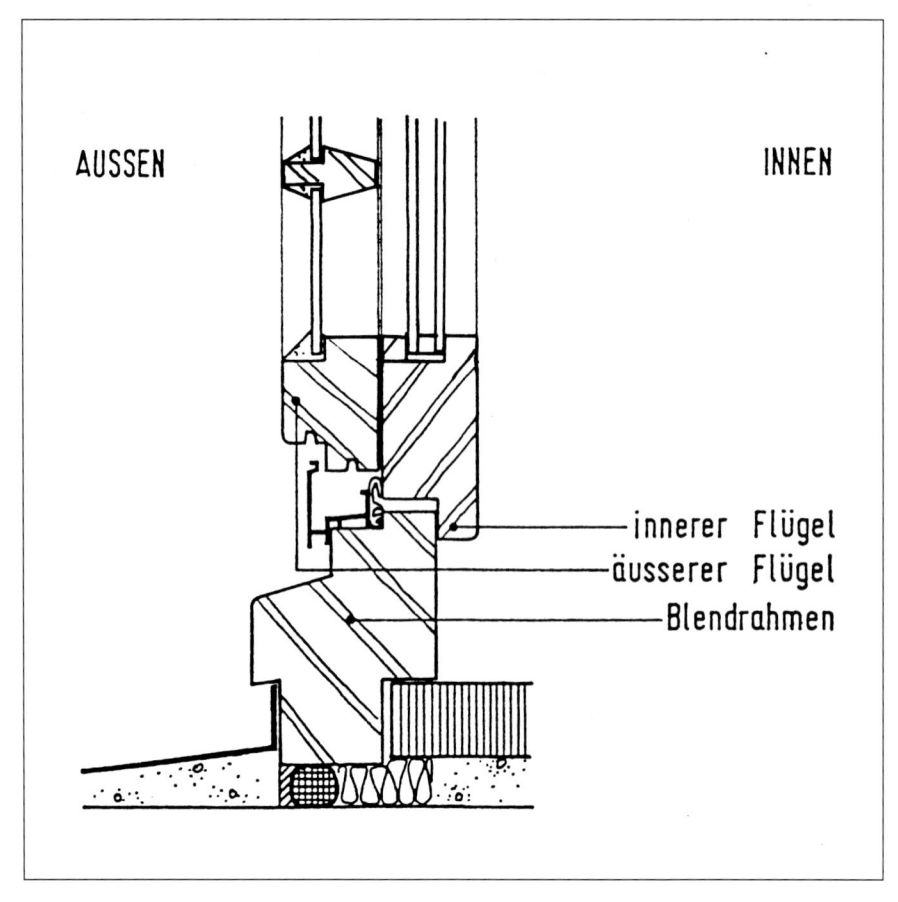

Labels on lower diagram: AUSSEN, INNEN, innerer Flügel, äusserer Flügel, Blendrahmen

Neues Verbundfenster (ohne Denkmalschutz)	
Baukosten	1.165,– DM/m²
Lebensdauer	40 Jahre Holz 10 bis 20 Jahre Glas
Begleitende erforderliche Maßnahmen	Beiputz/Anstrich Wand
Einbauzeiten	Ca. 2 Std./Fenster
Wartezeiten	Keine
Veränderung der Scheibengröße	Geringfügig kleiner
Wärmedurchgangs-koeffizient W (m² x K) (siehe DIN 4108)	Ca. 2,3
Ausführendes Unternehmen	Tischler
Beeinträchtigung der Wohnnutzung	Mittel
Denkmalverträg-lichkeit	Schwierig
Anmerkungen	Aufnahme der alten Sprossen-teilung möglich

9.1 Problempunkt: Geringe Wärmedämmung von Fenstern/Türen

- Flügelrahmen
- Blendrahmen
- Entwässerung

Neues denkmalgerechtes Fenster mit Wärmeschutzverglasung	
Baukosten	850,- DM/m²
Lebensdauer	40 Jahre Holz 10 bis 20 Jahre Glas
Begleitende erforderliche Maßnahmen	Beiputz/Anstrich Wand
Einbauzeiten	Ca. 2 Std./Fenster
Wartezeiten	Keine
Veränderung der Scheibengröße	Geringfügig kleiner
Wärmedurchgangskoeffizient W (m² x K) (siehe DIN 4108)	Ca. 2,6
Ausführendes Unternehmen	Tischler
Beeinträchtigung der Wohnnutzung	Mittel
Denkmalverträglichkeit	Schwierig
Anmerkungen	Sprossenteilung beachten!

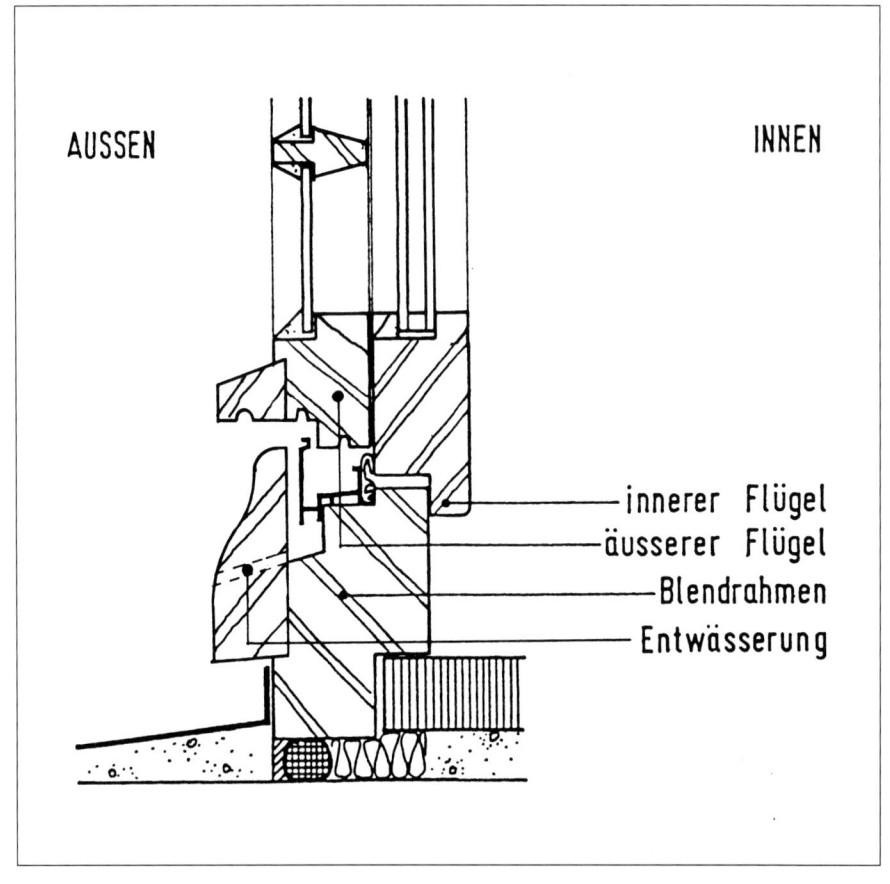

- innerer Flügel
- äusserer Flügel
- Blendrahmen
- Entwässerung

Neues denkmalgerechtes Verbundfenster	
Baukosten	1.400,- DM/m²
Lebensdauer	40 Jahre Holz 10 bis 20 Jahre Glas
Begleitende erforderliche Maßnahmen	Beiputz/Anstrich Wand
Einbauzeiten	Ca. 2 Std./Fenster
Wartezeiten	Keine
Veränderung der Scheibengröße	Geringfügig kleiner
Wärmedurchgangskoeffizient W (m² x K) (siehe DIN 4108)	Ca. 2,3
Ausführendes Unternehmen	Tischler
Beeinträchtigung der Wohnnutzung	Mittel
Denkmalverträglichkeit	Gut
Anmerkungen	Aufnahme der alten Sprossenteilung möglich

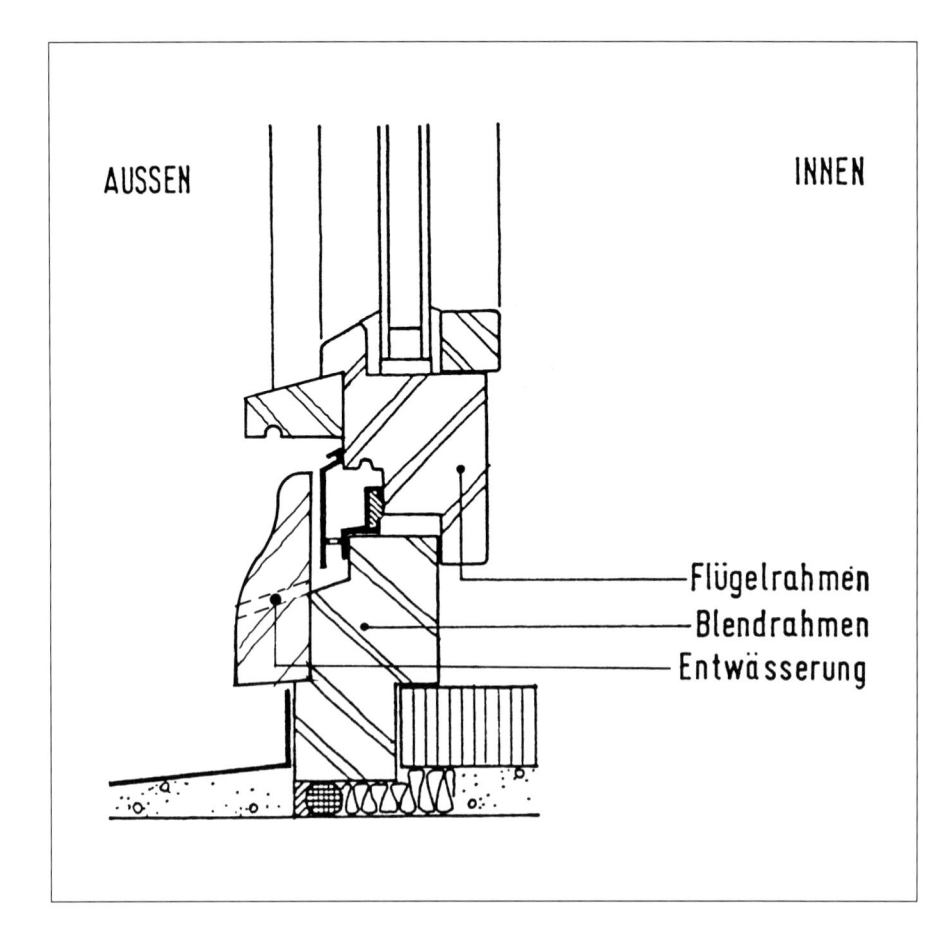

9.1.2 Einbau von Wärmeschutzverglasung in vorhandene Holzrahmen – Erläuterung

Vor dem Einbau von neuem Wärmeschutzglas sind die alten Holzrahmen auf Verwendbarkeit zu prüfen

Mindestens vier grundsätzlich verschiedene Verfahren zum nachträglichen Einbau von Wärmeschutzverglasung in vorhandene Holzfenster stehen zur Verfügung:

- Einbau von Stufenfalzisolierglas (nur noch geringe Bedeutung seit neuer Wärmeschutzverordnung)
- Einbau von Wärmeschutzglas mit Kunststoffprofilen
- Einbau von Wärmeschutzglas mit Aluminiumprofilen
- Auffräsen des Holzrahmens und Einbau von Wärmeschutzglas mit Glashalteleisten.

Vor dem Einbau von Wärmeschutzglas in alte Holzfensterrahmen sind die alten Rahmen sorgfältig auf ihren Zustand zu untersuchen. Das Einsetzen von Wärmeschutzglas in alte Rahmen ist zwar grundsätzlich ein sehr gutes Verfahren zur Verbesserung der Wärmedämmung, es lohnt sich jedoch nur, wenn die Holzrahmen noch in einem Zustand sind, der eine ausreichend lange Lebensdauer garantiert.

Folgende Dinge sind daher sorgfältig zu prüfen:

- Befall des Holzes durch pflanzliche Schädlinge wie Blättlinge oder Bläuepilze
- Gängigkeit und Funktionstüchtigkeit der Beschläge
- Ausreichende Festigkeit der Bänder
- Verformungen oder Verzug der Flügel- und Blendrahmen
- Ausreichender, mindestens reparaturfähiger Zustand der Holzoberfläche
- Ausreichende Festigkeit des Fensterflügels.

Durch die neue Wärmeschutzverglasung wird erhebliches zusätzliches Gewicht in den Fensterflügel eingebracht, die vorhandene Flügelrahmenkonstruktion muß diese Kräfte aufnehmen können. Darüber hinaus ist durch sorgfältige Klotzung der Scheibe beziehungsweise durch sorgfältige Montage sicherzustellen, daß der Rahmen sich durch das zusätzliche Gewicht nicht verzieht.

Beim nachträglichen Einbau von Wärmeschutzverglasung sollte gleichzeitig die Fugendichtigkeit des Fensters durch Einbau von Gummidichtungen verbessert werden.

Einbau von Stufenfalz

Stufenfalzisolierglas ist eine besondere Form von Zweischeibenisolierglas, bei der eine Scheibe 12,0 bis 16,0 mm größer ist als die andere und so 6,0 bis 8,0 mm über das Scheibenabstandsprofil und die Verklebung hinaussteht.

Mit dem überstehenden Stufenfalz wird das Isolierglas in den vorhandenen Glasfalz des Holzfensters eingesetzt, verklotzt, befestigt und innen und außen verkittet.

Hierzu muß die alte Glasscheibe ausgebaut und der Glasfalz vollständig und sorgfältig von allen Kittresten befreit werden.

Ein Nachteil dieses Verfahrens besteht darin, daß die Isolierglasscheiben bis zum Einbau durch den überstehenden Glasrand extrem bruchgefährdet sind.

Durch die neue Wärmeschutzverordnung verliert dieses Verfahren an Bedeutung.

Einbau von Wärmeschutzglas mit Kunststoffprofilen

Beim Einbau von Wärmeschutzglas mit Kunststoffprofilen wird ebenfalls die alte Glasscheibe ausgebaut, der Glasfalz braucht jedoch nicht ausgestemmt zu werden. Kittreste können dort verbleiben, da das neue Kunststoffprofil den Glasfalz vollständig überdeckt.

Die werkseitig gefertigte Wärmeschutzglasscheibe wird vom Glaser mit dem Kunststoffprofil eingefaßt. Das Profil ist an den Ecken auf Gehrung geschnitten und wird mit Stahlwinkeln zusammengehalten. Das Kunststoffprofil wird mit der Scheibe in den Holzrahmen geschraubt. Nach der Montage wird die Schraubenreihe mit einem zweiten Profil abgedeckt. Scheibe und Profil werden innen und außen versiegelt.

Einbau von Wärmeschutzglas mit Aluminiumprofilen

Bei diesem Verfahren wird die Wärmeschutzglasscheibe durch ein Aluminiumprofil eingefaßt. Dieses Profil ist in den Ecken auf Gehrung geschnitten und verlötet beziehungsweise verschraubt.

Die Wärmeschutzglasscheibe wird mit dem Aluprofil in den vorhandenen Glasfalz eingesetzt, befestigt und versiegelt.

Das Aluminiumprofil bildet einen sehr guten Kantenschutz für die Wärmeschutzglasscheibe, stellt andererseits aber auch eine gute Wärmebrücke dar, so daß mit Tauwasser auf der Innenseite des Profils gerechnet werden muß.

Auffräsen des Rahmens und Einsetzen des Glases mit Glashalteleisten

Während die bisher vorgestellten Verfahren vom Glaserhandwerk ausgeführt werden, wurde die hier vorgestellte Möglichkeit vom Schreinerhandwerk entwickelt.

Nach dem Ausbau der alten Glasscheibe wird der Fensterrahmen glatt ausgefräst.

Die neue Wärmeschutzglasscheibe wird mit inneren und äußeren Glashalteleisten in den vorhandenen Holzrahmen eingesetzt und versiegelt.

Neue Wärmeschutzverordnung

Entsprechend den Anforderungen der neuen Wärmeschutzverordnung muß mindestens Energiesparglas ($k_F \leq 1,8$) eingebaut werden. Sinnvoller und kaum teurer ist der Einbau von Wärmeschutzglas ($k_F \leq 1,4$). Die Verwendung von Isolierglas ($k_F \leq 2,6$) ist nicht mehr zulässig.

9.1.3 Einbau von Wärmeschutzverglasung in vorhandene Holzrahmen – Details

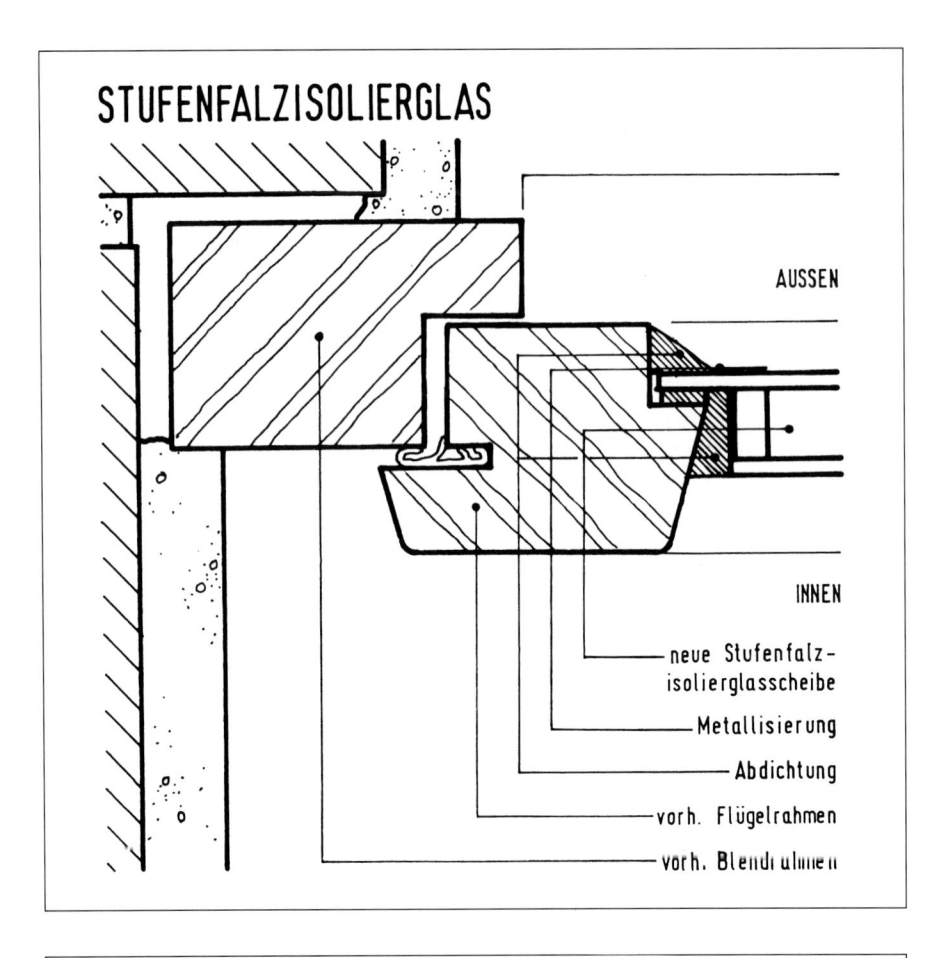

STUFENFALZISOLIERGLAS

AUSSEN
INNEN
- neue Stufenfalz-isolierglasscheibe
- Metallisierung
- Abdichtung
- vorh. Flügelrahmen
- vorh. Blendrahmen

Stufenfalzisolierglas

– Ausbau der alten Glasscheibe

– Einsetzen des neuen Stufenisolierglases

– Abdichten der Fugen mit Fensterkitt

Der Kittstreifen auf der Außenseite muß den Randverbund der Scheibe vor Lichteinwirkung schützen (UV-Schutz).

Alternativ kann der UV-Schutz durch (werkseitige) Metallisierung der Scheibe erreicht werden.

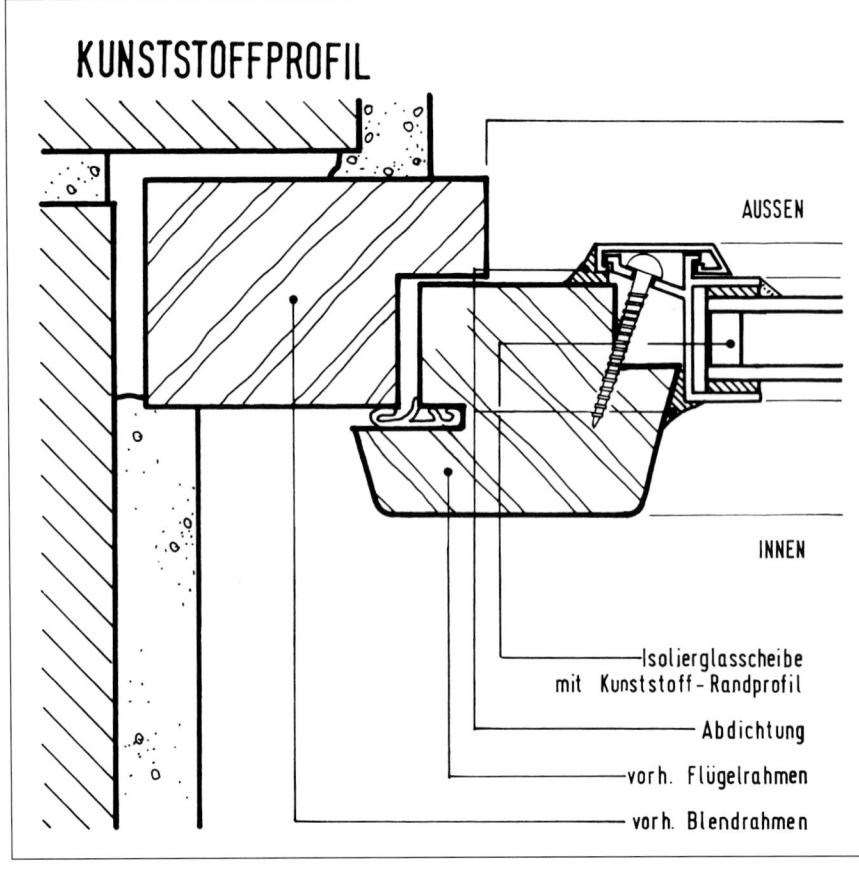

KUNSTSTOFFPROFIL

AUSSEN
INNEN
- Isolierglasscheibe mit Kunststoff-Randprofil
- Abdichtung
- vorh. Flügelrahmen
- vorh. Blendrahmen

Kunststoffprofil

– Ausbau der alten Glasscheibe

– Einsetzen der neuen Isolierglasscheibe mit Kunststoffprofil

– Verschrauben des Kunststoffprofils am Holzrahmen, Kittfalz wird überdeckt.

– Anbringen der Versiegelung zwischen Glasscheibe und Kunststoffprofil

– Abdichten der Fuge zwischen Kunststoffprofil und Holzrahmen mit dauerplastischem Dichtungsmaterial

ALUMINIUM-PROFIL

(Schnittzeichnung mit Beschriftungen: AUSSEN, INNEN, Isolierglasscheibe mit Aluminium-Randprofil, Abdichtung, vorh. Flügelrahmen, vorh. Blendrahmen)

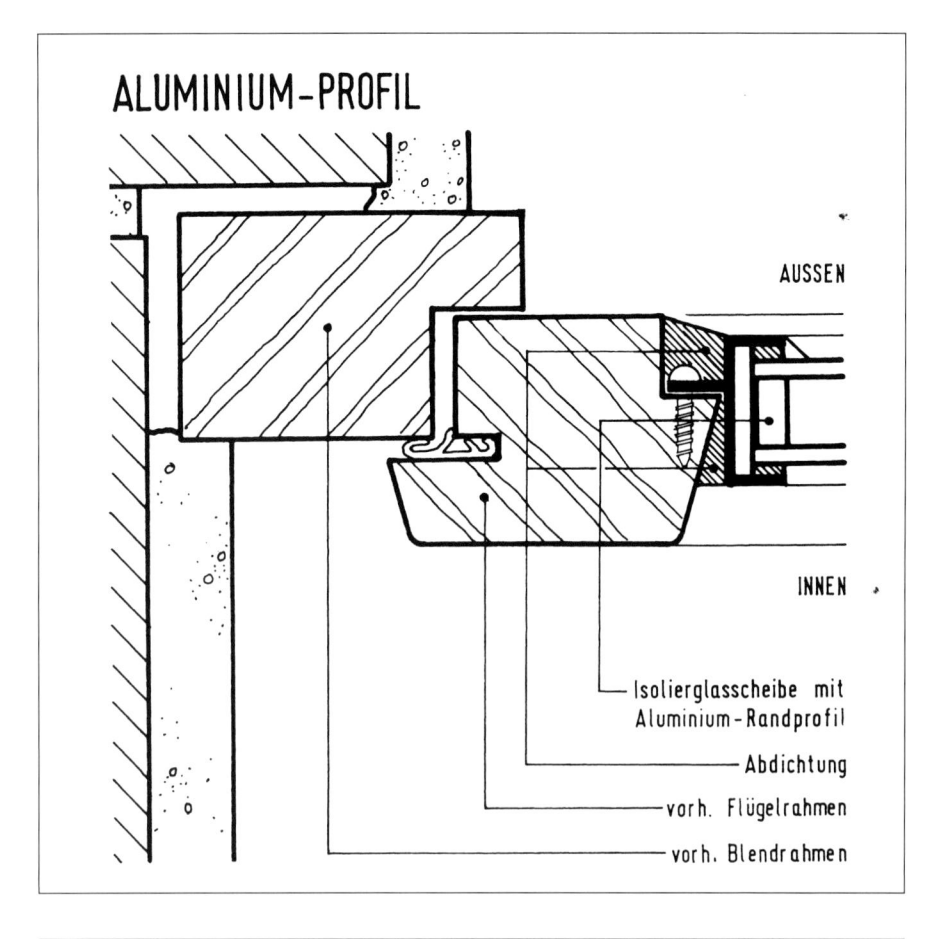

Aluminium-Profil

- Ausbau der alten Glasscheibe
- Säubern des vorhandenen Kittfalzes
- Einsetzen der neuen Isolierglasscheibe mit Aluminiumprofi
- Verschrauben des Aluminiumprofils am Holzrahmen
- Abdichten der Fuge zwischen Holzrahmen und Aluminiumprofil mit Fensterkitt.
- Anbringen der Versiegelung zwischen Glasscheibe und Aluminiumprofil

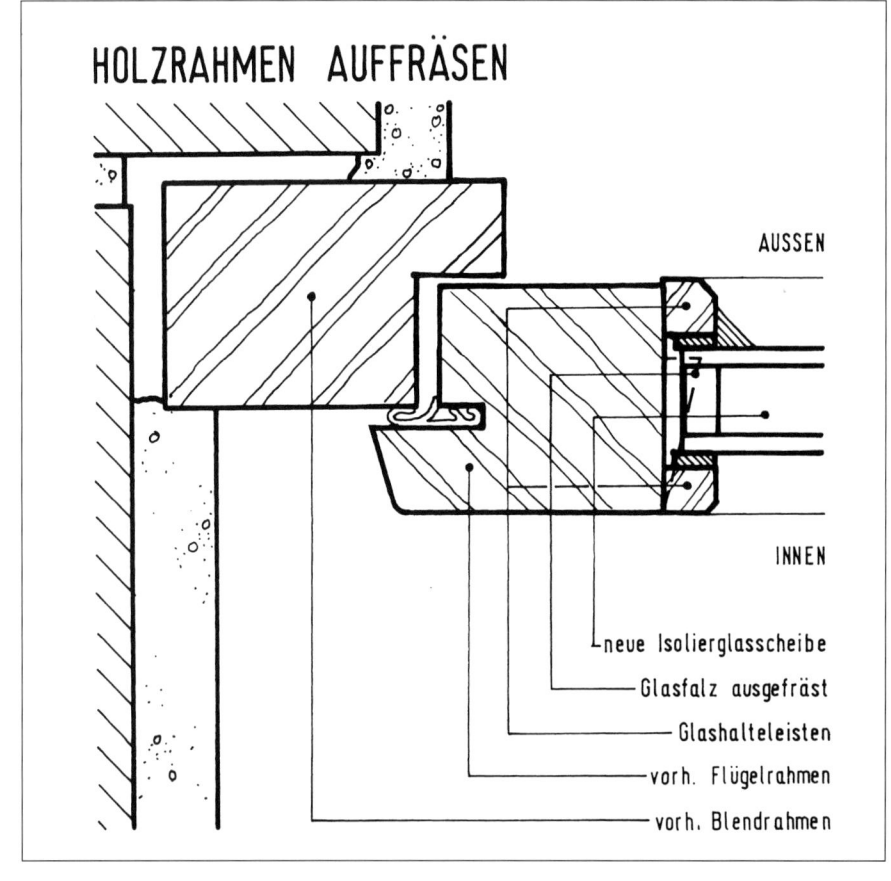

HOLZRAHMEN AUFFRÄSEN

(Schnittzeichnung mit Beschriftungen: AUSSEN, INNEN, neue Isolierglasscheibe, Glasfalz ausgefräst, Glashalteleisten, vorh. Flügelrahmen, vorh. Blendrahmen)

Holzrahmen auffräsen

- Ausbau der alten Glasscheibe
- Auffräsen bzw. Aussägen des Kittfalzes im vorhandenen Flügelrahmen
- Einsetzen der Isolierglasscheibe mit neuen Glashalteleisten innen und außen
- Anbringen der Versiegelung zwischen Scheibe und Glashalteleiste

9.1.4 Vergleichende Beurteilung

	Einbau von Dichtungsprofilen	Zweite Glasscheibe in Sparrahmen	Einbau Wärmeschutzglas	Einbau zweites Fenster innen	Neues Fenster mit Wärmeschutzverglasung		Neues Verbundfenster	
					normal	denkmalgerecht	normal	denkmalgerecht
Baukosten	25,– DM/m²	350,– DM/m²	370,– DM/m²	540,– DM/m²	710,– DM/m²	850,– DM/m²	1.165,– DM/m²	1.400,– DM/m²
Lebensdauer	5 bis 10 Jahre	10 bis 20 Jahre	10 bis 20 Jahre	Holz 40 Jahre (Lebensdauer von Zweischeibenwärmeschutzglas = 10 bis 20 Jahre)	Holz 40 Jahre		Holz 40 Jahre	
Begleitende erforderliche Maßnahmen	Keine	Dichtungsprofile einbauen	Dichtungsprofile einbauen	Dichtungsprofile einbauen	Beiputz/Anstrich Wand		Beiputz/Anstrich Wand	
Einbauzeiten	Ca. 1 Std./Fenster	Ca. 30 Min./Fenster	Ca. 1 Std./Fenster	Ca. 1 Std./Fenster	Ca. 2 Std./Fenster		Ca. 2 Std./Fenster	
Wartezeiten	Keine	Keine	1 Tag	Keine	Keine		Keine	
Veränderung der Scheibengröße	Keine	Keine	Neue Scheibe ist kleiner bei einigen Verfahren	Lichteinfall insgesamt geringer	Geringfügig kleiner		Geringfügig kleiner	
Wärmedurchgangskoeffizient W (m² × K) (siehe DIN 4108)	Ca. 5,2	Ca. 2,6	Ca. 2,6	Ca. 1,9	Ca. 2,6		Ca. 2,3	
Ausführendes Unternehmen	Glaser	Glaser/Tischler	Glaser/Tischler	Tischler	Tischler		Tischler	
Beeinträchtigung der Wohnnutzung	Gering	Gering	Gering	Gering	Mittel		Mittel	
Denkmalverträglichkeit	Gut	Gut	Schlecht	Gut	Schwierig		Gut	
Anmerkungen	–	Alte Sprossenteilung bleibt erhalten, Verfahren verliert an Bedeutung	Schwächung des Rahmens durch Auffräsen bei einigen Verfahren	Alte Sprossenteilung bleibt erhalten	Sprossenteilung beachten!		Aufnahme der alten Sprossenteilung möglich	

9.2 Problempunkt:
Mangelhafter Zustand alter Innentüren

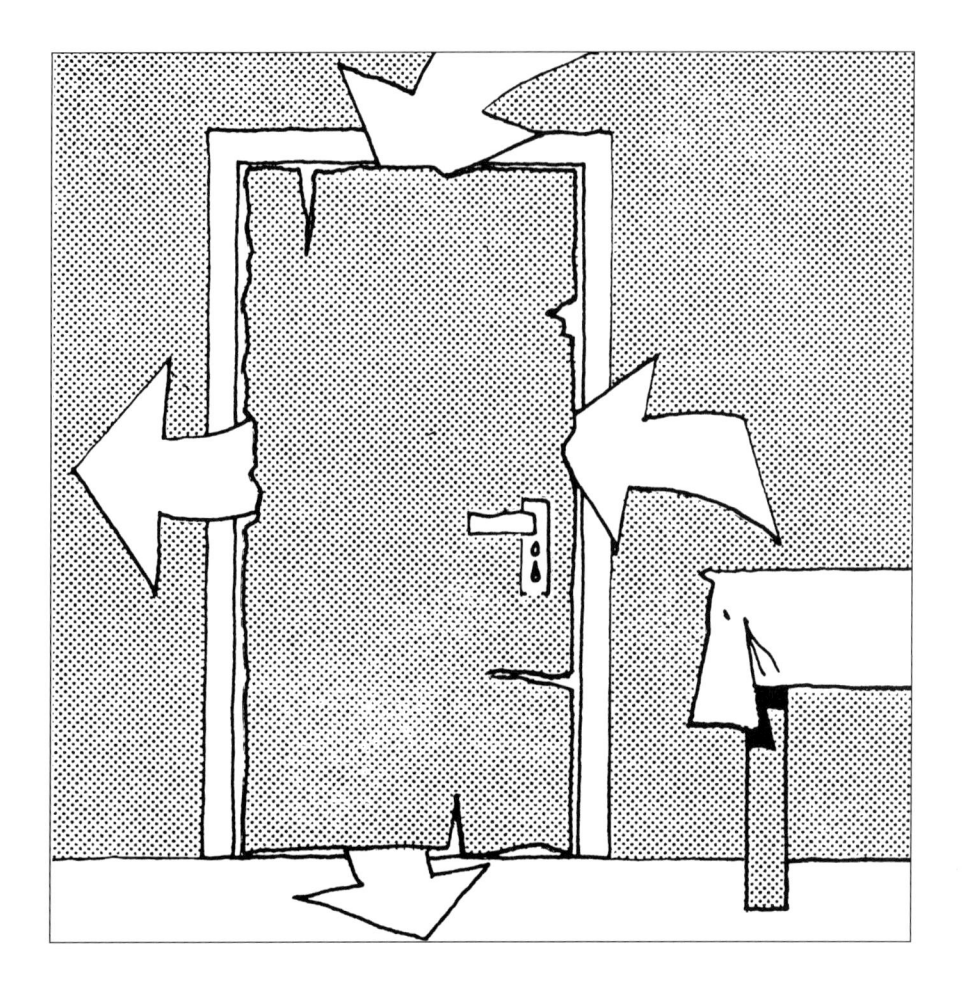

Je nach Baualter des Gebäudes trifft man bei der Modernisierung sehr unterschiedliche Türarten und Türqualitäten an.

Während in Gründerzeithäusern reich profilierte Massivholztüren vorherrschen, finden sich in den Häusern der 20er und 30er Jahre zwar auch Rahmentüren mit Füllung, die Gestaltung ist jedoch wesentlich zurückhaltender. Die Häuser der 50er Jahre zeigen häufig schon glatte, profillose Türen.

Erhalt der alten Türen

Grundsätzlich sollte man immer versuchen, die alten, vor allem die reich profilierten Türen zu erhalten. Sie stellen ein wesentliches gestalterisches Merkmal des Innenraumes dar und sind oft preiswerter zu reparieren als zu erneuern.

Ist ein Erhalt aller Türen nicht möglich, sollte versucht werden, die erhaltenswerten Türen zusammenliegend anzuordnen, zum Beispiel im Flurbereich. Ist selbst das nicht möglich, sollten zumindest die alten Wohneingangstüren erhalten bleiben.

Leider befinden sich die alten Türen oft in einem so schlechten Zustand, daß neben einem Neuanstrich auch eine Überarbeitung der Tür erforderlich wird.

Überarbeitung und Instandsetzung der Tür durch Schreiner

Hierzu zählen insbesondere folgende Arbeiten:

- Richten und Befestigen der Türbänder
- Reparatur bzw. Austausch des Türschlosses
- Reparatur bzw. Ersatz der vorhandenen Drückergarnitur
- Neuverleimung oder Ersatz des Stollens auf der Schloß- oder Bandseite der Tür
- Kürzen des Türblattes
- Einbau von Dichtungen im Türrahmen
- Einbau von Dichtungen an der Türschwelle
- Gegebenenfalls sogar Ändern der Drehrichtung oder des Anschlages einer Tür.

Oft können alte Türblätter wieder aufgearbeitet werden

Aufgearbeitete, historische Füllungstür

Ersatz durch neue Tür in Übergröße

Ist eine Reparatur der vorhandenen Tür nicht mehr möglich, muß eine neue Tür eingebaut werden. Handelt es sich hierbei um den Ersatz nur einer einzelnen Tür, wird man die neue Tür nach dem Vorbild der alten auf Maß anfertigen lassen. Das ist zwar sehr teuer, lohnt sich aber, wenn dadurch ein architektonisch geschlossenes Bild erhalten wird. Außerdem werden umfangreiche Nebenarbeiten wie Beiputz und Sturzverlegung gespart.

Auch neue Türschlösser lassen sich in alte Türblätter einbauen

Ersatz durch neue Tür und Änderung der Rohbauöffnung

Wenn ein Ersatz der alten Türen nicht möglich ist oder nicht gewünscht wird, müssen neue Türen, dann allerdings in Normgrößen, eingebaut werden. Da dies auch eine Erneuerung des Türrahmens bedeutet, werden umfangreiche Bauarbeiten erforderlich:

- Die alte Türzarge muß ausgebaut werden.
- Ist die neue Türöffnung sehr viel kleiner, müssen auch die Hölzer, an denen das alte Türfutter befestigt war, entfernt werden.
- Anschließend ist die Türöffnung auf das neue Maß zuzumauern und mit einem neuen Türsturz zu überdecken.
- Nach Abschluß der Mauerarbeiten muß der Wandbereich um die Tür neu verputzt werden.

Änderung des Anschlages einer Tür

Beispiel einer handwerklich detailliert aufgearbeiteten Tür

9.2.1 Übersicht über Lösungsmöglichkeiten

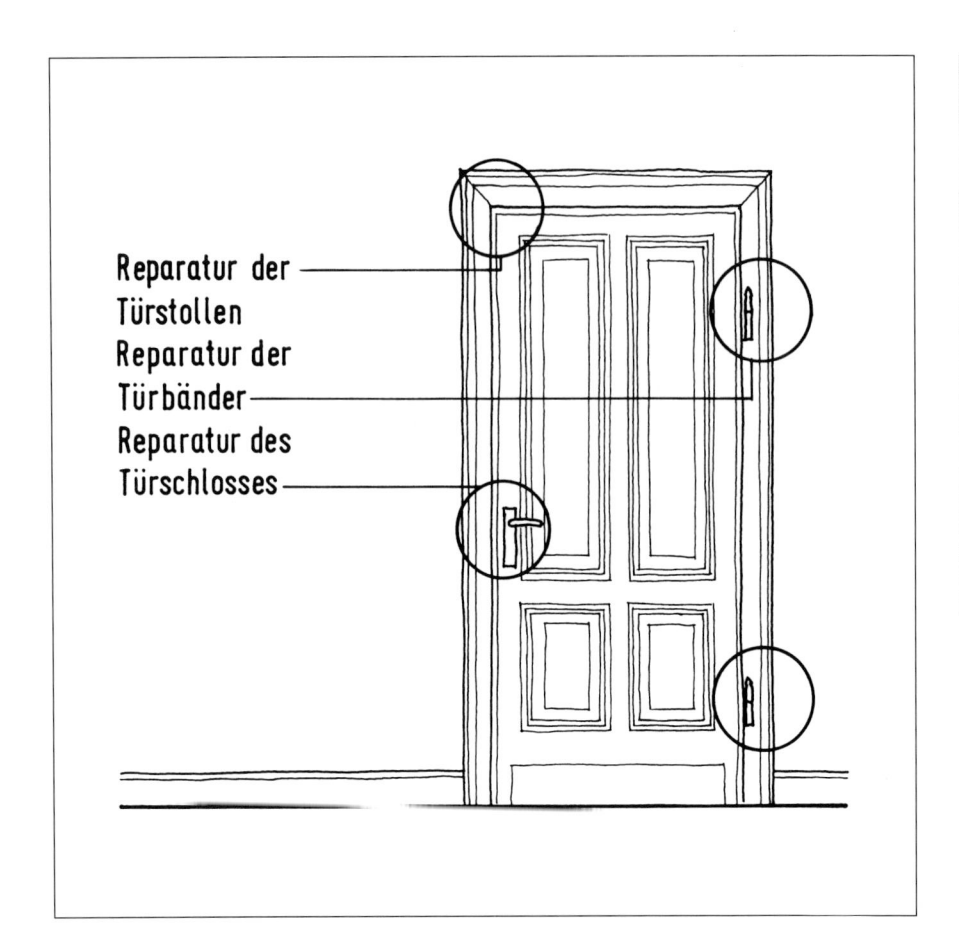

Reparatur der Türstollen
Reparatur der Türbänder
Reparatur des Türschlosses

Schreinermäßige Überarbeitung und Instandsetzung	
Baukosten	500,- bis 800,- DM/Tür
Folgekosten	Keine
Begleitende erforderliche Maßnahmen	Keine
Instandhaltungskosten	Evtl. 175,- DM alle 5 Jahre für Anstrich
Lebensdauer	25 bis 20 Jahre
Einbauzeiten	2 Std.
Trocknungs-/Wartezeiten	Keine
Anmerkungen	Sehr gute Eignung bei Baudenkmälern

neue denkmalgerechte Tür in alter Öffnung incl. neuer, profilierter Zarge

Neue Tür in Übergröße	
Baukosten	1.610,- DM/Tür
Folgekosten	Keine
Begleitende erforderliche Maßnahmen	Keine
Instandhaltungskosten	Evtl. 175,- DM alle 5 Jahre für Anstrich
Lebensdauer	25 bis 20 Jahre
Einbauzeiten	2 Std.
Trocknungs-/Wartezeiten	Keine
Anmerkungen	Sehr gute Eignung bei Baudenkmälern

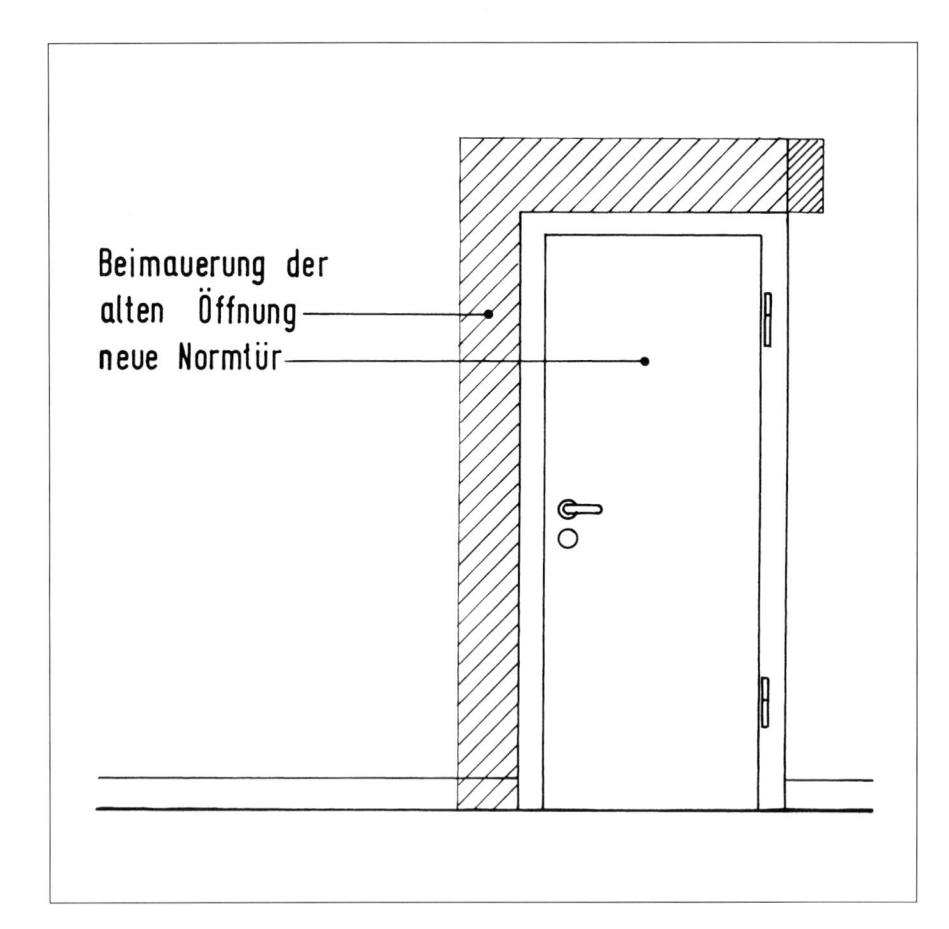

9.2 Problempunkt: Mangelhafter Zustand alter Innentüren

Beimauerung der alten Öffnung – neue Normtür

Neue Normtür	
Baukosten	500,- DM/Tür
Folgekosten gesamt	600,- DM/Tür 1.100,- DM/Tür
Begleitende erforderliche Maßnahmen	Neuer Sturz, neues Mauerwerk, neuer Putz
Instandhaltungskosten	Evtl. 95,- DM alle 5 Jahre für Anstrich
Lebensdauer	25 bis 30 Jahre
Einbauzeiten	5,5 + 2 Std.
Trocknungs-/Wartezeiten	1 Woche
Anmerkungen	Schlecht geeignet für Baudenkmäler

Neue übergroße Tür

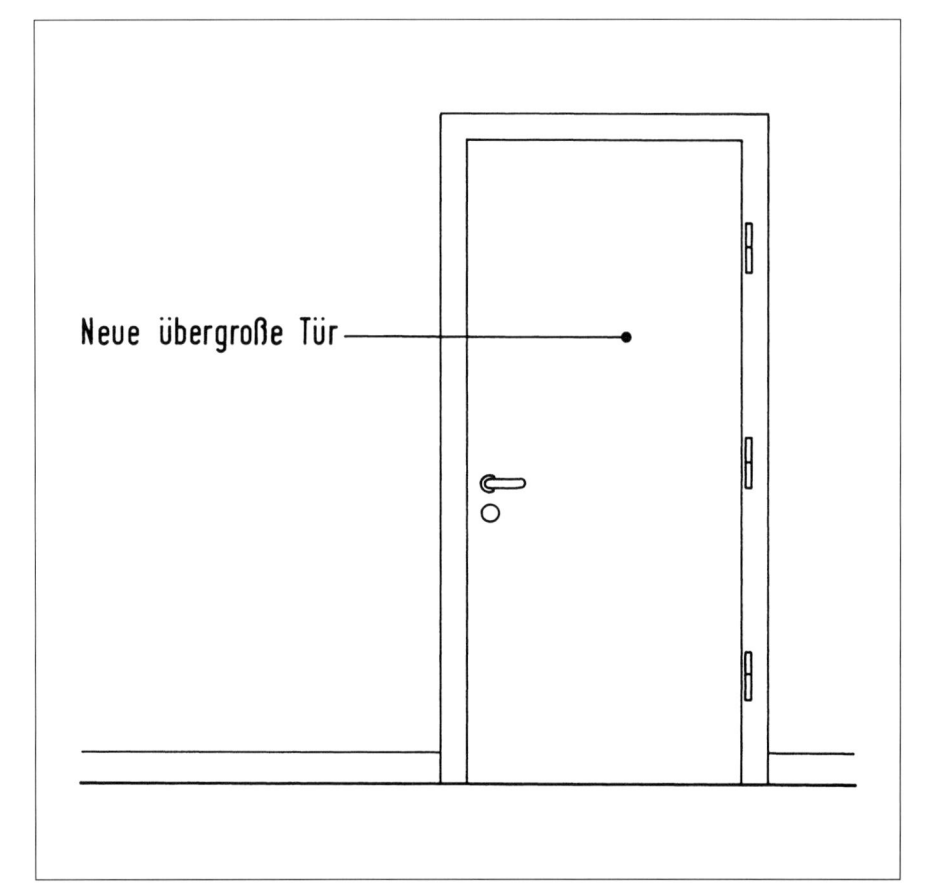

Neue übergroße Tür ohne Profilierung	
Baukosten	1.000,- DM/Tür
Folgekosten	Keine
Begleitende erforderliche Maßnahmen	Keine
Instandhaltungskosten	Evtl. 120,- DM alle 5 Jahre für Anstrich
Lebensdauer	25 bis 30 Jahre
Einbauzeiten	2 Std.
Trocknungs-/Wartezeiten	Keine
Anmerkungen	Schlecht geeignet für Baudenkmäler

9.2.2 Vergleichende Beurteilung

	Überarbeitung Instandsetzung	Neue Tür in Übergröße	Neue Normtür	Neue übergroße Tür ohne Profilierung
Baukosten	500,- bis 800,- DM/Tür	1.610,- DM/Tür	500,- DM/Tür	1.000,- DM/Tür
Folgekosten gesamt	Keine	Keine	600,- DM/Tür 1.100,- DM/Tür	Keine
Begleitende erforderliche Maßnahmen	Keine	Keine	Neuer Sturz, neues Mauerwerk, neuer Putz	Keine
Instandhaltungskosten	Evtl. 175,- DM alle 5 Jahre für Anstrich	Evtl. 175,- DM alle 5 Jahre für Anstrich	Evtl. 95,- DM alle 5 Jahre für Anstrich	Evtl. 120,- DM alle 5 Jahre für Anstrich
Lebensdauer	25 bis 20 Jahre	25 bis 30 Jahre	25 bis 30 Jahre	25 bis 30 Jahre
Einbauzeiten	2 Std.	2 Std.	5,5 + 2 Std.	2 Std.
Trocknungs-/Wartezeiten	Keine	Keine	1 Woche	Keine
Anmerkungen	Sehr gute Eignung bei Baudenkmälern	Sehr gute Eignung bei Baudenkmälern	Schlecht geeignet für Baudenkmäler	Schlecht geeignet für Baudenkmäler

10 Installationen

10.1 Problempunkt:
Verlegung neuer Heizungsleitungen

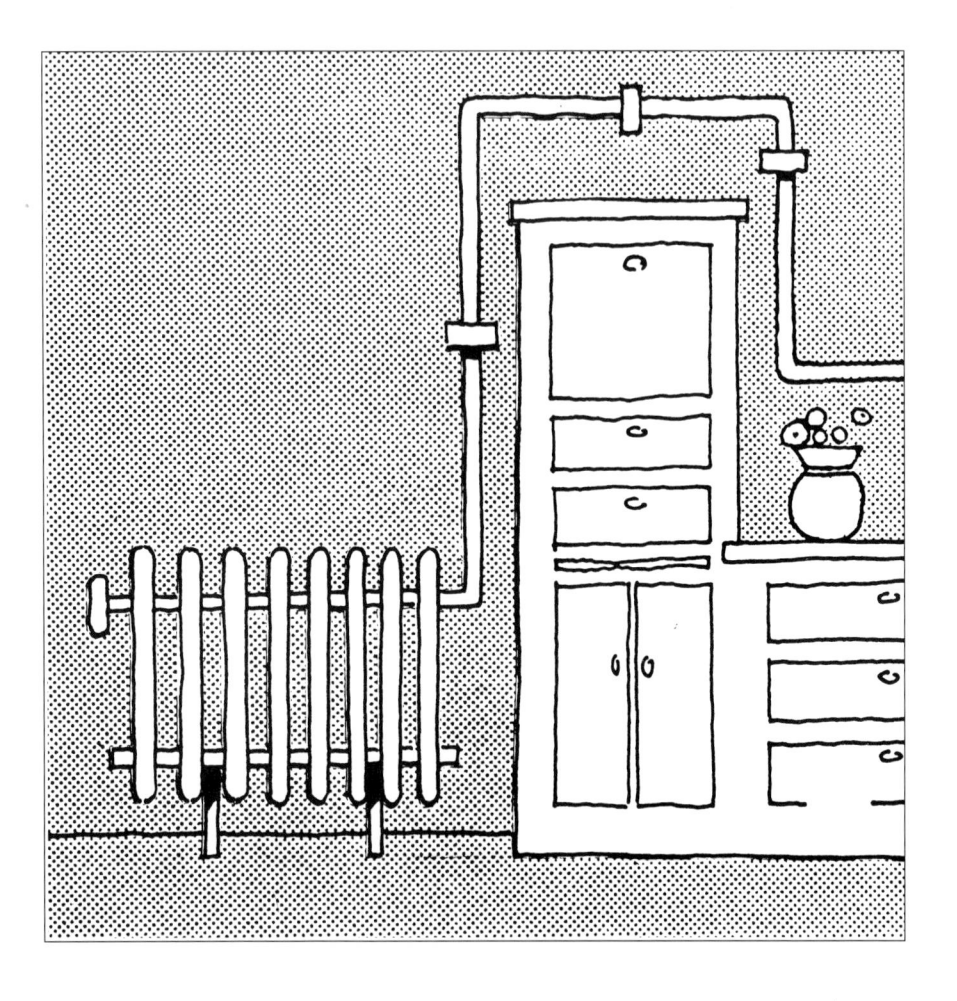

Heizungsleitungen können auf Putz über der Fußleiste verlegt werden

Im Zuge von Modernisierungen werden im allgemeinen auch die Heizungsanlagen modernisiert oder Einzelofenheizungen durch Zentral- oder Etagenheizungen ersetzt.

Beim Einbau von Zentralheizungsanlagen und bei senkrechter Verlegung der Heizleitungen ist die Anbringung der Rohrleitungen meist unproblematisch. Es muß jedoch beachtet werden, daß Heizleitungen der Heizungsanlagen-Verordnung unterliegen und bei Verlegung durch fremde Wohnungen entsprechend, das heißt 1:1, gedämmt werden müssen.

Die Rohre werden also zweckmäßig in einer Raumecke angeordnet und mit Wärmedämmung und einem Putzkasten verkleidet.

Beim Einbau von Etagenheizungen müssen die Heizleitungen horizontal verlegt werden.

Hierbei entscheidet der gewünschte Standard über die Art der Anbringung.

Bei der Planung von Installationsleitungen in Türnischen Sturz beachten!

Verlegung der Rohre unter Putz

Die Verlegung unter Putz ist nicht gerade altbaugerecht, wird hier jedoch erwähnt, da sie immer wieder vorkommt.

Zur Verlegung waagerechter Heizleitungen unter Putz müssen umfangreiche Schlitzarbeiten in den Wänden vorgenommen werden. Waagerechte Aussparungen dürfen in Mauerwerkswänden nur unter bestimmten Bedingungen und nur mit bestimmten Abmessungen hergestellt werden (siehe Tabelle »Ohne Nachweis zulässige Schlitze und Aussparungen in tragenden Wänden«).

Müssen die Heizungsrohre in der Außenwand verlegt werden, sind sie durch Ummantelung mit Dämmstoff vor Wärmeverlusten zu schützen (Dämmstoffdicke = Rohrdurchmesser). Dies führt zu sehr großen Gesamtdurchmessern, die zu berücksichtigen sind.

Die Heizungsrohre sind immer so zu verlegen, daß sie deutlich oberhalb der Fußleiste liegen, um Beschädigungen der verdeckten Heizleitungen beim Anbringen der Fußleisten zu vermeiden.

Verlegung der Rohre in neuer Fußleiste

Sollen die Rohre nicht unter Putz verlegt werden, können sie auf der Wand befestigt und mit einem geeigneten Holz- oder Kunststoffprofil abgedeckt werden.

Hierzu werden die Heizrohre (Durchmesser maximal 22,0 mm) zunächst mit einem Klemmprofil an der Wand befestigt. Auf dem Klemmprofil ist ein Schlitten beweglich gelagert, in den eine Abdeckleiste eingeklemmt wird. Die bewegliche Lagerung gestattet eine Höhentoleranz bei der Montage des Klemmprofils.

Trotzdem ist zu beachten, daß es beim Übergang von einem Raum in den anderen immer wieder zu Höhensprüngen kommt, die von den Toleranzen des Profils nicht aufgefangen werden können.

Ein weiterer kritischer Punkt sind »schiefe« Fußböden oder Wände. Während schiefe Wände durch die meisten Systeme noch halbwegs gemeistert werden, stellen schiefe Fußböden eine unüberwindbare Schwierigkeit dar, weil sich die starren Leistensysteme den durchgebogenen Böden nicht anpassen können. Von Abdichtungsversuchen mit plastischen oder elastischen Dichtungsmassen ist abzuraten.

Verlegung der Rohre auf Putz oberhalb der Fußleiste

Die einfachste, unkritischste und preiswerteste Art der Rohrverlegung ist die Montage ohne Verkleidung auf Putz.

Hierzu werden auf der Wand oberhalb der Fußleiste Kunststoffklammern montiert, in die die Kupferrohre eingeklemmt werden, die jedoch, weil sichtbar, sehr sorgfältig verlegt werden müssen.

Bei offener horizontaler Leitungsverlegung innerhalb der Wohnung in Verbindung mit wohnungsweiser Regelbarkeit der Heizung (Etagenheizung oder Zentralheizung mit nur einem Steigestrang) ist eine Dämmung der Rohre nach der Heizungsanlagen-Verordnung nicht erforderlich.

Da die Rohre offen sichtbar auf der Wand verlaufen, ist die Verlegung entsprechend sorgfältig vorzunehmen.

Der gestalterische Einfluß dieser Verlegung sollte nicht zu negativ gesehen werden; durch Möblierung und Dekoration wird so viel von den Rohrleitungen verdeckt, daß sie üblicherweise kaum auffallen.

Ohne Nachweis zulässige Schlitze und Aussparungen in tragenden Wänden
(Ausschnitt aus Tabelle 10 in DIN 1053-1) Maße in mm

1	2	3	4	5	6
	Horizontale und schräge Schlitze[1] nachträglich hergestellt		Vertikale Schlitze und Aussparungen, nachträglich hergestellt		
Wanddicke	Schlitzlänge		Schlitztiefe[4]	Einzelschlitzbreite[5]	Abstand der Schlitze und Aussparungen von Öffnungen
	unbeschränkt	≤ 1,25 m[2]			
	Schlitztiefe[3]	Schlitztiefe			
≥ 115	–	–	≤ 10	≤ 100	
≥ 175	0	≤ 25	≤ 30	≤ 100	
≥ 240	≤ 15	≤ 25	≤ 30	≤ 150	≥ 115
≥ 300	≤ 20	≤ 30	≤ 30	≤ 200	
≥ 365	≤ 20	≤ 30	≤ 30	≤ 200	

[1] Horizontale und schräge Schlitze sind nur zulässig in einem Bereich ≤ 0,4 m ober- oder unterhalb der Rohdecke sowie jeweils an einer Wandseite. Sie sind nicht zulässig bei Langlochziegeln.

[2] Mindestabstand in Längsrichtung von Öffnungen ≥ 490 mm, vom nächsten Horizontalschlitz zweifache Schlitzlänge.

[3] Die Tiefe darf um 10 mm erhöht werden, wenn Werkzeuge verwendet werden, mit denen die Tiefe genau eingehalten werden kann. Bei Verwendung solcher Werkzeuge dürfen auch in Wänden ≥ 240 mm gegenüberliegende Schlitze mit jeweils 10 mm Tiefe ausgeführt werden.

[4] Schlitze, die bis maximal 1 m über den Fußboden reichen, dürfen bei Wanddicken ≥ 240 mm bis 80 mm Tiefe und 120 mm Breite ausgeführt werden.

[5] Die Gesamtbreite von Schlitzen nach Spalte 5 und Spalte 7 darf je 2 m Wandlänge die Maße in Spalte 7 nicht überschreiten. Bei geringeren Wandlängen als 2 m sind die Werte in Spalte 7 proportional zur Wandlänge zu verringern.

(Wiedergegeben mit Erlaubnis des DIN Deutsches Institut für Normung e.V. Maßgebend für das Anwenden der Norm ist deren Fassung mit dem neuesten Ausgabedatum, die bei der Beuth Verlag GmbH, Burggrafenstraße 6, 10787 Berlin, erhältlich ist.)

10.1.1 Übersicht über Lösungsmöglichkeiten

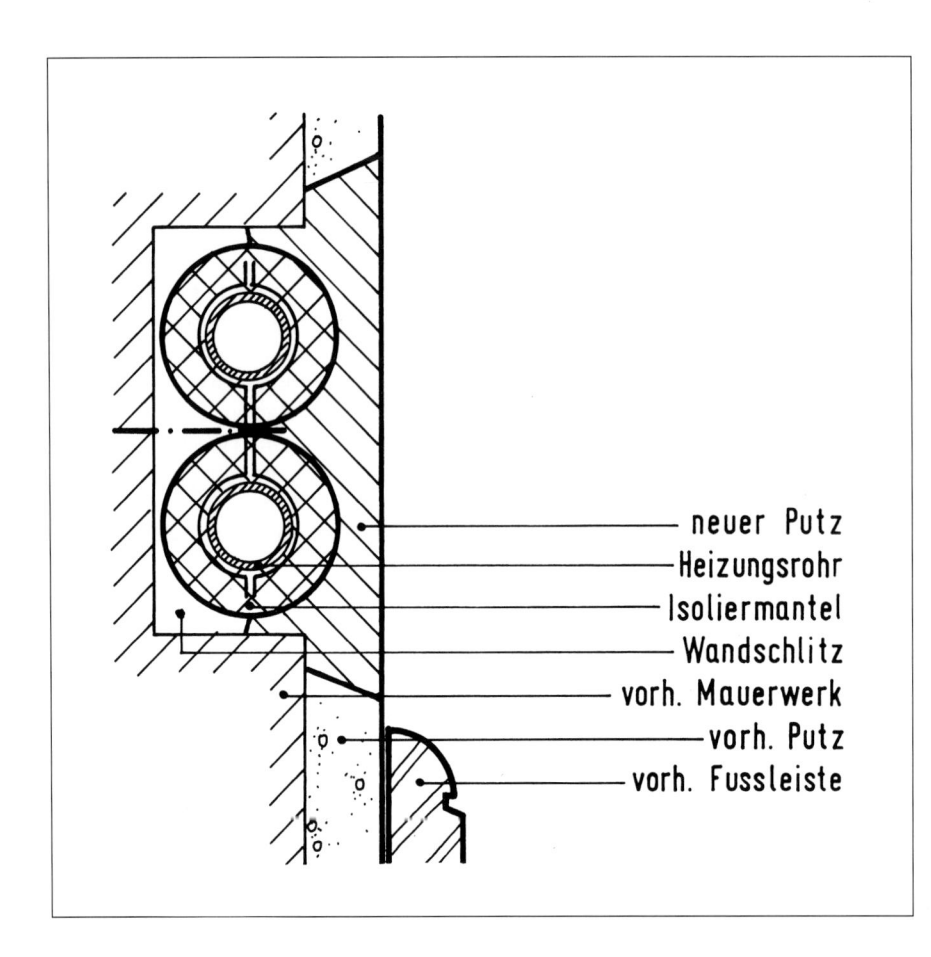

- neuer Putz
- Heizungsrohr
- Isoliermantel
- Wandschlitz
- vorh. Mauerwerk
- vorh. Putz
- vorh. Fussleiste

Verlegung unter Putz	
Baukosten	155,- DM/m
Folgekosten	50,- DM/m
Begleitende erforderliche Maßnahmen	Schlitze stemmen, Isolierung, Beiputz
Einbauzeiten	1,5 + 0,5 Std./m
Trocknungs-/ Wartezeiten	2 bis 3 Tage
Gestaltung	Sehr gut
Anmerkungen	Starke Beeinträchtigung der Wohnnutzung durch Staubbildung beim Stemmen. Feuchte- und Schmutzbelastung durch Beiputz. Statisch oft schwierig wegen großer Durchmesser von Rohr und Dämmung

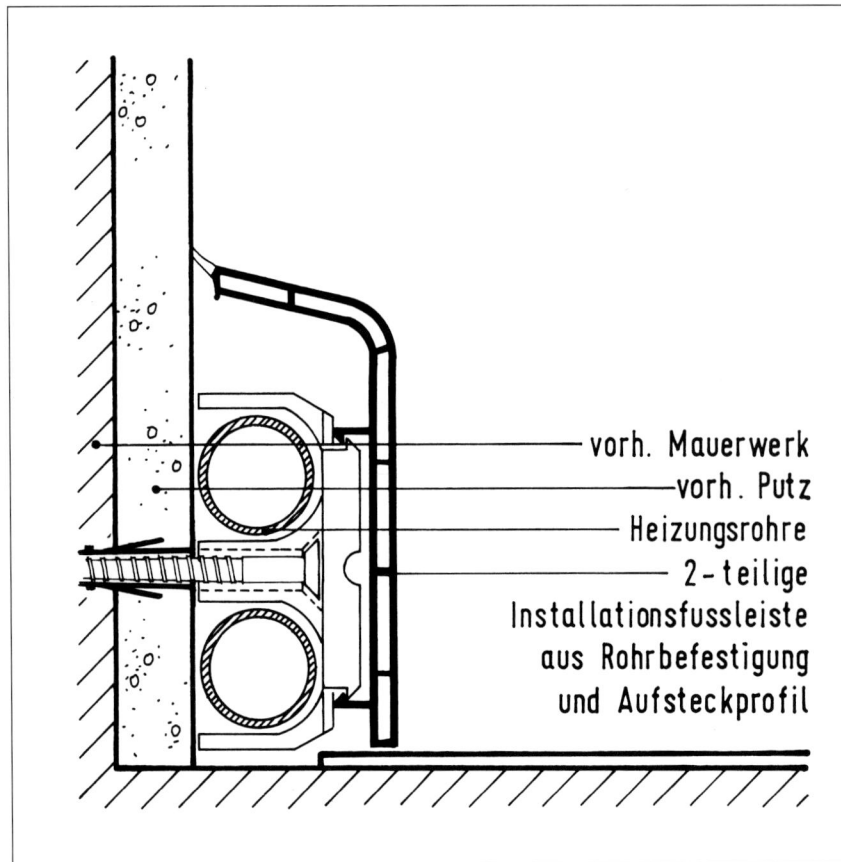

- vorh. Mauerwerk
- vorh. Putz
- Heizungsrohre
- 2-teilige Installationsfussleiste aus Rohrbefestigung und Aufsteckprofil

Verlegung in neuer Fußleiste	
Baukosten	110,- DM/m
Folgekosten	–
Begleitende erforderliche Maßnahmen	Keine
Einbauzeiten	1,0 Std./m
Trocknungs-/ Wartezeiten	Keine
Gestaltung	Gut
Anmerkungen	Auf sorgfältige Verlegung achten

10.1 Problempunkt: Verlegung neuer Heizungsleitungen

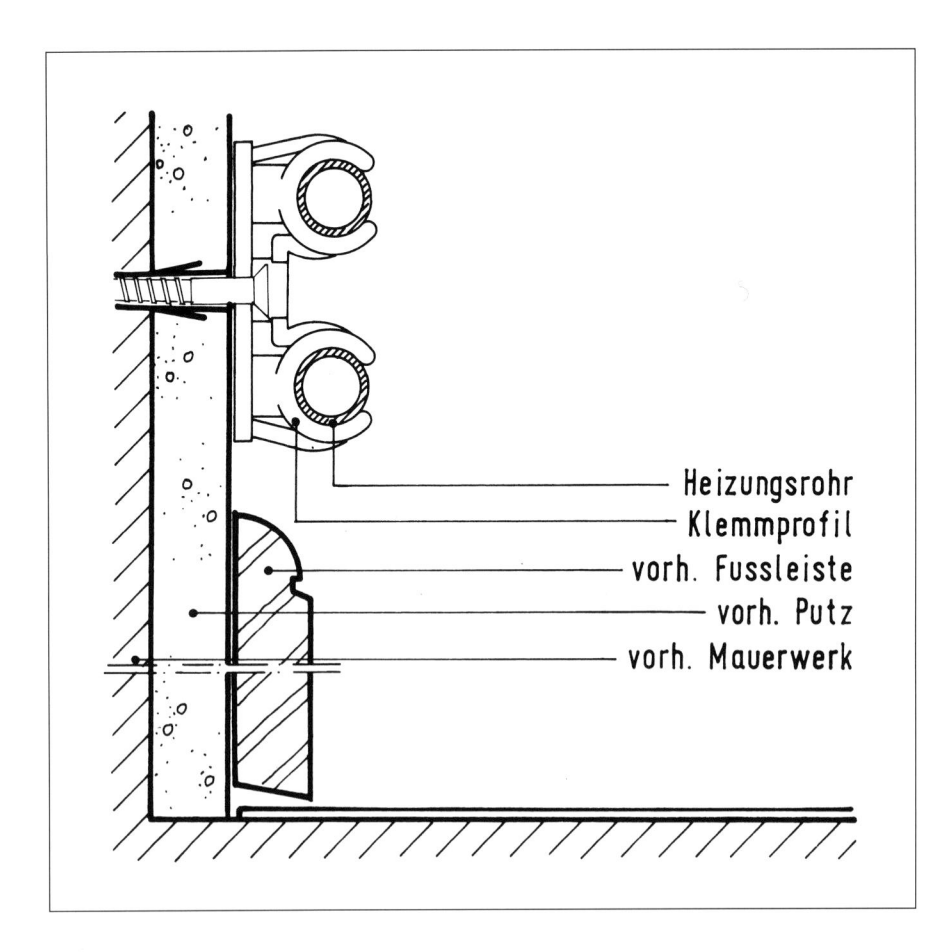

Verlegung auf Putz	
Baukosten	80,- DM/m
Folgekosten	
Begleitende erforderliche Maßnahmen	Keine
Einbauzeiten	0,8 Std./m
Trocknungs-/Wartezeiten	Keine
Gestaltung	Befriedigend
Anmerkungen	Akzeptanz durch Mieter oft gering. Auf sorgfältige Verlegung achten. Optischer Eindruck!

— Heizungsrohr
— Klemmprofil
— vorh. Fussleiste
— vorh. Putz
— vorh. Mauerwerk

10.1.2 Vergleichende Beurteilung

	Verlegung unter Putz	Verlegung in neuer Fußleiste	Verlegung auf Putz
Baukosten	155,- DM/m	110,- DM/m	80,- DM/m
Folgekosten	50,- DM/m	–	–
Begleitende erforderliche Maßnahmen	Schlitze stemmen, Isolierung, Beiputz	Keine	Keine
Einbauzeiten	1,5 + 0,5 Std./m	1,0 Std./m	0,8 Std./m
Trocknungs-/Wartezeiten	2 bis 3 Tage	Keine	Keine
Gestaltung	Sehr gut	Gut	Befriedigend
Anmerkungen	Starke Beeinträchtigung der Wohnnutzung durch Staubbildung beim Stemmen. Feuchte- und Schmutzbelastung durch Beiputz. Statisch oft schwierig wegen großen Durchmessers von Rohr und Dämmung	Auf sorgfältige Verlegung achten	Akzeptanz durch Mieter oft gering. Auf sorgfältige Verlegung achten. Optischer Eindruck!

10.2 Problempunkt:
Verlegung neuer Sanitärabflußleitungen

Bei der Erneuerung der Haustechnik werden fast immer auch die Sanitärabflußleitungen erneuert. Beim Einbau neuer Bäder oder WCs ist die Installation neuer Rohrleitungen ohnehin erforderlich.

Nur ganz selten werden vorhandene Aussparungen für die Verlegung der Rohrleitungen zur Verfügung stehen. Die Aussparungen müssen also neu gestemmt oder die Rohrleitungen auf der Wand verlegt und verkleidet werden.

Verlegung unter Putz

Wenn ausreichend dicke Wände zur Verfügung stehen und Bauablauf (unbewohnte Räume) und Kostenrahmen es zulassen, können die Schlitze für die Rohre in die Wand gestemmt werden, wenngleich dies auch nicht sehr altbaugerecht ist. Zu beachten ist hierbei, daß die Abmessungen des Schlitzes groß genug bemessen werden müssen. Für ein Abflußrohr DN 100 ist unter Berücksichtigung von Muffen und Befestigungsmitteln der Schlitz mindestens in den Abmessungen 15,0 x 15,0 cm herzustellen.

Zur Bemessung der maximal zulässigen Schlitzgrößen ist DIN 1053-1 zu berücksichtigen.

Verlegung in Aufputzkasten

Die Verlegung der Abflußrohre auf Putz ist grundsätzlich zu bevorzugen, da weniger gestemmt werden muß, weniger Schutt anfällt und das Verfahren insgesamt preiswerter ist.

Die senkrechte Verlegung der Rohrleitungen ist im allgemeinen unproblematisch. Bei Holzbalkendecken muß allerdings der Streichbalken beziehungsweise Wechsel berücksichtigt werden, der eine Verlegung der Rohre in der Raumecke verhindert. Dies führt regelmäßig zu deutlich größeren Schachtabmessungen.

Die waagerechten Anschlußleitungen werden soweit wie möglich unterhalb der Duschtasse oder der Badewanne verlegt und im übrigen mit einem (gefliesten) Sockelkasten verkleidet.

Soll einem erhöhten Standard Rechnung getragen werden, können alle waagerechten Rohre auf der Wand verlegt und anschließend mit einer ca. 1,20 m hohen Vorsatzschale verkleidet werden. Das Waschbecken wird direkt an der Vorsatzschale befestigt, gleichzeitig dient die Oberfläche der Vorsatzschale als Ablagefläche.

Zur Verkleidung der Rohre werden Gipskarton- oder Gipsfaserplatten verwendet, die durch Metallwinkel verbunden werden.

Alternativ stehen oberflächenbeschichtete Polystyrolschaumplatten zur Verfügung, die bereits als fertiges Kastenprofil angeboten werden und nur noch gefliest werden müssen.

Verlegung in Kaminzügen

Durch entsprechende Grundrißplanung ist es manchmal möglich, alte Kaminzüge oder Lüftungen für die Verlegung senkrechter dünner Abflußleitungen zu nutzen. Das geht zwar auch nicht ohne Stemmarbeiten, aber der Umfang der Stemmarbeit ist manchmal geringer, und vor allem werden die besonders zeitaufwendigen Deckendurchbrüche und gegebenenfalls Aussparungen eingespart.

Die Kaminzüge werden soweit geschlitzt, daß sich die Abflußrohre einschieben lassen. An vorgesehenen Abzweigen und an Befestigungspunkten sind zusätzliche Öffnungen erforderlich.

Nach Verlegen der Leitungen werden die Schlitze und Öffnungen mit Putzträger überspannt und verputzt beziehungsweise vermauert.

Geringer Schuttanfall, wenn Leitungen auf Putz verlegt werden

Manchmal können alte Kamine für die Rohrverlegung genutzt werden

10.2.1 Übersicht über Lösungsmöglichkeiten

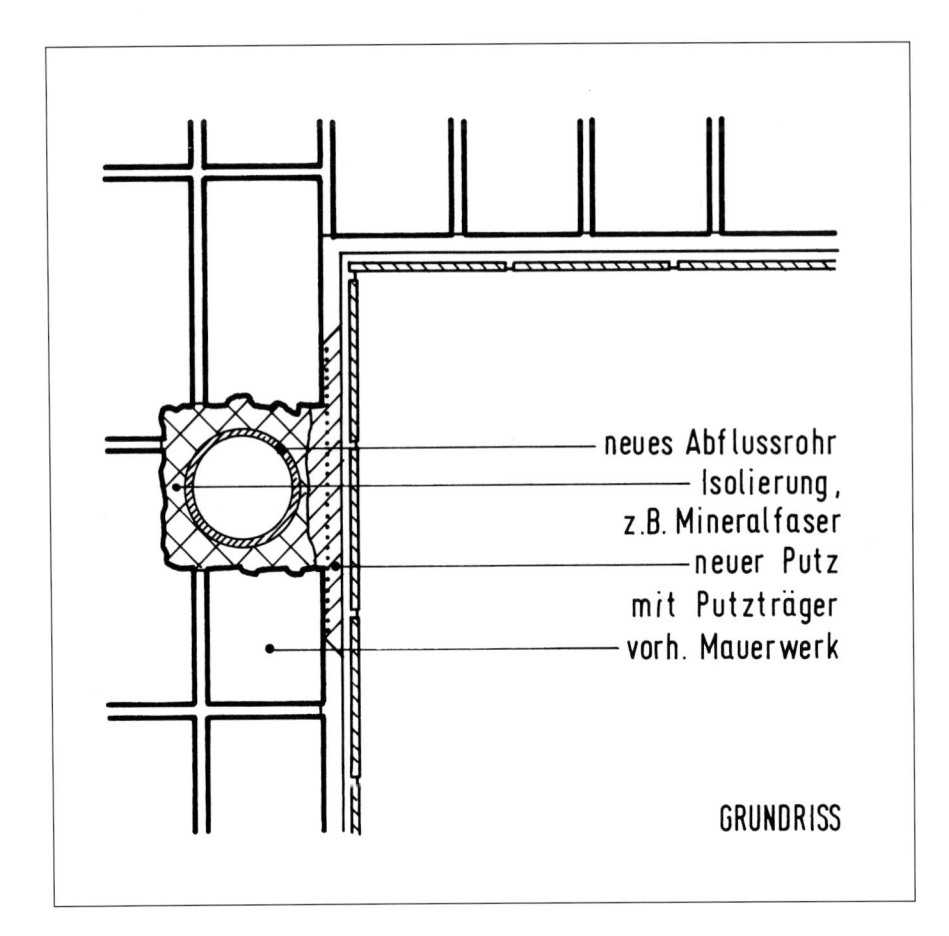

- neues Abflussrohr
- Isolierung, z.B. Mineralfaser
- neuer Putz mit Putzträger
- vorh. Mauerwerk

GRUNDRISS

Verlegung unter Putz	
Baukosten	40,- DM/m
Folgekosten gesamt	120,- DM/m 160,- DM/m
Begleitende erforderliche Maßnahmen	Stemmen des Schlitzes, Beiputz
Einbauzeiten	1,0 + 1,0 Std./m
Trocknungs-/ Wartezeiten	2 bis 3 Tage
Verlust an Wohnfläche	Nein
Anmerkungen	Wegen Wärmebrückenbildung nicht zu empfehlen in Außenwänden

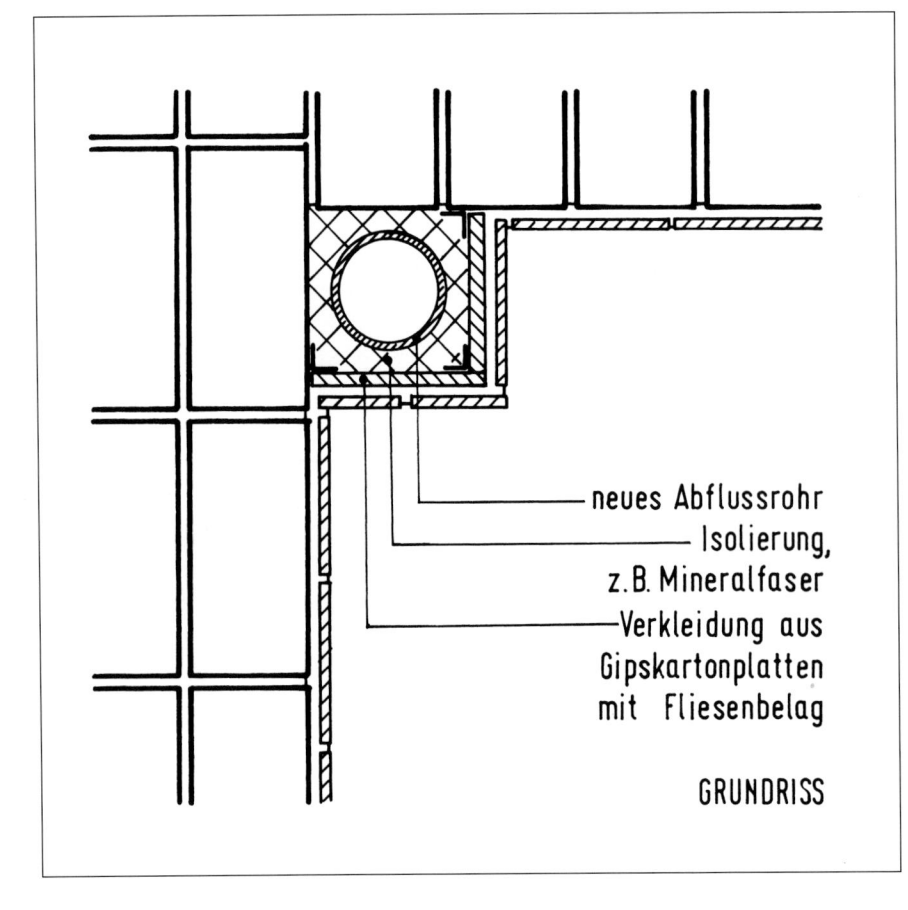

- neues Abflussrohr
- Isolierung, z.B. Mineralfaser
- Verkleidung aus Gipskartonplatten mit Fliesenbelag

GRUNDRISS

Verlegung in Aufputzkasten	
Baukosten	40,- DM/m
Folgekosten gesamt	70,- DM/m 110,- DM/m
Begleitende erforderliche Maßnahmen	Herstellen des Verkleidungskastens
Einbauzeiten	0,5 + 1,0 Std./m
Trocknungs-/ Wartezeiten	1 Tag
Verlust an Wohnfläche	Ja

10.2 Problempunkt: Verlegung neuer Sanitärabflußleitungen

GRUNDRISS

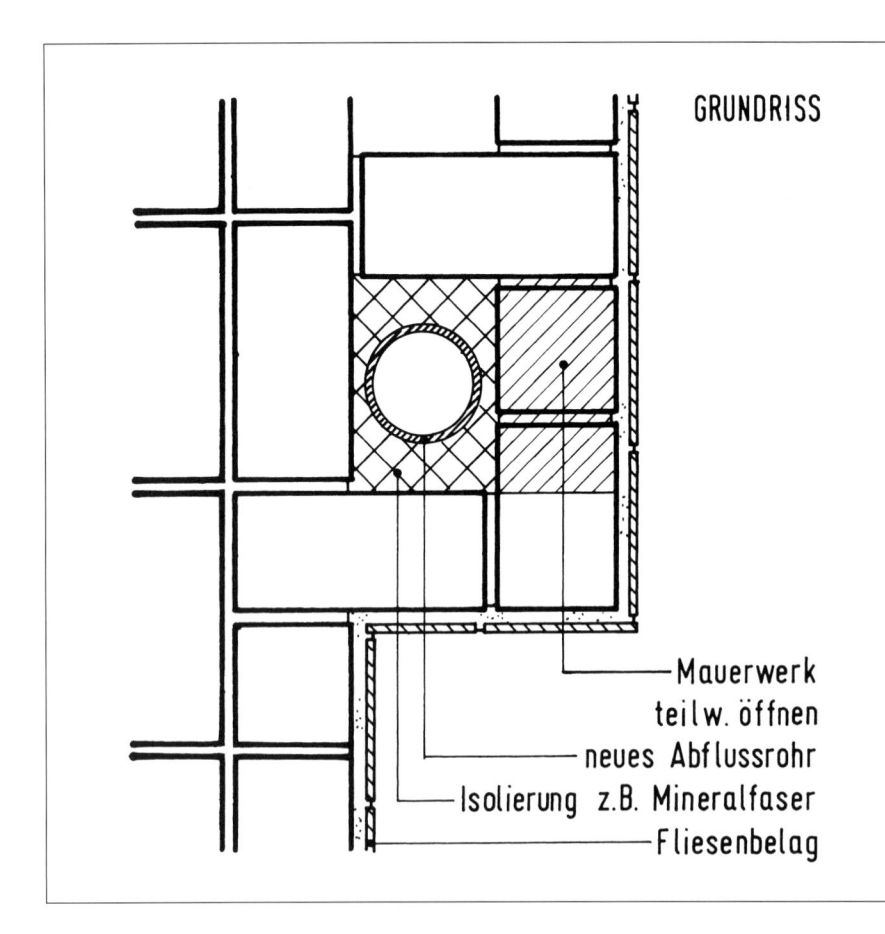

— Mauerwerk teilw. öffnen
— neues Abflussrohr
— Isolierung z.B. Mineralfaser
— Fliesenbelag

Verlegung in Kaminzügen	
Baukosten	40,- DM/m
Folgekosten gesamt	55,- DM/m 95,- DM/m
Begleitende erforderliche Maßnahmen	Stemmen von Öffnungen, Beiputz
Einbauzeiten	0,8 + 0,5 Std./m
Trocknungs-/ Wartezeiten	2 bis 3 Tage
Verlust an Wohnfläche	Nein
Anmerkungen	Sonderfall, nur bei bestimmten Grundrissen möglich

10.2.2 Vergleichende Beurteilung

	Verlegung unter Putz	Verlegung in Aufputzkasten	Verlegung in Kaminzügen
Baukosten	40,- DM/m	40,- DM/m	40,- DM/m
Folgekosten gesamt	120,- DM/m 160,- DM/m	70,- DM/m 110,- DM/m	55,- DM/m 95,- DM/m
Begleitende erforderliche Maßnahmen	Stemmen des Schlitzes, Beiputz	Herstellen des Verkleidungskastens	Stemmen von Öffnungen, Beiputz
Einbauzeiten	1,0 + 1,0 Std./m	0,5 + 1,0 Std./m	0,8 + 0,5 Std./m
Trocknungs-/Wartezeiten	2 bis 3 Tage	1 Tag	2 bis 3 Tage
Verlust an Wohnfläche	Nein	Ja	Nein
Anmerkungen	Wegen Wärmebrückenbildung nicht zu empfehlen in Außenwänden	–	Sonderfall, nur bei bestimmten Grundrissen möglich

11 Projektbeispiele

Innerstädtische Gebäude der Gründerzeit

Das Waldstraßenviertel in Leipzig ist eines der am besten erhaltenen Gründerzeitviertel in Europa. Gebäude für Gebäude wird die alte Bausubstanz saniert.

Bei einer Ergänzung der vorhandenen Bausubstanz ist eine intensive Abstimmung der Interessen aller Beteiligten erforderlich.

Hier wird die Aufstockung eines Wohn- und Geschäftshauses aus der Zeit der Jahrhundertwende gezeigt.

Leipzig, Waldstraßenviertel, Wohn- und Geschäftshaus
– ursprünglicher Zustand

Leipzig Waldstraßenviertel, Wohn- und Geschäftshaus
– nach Sanierung und Aufstockung

Siedlungen aus den 20er Jahren

Die Siedlung Rundling in Leipzig-Lößing wurde von 1929 bis 1930 nach Plänen des Architekten Hubert Ritter errichtet. Seit 1993 wird die Siedlung saniert.

Wesentliche Arbeiten sind die Wiederherstellung der Gebäudehülle, die Erneuerung der Haustechnik, geringfügige Veränderungen der Wohnungszuschnitte und – als Besonderheit – die Ergänzung durch Neubauten überall dort, wo Gebäude im Krieg zerstört wurden.

Die Gebäude gleichen in ihren äußeren Abmessungen und in den Proportionen der Fensteröffnungen exakt dem historischen Vorbild. In einigen Details, z. B. der Sprossenteilung der Fenster, weichen Sie vom historischen Vorbild ab und zeigen die Formensprache der 90er Jahre. Das Dachgeschoß ist in Form von Maisonettewohnungen ausgebaut worden.

Wohngebäude der Siedlung Rundling – Zustand 1991 vor der Sanierung

Siedlung Rundling nach der Sanierung. Die Außenwand ist mit einem Wärmedämmputz in der historischen Farbgebung versehen worden. Wiederherstellung der historischen Außenleuchten und der verstellbaren Außenjalousien

Neubauten als Ersatz für die im Krieg zerstörten Teile der Siedlung

20er Jahre

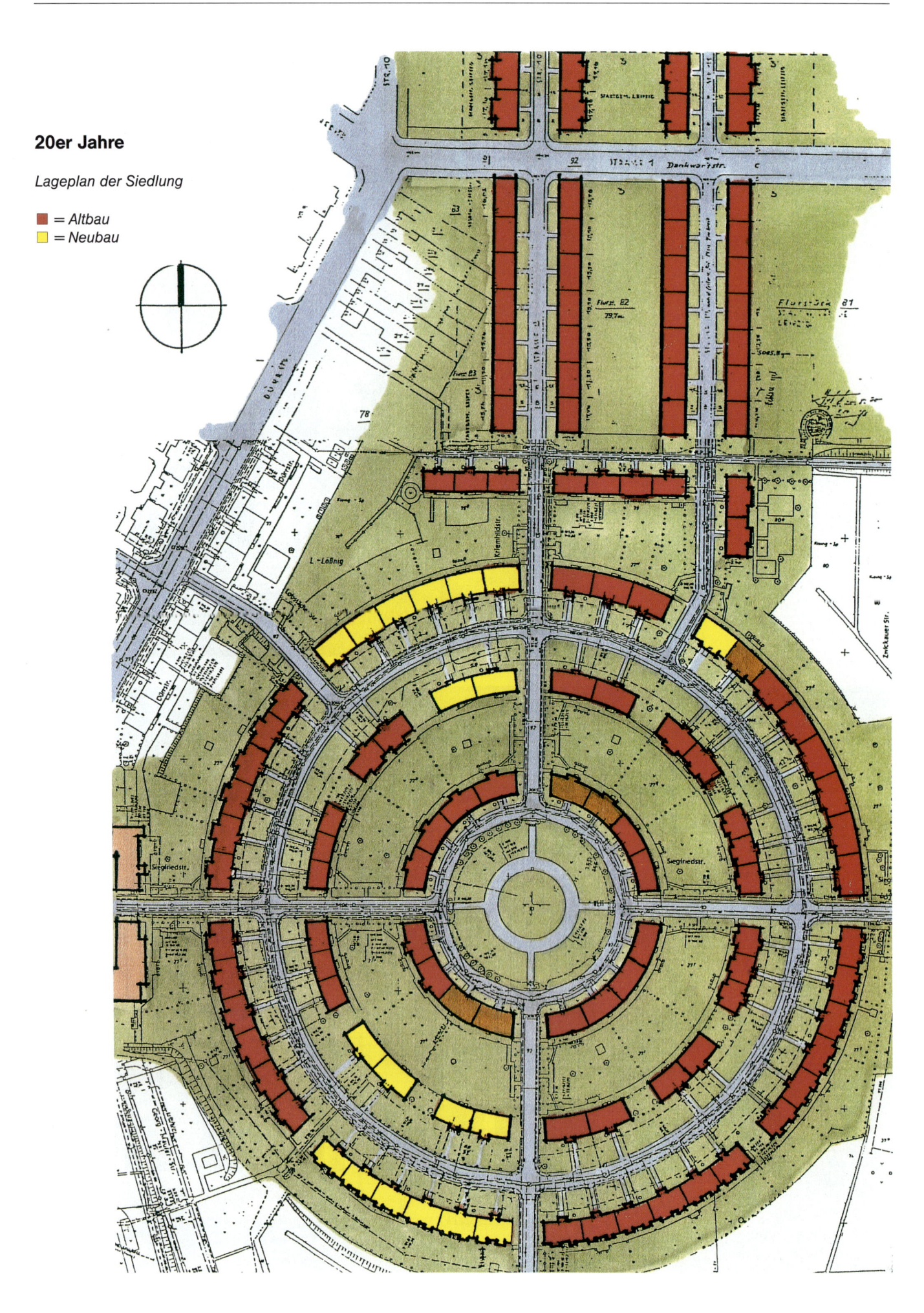

Lageplan der Siedlung

■ = Altbau
□ = Neubau

11 Projektbeispiele

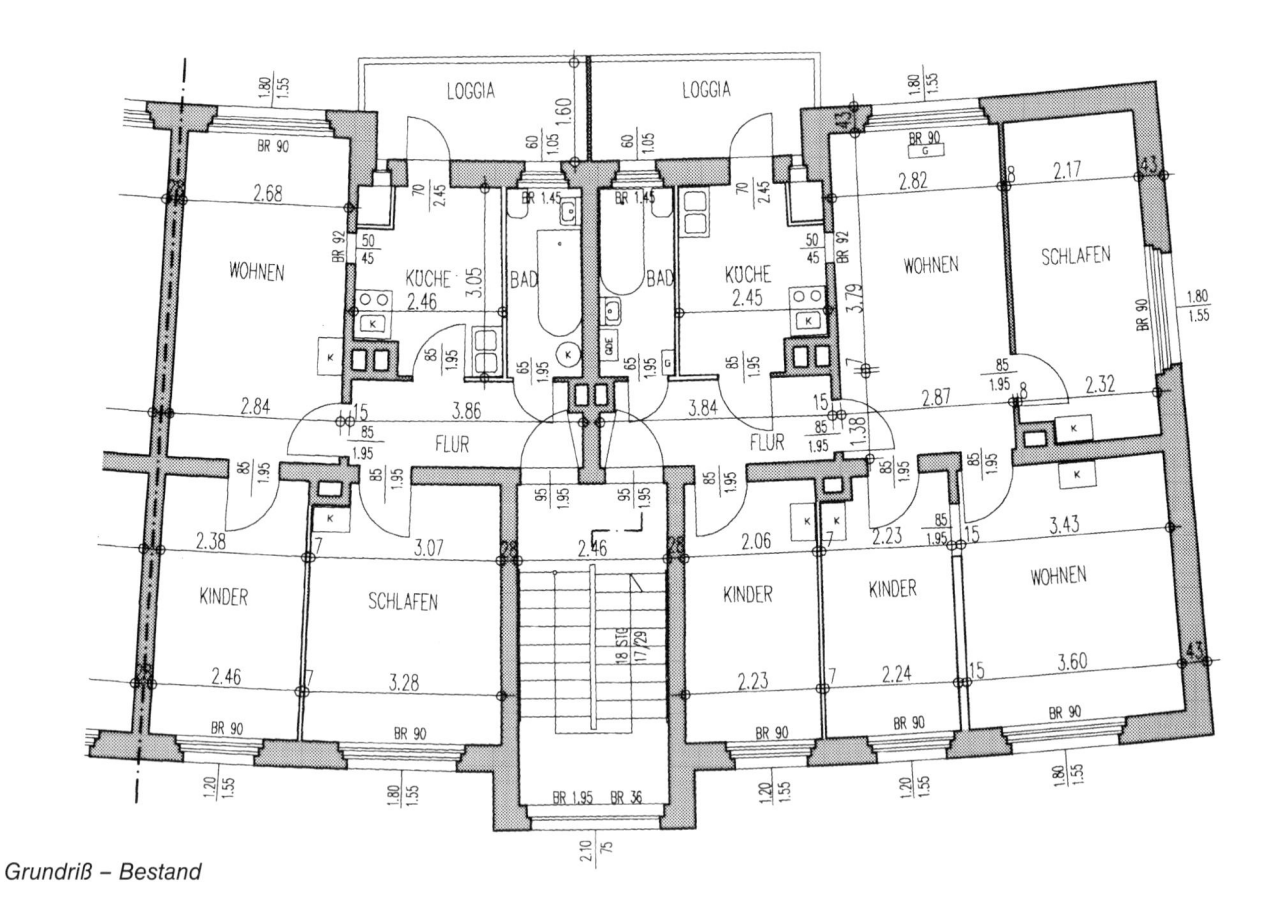

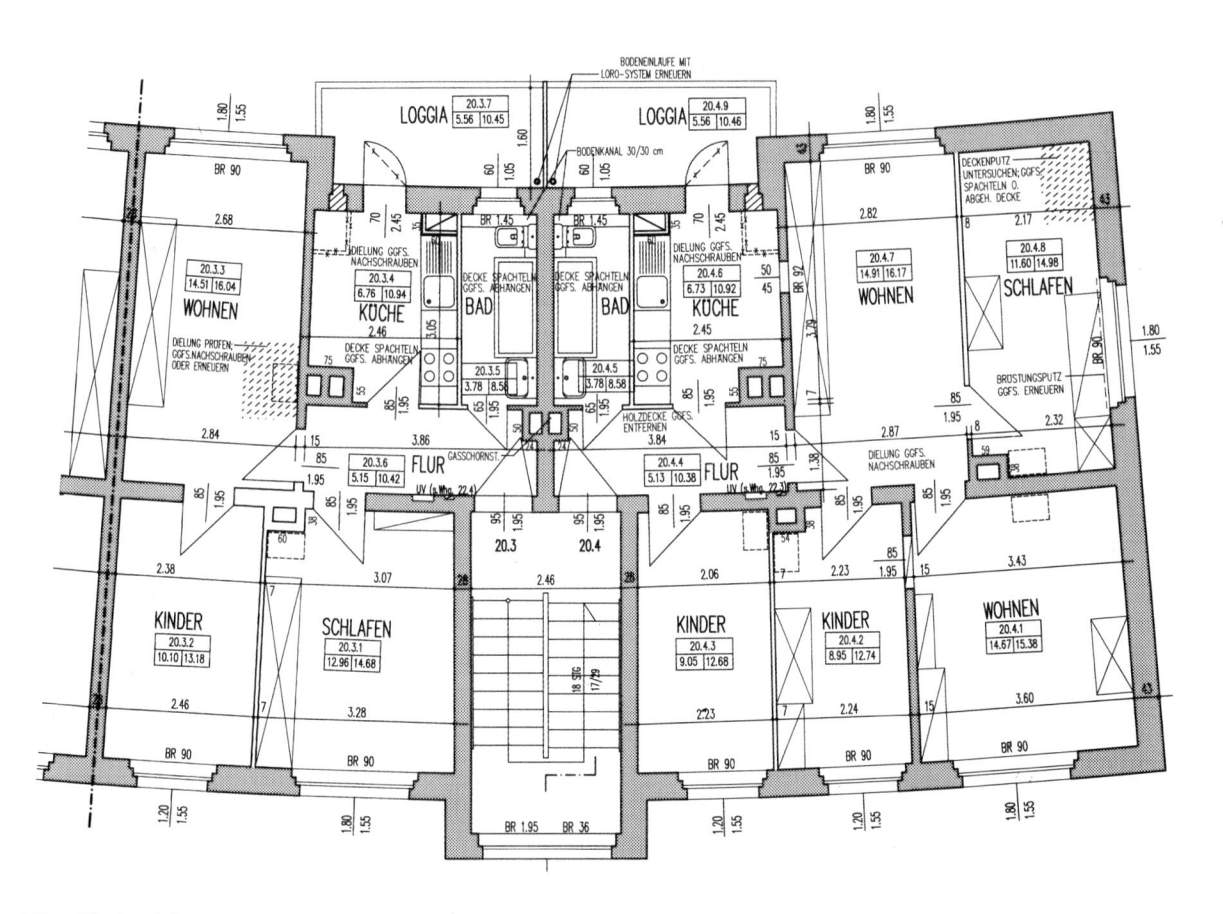

Grundriß – Bestand

Grundriß – Modernisierung

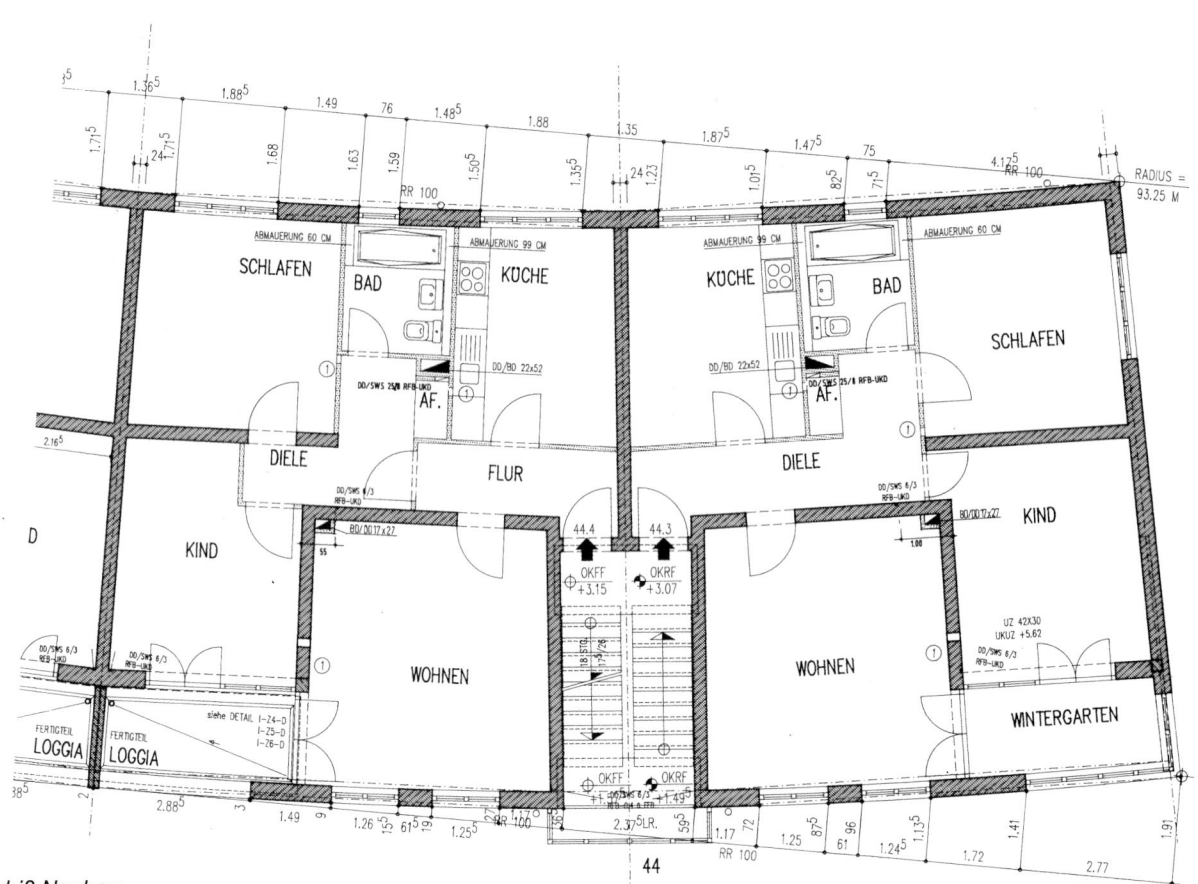

Grundriß Neubau
Normalgeschoß

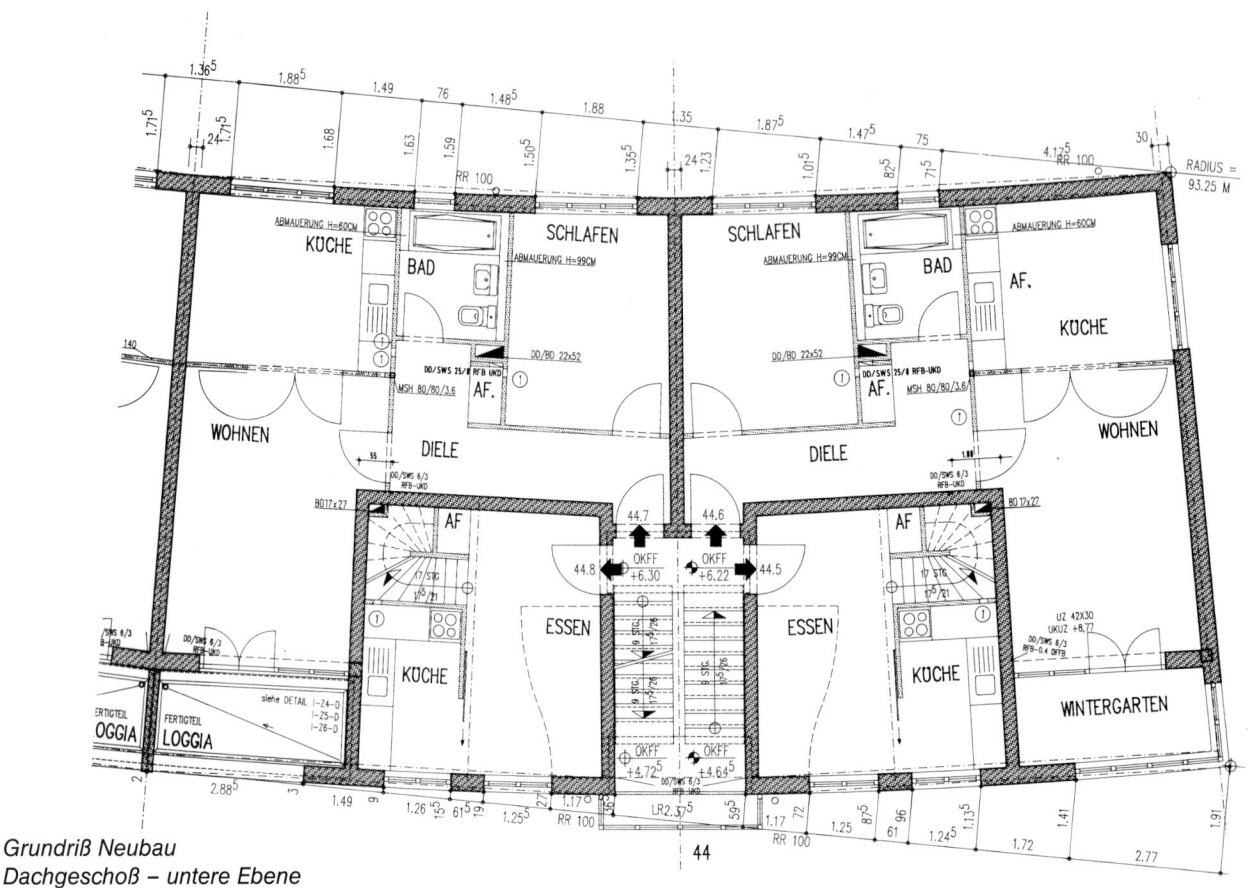

Grundriß Neubau
Dachgeschoß – untere Ebene
Maisonettewohnung

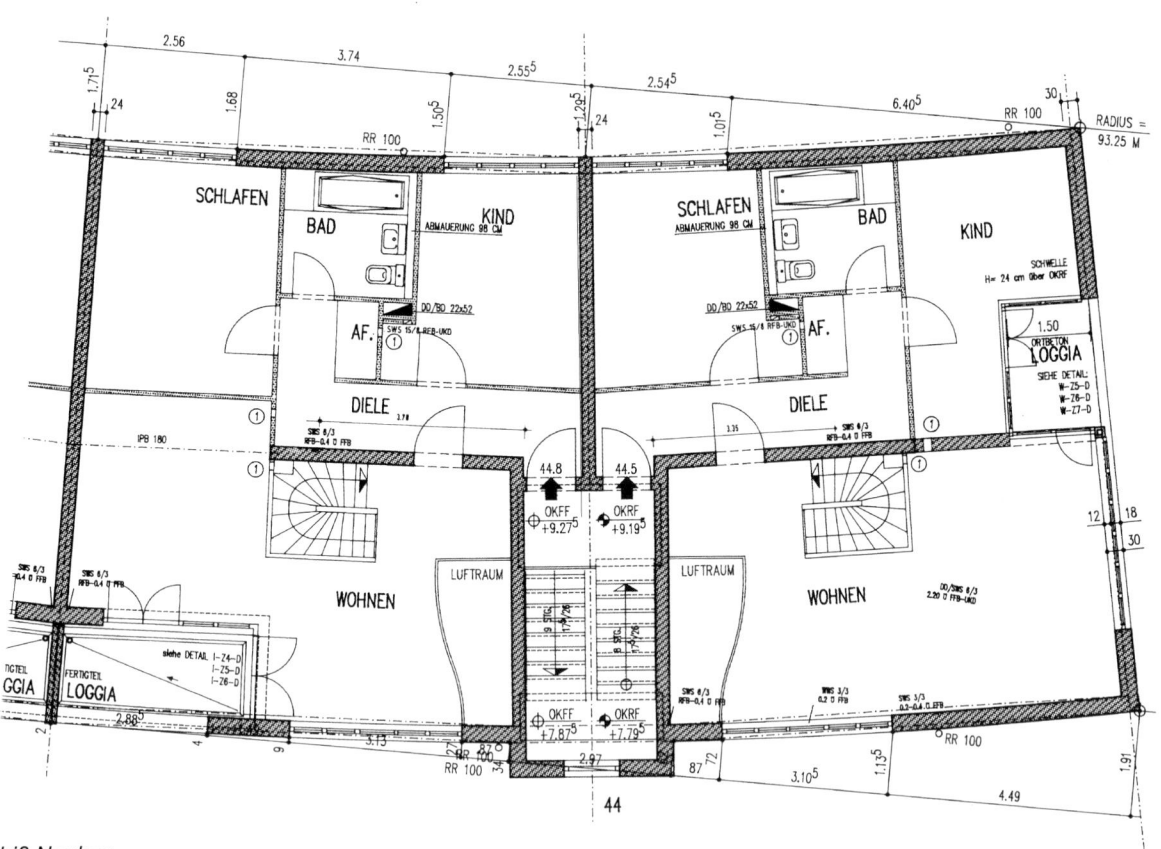

11 Projektbeispiele

Grundriß Neubau
Dachgeschoß – obere Ebene
Maisonettewohnung

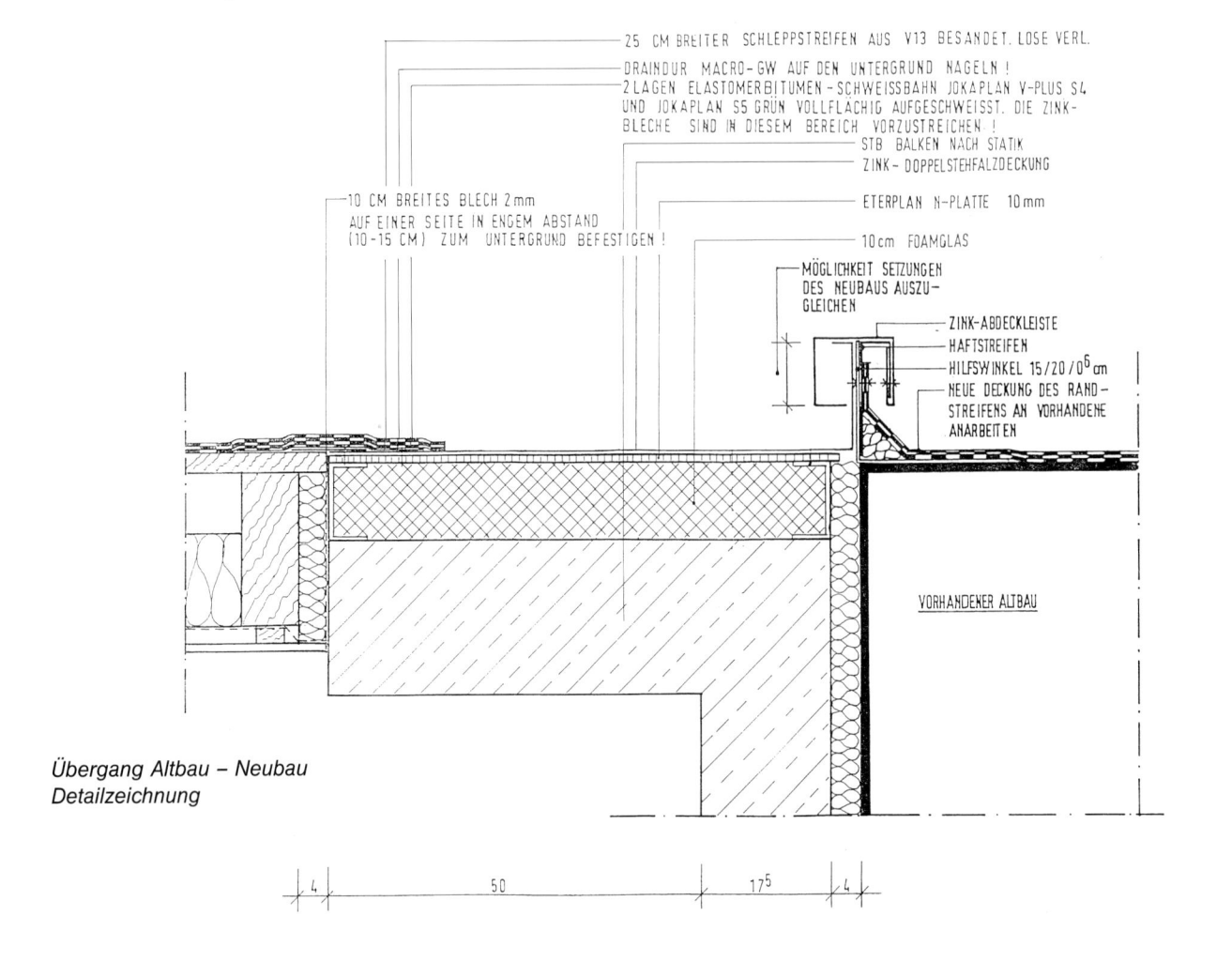

Übergang Altbau – Neubau
Detailzeichnung

Eine Besonderheit ist die Eingangssituation: Seit Bestehen der Siedlung Rundling waren hier Läden angeordnet. Die Schäden durch Kriegszerstörungen machen eine umfangreiche Sanierung erforderlich

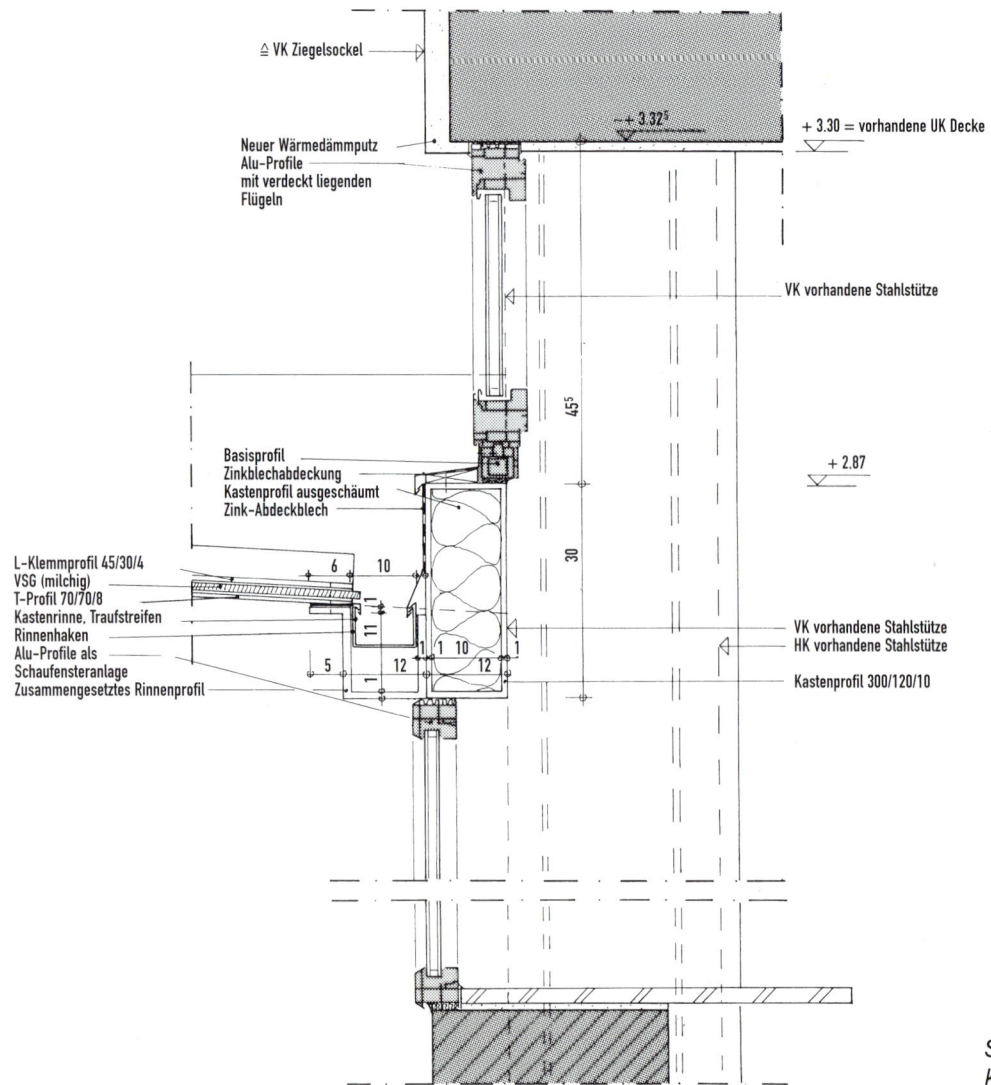

Sanierung der Schaufensterkonstruktion – Detailzeichnung

Siedlung Faradaystraße in Leipzig-Möckern

Die Siedlung Faradaystraße wurde ebenfalls nach Plänen des Architekten Hubert Ritter im Jahr 1931 errichtet.

Wegen ihrer halbrunden, vorspringenden Balkone erhielt die Siedlung im Volksmund den Namen »Negerlippensiedlung«.

Von 1994 bis 1996 wurde die Siedlung saniert.

Oben: Sanierung Faradaystraße – historischer Zustand vor der Sanierung

Unten: Sanierte Häuser in der Faradaystraße; die Farbgebung entspricht dem historischen Vorbild und wurde über Befunde gesichert

Siedlung Faradaystraße
– Wohnungsgrundriß – Bestand

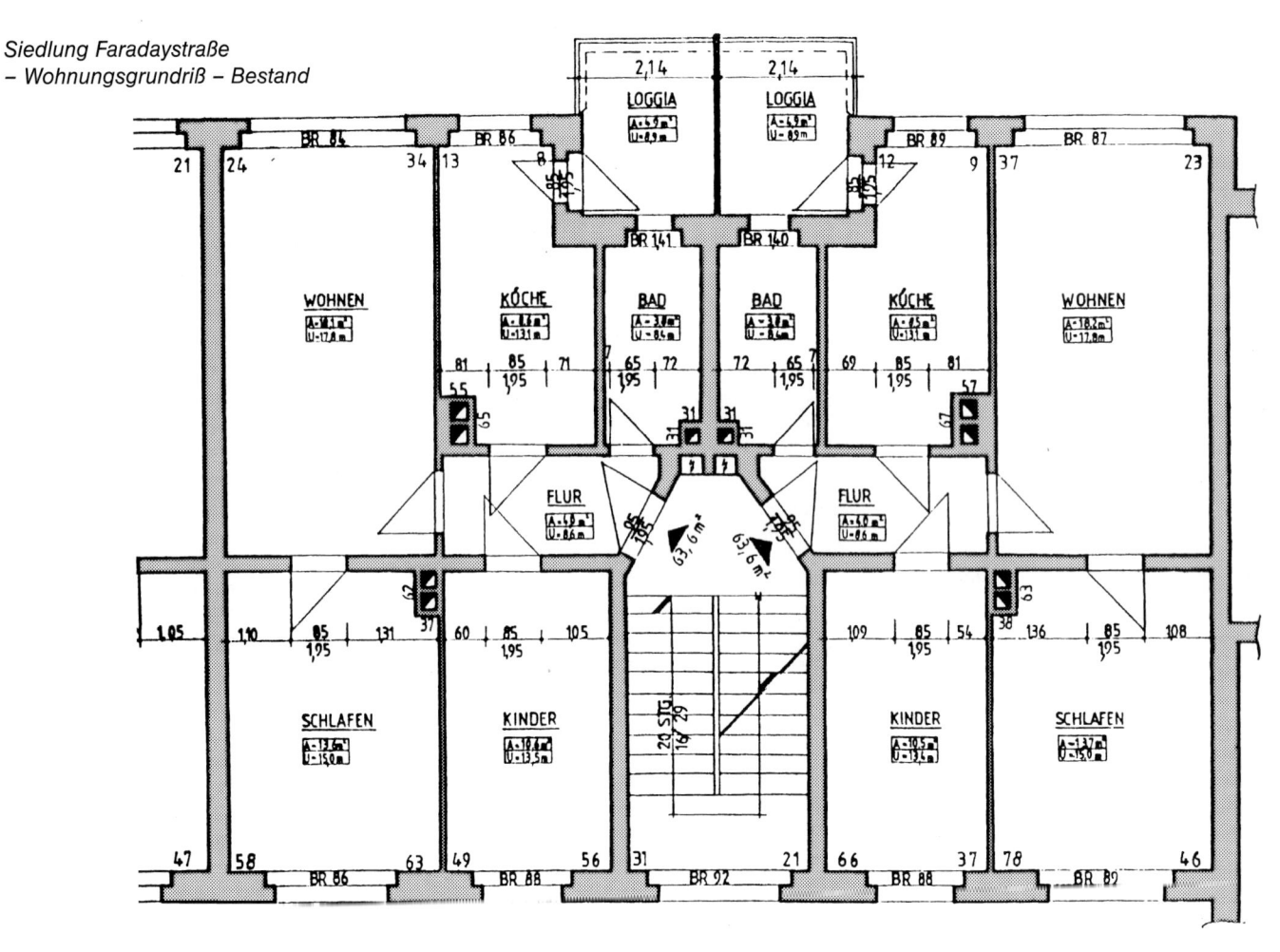

Siedlung Faradaystraße
– Wohnungsgrundriß – Modernisierung

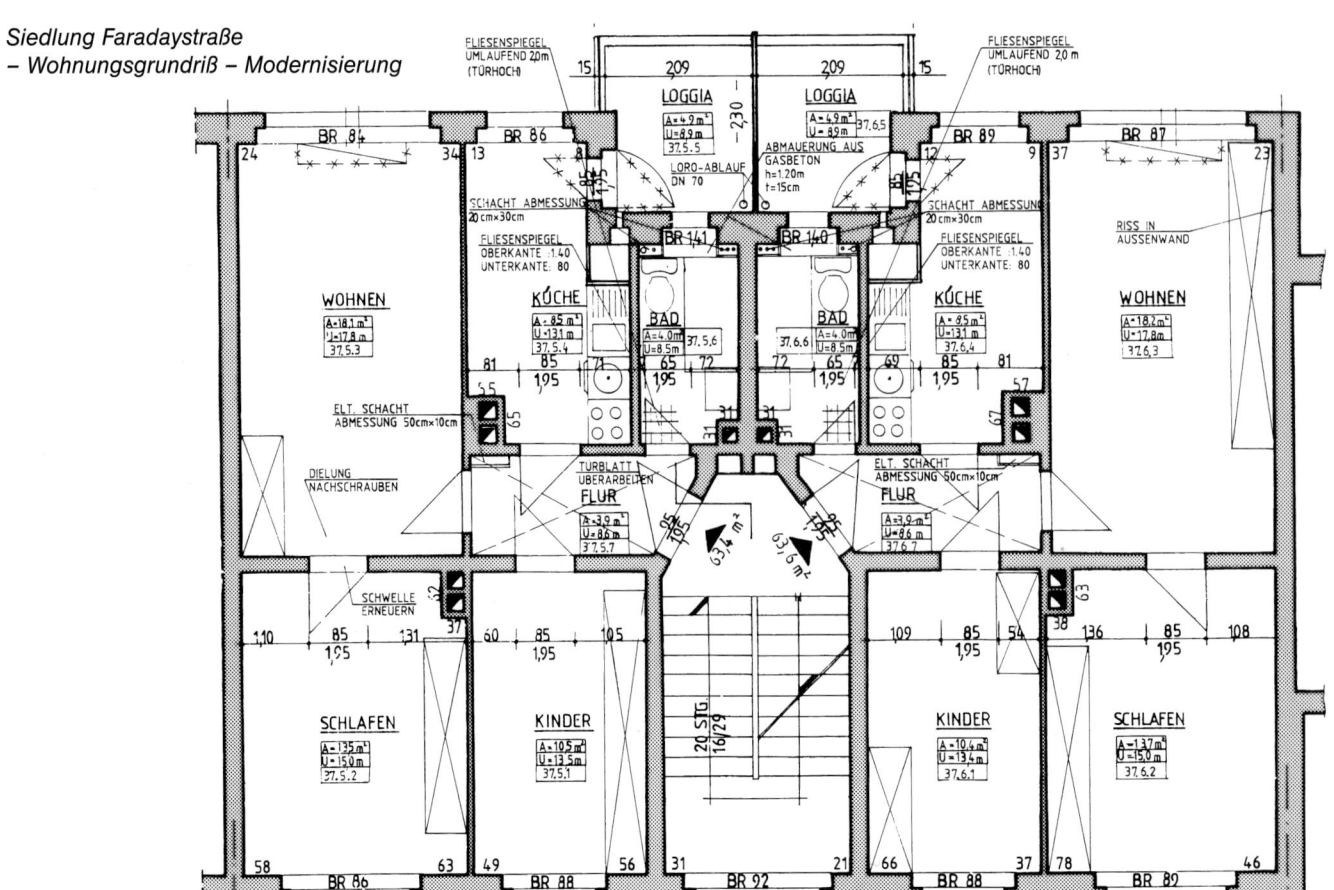

Sanierung von Plattenbauten

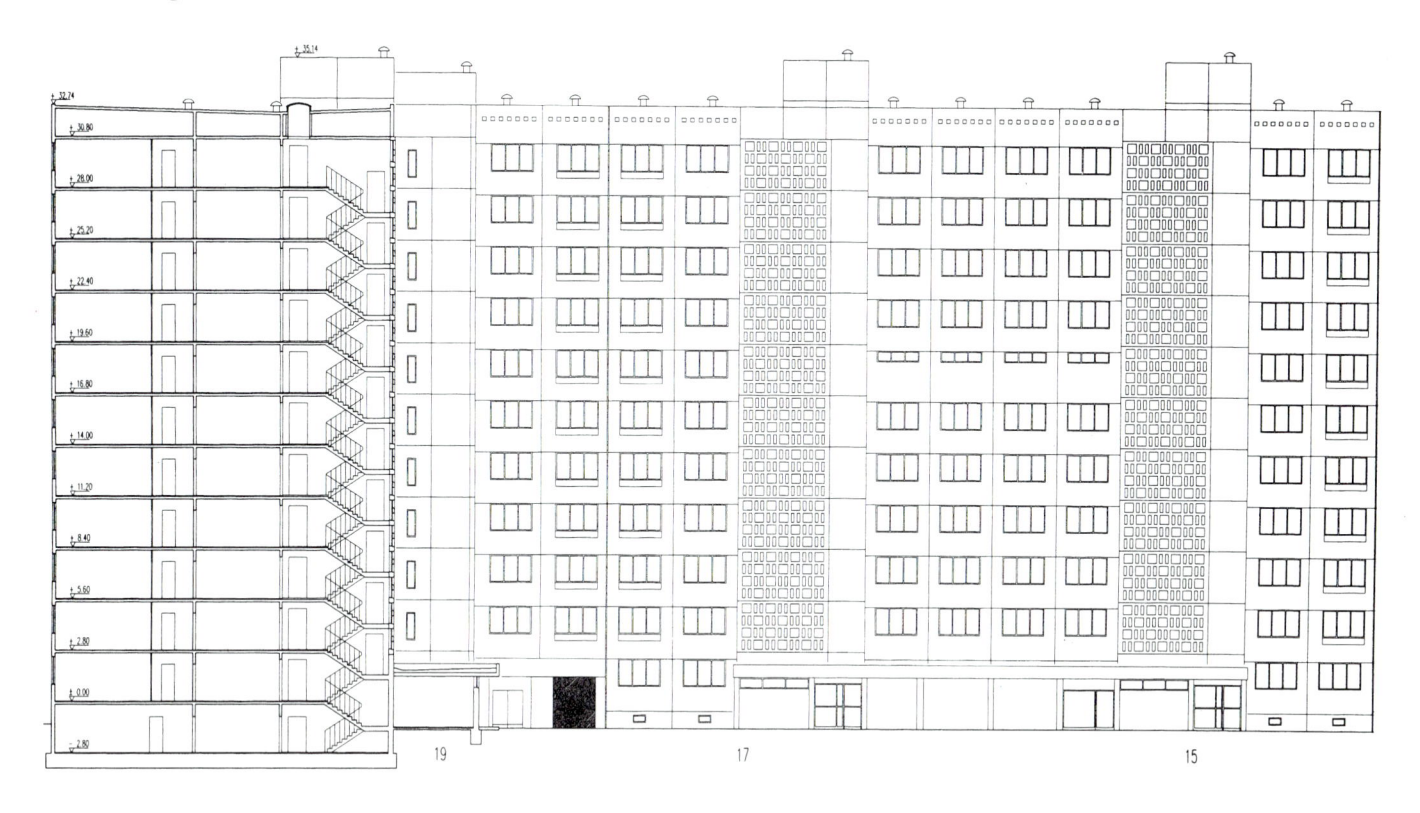

*Typische Eingangssituation eines
Wohngebäudes in Plattenbauweise – Bestand*

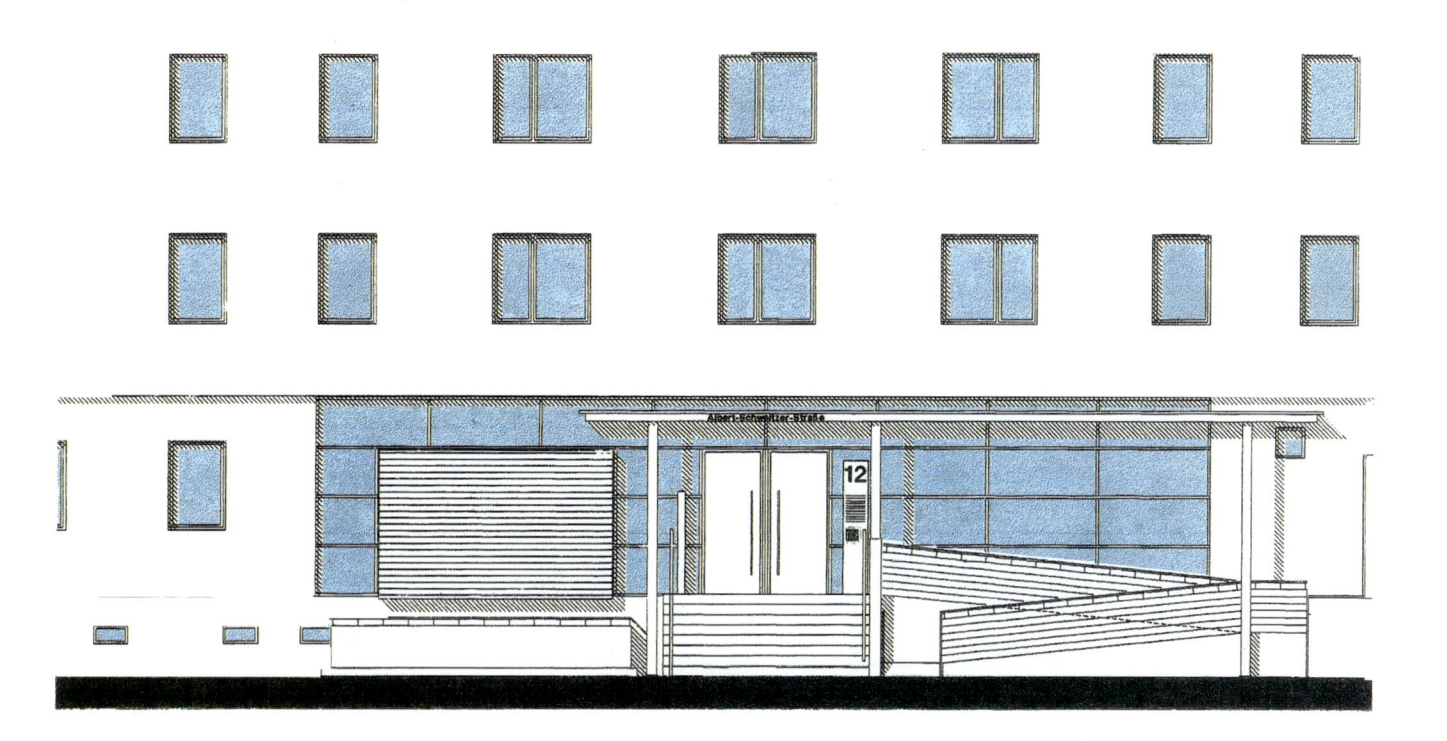

*Elfgeschossiges Wohnhaus
Neuer Hauseingang – Ansicht*

*Neue Fassadengestaltung
für ein elfgeschossiges Gebäude in Plattenbauweise*

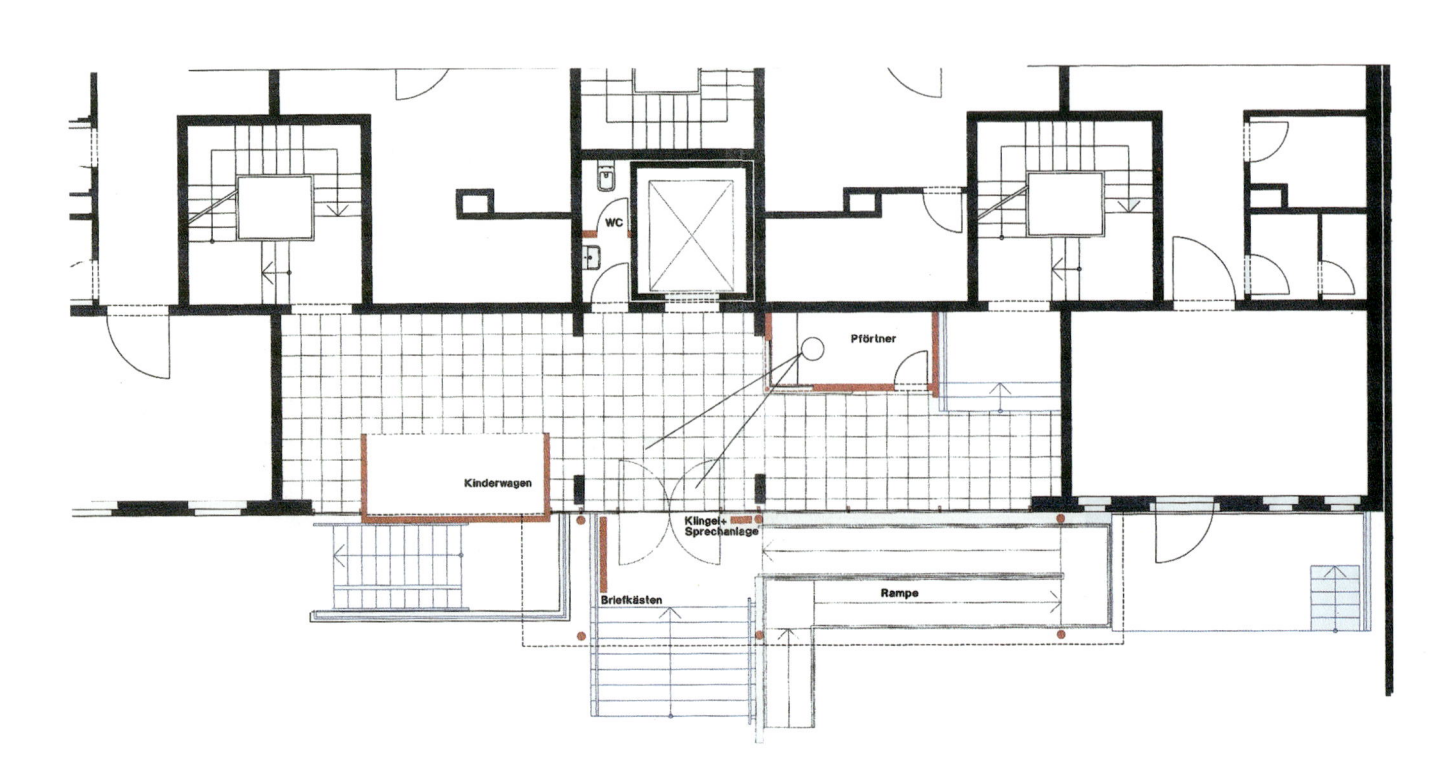

*Elfgeschossiges Wohnhaus
Neuer Hauseingang – Grundriß*

11 Projektbeispiele

Typische Ansicht eines elfgeschossigen Wohnhauses aus Fertigteilelementen – Plattenbau

Neugestaltung des Eingangsbereichs eines Wohngebäudes aus Fertigteilelementen – Modellfoto

12 Checkliste
zur technischen Bestandsaufnahme

Projekt:			
Geschosse:	Zahl der Geschosse:	Unterkellerung:	Dach ausgebaut:
	Hauptbau:	ganz	zum Teil
	Anbau:	zum Teil	nicht ausgebaut
Baujahr:			
Nutzung:			
Zahl der WE:		Zahl der GE:	
Bemerkungen:			
Bearbeiter:			Datum:

Angaben zur vorhandenen Konstruktion	Bewertungskriterien je Bauteilbereich	Zustand			Maßnahmen		Bemerkungen
		gut	ausreichend	schlecht	Instandsetzen	Erneuern	
Außenwände							
	Tragverhalten						
	Feuchteschutz						
	Feuchteschutz Sockel						
	Wärmedämmung						
	Besondere Bauteile						
Außenwände							
	Tragverhalten						
	Feuchteschutz						
	Feuchteschutz Sockel						
	Wärmedämmung						
	Besondere Bauteile						
Außenwände							
	Tragverhalten						
	Feuchteschutz						
	Feuchteschutz Sockel						
	Wärmedämmung						
	Besondere Bauteile						

Angaben zur vorhandenen Konstruktion	Bewertungskriterien je Bauteilbereich	Zustand			Maßnahmen		Bemerkungen
		gut	ausreichend	schlecht	Instandsetzen	Erneuern	
Außenwände							
	Tragverhalten						
	Feuchteschutz						
	Feuchteschutz Sockel						
	Wärmedämmung						
	Besondere Bauteile						
Außenfenster							
	Konstruktion						
	Wärme-/Schalldämmung						
	Fensterbänke außen						
	Fensterbänke innen						
	Schutzelemente						
Außenfenster							
	Konstruktion						
	Wärme-/Schalldämmung						
	Fensterbänke außen						
	Fensterbänke innen						
	Schutzelemente						
Außentüren							
	Konstruktion						
	Oberfläche						
Außentüren							
	Konstruktion						
	Oberfläche						

12 Checkliste zur technischen Bestandsaufnahme

Angaben zur vorhandenen Konstruktion	Bewertungskriterien je Bauteilbereich	Zustand			Maßnahmen		Bemerkungen
		gut	ausreichend	schlecht	Instandsetzen	Erneuern	
Dach, außen							
	Dacheindeckung						
	Tragverhalten						
	Rinnen, Rohre, Anschlüsse						
	Dachaufbauten						
	Dachfenster						
Dach, innen							
	Unterspannbahn						
	Wärmedämmung						
	Holzkonstruktion						
	Schädlingsbefall?						
Treppenhaus							
	Fußboden Flur						
	Wände						
	Wandoberfläche						
	Wohnungstüren						
Geschoßtreppen							
	Tragverhalten						
	Stufenoberfläche						
	Bekleidung Unterseite						
	Geländer						

Angaben zur vorhandenen Konstruktion	Bewertungskriterien je Bauteilbereich	Zustand			Maßnahmen		Bemerkungen
		gut	ausreichend	schlecht	Instandsetzen	Erneuern	
Innenwände							
	Konstruktion						
	Oberfläche						
	Oberfläche Außenwand						
Geschoßdecken							
	Tragverhalten/Durchbiegung						
	Wärme-/Schalldämmung						
	Oberfläche Feuchtraum						
	Fußleisten						
	Decke						
Innentüren							
	Konstruktion						
	Oberfläche						
Heizungsanlagen							
	Wärmeerzeuger						
	Heizflächen						
Sanitärinstallation							
	Entsorgungsleitung						
	Versorgungsleitung						
	Bäder, WCs						
Elektroinstallation							
	Zähler, Sicherung						
	Leitung, Schalter						

12 Checkliste zur technischen Bestandsaufnahme

Angaben zur vorhandenen Konstruktion	Bewertungskriterien je Bauteilbereich	Zustand			Maßnahmen		Bemerkungen
		gut	ausreichend	schlecht	Instandsetzen	Erneuern	
Keller							
	Feuchteschutz						
	Tragwände						
	Trennwände						
	Tragverhalten Decke						
	Kellerboden						
	Innentreppen						
Hausanschlüsse							
	Kanalanschluß						
	Wasseranschluß						
	Gasanschluß						
	Elektroanschluß						
	Telefonanschluß						
Außenanlagen							
	Zäune/Mauern						
	Befestigte Flächen						
	Stellplätze/Garagen						
	Außentreppen						
	Schutzelemente						
	Spielplatz/Müllplatz						
	Grünfläche/Bepflanzung						

13 Literaturverzeichnis

ALLGEMEINE LITERATUR ALTBAUMODERNISIERUNG

Ahnert, R.; Krause, K.
Typische Baukonstruktionen von 1860 bis 1960:

Band I
Gründungen, Wände, Dachtragwerke
Wiesbaden 1996

Band II
Stützen, Treppen, Balkone und Erker, Fußböden, Dachdeckungen
Berlin 1989

Arendt, Claus
Altbausanierung
Stuttgart 1993

Balkowski, Dieter
Sanierung historischer Bausubstanz
Köln 1982

Braun, Thomas
Techniken der Instandsetzung und Modernisierung im Wohnungsbau
Wiesbaden 1981

Darmstadt, Christel
Häuser instandsetzen, stilgerecht und behutsam
Düsseldorf 1993

Kastner, Richard
Gebäudesanierung
München 1983

Landesinstitut für Bauwesen und angewandte Bauschadensforschung
Typische Schadenspunkte an Wohngebäuden
Aachen 1986

Pesch, Franz
Neues Bauen in historischer Umgebung
Köln 1995

Maniecki, Gerhard
Umbau alter Häuser
Köln 1983

Rau, O.; Braune, U.
Der Altbau; Renovieren, Restaurieren, Modernisieren
Stuttgart 1995

Schmitz, H., Hrsg.
Planen und Bauen im Bestand
Stuttgart 1989

Schmitz, H.; Meisel, U.
Wirtschaftliche Altbaumodernisierung in der Praxis
Schriftenreihe Gesamtverband Gemeinnütziger
Wohnungsunternehmen, Heft 21,
Köln 1985 (vergriffen)

Schmitz, H.; Meisel, U.
Modernisierung und Mieter
Schriftenreihe Gesamtverband Gemeinnütziger
Wohnungsunternehmen, Heft 24,
Köln 1986

Wuppertal Institut für Klima, Umwelt, Energie
Planungsbüro Schmitz Aachen GmbH
Energiegerechtes Bauen und Modernisieren
Basel, Berlin, Boston 1996

SPEZIELLE PROBLEME DER ALTBAUMODERNISIERUNG/DETAILFRAGEN

Arendt, Claus
Trockenlegung. Leitfaden zur Sanierung feuchter Bauwerke
Stuttgart 1983

Borsch-Laaks, R.
**Wärmetechnische Gebäudesanierung
Grobdiagnose bestehender Gebäude**
Seminarunterlagen, Energieagentur NRW,
REN Impuls-Programm Bau und Energie,
Wuppertal 1994

Bundesministerium für Raumordnung, Bauwesen und Städtebau
Typenserie P2, Leitfaden für die Modernisierung von Wohngebäuden in Plattenbauweise
Bonn 1992

Bundesministerium für Raumordnung, Bauwesen und Städtebau
WBS 70, Leitfaden für die Modernisierung von Wohngebäuden in Plattenbauweise
Bonn 1993

Dahmen; Lamers
Feuchtigkeitsschutz in Naßräumen des Wohnbaus II
in: »Deutsches Architektenblatt« 7/1987

Ebel; Loga
Validierung des »Leitfadens energiebewußte Gebäudeplanung«
Institut Wohnen und Umwelt GmbH,
Darmstadt, 1992

Fachverband des Deutschen Fliesengewerbes
Abdichtung im Verbund mit Fliesen für Innenbereiche
in: »Fliesen und Platten« 4/1987

Handbuch Planung und Projektierung wärmetechnischer Gebäudesanierungen
April 1983, zu beziehen bei der Eidg. Drucksachen- und Materialzentrale, 3000 Bern, Schweiz

Herken, Gerd
Anforderungen an die Abdichtung von Naßräumen des Wohnungsbaus in DIN-Normen
Aachener Bausachverständigentage 1988
Wiesbaden 1988

Internationale Bauausstellung
Berling, Hrsg.
Badeinbau
Berlin 1984

Internationale Bauausstellung
Berling, Hrsg.
Sanierung von Holzbalkendecken
Berlin 1985

Kabat, S.
Brandschutz in Baudenkmälern
Stuttgart 1996

Mltz, Rudolf
Fußbodensanierung im Altbau
in: »Fußboden« 3/1983

Planungsbüro Schmitz Aachen GmbH
Architekten Gerlach·Krings·Böhning
Modernisierung und Instandsetzung von Wohnhochhäusern im Land Brandenburg, die in industrieller Bauweise errichtet wurden
Ministerium für Stadtentwicklung Wohnen & Verkehr des Landes Brandenburg,
Potsdam 1995

Oswald, R.; Rogier, D.; Lamers, R.; Schnapauff, V.
Außenwände und Fensteranschlüsse, Konstruktionsempfehlungen zur Altbausanierung
Wiesbaden 1985

Oswald, R.; Schnapauff, V.
Feuchtigkeitsschutz in Naßräumen des Wohnungsbaus I
in: »Deutsches Architektenblatt« 5/1987

Sasse, H. R.
Baustoffhandbuch der Altbausanierung
Darmstadt 1980

Seifert; Daler; Heine
Fenster bei Altbauerneuerung
in: »Fenster und Fassade« 2/1979

Schild; Oswald; Rogier; Schweikert
Bauteile im Erdreich, Konstruktionsempfehlungen zur Altbaumodernisierung
Wiesbaden 1980

Schmitz, H.
Verfahren/Geräte zur Erfassung von Bauschäden
Schriftenreihe des Landesinstituts für Bauwesen und angewandte Bauschadensforschung
Aachen 1988

Schmitz, H.; Böhning, J.; Goerdt-Hofacker, H.
Verminderung von Kellerfeuchtigkeit in Altbauten
Schriftenreihe des Landesinstituts für Bauwesen und angewandte Bauschadensforschung
Aachen 1991

Schmitz, H.; Stannek, N.
Erhalt von Bauteilen; Hohe Qualität, niedrige Kosten
Köln 1991

Wagner-Kaul; ARENHA
Verbesserung des Wärmeschutzes im Gebäudebestand des Landes Nordrhein-Westfalen
Ministerium für Bauen und Wohnen des Landes NRW,
Düsseldorf, 1993

KOSTENBERECHNUNG

Schmitz, H.; Krings, E.; Dahlhaus, U.; Meisel, U.
Baukosten 97/98, Instandsetzung/Sanierung/Modernisierung/Umnutzung
Essen 1997

BAUPHYSIK

ARCUS
Energiehaushalt von Bauten – Eine Diskussion
Köln 1991

Ast; Bach; Diemer; König; Wagner; Gertis
Energiediagnose für Wohngebäude
Institut für Kernenergetik und Energiesysteme
Stuttgart 1986

Diem, P.
Baustoff – Bauteil – Gebäude – Wärme – Feuchte – Schall – Brand
Wiesbaden 1996

Dorff, R.
**Schadensfreie Altbaumodernisierung
Wärmeschutz, Schallschutz, Feuchteschutz**
BDB-Bildungswerk
Bonn 1986

13 Literaturverzeichnis

Ehm, H.
Wärmeschutzverordnung '95
Wiesbaden, Berlin 1995

Ehm, H.
Die Neufassung der Wärmeschutz-VO wird die Gestaltungsfreiheit stärken
in: »Der Prüfungsingenieur« 4/1994

Energiesparpotentiale im Gebäudebestand
Institut für Wohnen und Umwelt GmbH
Darmstadt 1990

Gösele, K.; Schüle W.; Künzel, H.
Schall, Wärme, Feuchte
Bauverlag, Wiesbaden 1997

Hauser; Stiegel
Wärmebrückenatlas für den Mauerwerksbau
Wiesbaden 1996

Hösele, Richard
Austrocknung von Mauerwerk nach der Beschichtung mit einem außenseitigen Wärmedämmverbundsystem
in: »Deutsches Architektenblatt« 2/1985

Lochner; Ploss
Wärme- und Schalldämmung im Innenausbau
Köln 1979

Schild, Erich
Bauphysik
Braunschweig 1979

Siebel, L.
Bauteile sicher beurteilen: Wärme, Feuchte, Schall
Landesinstitut für Bauwesen und angewandte Bauschadensforschung
Aachen 1993

Züricher, Christoph; Frank, Thomas
Bauphysik
Stuttgart 1995

WEITERFÜHRENDE LITERATUR

Becker, Klausjürgen u. a.
Trockenbau Atlas
Köln 1996

Belz, W.; Gösele, K.; Hoffmann, W.; Jenisch, R.; Pohl, R.; Reichert, H.
Mauerwerk Atlas
Köln 1996

Cramer, Johannes
Handbuch der Bauaufnahme – Aufmaß und Befund
Stuttgart 1993

Dartsch, Bernhard
Bauen heute in alter Bausubstanz
Historische Baubestimmungen und aktuelle Hinweise
Köln 1990

Dittrich, Helmut
Feuchteschäden im Altbau
Ursache – Verhinderung – Behebung
Köln 1986

Dzierzon; Zull
Altbauten zerstörungsarm untersuchen
Bauaufnahme, Holzuntersuchung, Mauerfeuchtigkeit
Köln 1990

Frick; Knöll; Neumann; Weinbrenner
Baukonstruktionslehre, Teil 1 und Teil 2
Stuttgart 1992/93

Gerner, Manfred
Fachwerksünden
Schriftenreihe des Deutschen Nationalkomitees für Denkmalschutz, Band 27
Bonn 1986

Grassnick; Holzapfel
Der schadensfreie Hochbau
Band 2: Allgemeiner Ausbau
Köln 1994

Grosser; Dietger
Pflanzliche und tierische Bau- und Werkholzschädlinge
Leinfelden 1997

Köneke, Rolf
Schäden am Haus – Ursachen, Beseitigung, Kosten
Köln 1985

Nebel, Herbert
Sanieren und Modernisieren von Gebäuden
Wermelskirchen 1986

ÖGEB
Erhaltung und Erneuerung von Bauten
Band 1 – Grundlagen
Österreichische Gesellschaft zur Erhaltung von Bauten
Wien 1986

Plümecke, Karl
Preisermittlung für Bauarbeiten
Köln 1995

Pohlenz, Rainer
Der schadensfreie Hochbau
Band 3: Wärmeschutz, Tauwasserschutz und Schallschutz
Köln 1995

RWE Energie
Bau-Handbuch
Heidelberg 1995

Rybicki, Rudolf
Bauschäden an Tragwerken, Teil 1 + 2
Düsseldorf 1993/1995

Schild u. a.
Schwachstellen, Band 1 – 5
Wiesbaden 1980

Scholz, Wilhelm
Baustoffkenntnis
Düsseldorf 1995

Stade, Franz
Die Holzkonstruktionen
Leipzig 1989

Weber, Helmut
Mauerfeuchtigkeit
Sindelfingen 1988

Weber, Helmut u. a.
Thermografie im Bauwesen
Kontakt & Studium, Band 81
Grafenau 1988

Zentralverband des Deutschen Dachdeckerhandwerks, Hrsg.
Regeln für Dachdeckungen mit Dachziegeln und Dachsteinen
Berlin 1989

14 Stichwortverzeichnis

A
Abbruch von Innenwänden 23
Abdichtung 108, 174, 176, 178
– durch Spachtelung 173
Abdichtungsart 72
Abdichtungsverfahren 102
Abflußleitungen, Sanitär- 204
Abklebung 175, 178
Altbaugerechte Konstruktionen 25
Analyse der Bausubstanz 15
Anhydritestrich 166, 169 f.
Anlaschen von Bohlen 117, 119
Anobienbefall 114
Anschlag, Änderung 195
Anstrich, Dichtungs- 106
Arbeitsraum 72
Aufdoppelung 161 f.
– von Tritt- und Setzstufe 160
Auflagen der Bauaufsicht und der Denkmalpflege 20, 26
Aufputzkasten 205 f.
Aufsteigende Feuchtigkeit 58
Aufstockung 209
Ausgleichsspachtelung 165, 167, 170
Ausnahmen 30
Ausschachtung 36
Außenseitige Wärmedämmung 45
Außenwände 41 ff.
–, Durchfeuchtung 58
–, Feuchtigkeit in 57
Aussparungen und Schlitze 201

B
Badelement, Fertig- 107
Badezimmerböden, Wasserdichtigkeit 171
Bahnabdichtung, Türanschluß 177
Balkenköpfe 113, 116
Bau
– ablauf 29
– altersstufen 12
– aufsicht und Denkmalpflege, Auflagen 20, 26
– durchführung 29
– leitung 28
– substanz, Analyse 15
– teile, endbehandelte 25
– teilkostenermittlung 27
– weisen, trockene 25
– werksabdichtungen, DIN 18195 Teil 5 172
– werksohle 35 ff.
Baukosten 27
– fortschreibung 28
– kontrolle 28
Belüftung 143
Beplankung 82

Bestandsaufnahme 18
–, Checkliste zur 18
–, maßliche 18
–, technische 18
Bestandschutz 26
Beton
– dachsteine 139, 141, 148
– sohle 36, 38 f.
Bewohner, Information der 29
Bitumen
– beschichtung 73, 75
– dichtungsbahnen 173
Bohlen, Anlaschen 17, 119
Brandlast-Denkmalschutz 31
Brandschutz 30

C
Checkliste zur Bestandsaufnahme 18
Checkliste zur technischen Bestandsaufnahme 223 ff.

D
Dach
– anschluß 147
– eindeckung 138
– erneuerung 138
– geschoß 131
– steine, Beton- 139
– ziegel, Ton- 138, 140, 148
Dächer 137 ff., 149
Dämmstoff 134
– stärken 33
Dämmung 82, 132, 135, 151 f.
– auf den Sparren 153, 158
– unter den Sparren 153, 158
– zwischen den Sparren 154, 158
Dampfsperre 152, 155
Decken 113 ff., 120, 129
– abhängung 134 f.
– bekleidungen 31
–, Beschwerung 125, 128
– Holzbalken- 126
– konstruktion 132, 135
–, Unter- 126
Denkmal
– pflege und Bauaufsicht, Auflagen 20, 26
– schutz-Brandlast 31
Dichtigkeit 101
Dichtungsanstrich 104, 106, 111
Dichtungsbahn 74 f., 104, 107, 111, 175, 178
–, Bitumen- 173
–, Einbau 67
–, Kunststoff- 173

Dichtungsbänder 108
Dichtungsmittel, Injektionen 58, 61, 63, 69
Dichtungsprofile 182, 184, 192
Dichtungsschichten, senkrechte 71
Dichtungsschlämme 73, 75
Dielenwände 80, 88
DIN
– 4108 »Wärmeschutz im Hochbau« 32, 42, 150
– 4109, »Schallschutz im Hochbau« 121
– 18195 Teil 5 »Bauwerksabdichtungen« 172
Dispersionskleber 173
Doppelständerwände 82, 84
Durchfeuchtung von Außenwänden 58
Durchfeuchtungsursachen 72

E
Edelstahlbleche 58, 61, 63
–, Einrahmen von 69
Einbau
– Dichtungsbahn 67
– von Stahlschuhen 119
– von Wechseln 118 f.
Eindecken, Neu- 139
Eindeckung 137
Einfachfenster 180
Einfachständerwände 84, 86
Einrahmen Edelstahlbleche 69
Einzelpositionen 27
Elektro-osmotische Trockenlegungsmaßnahmen 58
Elektro-osmotische Verfahren 64, 69
Endbehandelte Bauteile 25
Endoskop 116
Endoskopie 18 f.
Energiesparglas 181
Erschließungsstränge, vertikale 24
Erweiterungsbauten 9
Estrich
–, Anhydrit- 166, 169 f.
–, Gußasphalt- 166, 168, 170
–, schwimmender 133, 135
–, Zement- 166, 169 f.

F
Fachwerkhäuser 12
Falzprüfungen 18
Farbgebung, historische 210
Faserzement
– platten 45, 142, 148
– wellplatten 141, 148
Fäulnis
– befall 113
– pilze 114
Fenster
– bankanschluß 51, 52
–, Einfach- 180
–, fugendichte 181
–, Kasten- 180
– /Türen 179 ff.
–, Verbund- 180, 183
–, zweites, innen 183, 185
Fertigbadelement 107, 111
Fertigelemente 83, 104
Fertigteilbau 14
Feuchte
– belastung 36
– profil 60
– schutz 33
Feuchtigkeit
–, aufsteigende 58
–, horizontal eindringende 70
– in Außenwänden 57
Feuchtraum
– fußböden 176
– wände 101, 108
First mit Lüfterziegel 147
Fugendurchlässigkeit 32
Füllungstür 194
Fußboden 163 ff.
– anschluß 109
– beläge 163
Fußleiste, Rohrverlegung 201

G
Gefangene Räume 24
Genehmigungsfreistellung 26
Gips
– dielenwand 95
– marken 18
Gipsplatten 168, 170
– bekleidung
 auf Schwingelementen 94
– beplankung 82
– verbundelement 94, 100
Gründerzeit 209

Grundriß-Veränderung 23 f.
Grundrisse
–, Bestand 213, 218
–, Modernisierung 213, 218
–, Neubau Dachgeschoß –
 obere Ebene 215
–, Neubau Dachgeschoß –
 untere Ebene 214
–, Neubau Normalgeschoß 214
Gußasphaltestrich 36 f., 39,
 166, 168, 170

H
Handwerker, Koordinierung der 29
Hausbock 114
Häuser
– der 20er und 30er Jahre 13, 16
– der 50er Jahre 14, 17
– des industrialisierten
 Wohnungsbaus 14
Hausschwamm 173
–, Echter 114 f.
Heizenergie, Einsparung von 32, 150
Heizungsleitungen 199 f.
Holz
– balkendecke 126
– schädlinge 115
– spanplatten 165
– ständerwände 79, 88
– stufenbeläge 159
– verbretterung 45, 47
– zarge 85
Horizontal eindringende
 Feuchtigkeit 70
Horizontalkräfte 60
Horizontalsperren 58

I
Injektionen
 von Dichtungsmitteln 58, 61, 63, 69
Innenraumklima 49
Innentüren 193
Innenwände 77 ff.
–, Abbruch 23
Innere Wärmedämmung 53 f.
Installationen 82, 199 ff.
Installationswände 86
Instandsetzungen 9
Isolierglas 181

J
Justier-Schwingbügel 98

K
Kaminzüge 205, 207
Kantenprofil 160 ff.
Karstensches Prüfröhrchen 19
Kasten
– fenster 180
– rinne 146
Keller
– boden 36
– decke 130, 132, 135
– geschosse 131
Kittstreifen 19
Kleber
–, Dispersions- 173
–, Pulverzement- 173
–, Zweikomponenten-
 Reaktionsharz- 173
Kondensat 32
– bildung 33
– schäden 32, 43
Konstruktionen, altbaugerechte 25
Kosten
– analyse 20
– ermittlung 27
– ermittlung, Bauteil- 27
– kontrolle 27 f.
– schätzung 27
KS-Dielenwand 95, 100
KS-Wand 81, 88, 96
KS-Ziegelwand 100
Kunstharz
– dispersionskleber 108
– kleber, Zweikomponenten- 108
– prothese 118 f.
Kunststoff
– dichtungsbahnen 173
– tapete 103, 105, 111
Kurzbegehung 18
Kurzwellplatten, profilierte 139

L
Luft- und Trittschalldämmung 92, 121
Lüfterziegel, First 147
Luft
– feuchte 42
– temperatur 42
Lüftungs-
– öffnungen 157
– querschnitt 144, 156 f.

14 Stichwortverzeichnis

M
Maisonettewohnung 210, 214 f.
Mängel 15 ff.
Maschinelle Mauertrennung 62, 69
Maßliche Bestandsaufnahme 18
Mauersägeverfahren 58
Mauertrennung
–, maschinelle 62, 69
– von Hand 58, 62, 65, 69
Metalldoppelständerwände 80, 88
Metalleinfachständerwände 79, 88
Mieterbetreuung 29
Modernisierungen 9
Modernisierungsschwerpunkte 16 f.
Multifunktionale Räume 24

N
Nachkriegsbauten der 50er Jahre 13
Neubauten 211
Neueindecken 139
Nutzungsperspektiven 20

O
Oberbeläge, unterschäumte 123, 128
Ortganganschluß 50

P
Pflasterbeläge 36, 38 f.
Planungsgrundsätze 24
Plattenbau 14
– weise 219 ff.
Porenbetonwand 81, 88, 96, 100
Profile, Dichtungs- 182, 184, 192
Projektbeispiele 209 ff.
Pulverzementkleber 173
PVC-Boden 174, 178

Q
Querwände 68 f.

R
Rauchröhrchen 18
Räume
–, gefangene 24
–, multifunktionale 24
Rettungswege 31
Rohrdurchgang 110
Rohrverlegung in Fußleiste 201
Rolladenschiene 52

S
Salz
– ablagerungen 71
– belasteter Wandbereich 61
– gehalt 60
Sanierputz 60

Sanierung 9
Sanitär
– abflußleitungen 204
– gegenstände, Befestigung 87
Schadensbilder 15 ff.
Schall- und
    Wärmeschutzanforderungen 26
Schalldämm-Maß R'_w 90 f.
Schalldämmung 49
Schallschutz 30, 90, 97, 120, 122, 126
– im Hochbau, DIN 4109 121
–, mangelnder 89
Schieferersatz 148
Schimmelbildung 32
Schlitze und Aussparungen 201
Schutz
– maßnahmen 29
– und Wiederverwendung 24
Schwämme 114
Schwimmender Estrich 133, 135
Schwingbügel, Justier- 98
Schwingelemente 100
Schwingholz 98
Senkrechte Dichtungsschichten 71
Setz- und Trittstufe,
    Aufdoppelung von 160
Sockelabschluß 51
Spachteldichtung Wandanschluß 177
Spachtelung 102, 104, 106, 111, 174, 178
–, Abdichtung 173
–, Ausgleichs- 165, 167, 170
– mit Dünnbettmörtel 108
Spanplatten 167, 170
–, Holz- 165
Sparren
–, Dämmung auf den 153, 158
–, Dämmung unter den 153, 158
–, Dämmung zwischen den 154, 158
– höhe, erforderliche 151
– volldämmung 156
Sperrputz 74 f., 105, 111
–, Unterkonstruktionen 103
Sperrschicht, vertikale 33
Sprossenteilung, historische 182
Stadthäuser der
    Jahrhundertwende 12, 15
Stahlschuhe 117
–, Einbau 119
Stahlzarge 85
Standard 26
Ständerwand 82
– mit Gipsplattenbekleidung
    95, 100

Stufen
–, Aufdoppeln der Tritt- 160
–, Aufdoppelung von Tritt- und
    Setz- 160
– beläge, Holz- 159
– knarren 160
–, Treppen- 160
Superglazing 181
Synthese-Kautschuk-Beläge 172

T
Tapete, Kunststoff 103, 105
Technische Bestandsaufnahme 18 f.
Thermographie 18
Tondachziegel 138, 140, 148
Tonziegel 139
Traggerüst 82
Traufe 146
Trennwände 77
–, massive 90
Treppen 159 ff.
– haus 31
– stufe 160
Tritt- und Luftschalldämmung 121
Trittschallschutz 122
Trittstufe, Aufdoppeln der 160
Trockene Bauweisen 25
Trockenlegungsmaßnahmen,
    elektro-osmotische 58
Trockenputz 46 f.
Trockenunterböden 165 f.
Tür
– anschlag, Änderung 195
– anschluß, Bahnabdichtung 177
– /Fenster 179
–, Füllungs- 194
–, Innen- 193
–, neue 195, 198
– nischen 200

U
Ultraschalluntersuchungen 18
Umbauten 9
Umdecken 138, 140, 148
Unterböden
–, schwimmende leichte 124, 128
–, schwimmende schwere 123, 128
–, Trocken- 165 f.
Unterdecke, zusätzliche 124, 128
Unterkonstruktionen aus Sperrputz 103
Unterspannbahn 143

V
Verankerung 49
Verbundestrich 38
Verbundfenster 180, 183, 186 f., 192
Vertikale Erschließungsstränge 24
Vertikale Sperrschicht 33
Voranstrich 102
Vormauerung 46 f.
Vorsatzschalen 31, 91
- auf Schwingelementen 97

W
Wand
- anschluß 173
- anschluß, Spachteldichtung 177
- bereich, salzbelasteter 61
-, Dielen- 80, 88
-, Doppelständer- 82, 84
-, Einfachständer- 84, 86
-, Feuchtraum- 101
-, Gipsdielen- 95
-, Holzständer- 79, 88
-, Innen- 77 ff.
-, Installations- 86
-, KS- 81, 88, 96
-, KS-Dielen- 95, 100
-, KS-Ziegel- 100
- lasten, Befestigung 87
-, massive Trenn- 90
-, Metalldoppelständer- 80, 88
-, Metalleinfachständer- 79, 88
- oberflächentemperatur 42
-, Porenbeton- 81, 88, 96, 100
-, Ständer- 82
-, Ständer-
   mit Gipsplattenbekleidung 95, 100
- stellungen, vorhandene 24
-, Trenn- 77
-, Wohnungstrenn- 82
-, Ziegel- 81, 88, 96

Wannenanschluß 110
Wärme
- dämmelemente 133, 135
- dämmputz 44, 47, 210
- dämmverbundsystem 43 f, 47 ff.
- durchgangskoeffizient 32, 42
- und Schallschutzanforderungen 26
Wärmedämmung 47, 130 f., 149 f.
-, außenseitige 45
-, geringe 179
-, innere 53 f.
Wärmeschutz 32, 42, 129
- glas 181, 183, 185, 188, 192
- im Hochbau, DIN 4108 32, 42, 150
-, nachträglicher 43
- verglasung 183, 186 f., 192
- verordnung 42, 151
- verordnung, neue 32, 130, 150,
   180, 189
Wasser
- dampfdiffusion 145, 156
- dichtigkeit von
   Badezimmerböden 171
- eindringungsprüfungen 18
Wechsel, Einbau 118 f.
Wiedcraufbauten 9
Wiederverwendung und Schutz 24
Wohnungstrennwände 82

Z
Zarge
-, Holz- 85
-, Stahl- 85
Zementestrich 36 f., 39, 166, 169 f.
Ziegel
-, Ton- 139
- wand 81, 88, 96
Zweikomponenten
- Kunstharzkleber 108
- Reaktionsharzkleber 173

Erfolg braucht eine starke Basis!

Liebe Leserin, lieber Leser,

mit diesem Band haben Sie ein Werk erworben, das Ihnen die wesentlichen Anforderungen an die Altbausanierung vermittelt.

Als Unterstützung für Ihre weitere Arbeit auf diesem Gebiet, aber auch für die Neubauplanung, bieten wir Ihnen an:

Gerd Zwiener:
Handbuch Gebäude-Schadstoffe
für Architekten, Sachverständige und Behörden

Als **Architektin/Architekt** haben Sie in der **täglichen Praxis** mit

- **der Ausführungsplanung im Detail**
- **der Kostenplanung**
- **der Vergabe und**
- **der Bauleitung**

zu tun.

Ihre Auftraggeber stellen immer höhere Ansprüche, die Konkurrenz schläft nicht, und der Gesetzgeber läßt sich ständig etwas Neues einfallen. Darum wird es immer wichtiger, alle notwendigen Informationen schnell und praxisnah zu erhalten.

Die folgenden Bände sind ein paar Beispiele aus unserem Buchangebot, mit denen wir den Gesetzesdschungel für Sie durchschaubarer machen:

Bernhard Rauch:
Architektenrecht und privates Baurecht für Architekten,
ein Handbuch mit zahlreichen Beispielen aus der Praxis

Rainer Eich:
HOAI, Textausgabe '96 mit Kurzkommentar und Interpolationstabellen,
die rechtliche Grundlage für Ihre künftige Honorarermittlung

Werner / Pastor / Müller:
Baurecht von A–Z,
ein Lexikon des öffentlichen und privaten Baurechts

Sichere Planung
effektive Vergabe
professionelle Bauleitung

Sie suchen für alle Bereiche Ihrer täglichen Praxis solide Informationen und strukturierte Arbeitsmittel, die Ihnen helfen, optimale Arbeitsergebnisse zu erzielen.

Sie finden in der Verlagsgesellschaft Rudolf Müller Bau-Fachinformationen GmbH, dem Fachverlag für Architekten und Planer, zu diesen Themen

- **Bücher**
- **Loseblatt-Werke**
- **Formulare und Checklisten**
- **Elektronische Medien**

als wertvolle Unterstützung zum Erreichen Ihrer Ziele.

Bestellen Sie unser ausführliches Verzeichnis für Architekten und Planer. Schreiben Sie uns, oder rufen Sie uns einfach an.

Ihre

Verlagsgesellschaft Rudolf Müller
Bau-Fachinformationen GmbH & Co. KG
Stolberger Straße 76
50933 Köln

Tel. (02 21) 54 97-127
Fax (02 21) 54 97-130